U0394313

弘扬美家造福天下

壬寅博生康

官吉辉题

雲端集翼構

飛諾惠九州

庚子吾曰 苗鴻楨

1. 第十届、十一届全国政协副主席黄孟复（左）和沈寓实博士在人民大会堂出席中国云体系产业创新战略联盟成立大会
2. 第十二届全国政协副主席、国家开发银行原董事长陈元听取沈寓实博士关于《云时代的信息技术》的汇报
3. 第十一届全国政协副主席厉无畏（右）听取沈寓实博士关于云计算国际发展趋势的汇报
4. 第十二届全国政协教科文卫体委员会主任张玉台（中）、四川省委书记彭清华（右）和沈寓实博士亲切交谈
5. 第十届全国人大教育科学文化卫生委员会副主任、原邮电部部长、信息产业部部长吴基传（左）为沈寓实博士颁发工信部专家委员聘书
6. 第十三届全国政协副主席万钢（一排左七）、第十三届全国人大常委会副委员长吉炳轩（一排左六）与"中国海归群体与改革开放40年——中国海归100人"主要代表合影（二排左一为沈寓实博士）

1. 第十二届全国政协教科文卫体委员会主任张玉台（左二）听取沈寓实博士（右二）和汝聪翀博士（右一）的学术汇报
2. 国务院信息化工作办公室原副主任陈大卫（前排左二）等领导专家听取沈寓实博士（后排）的汇报
3. 科技部原秘书长、党组成员张景安院士（左）与沈寓实博士出席第八届中国产学研合作创新大会
4. 工信部副部长刘烈宏（左二）、泰康人寿董事长陈东升（右二）、中央网信办信息化发展局原局长徐愈（右一）与沈寓实博士出席世界互联网大会
5. 中共中央宣传部原秘书长官景辉（左）和沈寓实博士出席中国云体系联盟年会
6. 公安部原副部长、国家互联网信息办公室原副主任陈智敏（右三）与中国工程院院士邬江兴（右四）、中国工程院院士陆军（右二）、沈寓实博士（右一）等出席2019云计算与新兴技术安全大会

1. 微软公司创始人比尔·盖茨（左）与沈寓实博士在微软总部
2. 中国工程院院士、中国云体系产业创新战略联盟理事长孙家广（左）为沈寓实博士颁发联盟秘书长聘书
3. 教育部原副部长、原国家总督学刘利民（左），美国艺术与科学学院院士、前微软全球资深副总裁张亚勤（中）与沈寓实博士合影
4. 美国国家工程院外籍院士、前微软全球执行副总裁沈向洋（左二），奇绩创坛创始人兼CEO、前微软全球执行副总裁陆奇（右二）与沈寓实博士（左一）在美国西雅图
5. 微软CEO萨提亚·纳德拉（左五）、紫光集团董事长赵伟国（右五）与沈寓实博士（右二）等在微软全球合作伙伴大会上会谈合影

1. 中国工程院院士孙家广（中）、中国工程院院士邓中翰（右）与沈寓实博士在天安门出席国庆典活动
2. 中国工程院院士倪光南（中）、瑞典皇家工程科学院院士林垂宙（右）与沈寓实博士出席海峡移动互联网创新论坛
3. 中国工程院院士沈昌祥（左）为沈寓实博士颁发云产业年度创新贡献奖
4. 商务部原副部长张志刚（左二）、中国科学院院士陈国良（中）等领导专家与沈寓实博士（左一）出席广西-东盟区块链创新峰会
5. 中国工程院院士李乐民（右）和沈寓实博士围绕《云时代的信息技术》一书交流研讨
6. 中国工程院院士方滨兴（左四）、中国工程院院士柴洪峰（右一）、澳大利亚院士Ramamohanarao Kotagiri（左一）、美国联邦政府首席信息官Tony Scott（左二）等领导专家与沈寓实博士（右三）出席云安全国际合作签约仪式

1. 第十二届全国政协教科文卫体委员会主任张玉台（左四）、日本工程院首届院士任福继（左二）等领导专家与沈寓实博士（右一）出席武汉智慧城市创新峰会

2. 中国工程院院士孙家广（左二）、原国务院参事石定环（左一）、公安部原总工程师沈志工（右一）和沈寓实博士在清华大学合影

3. 中国工程院院士刘韵洁（中）与沈寓实博士（左）等出席第六届世界互联网大会

4. 中国工程院院士赵春江（右）、瑞典皇家工程科学院院士林垂宙（中）与沈寓实博士出席海外学人年度大会

5. 中国科学院院士解思深（左）和清华海峡院常务副院长郭樑（右）为沈寓实博士颁发清华海峡研究院智能网络计算实验室主任聘书

6. 中国工程院院士孙家广（中）、中国科技体制改革研究会理事长张景安院士（右四）、河北省工业和信息化厅厅长龚晓峰（左二）等领导专家与沈寓实博士（右三）出席中国云体系联盟年会

1. 现任中共中央宣传部副部长、中央网信办主任、时任国侨办副主任庄荣文（前排右二）接见沈寓实博士（前排左二）率领的国际云计算专家团队
2. 中国工程院院士沈昌祥（中）等领导专家和沈寓实博士（左四）在本书预发布会上合影
3. 沈寓实博士（一排右二）、陶晓明博士（一排左一）和汝聪翀博士（二排左六）及其研发和顾问团队集体合影
4. 本书作者沈寓实博士、汝聪翀博士、王卓然博士、马传军、姚正斌博士及其团队集体合影
5. 本书作者沈寓实博士（左）与高汉中先生在中国北京
6. 本书作者沈寓实博士（左）与高汉中先生在美国硅谷
7. 本书作者沈寓实博士、汝聪翀博士、王卓然博士、马传军、姚正斌博士及其研发和顾问团队集体合影

PRINCIPLES AND PRACTICE
ON NON-NEUMANN ARCHITECTURE
FOR NETWORK COMPUTING

非冯诺依曼
网络计算体系

沈寓实 高汉中 等◎著

清华大学出版社

北京

内 容 简 介

本书深刻剖析了计算机、互联网、移动通信三大体系的内在联系、现实瓶颈和发展趋势,在预见了一个资源丰盛条件下的新信息世界的基础上,创造性地提出一整套重构计算和网络核心技术的理论体系。该体系扬弃传统冯·诺依曼结构和互联网基础协议,以一种可无限扩展、基于流水线的新一代异构网络计算架构实现计算、通信、存储的底层融合,建立人工智能时代的网络计算通用平台,智能分配带宽和计算资源,根本性突破算力瓶颈,满足高效实时、高并发和安全可靠的网络计算需求。本书还指出了一条完整、清晰的技术路线和渐进有序的实践路径,包括从软硬件结合的计算架构入手到大规模数据中心的改造,从小规模边缘节点间的融合计算到最后实现全网统一,从真正意义上实现可无限扩展的大一统网络计算体系。

本书提出的基于非冯诺依曼结构的新一代网络计算体系,是对计算机架构、大数据存储、宽带网络、网络安全和互联网应用等各方面的颠覆性整体解决方案,包含了上述领域的结构性重组。这一承前启后的理论突破和设计创新面向的是整个信息产业的未来生态,将改变人工智能时代信息产业的运作方式,成为开启网络空间供给侧改革的核心,无疑也必将成为下一轮全球必争的技术制高点。中国要在网络空间发展上谋求更大的突破,必须勇于从变革的角度寻找新的思路,在未来颠覆式技术上提前布局。非冯诺依曼体系的理论突破和产业化落地,将成为夯实我国信息产业自主可控的关键性基础。

本书适宜所有从事信息行业的专业人士和爱好者阅读,对于展望技术和产业趋势、打破僵化思维、激发创新灵感、开拓颠覆性变革视角大有裨益。

图书在版编目(CIP)数据

非冯诺依曼网络计算体系/沈寓实等著.—北京:清华大学出版社,2021.2(2024.2重印)
(清华科技大讲堂)
ISBN 978-7-302-56795-0

Ⅰ.①非… Ⅱ.①沈… Ⅲ.①网络计算 Ⅳ.①TP393.027

中国版本图书馆 CIP 数据核字(2020)第 217492 号

责任编辑:黄 芝 张爱华
封面设计:刘 键
责任校对:李建庄
责任印制:丛怀宇

出版发行:清华大学出版社
   网 址:https://www.tup.com.cn,https://www.wqxuetang.com
   地 址:北京清华大学学研大厦 A 座 邮 编:100084
   社 总 机:010-83470000 邮 购:010-62786544
   投稿与读者服务:010-62776969,c-service@tup.tsinghua.edu.cn
   质量反馈:010-62772015,zhiliang@tup.tsinghua.edu.cn
   课件下载:https://www.tup.com.cn,010-83470236
印 装 者:涿州市般润文化传播有限公司
经 销:全国新华书店
开 本:170mm×240mm 印 张:32 彩 插:4 字 数:594 千字
版 次:2021 年 3 月第 1 版 印 次:2024 年 2 月第 3 次印刷
定 价:99.00 元

产品编号:085910-02

题　　记

This is a golden age for computer architecture. That's because Moore's Law really is over，we are in the final stages of computer performance index growth. There are Turing Awards waiting to be picked up if people would just work on these things. /

现在是开发新的计算机架构和软件语言的黄金时代。 因为摩尔定律正在结束，我们处于计算机性能指数增长的最后阶段。 只要专注于这些事情，摘取图灵奖指日可待。

David Patterson

2017 图灵奖得主

加州大学伯克利分校教授

RISC 计算结构开拓者

序言一

我和沈寓实博士相识多年，在日常交往中，他曾多次兴奋地提及信息产业即将到来的革命性变革和基础性技术的突破以及相应的时代机遇，让我印象深刻。 近日，他带来了和高汉中先生联合撰写的《非冯诺依曼网络计算体系》书稿，嘱我作序。认真阅读后，深感该书不乏对行业本质和趋势的深刻认知及精辟见解，它是在摩尔定律几近失效、全球计算机互联网发展遇到巨大挑战之际，对信息产业基础性资源和构架的再思考，具有重要的战略意义。 尤其是书中对于当今计算机和互联网技术发展的前瞻性和颠覆性、对于我国研发建立自主可控新一代网络体系的创新性和开拓性的论述，更加令人振奋！ 因此，为本书稿的出版写点认识和思考，权当序。

当今世界，大国竞争的背后是科技实力、创新能力的较量，没有强大的科技创新实力，在高度的全球化分工格局中，我们只能在产业链、价值链的中低端徘徊。 这是新时代我们所面临的国际环境的一个重要特点，也是建设创新型国家、向世界科技强国迈进必须跨越的门槛。 作为计算机等数字化产业的基础，中国的芯片产业远远落后于先进国家，至今仍然严重依赖进口。

今天，虽然我们的制造工艺已大大提升，但在国际高科技竞争中一味追赶并挖掘有限的芯片提升空间并非明智之选。 2016 年国际半导体发展路线图认为： 2021 年之后，继续缩小微处理器中的晶体管不再经济，芯片制造商将使用其他手段提升晶体管密度，从水平转为垂直，建立多层电路，晶体管体积将在 2021 年停止缩减，风行60 多年的摩尔定律将不再有效。 这意味着国外先进的芯片代际差竞争优势将不复存在，对中国尤其是国内的芯片制造商而言，是一个极为难得的重要机遇。 我们需要改变思路，从中找到一条新的出路，降低我们对现有计算机网络和复杂 CPU 芯片的依赖，建立我国自主可控的基础技术。 非冯诺依曼网络计算体系令我们看到了这个希望！

非冯诺依曼网络计算体系采用硬件可重构器件来进行计算，提供编程基础框架，打破硬件边界，使计算效率获得极大提升。 针对以视频和混合现实为主的未来互联网世界，该方案提出了大一统网络的概念，采用类似电话网络的面向连接的定长数据包，极大地提高了传输效率和安全性，解决网络安全问题，降低网络延时。简而言之，非冯诺依曼网络计算体系是对芯片技术、计算机架构、大数据存储、宽带网络、网络安全和互联网应用等各方面的颠覆性整体解决方案，包含了上述全部内容的结构性重组，这是一个承前启后的理论突破和设计创新，有可能改变人工智能时代信息产业的运作方式，引领中国的企业挺进这个尚未被宣示主权的新领地。

我曾长期在科技界工作，深刻地认识到自主创新和基础理论研究的重要性及其紧密关联性。习近平总书记指出："市场换不来核心技术，有钱买不来核心技术，引进技术设备并不等于引进技术能力，更不等于具有了自主创新能力。"自主创新是我国攀登世界科技高峰、建设现代化强国的必由之路，只有把核心技术掌握在自己手中，才能真正掌握自己的命运，掌握竞争和发展的主动权，才能从根本上保证我们的经济发展、民生改善、国家安全和世界和平发展。基础理论研究是推进科学发展的基石，是创新发明的摇篮。扎实的基础理论最擅长的就是把复杂的问题简单化，抓住本质，实现创新。就像非冯诺依曼网络计算体系，独辟蹊径，从计算架构变化的角度来解决困扰行业多年的芯片和软件瓶颈问题。

衷心期待此书中的革命性理论和构想能为广大读者带来启迪和思考！同时也希望本书作者及其团队将理论付诸实践，让这个颠覆性的计算网络体系真正做到自主可控，引领大家进入一个全新的网络计算时代。

祝贺《非冯诺依曼网络计算体系》一书的出版，并祝愿非冯诺依曼网络计算体系早日面世！

第十二届全国政协常委、教科文卫体委员会主任
国务院发展研究中心原主任、党组书记
中国科学技术协会原党组书记

　　农业社会，土地是核心战略资源；工业社会，资本是核心战略资源；信息社会，数据将成为战略资源，正逐步对国家治理能力、经济运行机制、社会生活方式产生深刻影响，被誉为"21世纪的石油和钻石矿"。在担任公安部副部长和国家网信办副主任期间，我就高度关注公民个人信息保护与大数据权属和安全等问题，提出大数据时代"数据权属主体在民，主权在国，使用在企业"这个划分数据权属的基本原则。并在2019年和2020年的全国两会上，相继提出了推进数据权属相关立法和推进APP违法违规收集公民个人信息治理的提案，将相关问题从业务研讨层面上升到立法规范层面，希望对我国的大数据安全及治理工作有所裨益。大数据是信息技术发展的必然产物，更是信息化进程的新阶段，其发展推动了数字经济的形成与繁荣。

　　数字经济发展促使全球经济进入了调整期，加之新冠肺炎疫情在某种意义上加速了这种调整，形成了乘势而上的"风口"。凡益之道，与时偕行，中国布局新基建，就是在为数字经济的发展铺设快车道，人工智能、大数据、5G通信等新兴技术正逐步成为数字经济的核心驱动力。数字经济的本质是处理好大数据，即广泛产生的数据能被快速收集和传输、海量数据能被高效存储和处理、数据的价值能被深入挖掘，并且在整个过程中保证安全性。而现在，IP网络遭遇困局、摩尔定律逐渐放缓、冯·诺依曼架构遭遇瓶颈，整个信息产业都在等待一场脱胎换骨的技术架构革新，只有解决了这些问题，数字经济才谈得上未来，否则只能是"一纸空谈"。

　　沈寓实博士在整个信息产业底层核心架构亟待变革的当下，推出《非冯诺依曼网络计算体系》一书，可谓"一石激起千层浪"。该书极具颠覆性和创新性地提出了一种实现计算、存储、通信融合的新一代网络计算架构，以"退回去重新思考"的勇气和"开启融合架构新纪元"的气魄，面向数据激增、资源丰富的未来场景，重新定义了整个信息世界的基础框架，从根本上突破了计算能力和网络安全的桎梏，创造了一个可无限扩展的大一统计算网络。这种极具前瞻性和产业高度的思维和眼光，令我十分欣赏。除了前沿性理论创新，沈寓实博士及其团队还有着丰富的产业落地经验和强大的资源整合能力，书中也就非冯诺依曼架构的商务实践路径给出了清晰思路和明确建议。 相信该书的出版将对我国新基建建设和数字经济发展起到极大的推动作用，驱动我国在第四次科技革命中掌握话语权。 此次应邀作序，我深感荣幸。

科学技术给人类社会带来了空前的繁荣，但同样也造成了巨大的动荡，甚至带来了殖民扩张、世纪大战、恐怖袭击和核威胁，使人类社会付出了沉重的代价。 新一轮科技革命正在猛烈冲击工业时代建立的政治经济社会制度、意识形态、价值观念、国际格局。 非冯诺依曼网络计算架构是新一轮科技浪潮中我国自主创新的核心技术，将极大夯实我国在国际科技竞争中的地位，助力中华民族冲破那些狭隘的偏见和垄断的藩篱，粉碎单边主义、霸权政治的阻碍。 我国作为首次提出人类命运共同体理念的国家，也将积极参与探讨和制定科学平衡的数据权属理论和国际规则，在国家主权基础上构建公正合理的网络空间新秩序，彰显大国风范，引领科技变革向着促进人类社会公平、平等、繁荣、安全的方向发展。

中国友谊促进会理事长

公安部原副部长（副总警监警衔）

国家网信办原副主任

中国人民公安大学教授

　　或许是出自原始本能，人类认知客观世界素有追求确定性的传统，而追求确定性意味着消弭不确定性，可引导族群趋利避害。 现实世界庞杂、开放、多元、流变，人类面对更多的是不确定性问题，而人类所定义的绝大多数确定性问题，也只是现实中存在问题的某种近似表达形式。

　　不确定性普遍存在，是现实世界的本质属性。

　　毋庸置疑，计算机和网络是人类分析、解决问题的强大通用技术工具。 计算机全面支持复杂认知； 网络高效支持知识传播与信息对称。 然而，计算机是为支持图灵计算和邱奇λ演算机制而设计的，偏好于分析、解决确定性问题。 图灵计算和邱奇λ演算的实质是计算域上确定的结构变换，这种结构变换可循环递归，变换算法可重复迭代。

　　现有的通用计算机结构，无论是冯·诺依曼型还是哈佛型，本质上都是在数学结构上与"邱奇-图灵论题"同构计算机制相应的物理体系结构，而通用计算机是通用图灵机的工程化实现。 因此，当以面向确定性问题的通用计算机去解决不确定性问题时，主要是借助多重递归迭代去逼近与拟合不确定性管理策略。

　　客观上，由于对确定性问题和不确定性问题的认知方法不同，确定性问题借由结构形式认知，不确定性问题借由因果关系或特征属性认知，因而用通用计算机去解决不确定性问题时，需要把因果关系或特征属性还原成结构形式处理，导致解决问题的方法和效率都难以优化。 比如，面向因果关系问题应优选状态约简方法，面向特征属性问题应优选数据驱动方法，这些方法都方便借助大规模并发计算处理来显著提升计算效率。 而应用通用计算机解决这些问题时，基础方法只能是采用控制驱动方式，一方面，需要先把问题还原成结构形式问题再做算法设计； 另一方面，由于控制驱动是单线索的，使得大规模并发计算设计变得十分复杂。

　　因此，面对众多大规模的不确定性问题求解应用，会产生出许许多多专用的求解算法以及与之相应的非冯诺依曼计算处理结构，如神经网络算法及神经元计算结构、大数据分析算法及数据流计算结构、状态约简算法及状态机计算结构等。

不确定性代表着未知世界的逻辑，而人类始终在勇敢地面对。

到目前为止，人类尚未建立起面向不确定性管理的完备、有效的科学体系，也缺乏相应的技术工具。 能够基于不确定性问题求解且能兼容确定性问题的新型通用计算结构，仍然需要专家、学者苦心孤诣去不懈探索。

我高兴地看到，本书作者们对这一艰难课题发起挑战并取得了重要进步。

在信息化进入大数据价值发现、人工智能自主式强化、数字经济体系化升级的高层次发展新阶段，努力探索面向不确定性管理的科学方法和支持不确定性问题求解的非冯诺依曼计算体系结构，对提升国家计算科学技术水平、发展信息智能产业、创新数字经济模式、构建智慧生活环境，有着重要战略意义。

寓实博士幼承书香门风，少时砥砺勤勉，启蒙于景山校舍，养成于清华学园，融贯于海外加州，历练于巨擘微软，一路孜孜矻矻，潜心向学，久负鸿鹄之志，长蕴家国情怀，终应国家人才计划之邀，回国服务于信息化建设。 本书集中展现了寓实博士等在云计算和人工智能产业创新和技术突破方面取得的重要成果，对从事数字经济技术研究和产业发展的专业人士应有裨益。

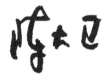

原国家信息化领导小组办公室副主任

住房和城乡建设部原副部长

人类已经进入云时代、大数据时代、人工智能时代和万物互联时代，全球都处于一个飞速而具有突破性的数字转型时期，数据量和计算量呈现指数以上级别爆发。据国际数据公司（IDC）发布的白皮书《数据时代 2025》预测，到 2025 年，全球数据圈将扩展至 163ZB，相当于 2016 年的十倍。在 5G 通信技术的加持下，海量数据汇集的速度将持续暴增，形成极其庞大的信息流汇入各个云端。但是，大数据技术的战略意义不在于掌握海量的数据信息，而在于对这些有意义的数据的专业处理。大数据行业的盈利能力的关键在于提高数据的"处理能力"和降低数据的"垃圾效应"，通过"处理"实现数据的"增值"，同时降低数据运算的"成本"。信息流将引领人工智能新时代，这是一个超级巨大的需求市场。

党的十九大报告提出了"加快建设制造强国，加快发展先进制造业，推动互联网、大数据、人工智能和实体经济深度融合"的重要政策指引。人工智能已经成为国家重要战略和产业变革的主要方向，中国在人工智能领域的投融资占全球的 60％，北京以接近 400 家人工智能企业的数量成为全球人工智能企业最多的城市。特朗普已于 2019 年 2 月 12 日启动美国政府级人工智能战略，集全国之力优先发展 AI 研究和投资。中美长期博弈不可避免，主要领域之一就是人工智能。人工智能的核心是我们的超级计算架构和网络架构，这是一个可以构建人类新文明的产业，一场最豪华的盛宴，颠覆性变革和突破可能即将爆发。

由沈寓实博士和高汉中先生联合编写的《非冯诺依曼网络计算体系》一书，大胆地提出了全新的网络计算架构，并给出了完整的理论框架和实践路径，具有高度的前沿性、颠覆性和可行性。在摩尔定律逼近失效，芯片受制于硅技术停顿和冯·诺依曼指令流导致算力瓶颈两大问题，在 Win-Tel 体系日趋瓦解的时代背景下，本书提出了全新的解决办法：舍弃传统的洋葱式结构，建立并行的网络流水线结构，消除传统 CPU 的硬件边界，将软件工作硬件化，让计算、存储和通信融为一体，大幅提高计算和传输效率，这是一种扬弃了 CPU 构架并集中了 FPGA、GPU 和 ASIC 芯片优势的通用可重构计算平台。

本书的作者还指出了一条完整、清晰的技术路线和渐进有序的实践路径。从软硬件结合的计算架构到大规模数据中心的改造，从小规模边缘节点间的融合计算到最后实现全网统一，使得机器网络最大限度地接近神经人脑网，真正意义上实现可无限拓展的网络计算机。这是一套全新的解决现有计算机和互联网主要问题的整体实践方案，在当前全球经济增速放缓、亟须新的增长极点的大背景下，这项自主可控的新一代网络计算体系有可能会成为下一轮国际必争的技术制高点，引领中国相关产业掌握核心颠覆性技术，并汇入未来中国经济发展的驱动力和资本市场推动力的洪流。

技术创新和商务市场必须并重，两者不可偏废。我们不仅要做到核心技术和产品的创新突破，也要在商业模式、应用领域上挖掘出全新的巨大潜在市场。刚刚胜利闭幕的中国共产党十九届五中全会提出，要把实施扩大内需战略同深化供给侧结构性改革有机结合起来，以创新驱动、高质量供给引领和创造新需求。本书也高屋建瓴从宏观角度，如产业布局、顶层设计、商业预测等做了不少精彩的分析和预测，力争让读者、投资者和相关决策者能够得到全方位、多角度的了解和思考，引领行业的变革与创新。

作为中国云体系产业创新战略联盟创始理事长，我和联盟秘书长沈寓实博士相识于 2013 年，并在该联盟共事多年，共同为推进我国新一代信息技术发展尽绵薄之力。沈寓实博士在技术创新、商务拓展、国际合作和资源整合等方面都有着超凡的能力。此次，非常荣幸受邀为沈寓实博士的新书作序，相信本书的出版正逢其时，必将对信息产业的新网络计算体系的建设产生划时代的意义！

中国工程院院士

清华大学学术委员会副主任

第六届国家自然科学基金委员会副主任

中国云体系产业创新战略联盟理事长

随着人工智能、移动通信、物联网、区块链等为代表的新一代信息技术和应用的加速突破，世界正在进入以信息产业为主导的新经济发展时期。信息产业的一个重要支柱就是计算技术，而支撑计算技术的计算机的计算能力就成为科学家不断加以突破的一个攻关阵地。

长期以来，摩尔定律一直引导着微电子技术的高速发展，集成电路性能的成倍增加也带动了计算机系统效率的成倍提高。计算机的速度搭载在集成电路规模效应的"高速列车"上同步高速发展，但如何有效利用集成电路的规模效应所带来的红利则成为计算机科学家们所面临的挑战。并行计算成为计算机科学家们必须经过的"鬼门关"，是提高计算机速度的必经之路。

早在20世纪40年代计算机诞生之初，冯·诺依曼先生就提出了计算机的经典结构，该结构长期主导了计算机的发展历程。每当人们觉得需要依靠计算机科学家自身的力量来提升计算机的处理能力时，都会想到去寻求突破冯·诺依曼体系结构限制的途径来解决问题。

从冯·诺依曼划定计算机体系结构的时期算起，几十年过去后又出现个 TCP/IP 的互联网，这个强大的互联网又像冯·诺依曼结构一样禁锢了当今各种网络的发展走向，让人们几乎无法摆脱现有互联网所设定的"蛛网"。网络界的科学家们每当认定需要再次创新、再次飞跃的时候，也是去想如何突破现有互联网的定式，寻求新的网络模式。

近年来，新一代网络空间技术飞速发展，摩尔定律等传统"引擎"逼近极限，历史再次把科学家们推到了新一代计算网络架构研究的风口浪尖，看到了突破现有计算和网络体系的历史机遇。从冯·诺依曼计算机体系结构及 TCP/IP 互联网体系结构的禁锢中解脱出来将成为未来网络空间技术和应用飞速发展的关键基础，也是构建属于中国自主可控的信息计算和网络架构技术的战略机遇。

把握好这个战略性历史机遇，包括实现从底层计算结构到软件操作系统、再到整个互联网体系的全面创新，进而改变我国在芯片、网络等核心技术上缺少话语权的状态，这对增强我国在信息技术方面的话语权和竞争力具有不可估量的重大意义。

《非冯诺依曼网络计算体系》一书汇集了新时期探索非冯诺依曼结构网络计算体系的诸多深入思考和大胆探索。尽管本书起名为非冯诺依曼结构，但其更多的是从云计算、进而从云时代的角度进行了广泛的探讨。本书主要作者沈寓实博士在云计算和通信领域都具有深厚底蕴，先后参与创建了中国云体系产业创新战略联盟和中国云安全和新兴技术安全创新联盟，长期致力于推进我国自主创新技术研究和国际合作。

我相信本书的发行必将为新型网络计算架构体系的理论和实践带来积极作用，为我国网络强国建设的伟大事业添砖加瓦。

中国工程院院士
中国云安全与新兴技术安全创新联盟理事长

序言六

当今世界，创新是主旋律和主题词，新一轮科技创新与产业革命在全球范围内兴起，重大的颠覆性创新随时可能出现。创新成为疫情后重塑人类文明，重塑世界经济结构、经济格局和商业版图的关键。美国有创新战略，日本有新增战略，德国有工业 4.0，中国提出了建设科技强国。实践证明，引进只能缩小差距，创新才能决胜未来。党的十八大以来，以习近平同志为核心的党中央做出"必须把创新作为引领发展的第一动力"的重大战略决策，实施创新驱动发展战略，推动以科技创新为核心的全面创新，形成新的增长动力源泉，推动经济持续健康发展，加快从经济大国走向经济强国。

新一轮科技革命与产业变革正在加速演进，数字化、智能化、网络化是第四次工业革命的核心，一个人机智联、万物互联的数字时代正在开启。中国积极布局以 5G、人工智能、工业互联网、物联网、数据中心等为重点的新基建，致力于打造数字化、智能化的新型基础设施。起源于美国的计算机、互联网已经在摩尔定律、冯·诺依曼结构的指导和支持下发展了 70 余年，整个行业一直在通过局部优化的思路解决发展中遇到的算力、性能、安全性问题。时至今日，这种局部改善、硬件堆砌的方法已经不再适用，整个网络信息领域亟须一种理论创新，从根本上解决整个行业面临的众多痛点问题。

《非冯诺依曼网络计算体系》一书直面冯·诺依曼结构先天的缺陷导致其无法适应第四次工业革命生产力需求这一痛点问题，大胆提出扬弃 PC 时代运行超过 70 年的冯·诺依曼计算架构，从通用计算转向异构计算，以满足未来数字时代的超大算力需求。书中融合了沈寓实博士与高汉中先生近 10 年来在这一领域的研究成果，创造性地提出了适合云时代的非冯诺依曼网络计算架构，通过计算、存储、通信三大基础资源的融合，在大幅度提升计算效率的同时实现了无限可扩展，突破了冯·诺依曼算力瓶颈并规避了 TCP/IP 网络的时延和安全性问题。非冯诺依曼网络计算体系是极具颠覆性的理论创新，是对我国核心技术自主可控观点的积极响应，对于补齐新基建面临的技术短板具有重要意义。

应沈寓实博士邀请为本书作序，我感到十分荣幸，也很高兴看到中国的团队提出如此具有颠覆性的创新理论，助力中国在科技创新中实现伟大复兴。 创新竞争归根到底是创新体系和创新制度的竞赛，是理念的交锋。 我们要充分用好用足独具特色的强大制度优势、完备的治理体系和治理能力优势，相信在新基建这一高度支持科技创新的大背景下，非冯诺依曼网络计算体系将快速在实际应用场景中落地实践，在发展中不断地提高，随需应变，与时俱进，成为数字时代的重要信息基础设施，助力中国在第四次工业革命中实现从"跟跑"到"领跑"的跨越，为新时代做出新贡献。

中国科技体制改革研究会理事长

国际欧亚科学院院士

科技部原秘书长、党组成员

科技日报社原社长

　　沈寓实博士是清华海峡研究院智能网络计算实验室主任、中国云体系产业创新战略联盟秘书长。 这些年我们在中国云体系产业创新战略联盟举办了不少业界盛会，为我国信息产业的自主创新和国际合作做了很多建设性工作。 最近，我与寓实长谈，得知他和同事们完成了一部新作——《非冯诺依曼网络计算体系》。 他介绍了书稿的核心内容，我听后为之振奋，为之高兴。 他希望我也写个序。 我带回书稿，反复看了主要章节和几位专家、院士写的序，深受启发。 写下一点认识和思考，权当序。

　　我们知道，信息化由兴到起，化潮为流，更加猛烈地激荡着新一轮国家兴衰和再一次世界排序。 在新一轮世界科技革命浪潮中，中国仍有被甩在时代后面、拉大与强国差距的危险。 我们必须有危机感、紧迫感和责任感，增强创新意识，紧紧把握世界科技革命和产业革命的脉动，超前谋划、科学部署、顺势而为，努力赢得科技革命、产业革命的主动权。 2020 年党的十九届五中全会也重申了科技创新的重要地位，明确指出要将科技自立自强作为国家发展的战略支撑，完善国家创新体系，加快建设科技强国。

　　国际局势发生着深刻变化，世界多极化和经济全球化在曲折中发展。 我国大力布局新基建，迫切需要颠覆性、全局性的新思维和新技术。 科技创新，一方面应紧跟世界科技发展的大趋势，密切关注全球产业竞争格局变化的最新动向； 另一方面要加速核心技术自主创新，研发原创成果、提前布局专利、培养技术人才，尤其在"卡脖子"领域加大科研力度。 核心技术自主创新，在现有的理论和实践基础上进行增量优化远远不够，更要在核心技术的理论上实现突破。 只有突破基础理论，才可能掌握核心技术。 国家的科研投资也应面向更长远、更基础的研究。

　　沈寓实博士及其团队撰写的《非冯诺依曼网络计算体系》一书，正是该领域基础理论的重大尝试和突破。 其中对现有计算机和互联网的发展趋势、内在瓶颈做了深刻分析，创造性地构建了超越传统冯·诺依曼结构的新一代网络计算通用架构，以资源第一性原理为基础，将计算、通信、存储一体优化，规划了一个可无限扩展、安全可控、大一统的网络计算体系，实现了关键技术理论的颠覆性创新。

　　非冯诺依曼网络计算体系不仅扬弃了 70 多年来引领计算机发展的冯·诺依曼结构，同时也将成为新基建的重要信息基础设施，为打造智慧城市、智慧工厂提供强大的算力支撑。本书在写作过程中，获得了中国工程院院士孙家广、方滨兴、沈昌祥、倪光南、刘韵洁、邬江兴、李乐民、郑纬民、赵春江、邓中翰，中国科学院院士解思深、陈国良和国际院士张亚勤、林垂宙、张景安、任福继等专家的指导、肯定。可想而知，其理论和实践价值非同凡响。

　　信息技术的浪潮，浩浩荡荡，顺昌逆亡。只有站在潮头，才能扬帆远航。清华大学出版社出版《非冯诺依曼网络计算体系》一书，恰逢其时。可以相信，该体系理论的提出和技术的落地，必将极大推动我国信息技术、产业、应用的创造性、跨越式发展，或将发展成为核心技术自主可控的新基建技术底座，摆脱我国高新科技发展的困境，推动科技发展、产业优化升级、生产力整体跃升，为建设科技强国、造福人民贡献力量。

中共中央宣传部原秘书长

中国云体系产业创新战略联盟常务副理事长

网络空间是"第五空间",是国家主权的新疆域。 以大数据、云计算、人工智能、移动互联网和物联网等为代表的数字革命正深刻改变着经济形态和生活方式,建设数字中国、发展新型基础设施已成为国家战略重点。 党的十九大要求我们建设现代化经济体系,它包含着方方面面的现代化,核心内容之一便是建立安全可信的计算和网络的生态环境,推动信息技术和实体经济的深度融合,从而实现建设数字中国和智慧社会的美好目标。

时至今日,网络空间积累了巨量数据,信息技术对人类社会的改造速度远超过去几千年。 正如李克强总理在 2016 年贵阳世界数据大会上所提到的:"大数据是钻石矿,它埋在地底下,要采矿、要冶炼,形成产品,变成宝贝。"大数据定义的不是现有数据,它是指无法用现有的软件工具进行处理的海量、复杂的数据集合,具有多源异构、非结构化、低价值度、快速处理等特点。 大数据价值的实现,相当于从"钻石矿"里挖掘"宝贝",从数据废品和垃圾收集处理中发掘知识和本质规律。 大数据产业还需要确权、交易、买卖等。

大数据无法用现有的软件工具来处理,不能用现有的数据协议所连接,也不能用现在的数据挖掘手段去关联。 随着海量数据的集中和信息技术的发展,信息安全也成为大数据快速发展的瓶颈,我们亟待建立安全可信的科学网络安全观来保障数据安全。 国家在《中华人民共和国网络安全法》和《国家网络空间安全战略》中都强调了推广使用安全可信的网络产品和服务,网络安全等级保护制度 2.0 标准也要求全面使用安全可信的产品和服务来保障关键基础设施安全。

流行了 70 多年的冯·诺依曼体系结构是用有限部件结合完成高速计算,在设计之初并没有考虑计算的安全性,已经面临严峻的结构性挑战,它需要不断改进、扩展、完善和提升。 建立可信计算架构,即在计算的同时进行安全防护,变传统的"封堵查杀"式被动防御为主动免疫,这要求我们考虑软件、硬件、计算以及通信的综合交叉并将其融为一体构建安全框架,而不能在现有模型里去修修补补,要重新思考和重构数据计算体系结构和通信协议。

奇思妙想就是创新！沈寓实博士及其团队撰写的《非冯诺依曼网络计算体系》一书，创造性地提出了融合计算、存储和通信为一体的网络计算体系，以及通过面向连接的定向数据通信来提高网络安全的理论，这是具有建设性的构想和创新。冯·诺依曼结构的历史地位和意义不容置疑，所谓"非冯诺依曼"结构并不是对冯·诺依曼结构的否定，而是扬弃和提升，核心在于算力大幅提升的同时，弥补结构上缺乏安全性设计的过失，通过构建安全可信的体系结构来保障网络安全。祝本书的出版可以为我国数字经济发展和网络安全建设带来新一轮的探索和突破！

沈昌祥

中国工程院院士
国家集成电路产业发展咨询委员会委员
中央网信办专家咨询委员会顾问
国家三网融合专家组成员

近十年以来，第三次工业革命爆发后中国互联网蓬勃发展，云计算一直处在不断演进、发展的过程中，从 PC 到 Mobile，IT 技术架构的前端、后端都发生了重大改变，从集中式的 C/S 架构发展为分布式的 IaaS、PaaS、SaaS 等。在云计算 1.0 时代，云计算是一种生产工具，提高生产效率，降低生产成本，在企业和社会经济中发挥了重要作用。当前，云计算已全面进入 2.0 时代，AI、Big Data、Cloud Computing（ABC）三位一体、深度融合，让云成为一种全新的能力，云计算的边界在持续扩展，引领产业的突破性变革，为社会经济注入新的活力。

随着数字化 3.0 时代的到来，信息、物理、生物世界的融合将迈上新台阶，并涉及自动驾驶、工业互联网、智慧医疗三大领域。自动驾驶集成多个关键技术的顶峰，对人工智能的感知能力、认知能力、决策能力均有极高的要求。5G 将提供无所不在、高带宽、低延迟的广域网，所有行业都在利用人工智能和物联网等数字技术进行升级，以达到提高效率、降低成本和保持增长的目标。物联网安全与隐私、人工智能学习、数据分析、管理、软件和应用平台是工业互联网更广泛应用的关键。人工智能驱动下的药物研发将是智慧医疗领域的重要研究方向。以上领域的任何突破都将是振奋人心的。

另外，制约着计算机互联网发展的 CPU 运算速度和软件瓶颈，以及网络实时延时和安全性的问题仍未取得根本性突破。香农定理逼近极限、冯·诺依曼结构遭遇瓶颈、摩尔定律逐渐失效，突破冯·诺依曼计算体系、探索新的网络结构成为业界有识之士苦苦探索的重大课题。沈寓实博士和高汉中先生早在 2012 年就在《云时代的信息技术——资源丰盛条件下的计算机和网络新世界》一书中极具前瞻性和创造性地提出了云时代的网络计算新型架构体系，当时我应邀作序，深感欢欣鼓舞，两位作者对行业痛点的敏锐洞察和对技术发展的远见卓识令人钦佩。

时隔 8 年，期间信息技术和产业高度发展，沈寓实博士和高汉中先生所预见的趋势和问题也日益成为现实。全行业都在期待一种全新的计算和网络构架，来满足人工智能时代的算力需求和网络实时性、安全性需求。在经过了进一步的钻研和探索后，两位作者及其团队推出了《非冯诺依曼网络计算体系》一书，进一步完善了前书中推出的设计理论，更直面深度学习和5G边缘计算对计算架构的新要求，提出了一套可实践的非冯诺依曼网络计算体系。 本书的出版恰逢其时，将有助于人工智能时代的计算与网络新架构的探索突破。 我也很高兴再次受邀为其新书隆重作序推荐。

以下内容是我2012年为《云时代的信息技术——资源丰盛条件下的计算机和网络新世界》所作的序言，作为历史的延续，也纳入新书序言，抄录如下，以供参考。

云计算作为新一代信息技术、物联网和移动互联网的神经中枢，将引发新一轮的产业革命，使人跨越时间和空间，使虚拟世界和真实世界融通起来，产生新的爆发力，使生产力有更新的飞跃。这场信息革命将改变所有产业，包括能源产业、制造业和生命科学。全球各国家的竞争力也会随之重新洗牌。

从全球范围看，美欧等发达国家和微软等跨国企业已经投入巨资，积极部署云计算的基础架构、操作系统、应用平台，以及开发大量的应用和服务。近年来，中国政府和企业同样对"云"有了更深的认识，并将云计算作为战略性新兴产业重点发展，这非常具有远见。

不可否认的是，云计算的发展还面临着诸多重大挑战。在信息处理领域，越来越庞大的硬件和越来越复杂的软件导致了第三次软件危机的来临，如何在多核平台上仍然保持性能的持续增长，成为这次软件危机的核心。在网络通信领域，具有普遍高品质保证的、有线无线高度结合无缝覆盖的大网络时代，迟迟未能到来，根本技术上亟待突破。云安全技术也是云计算发展的另一个重要瓶颈。除了上述技术上的挑战外，云时代的来临还必然伴随着相应的政策法规完善和社会伦理演变。

我与高汉中先生相识已有20余年；与沈寓实博士在微软共事，也有着诸多合作。他们两人撰写的《云时代的信息技术——资源丰盛条件下的计算机和网络新世界》一书值得推荐。在计算、存储和网络三大基础性IT资源已经丰盛的基础上，该书对计算机和网络通信的根本理论进行了深入的、革命性的再思考，全面、系统且富有创造性地提出了新型计算构架和新型网络技术，并预见性地为其勾画出一条商务发展路径。

重大科技变革推动着人类社会的不断发展，云计算代表的正是这样一种变革。期望我们在变革的世界中，能够把握未来趋势，将整体理念提高到与时俱进的高度，利用跨越式发展的良机，为人类社会的可持续发展做出更大贡献！

清华大学教授、智能产业研究院（AIR）院长
美国艺术与科学学院院士
澳大利亚国家工程院外籍院士

计算机和互联网高速发展了半个多世纪，离不开两位被称作"计算机之父"的著名数学家，一位是设计了电子计算机理论和模型、奠基计算机科学与人工智能的阿兰·图灵，另一位是基于图灵理论和模型发明了第一台电子计算机并创立了沿用至今的冯·诺依曼结构的冯·诺依曼。 可以说，图灵描绘了计算机的灵魂，冯·诺依曼框定了计算机的骨架，后人所做的就是不断丰富计算机的血肉——Windows 操作系统与 Intel 处理器，此二者的完美结合，产生了主导互联网领域的 Win-Tel 体系，将人类带到了当前的智能互联时代。 然而数十年后的今天，摩尔定律逼近极限，冯·诺依曼结构下的 CPU 再也无法处理繁重的数据洪流，TCP/IP 结构的互联网被黑客和病毒攻击得千疮百孔，安全问题无药可解，贸易战带来了核心技术的封锁对抗。革命性的创新网络计算体系，既是整个网信领域技术发展的迫切需要，也是中国冲破美国科技封锁的重要途径。

面对部分领域被国外信息技术垄断、美国不断向中国科技企业"断供"施压的局面，我国有三种选择： 一是仍然在现有信息技术体系下发展，但要确保不被国外"卡脖子"； 二是构建国产的信息技术安全可控体系，例如北斗卫星导航系统，以前期的巨大成本投入换取打破垄断局面的机会； 三是先在现有体系下发展，再逐步用安全可控的国产体系替代被垄断的信息技术体系。 以 Win-Tel 体系为例，我们正从重要应用领域开始，逐步用安全可控的国产技术体系替代之。 当前，新基建正在稳步推进中，网络安全是新基建的前提，自主可控则是网络安全的重要"基石"。 构建自主、安全可控的新信息技术体系，是我国网络信息技术领域发展的时代课题、历史使命。 相较于自主替换，面向未来，对计算架构和网络架构进行重构创新，更是一条需要大无畏精神和卓绝工作的突破之路！

沈寓实博士和高汉中先生就是这样敢于挑战传统的网络计算专家，他们十多年前便开始尝试思考和潜心研究相关基础理论，从计算、通信以及互联网架构的起点，重新构思和布局新型网络和计算体系，并在 2012 年发表了阶段性成果《云时代的信息技术——资源丰盛条件下的计算机和网络新世界》，直到八年后《非冯诺依曼网络计算体系》一书的成熟和问世，以非凡的胆略和勇气，十余年磨一剑，终得突破！该书提出的非冯诺依曼网络计算体系，跳出 Win-Tel 体系的束缚，以一种全新的架构解决或规避了困扰计算机产业发展的诸多问题，是一个兼具完整性和革命性的突破和创新，更是核心技术完全自主、安全可控的"中国成果"。 在当前中美摩擦加剧、疫情导致全球经济进入低迷期的国际形势下，本书的出版无疑是为中国的国产替代、自主创新进程注入了一剂"强心针"，将与众多科技人员的研究成果共同构建起原创的"中国生态体系"，助力中国在全球科技竞争格局中站稳脚跟。

我们正处在新一轮科技革命和产业变革蓄势待发的关键时期，自主创新、突破核心技术已成为这个时代最重要也最艰难的使命。 在关键核心技术上，我们只能靠自己，也必须靠自己，中国只有抓住机遇，坚持自主创新，才能真正成为科技强国和现代化强国。 我们应积极响应党的十九届五中全会之要求，坚持创新在我国现代化建设全局中的核心地位，强化国家战略科技力量，提升企业技术创新能力，激发人才创新活力，完善科技创新体制机制。 时代呼唤更多的理论创新和更大的理论突破，作为一名多年从事计算机研究的资深人士，我非常欣喜地在本书中看到了这种突破的可能性，并很荣幸可以为本书作序。 希望更多专业人才和有识之士关注到这一颠覆性的战略构想，踊跃加入到突破冯·诺依曼瓶颈的理论研究、技术实践和产业落地中来，发挥群体创新和举国体制的巨大优势，成就属于这个时代的传奇！

中国工程院院士
中国科学院计算技术研究所研究员

序言十一

数字经济已经成为全球发展最快的经济领域，传统产业正纷纷向数字化、网络化、智能化转型升级。 影响数字经济深度应用的重要因素之一，是现代网络信息技术能否为制造业提供一张更稳定、更精准、更快速的支撑网络。 互联网发展到现在历经 40 多年，在商业消费领域取得了巨大的成功。 面向未来，互联网正在从消费领域向生产领域扩展，与工业、能源等实体深度融合，工业互联网成为传统产业数字化转型的重要支撑，也是"新基建"的核心领域之一，这对网络通信的实时性、安全可靠、服务等级划分、海量数据处理和资源调度都提出了更高需求，网络重构和可持续发展逐渐成为全球关注的焦点。

目前的互联网相当于普通马路，未来要在互联网上建设高速公路、高铁和航空。"尽力而为"的传统网络架构逐渐僵化，难以支撑数字经济等互联网新业态对网络的多样化需求，亟须引入"说到做到"的差异性 SLA（服务等级协议）和"使命必达"的可承诺确定性网络。 网络的硬件设备，也要由传统路由器变革为更简单、更开放、更智能、可定制的标准化的设备。 为满足行业数字化、智能化的根本性转变，需要从多层次、多维度研究新的基础理论和技术方法，包括设计克服现有互联网缺陷的新型网络体系结构，研究适合未来网络应用创新的关键技术，研发未来网络核心设备及系统等。 在 5G 即将全面商用的窗口期，网络架构变革对新基建的推进意义非凡。

近日，沈寓实博士送来了他和团队撰写的新作《非冯诺依曼网络计算体系》的书稿，其中深刻分析了传统计算机和互联网在架构设计上的原始缺陷，提出扬弃和革新传统理论与技术思路，建立面向未来的通用网络计算体系。 对此我深表认同，只有直面本质问题，才能找到最优解决方案。 过去数十年，计算、网络通信领域的专家和工程师们为弥补架构缺陷设计了众多算法，虽然解决了局部问题，但却使得整个计算网络体系变得愈加复杂和笨重。 沈博士在书中重新解构计算、网络与存储三大基础资源，并基于三者融合提出了非冯诺依曼网络计算体系，在实现百倍于 CPU 算力的同时，解决了网络时延和安全性问题，使构建无限可扩展的大一统网络成为可能。可以预见，非冯诺依曼网络计算体系将成为工业互联网的重要技术支撑。

中国是制造大国，却还不是制造强国。 2017 年政府工作报告中首次明确把发展"智能制造"作为主攻方向，并且提出要用 30 年的时间成为全球设备制造强国。 中国要在 30 年的时间内和德国这种有 300 年工业技术积累的国际制造强国站在同一条水平线上，困难可想而知。 但人工智能、5G、物联网等技术的发展为制造业转型升级带来了巨大的机遇，工业互联网将是中国走向制造强国的重要加速器。 不难想象，中国制造业将在未来十年发生翻天覆地的变化，核心技术自主创新将支持中国制造业实现从模仿到创造、从跟跑到领跑的跨越，让我们共同为之努力。

中国工程院院士

中国联通科技委主任、原副总裁

江苏省未来网络创新研究院院长

演绎法是人类认知世界、推演规律的高阶逻辑方法，作为演绎原点的基本假设，通常是本质、本性与大道至简的公知或公理，也被称为第一性原理，即古希腊哲学家亚里士多德所说的"每个系统中存在一个最基本的命题，它不能被违背或删除。"

不同的基本假设通常会导出不同的世界认知和创新理论，牛顿基于惯性和引力的基本假设，形成了牛顿运动定律；爱因斯坦基于光速不变和相对性原理基本假设，形成了相对论；达尔文基于遗传变异和自然选择的基本假设，得出了进化论；基于计算、存储和网络的基本假设，发展出了造福全人类的奇迹般的数字世界。然而，随着物联网、云服务、大数据、人工智能等创新性、颠覆性业务的加速发展，冯·诺依曼架构、存算分离、网络与计算分离等被奉为圭臬的基本假设，正在被加速重构乃至颠覆。

爱因斯坦曾说过："提出一个问题往往比解决一个问题更为重要。"对于人类共建共享的未来数字世界，最重要的问题就是：支撑可持续发展的"新"第一性原理或基本假设是什么，会发生怎样的变化？这既是技术坐标的重新锚定，也是发展方向的灵魂拷问。

2007年，本人受命领衔国家科技部重点专项课题"新概念高效能计算机体系结构及系统研究开发"研发任务，深感经典冯·诺依曼体系架构是导致高性能计算中能效墙、散热墙、内存墙、高速I/O墙等难以逾越壁垒的"第一因"，但当时任何试图怀疑甚至动摇冯·诺依曼架构统治地位的创新思想都会被视为妄想或异端邪说，犹如哥白尼"日心说"提出之初无法被受托勒密"地心说"思维禁锢的人们所接受一样。本着科学求真的精神，我们不懈探讨"从应用适应计算结构"向"计算结构适应应用"的路径转变，从充满奥秘的大自然中寻求大道至简的第一性原理。无论是生命的多样性，还是拟态章鱼伪装大师的神奇，都强烈地驱动着我们将创新思维延伸到"非冯诺依曼禁区"。

冯·诺依曼架构也许是图灵机的最佳工程实现表达，但艾伦·麦席森·图灵先生终其一生也未能给出计算的世界一定都是图灵机可以理想表达的结论，因而冯·诺依曼架构也绝不能就定于一尊。12 年前，我们提出的"结构决定效能"的领域专用软硬件协同计算架构，就是旨在通过变结构计算来消除将应用课题层层虚拟化映射至冯·诺依曼架构上的低效能问题，由此打破了高性能计算体系化发展的桎梏，开辟了一条通往新型计算架构的全新技术方向。2013 年研制出的被两院院士评为"中国十大科技进展新闻"的拟态计算机原理样机，于 2018 年被图灵奖得主 David Patterson 和 John Hennessy 共同预测为未来十年计算机体系结构发展的最重要趋势之一。

沈寓实先生及其团队所著的《非冯诺依曼网络计算体系》，也是同频共振的从颠覆性基本假设出发，站在宽广的技术维度、俯瞰的产业高度、跨域的应用广度，给出了计算、通信、安全等行业发展的全新视角、全新解读和全新憧憬，无论是对云时代的工程师们，还是 IT 从业人员，都有打破僵化思维、激发创新灵感的宝贵裨益。

最后与各位读者分享：永远不要自设思维禁区，在画地为牢的自我禁锢中搞创新，人类历史中所有伟大的理论成果和科学发现，总是源于异想天开的颠覆性假设。这么多年以来，我们也在一直思考数字世界的未来应该是什么面目，憧憬数字世界的初心和人类的本质需求似乎更容易找到"逼近真理"的答案，通过从自然界中不断汲取灵感，带领研究团队相继打破计算、网络和安全等领域习以为常的"第一因"，发展出了世界领先的拟态计算、拟态防御、软件定义互连、多模态智慧网络等原创成果，并推动了相关领域的科学进步与技术发展。

我们坚信，未来的数字世界应该是如同地球生物圈，天然的多模态环境，个性智能的集约化服务，自然的演进与突变，优胜劣汰的丛林法则，内生的安全免疫机制。由此我们大胆预言，全维可定义多模态网络计算环境将是未来集计算、通信、存储和智能于一体的发展方向。

中国工程院院士
国家数字交换系统工程技术研究中心（NDSC）主任

在人类日益成为一个命运共同体的今天，科技、经济和产业都面临深刻调整和创新变革的全方位历史机遇期。 网络空间和物理世界深入融合的新时代已经到来，网络信息技术已经成为全球研发投入最集中、创新最活跃、应用最广泛、辐射带动作用最大的技术创新领域，是全球技术创新的竞争高地。 互联网不仅是我国抢占新一代信息技术前沿的桥头堡，也是我国经济走向高质量发展的重要引擎之一，信息技术在国民经济中的重要性不言而喻。

国家实力的提升来源于科技创新。 党的十八大以来，以习近平同志为核心的党中央高度重视网络安全和信息化发展，加强顶层设计、总体布局，做出建设数字中国的战略决策。 党的十九届五中全会规划了到 2035 年基本实现社会主义现代化远景目标，其中第一个就是： 我国经济实力、科技实力、综合国力大幅跃升，关键核心技术实现重大突破，进入创新型国家前列。 大国发展必有大国重器！ 掌握核心技术，是一个大国实现高质量发展、抢占国际竞争高地的重要保证。 要下定决心、保持恒心、找准重心，加速推动信息领域核心技术突破。

本书作者沈寓实博士是信息领域的年轻一代专家和行业领袖，高汉中先生是中美信息科技领域的资深研究者和思考者，他们对信息产业的发展趋势有着深刻认知和系统思考。 特别是沈寓实博士，和我相识多年，兼具家国情怀和国际视野，他曾在美国留学、工作十余年，后作为国家级特聘专家、中国云体系产业创新战略联盟秘书长，长期致力于信息核心技术的自主创新和国际合作。 2012 年，我曾受邀为他和张亚勤博士等编写的《云计算360度： 微软专家纵论产业变革》一书作序，该书被评为"中国互联网 20 年最值得藏阅的 100 本书"之一。

时隔 8 年，我欣喜地看到沈寓实博士及其团队的新作《非冯诺依曼网络计算体系》问世。 本书从更为宏观的角度和独特的视角，深刻分析了计算机和互联网两大体系的内在联系和现有顽疾，创见性地预见了一个资源丰盛条件下的计算机和网络新世界，并创造性地提出了重构计算和网络的核心技术理论体系，为网信行业的未来发展提供了新的颠覆性方向。

人工智能是未来社会发展的重要方向。今后的社会注定会是人类和机器人共同生活、共同协作、共同发展的时代，布局人工智能就是在布局未来。正如本书所分析的，人工智能领域的科技创新需要强大的人工智能算力，但摩尔定律逐渐失效，冯·诺依曼体系的计算构架已经制约了算力的提升。现阶段蓬勃发展的人工智能芯片虽能弥补部分冯·诺依曼体系的缺陷，但这只限定于特定的应用场景，要从整个计算机网络体系结构这个更广泛的范围里解决瓶颈问题，创建非冯诺依曼网络计算体系才能有根本性突破的可能。

能源、材料和信息是人类社会发展的三大支柱。能源和信息的融合已经多次改变了人类进化的漫长历史，在信息高速爆发和能源极度匮乏的今天，二者的交融创新将为人类的生存带来一场史无前例的非凡革命，非冯诺依曼体系创新构架很有可能成为这场变革的催化剂。国家电网已经提出"三型两网，世界一流"的战略目标，作为两网之一的"泛在电力物联网"就是围绕电力系统各环节，充分应用现代信息技术、先进通信技术，实现电力系统各环节万物互联、人机交互，具有状态全面感知、信息高效处理、应用便捷灵活特征的智慧服务系统。非冯诺依曼理论体系将有力地推动这一创新领域的快速发展，实现数据质量和处理速度的双飞跃。

中国在网络空间发展上谋求更大的突破，必须勇于从变革的角度去寻找新的思路，特别是在关键核心技术上实现自主可控，这是我国产业迈向全球价值链中高端位置的必由之路。本书在新一代计算网络构架的理论突破和实践落地上都有着极其重要的指导意义，书中提出的非冯诺依曼理论体系必将为自主可控领域的成长提供强劲动力。同时，国家在产业政策方面也将给出相应的指导和支持，顺应全球科技革命和产业变革的大势态，培育新技术、新产品、新模式、新业态，形成新动能，服务新经济，建设新时代，推动全人类智能科技与产业国际合作命运共同体发展！

科技部原秘书长、党组成员
原国务院参事
中国可再生能源学会第七届、第八届理事长

公元 1946 年时，美籍匈牙利科学家冯·诺依曼首先提出的计算机体系结构的设想，成为现代世界电子计算机发展的基础。 在过去 70 多年中，由于大规模集成电路技术的飞跃进步，计算机的运行速度及存储能量发生了巨大变化； 由于云计算、大数据分析及无线通信技术的交互作用，计算机的应用对企业运作和人类生活产生了铺天盖地的影响。

然而冯·诺依曼体系结构沿用至今，计算机系统的体系结构并未做过大的改动，从而使计算机的运作出现了左右支绌的现象，降低了计算机整体的应用效率。 冯·诺依曼架构虽然曾为计算机提速铺平了道路，却也埋下了严重隐患，若不予以解决恐怕将会成为人类经济及文明持续发展的瓶颈。 一个明显的困难出现在中央处理系统（CPU）上，当内存容量以对数级提升以后，CPU 和内存之间的数据传输带宽有了局限。 随着对计算机处理速度要求的提高和对需要处理数据的种类、量级的增大，冯·诺依曼结构限制了数据处理速度的增长。

近几年来，众多学者、专家和行业巨头不断钻研创新，以求突破传统冯·诺依曼体制的局限，各类有关非冯诺依曼化计算机的研究成果不断涌现。 人工智能芯片、加速云和众多新型非冯诺依曼结构的应用陆续面世。 诸如谷歌、微软、IBM 和 I-ARPA 等知名公司和机构的研发团队，也相继推出了有关非冯诺依曼方向的研究应用方案。 与此同时，国内外学术界也开始就非冯诺依曼的相关理论和关键技术展开研究，但革命性的突破和创新仍未出现。

创新的实质是用知识创造新的财富和价值，是一个讲究效益的经济性程序； 这不是单线发展的程序，而是一个多面和多层次的系统，需要"政、产、学、研"四个方面的联动和平衡。 从 20 世纪末期起 25 年来，中国经历了一场结合商业模式创新和技术创新的重大转轨，这可以说是中国历史上最富创新活力的时代，也无疑是科技创新最好的时代。 非冯诺依曼技术背后的巨大潜力和商业价值，促使国内外对其理论、应用和关键技术的研究日益活跃，一些企业机构也已经开发出部分相关工具和产品。 非冯诺依曼技术作为新一代产业浪潮的重要推动力量，将对科技世界和经济社会的发展产生深远影响。

我是一个科技创新的从业者，在个人学习的过程中，深深觉得中国历史哲人老子的"有"与"无"是对知识产品最佳的定义。 老子说："有之以为利，无之以为用。"这就是说一个知识产品必须具备实体、结构，是为"有"； 也必须具备空间、功能，是为"无"。"有"和"无"两者互为扶持，相得益彰，实为一体之两面。 产品大者如汽车、货轮、房屋，小者如酒瓶、计算机、手机，无不如此。 我看非冯诺依曼的计算机体系结构，实际上具备"有"和"无"两者的性质，真是一个宝贵的特例。 老子又说："天下万物生于有，有生于无。"看来非冯诺依曼网络计算体系，可预见的将是千千万万电子计算机的源头，可想见的这也将是一个科技创新宝贵的特例。

《非冯诺依曼网络计算体系》一书创造性地提出了"新一代自主可控的非冯诺依曼无限延展网络计算体系"和"网络空间供给侧技术创新变革"的理念原理和实践路径，是该领域具有重要里程碑意义的成果。 该书系统梳理和分析了通信、计算和存储产业发展的来龙去脉，以及有关多媒体网络、网络兼容性和标准、网络商业模式、无线网络构架、CPU体系构架、数据库模型等领域的局限和误区，并在此基础上创新性地提出了围绕非冯诺依曼体系的一系列新观点，以及相关商务应用的发展脉络和未来规划。

相信本书的出版将使读者有机会从一个更宏观的高度来审视这个崭新而潜力无限的全新技术，促使大家在各自的领域中发掘机会、创造新价值、开拓美好的未来！同时，本书的出版也必将为非冯诺依曼技术、人工智能等战略新兴产业在创新创业领域打下更坚实的基础，为这一方兴未艾的技术体系和产业发展指明方向，推动新兴技术飞速发展，并早日带领人类文明迈向更高、更新的水平。

本书主要作者沈寓实博士曾在美国微软公司服务多年，近年来回国发展后发挥其科技及领袖长才，逐步成为中国云计算技术、云企业创新的一位领航者。 另一主要作者高汉中先生也是计算机技术的先驱和理论思考者，驰名国际。 我对他们大胆变革和颠覆性创新的精神极为钦佩，能为此书作序，是我的荣幸。

瑞典皇家工程科学院院士、香港工程科学院院士
第三世界科学院 TWAS 技术奖（1992）
原香港科技大学副校长、中国台湾工业技术研究院院长

在过去的二百多年中，人类见证了多次技术和产业革命，从蒸汽技术革命，到电力技术革命、汽车石油大规模生产时代，再到计算机及信息技术革命，这些历史轨迹中，我们看到技术有两种主要发展形式：一种是技术改良，即效用导向；另一种是技术变革，即目标导向。计算和网络体系结构的升级与发展也不例外。

冯·诺依曼体系的基础从 1946 年第一台电子计算机的诞生之际开始发展，其间为了提升处理能力，产业界做过各种优化与技术改良，也曾使计算机行业高速而稳定地发展。然而，历史的发展总是"否定之否定"，随着逐步逼近香农定理、摩尔定律的极限，特别是云计算、人工智能、物联网和 5G 通信时代的到来，产业界对于计算、存储和通信的要求越来越高，突破冯·诺依曼固有模式的呼声愈演愈烈，研究非冯诺依曼结构的新计算体系和网络构架已成为行业趋势。面对 5G 带来的超大信息洪流，超大并发计算量和超低时延的新型体系构架理论呼之欲出，这或将奠定人工智能时代信息世界的新基础设施，历史必然会被改写！

从已经具有将近七十载技术积累和行业应用历史的冯·诺依曼体系，逐步转换到非冯诺依曼体系，固然是大势所趋，但也是一项浩大工程，转换过程也会经历行业"阵痛"，这要求我们具有大刀阔斧的魄力和健全完备的整体布局规划。非冯诺依曼时代的序幕已经拉开，中国若要在这场网络计算结构体系的颠覆性发展中取得突破、占领制高点，必得戒骄戒躁、潜心钻研，付出冯·诺依曼先生那般的努力、探索和智慧，整合"政、产、学、研"各界资源，形成强大的研究、开发、生产一体化高效系统和综合优势，改写人类文明的轨迹。

《非冯诺依曼网络计算体系》一书集中展现了沈寓实博士和高汉中先生在这一创新领域十余载的探索和思考成果。我对两位作者执着的奋斗精神和非凡的创新勇气十分钦佩，能够受邀为本书作序倍感荣幸。该书对现有冯·诺依曼计算体系结构的发展瓶颈做了深入的剖析，为我们开拓了一幅崭新的非冯诺依曼体系的发展蓝图，并规划了清晰的实践路径，预测了主要商业落地场景，具有高度的可行性。非冯诺依曼体系构架的推进和未来发展也不可能一帆风顺，但我深信，在沈寓实博士及其精英团队以及各界有识之士的共同努力和推动下，必将以此为契机迎来信息产业新一轮技术革命的高潮！ 衷心祝贺《非冯诺依曼网络计算体系》一书的问世！

中国科学院院士

第三世界科学院院士

中国人民大学理学院院长

国家自然科学基金委原数理学部主任

序言十六

计算、互联、存储三大部件组成一个大信息系统，存储越来越成为其中的核心问题，甚至已成为关系到国计民生和国家战略安全的关键信息基础设施之一。研制具有自主知识产权的国产存储系统，是国家信息安全的战略需要。从 20 世纪 90 年代开始，我和我的团队就已开展关于网格存储系统关键技术的研究，并一再打破国际存储公司的技术垄断。我们研制的自维护存储系统，实现了数据存储和校验的实时同步，整体技术达到国际领先水平，目前已被成功应用到审计、公安、油田、电信、教育等行业及部门。

随着人工智能、区块链等新兴技术的兴起，作为基础支撑的高性能计算、并行处理、存储系统等核心技术愈发重要。算力一直被认为是人工智能再次起飞的重要基础之一。近十几年，我国高性能计算取得了非常大的进展，已在世界 Top500 强排行榜中位列第一。随着深度神经网络规模的扩大，最新的网络生成和训练往往需要数万 GPU 小时甚至更多，具有顶级计算能力的超算系统理应为大规模人工智能应用提供助力，不断拓展后者的技术边界。算力就是生产力，谁能提供核心智能算力，谁就掌握了全球智能领域的核心竞争力。

作为一名科研工作者，我深知每一个创新成果都来之不易，需要付出常人难以想象的努力，更要有耐心，能沉得住气，深入钻研。沈寓实博士及其团队"十年磨一剑"，推出了他们的理论研究成果《非冯诺依曼网络计算体系》。书中系统地分析了冯·诺依曼结构的结构性缺陷，回顾了云计算、大数据以及人工智能等热点领域的发展历程并指明了其面临的挑战。基于此，他们提出了一种更适用于人工智能环境下的计算和网络新体系——非冯诺依曼网络计算，把专用芯片的思路推广到其他众多更普遍的算法上，设计了通用的可编程硬件。

与传统的网络架构相比，非冯诺依曼网络计算体系摒弃了不必要的边界和复杂的协议，把结构简化到了极致，实现了计算、互联、存储三大部件的融合，对解决未来应用场景中超大算力、低时延、低能耗和安全性的需求大有裨益。阅读书稿后，我对沈博士及其团队"大道至简"的思想深感敬佩。冯·诺依曼体系治整个计算机领域近 70 年，沈博士敢于突破这种"权威"，以颠覆性创新而不是继续优化的方式寻求解决问题的新思路，这一点非常值得借鉴、推崇和学习。

数字革命正在以前所未有的速度和规模改变着经济和社会活动，国际竞争进一步加剧，破除技术壁垒任重道远。作为科研工作者，我们要做的还有很多。我经常强调："做事，就要做有用的事，对国民经济有用的事。做研究，要能让理论落地，不能在纸上空比画，要务实。"我希望能有更多科研工作者阅读本书，尤其是年轻人，因为无论是在技术理论层面，还是在科研思想层面，本书都具有很好的指导意义。我十分期待本书的正式出版，相信非冯诺依曼网络计算体系将从中国出发，走出一条迈向世界一流的道路，成为定义未来数字时代的核心基础理论。

郑纬民

中国工程院院士
清华大学教授

序言十七

我从事通信技术的教学与科研 60 余年,目睹了通信与网络技术的巨大变化。 通信技术的发展已经让"千里眼""顺风耳"成为现实,通过计算机互联网,使得全球人与人之间的通信实时而经济。 现代通信技术不仅要解决人与人、人与物之间的通信需求,还要解决物与物的通信需求,如物联网、车联网、智慧城市等。 如果再展望通信的前沿发展,5G、6G、空天地一体化网络、未来网络、触觉互联网、智慧网络等都将会在未来逐一实现,软件定义网络、网络虚拟化、网络与大数据、云计算、人工智能的结合等丰富内容将触及人类生活的每个方面。 无疑这需要我们每一代业界工作者的不断创新和突破,就像奥运会的世界纪录一次次被刷新,没有最好只有更好。

冯·诺依曼博士 60 多年前设计出了著名的"冯·诺依曼计算机结构",并发明了这样的计算机,开创了计算机互联网发展的新纪元。 随着时间的推移,摩尔定律已接近极限,人工智能、大数据、区块链、混合现实和边缘计算等新兴技术对算力的需求呈指数级提升,冯·诺依曼网络计算结构已成为 CPU 运算速度和软件问题以及网络高延时、低安全问题的瓶颈所在,非冯诺依曼网络计算体系架构的创新和突破已经成为行业和国家间战略较量的关键一环。

沈寓实博士是非冯诺依曼网络计算体系架构的先驱探索者,他和他的合作伙伴们潜心钻研探索十余年,曾在 2012 年发布《云时代的信息技术——资源丰盛条件下的计算机和网络新世界》一书,当年我欣然应邀为该书作序,对其中提出的"大一统互联网和云端信息中枢"的理念深感认同,这是对计算和通信本质的深入思考,也是对未来云计算蓝图的精准描绘。 时隔 8 年,沈寓实博士及其团队更进一步,发布了《非冯诺依曼网络计算体系》一书,深入完善了新一代非冯诺依曼网络计算架构的理论,其新结构可实现百倍于 CPU 的运算速度,降低网络延时的同时实现网络的安全性,一并解决了制约计算机产业发展的诸多问题,让突破和颠覆成为可能。 受沈寓实博士邀请为其新书作序,我感到欢欣鼓舞,希望本书能为该领域的发展和进步带来有效完整的思路和变革！

同时附上我 2012 年为《云时代的信息技术——资源丰盛条件下的计算机和网络新世界》一书所作的序言，以资参考。

整个 IT 发展的历史是一部不断创新的历史。计算机、互联网和有关无线通信技术都是 20 世纪具有划时代意义的伟大发明，其本质是释放了人类的智力，在全球范围内扩张了人类的分享知识和创新能力，并在更大范围内推动了人类更高效率、更低成本的协同工作。

如今，"创新"和"全球化"的结合，创造了更大的发展机遇。放眼未来，计算和通信可能面临全新的变革。云计算带来的不仅是规模经济效益，庞大数据能够真正产生巨大的价值，包括大数据挖掘、智能分析和个性化共享，这将奠定未来 IT 产业、传统产业和社会经济所必须依赖的基础。通信领域的变革同样令人鼓舞，这包括高品质实时视频互通的规模化普及，网络安全水平的本质提升，有线通信和无线通信的无缝结合，智能移动终端的全新个性化服务，等等。

《云时代的信息技术——资源丰盛条件下的计算机和网络新世界》一书从全新的视角审视了计算和通信的本质和发展规律，是一部具有创造性和开拓性的科技作品。在信息资源已经丰盛的基础上，书中描绘出一幅重建虚拟世界的新图景。

创新是 IT 产业的精髓。理论创新是最根本的创新，实践上的执行力同样重要。我相信，随着新信息技术的突破，人类必将进入到一个全新的智能时代！

本书作者之一的沈寓实博士是在美国加州大学圣迭戈分校获博士学位，导师之一是 L. B. Milstein 教授，他们在 IEEE 期刊发表过多篇论文。我于 20 世纪 80 年代初在 Milstein 教授处做了两年访问学者，我们也在 IEEE 期刊发表过论文。今年在成都召开的 ICCP 2012 会议上，我和沈博士进行了深入交谈，他的经历和成就吸引了我。应他之邀，我欣然为此书作序。

李乐民

中国工程院院士

电子科技大学教授

序言十八

当今世界，新一代信息技术是创新最活跃、渗透性最强、影响力最广的领域，它掀起全球范围内新一轮的科技革命并飞速转化为现实生产力，引领科技、经济和社会日新月异。计算科学已经和理论科学、实验科学一起，引领了信息产业的持续飞速发展，推动着人类文明的不断进步和科技的持续发展，成为科技与创新的原动力。随着接踵而来的人工智能、物联网、边缘计算、5G等一系列新技术的爆发，网络空间也在不断变革，而每次变革都极大提升了世界的人均生产力，同时将全人类的体力、脑力投入到全球产业升级中，改写了人类文明进步的轨迹。

然而，计算行业也面临着前所未有的巨大挑战。信息洪流的时代需要并行超算的运算心脏，CPU早已不堪负荷，网络安全延时问题令大家束手无策，传统的冯·诺依曼计算机结构和Win-Tel体系已无法适应信息革命时代步伐，非冯诺依曼的计算网络架构必然会成为历史的选择。作为计算机教育者、改革者和普及者，我曾在不同场合多次建议大家认真思考一下我国计算机和通信学科的现状，我们应该积极地打破局限，破解瓶颈，立刻行动，对传统业务进行根本的革新。

在这样的大背景下，《非冯诺依曼网络计算体系》一书应运而生。我对本书所具有的前瞻性、战略性、变革性的理论格局和实践体系十分推崇，作者大胆开启科技创新变革，围绕非冯诺依曼思想创建了一套崭新的计算架构体系和自主可控的可无限延展的网络计算体系，为网络空间供给侧改革提供了开创性的技术基础。同时，本书对于未来网络发展也有着创新性的分析和清晰预示。这或将掀起一场以计算和通信方式为核心的信息革命，突破基础理论，催生产业实践，其影响无疑将是方方面面的、无孔不入的、裂变式爆发的，其意义是系统性的、创造性的、划时代颠覆性的！

本书主要作者沈寓实博士对新一代信息技术的发展趋势有着高度敏锐的嗅觉，他的学识和抱负令人钦佩。我与他曾多次深入探讨新一代网络计算构架等课题，十分赞同非冯诺依曼的相关理论及其关键技术将是未来学术与应用研究的大趋势和热点。沈寓实博士也是南京邮电大学的兼职教授，提出过诸多关于南京邮电大学未来发展的有效建议，并为南京邮电大学对接了各界优质资源，得到了南京邮电大学学术委员会的高度认可。

　　人类社会的进步离不开经济和产业变革，每一次变革都离不开科技理论的突破。在 21 世纪的科学发展中，学术上最重要、经济产业上最有前途的前沿研究都可能通过大胆的科技变革和熟练掌握先进技术而达成。 这次我很荣幸受邀为本书作序，希望本书的出版能为整个行业乃至全社会注入新的创新动力，促使我国信息产业把握住时代发展机遇，为我国抢占 21 世纪网络通信和计算机技术制高点、为未来国民经济发展都能起到积极的引领和推进作用！ 也希望非冯诺依曼科技变革衍生出新兴技术和产业应用，能够给人类社会带来更大的发展空间和潜在价值。

中国科学院院士

南京邮电大学、深圳大学教授

序言十九

国家信息化发展战略总目标是建设网络强国，主线是"以信息化驱动现代化"。习近平总书记指出，"国家利益在哪里，信息化就要覆盖到哪里"。我国作为农业大国，在转型成为农业强国、实现乡村振兴的过程中，信息化发挥着举足轻重的作用。经过20多年的发展，我国农业农村信息化取得巨大进步，在国家的大力支持下，截至2019年底我国行政村通光纤和通4G比例均超过98%，贫困村通宽带比例达到99%，农村网络基建俨然跻身世界前列。随着现代信息技术在农业领域的广泛应用，以智慧农业为表现形态的农业智能革命已经到来。智慧农业是通过将互联网、物联网、大数据、云计算、人工智能等现代信息技术与农业深度融合，实现农业信息感知、定量决策、智能控制、精准投入、个性化服务的全新的农业生产方式。智慧农业是农业信息化发展从数字化到网络化再到智能化的高级阶段，作为第三次农业绿色革命的核心内容，智慧农业对农业发展具有里程碑意义，已成为世界现代农业发展的热点，也是中国现代农业发展的必然选择。

新信息技术的大规模应用必然带来新的信息基础设施需求。农业农村部、中央网络安全和信息化委员会办公室印发的《数字农业农村发展规划（2019—2025年）》中强调"加强重大工程设施建设"，其中包括"围绕增强农业农村大数据和农业农村政务业务系统的计算存储能力，构建覆盖中央、省、市、县农业农村部门的国家农业农村云"和"整合现有硬件资源，完善信息网络、服务器等设施设备，构建农业农村大数据专有云，存储核心业务数据。"

《非冯诺依曼网络计算体系》一书是对现有的计算机体系结构和云计算技术的重要创新，扬弃固有的传统冯·诺依曼结构和互联网基础协议，以一种可无限扩展的新一代异构网络计算构架实现计算、通信、存储相融合，从而满足万物互联时代高并发、低延时、安全可靠的网络计算需求。书中阐述的技术在边缘云、云边协同等场景的应用，对智慧农业领域有重大意义。动态按需管理边缘算力，高带宽的通信支撑，可以为农业大数据和人工智能技术的全面推广提供基础设施保障，突破智慧农业发展的"信息最初一公里"瓶颈。 这项自主可控的创新技术有助于解决我国信息基础设施产业链底层技术受制于人的问题。

我两年前与沈寓实博士相识，对他在前沿颠覆性技术、国家网络空间战略和国际合作博弈等多个领域的卓著见解印象深刻。 王卓然博士与我在人工智能领域也有多年深入合作，我对他的技术成就高度认可。 我欣然受邀为《非冯诺依曼网络计算体系》一书作序，期待本书突破固有技术束缚的思维模式，能够启发更多的科技自主创新，更待基于非冯诺依曼结构的下一代网络计算技术能为我国信息基础设施建设赋能，为我国智慧农业发展助力。

中国工程院院士

国家农业信息化工程技术研究中心主任

世界正在经历百年未有之大变局，新一轮科技革命和产业变革迅猛发展，随之将从根本上改变人类的生产生活方式。 人类社会经历了狩业社会、农业社会、工业社会之后，目前正进入智业社会，将来则会过渡到无业社会。 所谓智业社会，是指各行各业都将由人工智能主导，大多数行业人类处于边缘或者完全不需要人类干预。如果把机器人替代人类的这个阶段称为智业社会，人类将长期处于智业社会并最终过渡到无业社会。 无业并不意味着失业，而是人机共生的新常态。 从 20 世纪到现在，第一波的机器人浪潮主要由工业机器人引领，而下一代的机器人浪潮将是能解决情感问题的智能机器人，未来凡是和人有交流的地方，都需要用到情感机器人。

近 30 年来人工智能的发展，依赖于 20 世纪 80 年代开始的数据驱动，也就是大数据驱动的机器智能进化。 在人工智能的计算智能、感知智能、认知智能三个层次中，计算智能方面取得了巨大的进展，感知智能方面也取得了可喜的进步，但认知智能方面几乎还无任何突破。 认知智能通俗地讲就是"能理解、会思考、有情感"，其核心我认为就两个字："理解"。 理解是人工智能的最高层次，情感计算将是研发未来机器人绕不开的门槛。 具有智能情感的服务机器人是一个融合计算机科学、人工智能、机械工程、机器人学、心理学、语言学、社会学、病理及美学等多学科的复杂领域。

我常常鼓励人工智能研究者"要做直面人工智能本质问题的勇士"。 其实任何科学领域，在推动应用落地、产业发展的同时，都要有直面本质问题的勇气和能力。未来 30 年的人工智能发展，数据仍将是一个主要因素，它可能像粮食一样，但研究范式将发生根本转换，也就是从过去的以数据为中心的研究范式向以科学为中心的研究范式进化。 人工智能的以科学为中心的研究范式，就是要研究人工智能的本质问题，要知其然也知其所以然，实现可解释的人工智能。

我和沈寓实博士相识多年，非常赞赏他深邃的洞察力、优雅的亲和力和强悍的执行力。 沈寓实博士及其团队撰写的新著《非冯诺依曼网络计算体系》，尽管还达不到能制定普适标准的、科学严谨的非冯诺依曼网络计算完整体系，但直面了计算和通信领域的本质问题，在摩尔定律逐渐失效的当下，勇敢跳出现有的产业思维，从扬弃CPU的角度找到了突破冯·诺依曼瓶颈的解决方案，这种思维方式值得鼓励和推崇。

正如爱因斯坦所言：想象力比知识更重要，因为知识是有限的，而想象力概括着世界上的一切，推动着进步，并且是知识进化的源泉。我被本书作者的想象力和激情所感，欣然应允作序。本书着眼未来，颠覆性创新，提出了人工智能时代的通用计算网络构架，力求解决当前信息领域面临的诸多问题，如人工智能算力需求、网络传输实时性和安全性等。我真诚地期待本书能够激发业界工程师的创新灵感，打破僵化思维，共同解决信息领域当下的困境，使经济模式和生产力发展产生质的飞跃。

任福继

日本工程院、欧盟科学院院士
日本德岛大学教授、系主任
中国人工智能学会名誉副理事长

序言二十一

万物互联的数字化时代已然到来，数字经济成为推动经济发展质量变革、效率变革、动力变革的"加速器"，以5G网络、人工智能、工业互联网、物联网、数据中心等新一代信息技术为代表的新基建正当其时。信息技术作为推动经济和社会发展的支柱性产业，日益成为衡量一个国家和地区总体竞争力的重要标志之一。

沈寓实博士在计算、通信领域深耕多年，是兼具技术研发能力和产业战略思维的业界翘楚。近期他和团队撰写的新作《非冯诺依曼网络计算体系》即将出版，该书立足于信息资源丰盛的未来时代，提出将通信、计算、存储三个信息基础资源融为一体的构想，设计了一种基于神经网络的非冯诺依曼网络计算体系，提出了以视频通信为主且向下兼容语音、文本类信息的可无限扩展的大一统网络，大胆预测描绘了未来网络信息世界的终极形态。其对信息产业理解之深刻、推理逻辑之严谨、颠覆传统之勇气，使我深感共鸣和鼓舞。

一直以来，中国的科技自立之路走得相当艰难，但始终坚定不移。在国际上一些技术成熟的领域里，我们努力跟跑，追赶国际巨头，填补国内空白，进行国产替代；在一些新兴领域和市场场景中，我们与国外保持并跑，争取"弯道超车"；而要实现领跑，就要有"换道超车"思维，敢于在"无人地带"制定标准、自主创新，打造新的产业链。希望更多年轻的科技工作者努力探索，为把我国建设成为创新型科技强国贡献力量。

邓中翰

中国工程院院士
美国工程院外籍院士
"星光中国芯工程"总指挥
中星微电子集团首席科学家

　　工业社会的发展历史可以概括为被机器替代的人力重构了生产关系，新的生产关系孕育出更先进的生产力。 而承载着先进生产力的基础设施决定着一个国家的经济基础和国际地位。 回到眼下，第三次工业革命带来个人计算机（PC）与移动计算设备的平民化，随之被解放的体力和简单脑力资源催生了互联网与移动互联网飞速发展的二十年。 当量变积累成质变，我们迎来的便是第四次工业革命。 信息物理系统将通信的数字技术与软件、传感器和纳米技术相结合，彻底消除物理世界与虚拟世界的边界。 第四次工业革命将重度解放人脑，而被释放的脑力资源终将被再次投入创造和娱乐两个方向，从而再次重构生产关系。 不难看出，在这个过程中，无论新的生产力还是新的生产关系都将大幅提升对信息计算、传输、存储的需求。 支撑信息计算、传输、存储的核心基础设施之一就是算力。 物理世界基础设施的建设已经成百上千年，而信息化平行世界的基础设施建设才刚刚开始。

　　20 世纪 90 年代，中国通过引进先进国家的芯片和操作系统，快速使全国人民用到了高性能的 PC。 当时不盲目选择、坚持发展自主技术的"民族精神"，促使众多有识之士投入芯片和操作系统的研发中，换来了 21 世纪我国成功将人口红利转化为人才红利（尤其是工程师红利）的基础。 人口红利与人才红利的共同作用让中国在计算机软件、互联网和移动通信领域的基础设施建设高速发展，迅速跻身世界前列，进一步为大数据、人工智能这些信息技术明珠的璀璨埋下伏笔，同时更造就了托起这些明珠的皇冠——云计算这个世界级的新的信息基础设施。 今天，对于率先迈入云计算时代的中国，这条产业链上的底层技术实现自主可控就变得势在必行，而其中最为核心的就是芯片技术。 随着开源芯片架构 RISC-V 的诞生，我国受制于西方已久的局面有了重大转机，而且还有足够的西方先进经验可以学习，这也是我们的后发优势。

　　然而半导体工艺发展至今，摩尔定律已接近尾声，工艺进步对处理器能力提升已无法匹配正呈指数级增长的算力需求。 同时，现有的计算机体系结构仍沿用在资源匮乏时代诞生的冯·诺依曼结构。 通用处理器 CPU 上运行着层层堆砌的无比复杂的软件，在多核平台保证并行性能的实现复杂度引发了第三次软件危机。 换句话说，冯·诺依曼结构先天的缺陷导致其无法适应第四次工业革命生产力发展的需求。 进一步提升算力最好的方法就是摒弃冯·诺依曼结构，建立新一代人工智能时代的通用网络计算体系。 这也正是本书的主题。

本书由两部分组成，各自独立成篇，内容涵盖了人工智能和云计算时代的核心信息技术、非冯诺依曼网络计算体系构架以及存储、互联网和移动通信等众多热点话题。 本书是对过去数十年信息技术的再思考和扬弃，包含对计算机时代、互联网时代、移动互联网时代、云时代、人工智能时代以及价值互联网时代总体构架和演变趋势的深入分析，以及高汉中先生和我在相关领域的自主研究和实践。 但是，请您不要以为本书是一本博采众家的大杂烩。 尽管本书所涵盖的范围极广，但书中的每一个观点都与您在网上或图书馆中找到的答案截然不同。

本书的第一篇是全书的理论基础，主体内容在高汉中老师和我于 2012 年出版的《云时代的信息技术——资源丰盛条件下的计算机和网络新世界》一书中已经做了基本阐述。 该篇重点探讨了信息世界的三大关联领域：计算机领域、互联网领域、移动通信领域。 我们着眼资源丰盛时代的算力需求，提出颠覆性的理论创新，从道的层面重新解构信息的计算、存储与传输，提出一种非冯诺依曼计算体系，定义了一种神经网络计算机。 它由神经元传导协议、信息处理流水线、极多线程状态机、异构算法引擎、跨平台数据结构，以及按内容分类的信息库、文件库和媒体库结构等要素组成，使构建大一统网络成为可能。

本书的第二篇是全书的核心，篇名是"非冯诺依曼网络计算——人工智能环境下的计算和网络新体系"。 该篇是高汉中老师和我近年来进一步思考的结晶，提出了人工智能时代的通用计算网络构架，简称 Rabbit 系统，把实现专用芯片的思路推广到其他众多更普遍的算法上，以求实现通用的可编程硬件模式，对三项最基本的资源（带宽、算力、存储）定义了三项最基本的应用（感观网络、人工智能、镜像存储）。 Rabbit 的核心价值可以概括为：在计算上，突破算力资源规模瓶颈和 CPU 结构限制，颠覆传统计算机和软件工程；在传输上，增强实时互动能力，包括有线和无线通信，颠覆传统互联网；在存储上，建立虚拟与现实的对应空间，全面改善系统的反应能力、并发能力、反馈能力、实时性和安全性。

最后是附录，收录了过去二十余年高汉中老师和我曾经发表过的文章，代表了我们在通信和计算领域内深入研究和自主思考的轨迹。 作为行业资深工程师和理论研究者，我们对十多项孤立的热点技术的必要性和可行性进行了比较和探讨，并重点涉及三大关键领域（计算机、互联网、移动通信）的深层次原理及相应技术选择的深入研究。 这也反映了我们从学习、理解，到概括，再到创新突破的全过程。

为了方便读者，在下面的内容中，我们先将本书的立论基础和核心观点提炼总结出来，其具体内容将在书中逐步展开。

1. 云时代的信息技术

众所周知，IT 行业的有识之士早已看到了计算机、互联网以及无线通信技术面临的困境，但是，解决问题的出路在哪里？

多年来，由于传统束缚、惯性思维、既得利益、资源垄断、"近亲繁殖"等各种原因，IT 产业过多地专注于微观层面竞争和快餐式应用，鲜有人敢于直面宏观问题的根源。 经过长期研究，本书同时论述信息领域三大主题，即计算机、互联网和移动通信的发展瓶颈和重大缺陷，提出颠覆性理论和发展观。

纵观历史，计算机和网络发展过程中有许多关键的选择点，串起这些节点可以清晰地看到信息技术的进化轨迹。 我们认为：在当年相对匮乏的资源环境下，这些选择是合理正确的；但今天的资源环境已经发生翻天覆地的变化。 在新环境下，如果我们退回到某些关键节点，重新审视当初的决定，调整方向，做出更佳选择，将会取得创造性的跨越式发展机遇。 实际上，正是我们在资源贫乏时代做出的某些短视选择，造成了长期发展的瓶颈，虽然我们后来采取了一系列补救措施，但治标不治本，导致最终陷入了如今难以自拔的境地。 预见未来后而敢于后退，从而开始全新的未来发展空间，这正是颠覆性历史创新的思想纲领、跨越性发展思路的哲学本源。

具体地，本书认为，只要转换到资源充分富裕的思维模式，采用"退回去重新选择"的方法，解决当前计算机和网络难题的途径不可思议的简单，"大道至简"，遵循本书的理论、技术和推广路线图，能够对未来网络经济发展起到不可估量的进步作用。 想要知道其中的秘密，以及获得相匹配的商业机会，您需要付出的代价无非是仔细阅读本书内容。 如果您急于知道这个秘密，那么，可以概括为一句话：舍得扬弃过去三十年积累的传统理论和技术思路。

1）在计算机领域

我们看到一个事实：过去五十年，可追溯到 PC 之前，例如今天中国铁路售票系统与四十五年前美国航空订票系统相比，计算机的运算能力累计增加数亿倍，但是，服务能力仅累计增加数百倍，这足以说明当前计算机效率不可思议的低下。

本书揭示另一个事实：一百多年前，制造业的生产流水线已经获得巨大成就，但是，今天在高科技的计算机领域，居然还在延续原始的行为模式，具体表现为串行操作的 CPU 硬件和洋葱式的层叠软件，系统能力受限于手艺精湛的"老师傅"，即单一的应用软件。

本书还揭示第三个事实：八十多年前，自从图灵发明有限状态自动机以后，计算机发展出了两个主要流派：以冯·诺依曼结构为代表的独立硬件和软件体系取得了巨大的商业成功；另一派神经网络由于理论缺陷而从计算体系退化成为算法。

进入云时代，我们将看到，云端运算力主要消耗在实时多媒体内容的深度加工，以及各类人工智能的应用。传统冯·诺依曼计算体系遭遇难以逾越的瓶颈，云计算提供了技术和应用之间的天然隔离。所有事实表明：突破冯·诺依曼计算体系的时机到了。

本书第一篇提出云端信息中枢概念。一方面，通过剥离多媒体内容，将人性化环境建设指派到用户终端，拧干传统 PC 模式的低效率水分；另一方面，通过基于神经网络的非冯诺依曼计算机结构，拓宽传统神经网络的局限，无限扩展系统功能和规模。其贡献包括创新思维模式、计算理论和技术，充分展示了云端计算体系的完整性、新颖性和实用性。很明显，这是从第一台计算机问世以来最大的结构性变革，作为开创云时代的奠基。

2）在互联网领域

云时代的特征是娱乐和体验，但是，当前的互联网表现出致命的缺陷：

（1）网络传输品质不能满足观赏过程的体验；

（2）网络下载方式不能满足同步交流的体验；

（3）网络安全和管理不能满足视频通信内容消费产业的商业环境和计费模式。

更有甚者，在可预见的将来，上述问题在 IP 网络中解决无望。基本常识告诉我们，云时代的应用王国不能建立在沙滩上，千万不要忘记要寻找一片坚实的土地。过去，在人类没有掌握光纤通信技术的时代，我们看到的网络世界，包括传统的电信、有线电视、互联网和移动通信，统称为"窄带世界"。今天，我们看上去学会了光纤技术，但是，业界并没有真正理解光纤的灵魂，还没有真正进入到"宽带世界"。

什么才是光纤的灵魂？就是富裕带宽资源的终极目标是满足人类感官体验的极限。

本书认为，当前通信网络工业思维模式还停留在"窄带世界"。只有充分掌握光纤资源的灵魂，聚焦终极目标，整个网络才能进入一个完全不同的新世界，传统无线技术才能获得新生，大规模视频通信服务将成为可能。那时，才能称其为"宽带世界"。

进入云时代，我们将看到，大一统网络融合传统信息服务、媒体、通信和娱乐平台为一体，其中，还包括无线通信服务达到有线同质化水平。 在坚实的大一统基础上，通信网络的主要任务从传递消息过渡到传递感官体验（传递消息占用的资源微不足道）。 本书明确告诉读者，今天网络世界中的大部分热门技术，不论多好，在新世界终将成为多余。 今天网络世界中无法解决的难题，不论多难，在新世界中将不复存在。 本书并不提倡用"聪明"的方法试图解决当前网络的安全和品质难题，而是用"智慧"谋求本质上不存在安全和品质弊端的网络架构。 本书揭示了一个具有战略价值的事实，未来网络是一片未开垦的处女地。

3）在移动（无线）通信领域

移动通信和无线终端为消费者带来极大的便利，把网络服务推进到"泛在"的境地，必然成为 IT 产业兵家必争之地。 但是，当前的移动业务主要局限在填充消费者的"碎片化"时间。 本书首次提出无线通信的终极目标，这就是提供有线固网同等水平的服务。 一旦移动通信充分通畅，手机终端智能自然移向云端，终端进一步空洞化，导致云时代应用突飞猛进。

实现这一目标的焦点是大幅提升无线系统宽带。 但是，香农信道极限理论告诉我们，当前移动通信行业所推崇的长期演进计划不能提供足够的宽带，不能满足本书所述的终极目标，即无线多媒体业务的需求。

本书认为，解决无线通信宽带不足的根本出路在于网络架构创新，或者说，微基站网络。 实际上，微基站概念是相对于当前蜂窝网宏基站而言，大幅度缩小基站覆盖半径，意味着减少单个基站服务的用户数，等效于大幅度增加每个用户的可用宽带。 因此，只要不断缩小基站覆盖半径，就能充分满足未来无线通信的宽带需求。

但是，这个看似简单的微基站网络包含许多复杂问题。 本书详细探讨了边界自适应微基站无线通信网络的原理，指明了破解难题的基本思路和诀窍，其中包括解决微基站间的信号干扰和快速无损切换难题。 根据本书的理论，无线基站就像电灯一样，天黑了，我们只需照亮个人的周边活动环境，在照明度不够的地方随意添几盏路灯，而不是复制一个人造太阳。

在此基础上，本书还附带提出"兼职无线运营商"的推广模式和平灾兼容的解决方案。

2. 人工智能时代的通用计算网络构架

人类信息产业的归宿就是感官网络（通信）、人工智能（计算）和镜像空间（应用）融为一体。 现有的互联网业务，只是附带的皮毛而已。 而且，所谓的多媒体业务，属于内容范畴，好比在管道中传送水、酒或汽油，与网络结构无关。 我们的解决方案归结为强云和弱端。 下一代的目标是在遵循物理原则的前提下，达到人类想象力的边界。 现在这个新时代才刚刚开始。

2003 年 2 月，互联网兴起不久，高汉中先生撰写了《论下一代网络》一文，从九个方面评价了那时互联网发展中的独立热点技术，包括：①关于带宽与芯片的资源重组；②关于网络发展的三大法则；③关于多媒体网络的错误；④关于 QoS 的错误；⑤关于 IP 为王（Everything over IP）的错误；⑥关于网络兼容性和标准的误区；⑦关于保护原有投资的误区（兼论软交换、VoIP、IPv6 的错误）；⑧关于接入网之争；⑨关于网络的收费机制和商业模式。

2012 年，高汉中先生和我联合出版了《云时代的信息技术》一书，书中不再谈论前面那些孤立的技术问题，而是重点探讨信息世界三个不同的关联领域，并从中提取系统精华，探索应用市场，涵盖计算机领域、互联网领域和移动通信领域。 该书进一步揭示出这三大领域是不能分离的。 计算机、存储空间、互联网和移动通信，必将是一个从底层深度融合的整体。 类似于 19 世纪机械电力相关技术发展，20 世纪的信息相关技术发展，将会扩展到 21 世纪生物和人工智能相关技术发展。 未来想去遥远的星球旅行，只要把我们的思维和肉体结构文件打包，通过原子比特转换器，并以光速发送，到了那里再把比特转回原子就可以了。

根据第一性原理，我们的系统架构只是对三项最基本的资源（带宽、算力、存储），定义了三项最基本的应用（感观网络、人工智能、镜像存储）。 只有这种基本的资源、规则、流程和算法，不受 CPU 制约，才具备宽泛的承载能力，最大限度地承载人类信息世界的终极应用。 本书第二篇提出的人工智能时代的、基于非冯诺依曼构架的通用计算网络体系，简称 Rabbit 系统，将同时颠覆计算机、互联网和移动通信产业。

当然，如果我们与多个相关的行业协会讨论跨越互联网话题，这无异于与虎谋皮。 唯一的出路是像乔布斯和盖茨一样，按照自己的认知，抛开当时 AT&T 和 IBM 垄断的清规戒律，直接开辟全新市场，建立全新的事实标准。 同样情况，乔布斯定义了苹果系统，盖茨与 Intel 定义了 Wintel 系统，雅虎和谷歌定义了搜索系统，谷歌定义了安卓＋ARM 系统。 类似事件还有很多，不是孤立的特例，而是创新领域的普遍规律。

下一个阶段，我们也将定义新的事实标准，开辟超越计算机和互联网的全新市场，引导我们进入感官网络、人工智能和镜像空间的新时代。 如前所述，我们面对的是一个不可分割的系统，为了描述未来信息社会的技术生态，只需通过本书第二篇的 6 章，每章 5 节，垂直解读这个结构单一而功能齐全的系统，包括：①系统理念和进化；②网络资源和结构；③硬件设备和无线连接；④系统管理和服务流程；⑤开发编程和应用环境；⑥总结和展望：画龙点睛。

希望本书为读者带来全新的视角。 实际上，Rabbit 系统移除不必要的边界和复杂的协议，把结构简化到极致。 与此同时，功能远超传统互联网和计算机，尤其是 Rabbit 编程设计远比大家想象得简单。 关于 Rabbit 系统的具体细节，您需要通过阅读本书的第二篇来获得，此处不再赘述。

3. 本书为何与众不同

诚如上文分析，难道积累了几十年的传统 IT 技术都错了吗？ 当然不是，传统技术在资源贫乏的前提下都是合理的。 但是，时代变了，资源和需求的关系发生了根本性颠倒，我们进入了资源丰盛的新时代。

正如当人们认识到空间曲率，就需要将欧氏几何（欧几里得几何，以下简称欧氏几何）发展到非欧几何（非欧几里得几何，以下简称非欧几何），当人们要研究微观或宏观世界，就需要从经典牛顿力学发展到量子力学和相对论，同样地，当网络空间发展到人工智能、万物互联的时代，为了满足资源丰盛时代超高并发和流量、超低时延、超高可靠性的算力需求和通信需求，我们就必须突破冯·诺依曼结构的束缚，建立非冯诺依曼结构的网络计算体系。

本书与众不同之处在于用新思维模式看世界，通过终极目标导向，假设已经到了未来世界，回头再看 IT 产业的发展轨迹，云时代的信息技术自然变得清晰可见。

我们知道，信息产业的基础资源（算力、存储、带宽）代表了日新月异的科技成果，是一个不断增长的"激变量"；人类接受外界信息的能力决定于百万年漫长进化的人体生理结构，它是一个基本恒定的"缓变量"。 今天我们看到的各种高科技应用，无非是多了一个电子化和远程连接，其实早就出现在古代的童话和神鬼故事中，今天的科幻电影无非是把老故事讲得更加生动和逼真。 站在历史大跨度，从三星堆出土的"千里眼顺风耳"大面具，到好莱坞大片《阿凡达》，人类远程通信的基本需求五千多年未变。 可以推测，未来几百年也基本不会变。 从古到今，这些丰富的想象力代表了人类信息需求和文明的极限。

显然，"信息资源"和"信息需求"是两个独立物理量，不可能同步进化，因此，两者轨迹必然存在交叉点。

在交叉点之前，信息资源低于需求极限，信息产业发展遵循窄带理论，每次资源的增加都能带来应用需求的同步增长。 因此，人们习惯于渐进式思维模式，这个时代或称为资源贫乏时代。

一旦越过交叉点，独立的信息资源增长超过需求极限，很快出现永久性过剩，信息资源像空气一样丰富。 此时，必然导致思维模式的转变，出现颠覆性的理论和技术。 消除了信息资源限制以后，信息化从知性到感性的大转折成为必然。 从此，人类信息化将进入一个完全不同的新世界，或称为资源丰盛时代。

在资源贫乏时代，为了节约资源，不同需求按品质划分，占用不同程度的资源。因此，资源决定了需求，我们必然看到无数种不同的需求。

在资源丰盛时代，当我们把品质推向极致，原来无数种不同的品质反而简化成单一需求，这就是满足人体的感官极限。 也就是说，人体感官的极限决定需求。 当然，原先资源贫乏世界的全部服务需求都会继续保留，但是，在数据量上将沦为微不足道的附庸。

在当今信息产业普遍产能过剩、云计算和互联网走向迷茫、全球经济低迷的形势下，跳出旧世界的思想桎梏，站在新世界观察问题，结果当然大不相同。 好比您向古代人介绍今天的交通工具，一些理所当然的基本常识，例如汽车和飞机，但是，古代人会觉得不可思议。

4. 本书的价值和定位

本书全面论述了云计算、互联网、移动通信的理论基础。 事实证明，过去许多年三大产业独立发展，前景迷茫难有进步。 本书通过突破传统的思维模式，通盘考虑多个跨领域难题，互为依托，效果倍增，同时颠覆三大领域的理论架构，自然形成本质可信赖的安全体系。

实际上，颠覆性的替代技术我们见得不少，信手拈来：PC 替代王安的文字处理机，互联网替代传统电信，DVD 替代录像带，USB 存储替代计算机软盘，手机替代传呼机，MP3 替代随身听，数码相机替代胶片……值得注意的是，上述被替代的技术都能满足当时的用户需求，表面看很强大，具备长期发展的经历和稳固的市场地位。 但是，实际上很脆弱，鼎盛时期毫无先兆地被新技术彻底颠覆，整个过程不过短短几年时间。 因此，千万不要迷信当前的权威理论和不可一世的市场地位。

本书重点论述在资源充分丰盛的条件下，IT 产业基础的颠覆性替代技术及其必然性。 读者能从本书得到多少资讯、理解到什么程度取决于自身的知识和经验。 本书提出的各种创新设计思路，基本上都经过了实践验证。 显然，限于篇幅本书不是一本设计手册，更不是一本科普读物。

本书未触及用户终端设计，云计算的初级应用已经导致 PC 终端功能弱化。 可以推测，随着通信网络的实时性和透明度不断提升，终端硬件和软件功能移到几百公里外的城市云中心，理论上，无非是增加几毫秒延迟。 相对人类的生理反应时间，这点延迟可以忽略不计。 然而，智能功能移到云端必然带来无法抗拒的优势。 实际上，复杂智能手机就是把赌注押在网络品质永不通畅的假设上，显然，这个假设迟早不成立。 本书认为，随着终端进一步空间化，终端操作系统的技术屏障弱化，最终下降为简单接口。 当前的趋势显示，甚至通用的浏览器可能被撕裂成为多种用户端软插件，成为终端界面上的众多图标之一。 也就是说，操作系统和浏览器的重要性固然存在，但是经济价值逐渐丧失。

本书未触及人工智能和视频压缩等算法，在云端计算平台上，系统的"聪明"程度取决于算法，而实现算法的手段不限于软件。

本书也未触及具体细分化的应用技术和推广模式，当然，在体系创新之下，云时代应用将迎来新一轮的蓬勃发展，为我们每个人带来新的应用服务、新的商业模式以及新的生活方式。

本书最大的期望是为云和人工智能时代计算机和互联网整合最有力的资源，推动全球 IT 经济。 并且，说服计算机、电信、有线电视、互联网和移动通信行业的决策者和专家们，站在终极目标的高度，不难发现过去许多年视为至宝的技术，其实是云时代 IT 经济发展的绊脚石。 积极推进信息中枢和大一统互联网，不仅能从根本上解决当前的难题，同时也可以以不可思议的简单和低成本，大幅度超越传统和远景规划中的全部服务能力。

对于有志在云和人工智能时代计算机和互联网平台开展各类应用的工程师们，通过阅读本书，了解未来平台的架构和原理，有助于激发创新灵感。

本书向 IT 业内人士提供一个了解行业发展的新视角，对于打破僵化思维、呼吸新鲜空气大有好处。 我们应当学会不盲从众人的观点，学会质疑流行的看法和权威人士的意见，以事实为依据，以历史为鉴，严谨逻辑推理，形成自己的结论。

本书能够在 2021 年新春顺利问世，首先要感谢高度重视本书并为本书审稿和作序的多位领导和专家，包括第十二届全国政协教科文卫体委员会主任、国务院发展研究中心原主任张玉台，公安部原副部长、国家网信办原副主任陈智敏，原国家信息化领导小组办公室副主任、住建部原副部长陈大卫，科技日报社原社长、国际欧亚科学院院士张景安，中共中央宣传部原秘书长官景辉，科技部原秘书长、原国务院参事石定环，以及孙家广、方滨兴、沈昌祥、张亚勤、倪光南、刘韵洁、邬江兴、林垂宙、解思深、李乐民、陈国良、郑纬民、赵春江、邓中翰、任福继等十数位中国工程院、科学院两院院士和国际院士。 感谢清华大学出版社的大力支持，以及编辑们的辛勤编校。 还要感谢参与本书编写的其他几位作者，汝聪翀、王卓然、马传军和姚正斌以及谭兴晔、刘星妍、邓丽凤、乔雪红、李昕萌和杨青等飞诺团队成员，还有中国云体系产业创新战略联盟、清华海峡研究院等机构的支持和帮助。

过去未去，未来已来。 全球正迎来科技革命与产业革命交汇的重大历史机遇期，面对这个技术改变世界的大时代，新一代信息技术不再是支撑一个个单独孤立的产业，而是以一种前所未有的姿态站在全产业链的最高顶点，成为所有产业共同的技术平台。 这场信息革命的影响无疑将是方方面面的、无孔不入的、裂变式爆发的。它将引发新一轮技术革命、产业革命和社会变革，使人跨越时间空间，使物理世界和虚拟世界深度融合，使经济模式和生产力发展产生质的飞跃。 全球各个国家的竞争力也会随之重新洗牌，中国同样处于百年未有之大变局和重大战略机遇期，正全力实施创新驱动发展战略。 我们每个人都身处"科技引领未来，创新改变世界"的伟大时代，挑战与机遇并存，压力与动力同在。

习近平总书记在党的十九大报告中代表党中央为我们规划了建设世界科技强国和实现社会主义现代化强国目标的蓝图，并提出了实现两个一百年的目标，他特别提出的"创新是引领发展的第一动力，是建设现代化经济体系的战略支撑""科技是核心战斗力"等划时代论断，言犹在耳。 我国积累了二十年的人才红利，至少可延续十年的人口红利，未来二十年仍有发达国家先进经验可供学习的后发优势，这些注定第四次工业革命是中国巨大的历史机遇。 尤其值得强调的是，我们在专用芯片领域与西方的差距已日益缩小，在通信芯片上甚至正在赶超。 而云计算时代使 Linux 类开源云操作系统的地位日益提升，终将弱化 Windows、安卓等个人操作系统的垄断。这一切都意味着我国在信息基础设施建设上并无明显劣势，而计算机与网络架构的自主创新更是实现"弯道超车"的必争之地，且有望彻底解决网络的可控与安全问题。

本书出版之时，正值"新基建"（新型基础设施建设）如火如荼开展之际。 新型基础设施主要包括三方面内容：一是信息基础设施，包括以 5G、物联网、工业互联网、卫星互联网为代表的通信网络基础设施，以人工智能、云计算、区块链等为代表的新技术基础设施和以数据中心、智能计算中心为代表的算力基础设施等；二是融合基础设施，主要指深度应用互联网、大数据、人工智能等技术，支撑传统基础设施转型升级，进而形成的融合基础设施，比如智能交通基础设施、智慧能源基础设施等；三是创新基础设施，主要是指支撑科学研究、技术开发、产品研制的具有公益属性的基础设施，比如重大科技基础设施、科教基础设施、产业技术创新基础设施等。

中国向来将基础设施建设作为社会发展的重要支撑，相比传统基建，科技创新驱动、数字化、信息网络这三个要素是所有关于"新基建"认知中的最大公约数，信息基础设施建设和融合应用将是中国下一步经济发展的主要路径。 同时，"新基建"作为面向产业、面向国家竞争力的建设，必须在规划上适度超前，一方面激活现有产业链的内部需求，另一方面也为未来五年、十年的创新发展提供动力和场景供给。 作为一项系统性工程，"新基建"不能一蹴而就，也非政府一己之力可以完成，需要汇聚各方智慧和力量，持续推进。 通过科学规划，不断探索监管方式，深化体制机制改革，充分激活市场内生动力和创新活力，进而带动新型基础设施和传统基础设施融合升级发展，就一定能从更大范围、更深层次增强综合国力，为新一轮国际竞争积蓄新能量。

回顾整个信息产业的历史，本质上就是计算（或称算力）、存储和网络三大基础性资源不断发展且相互博弈的历史，创新始终是引领发展的第一动力。 展望呼之欲出的人工智能新时代，我们坚信，整个信息和通信的理论和应用将被重新构造，关键信息基础设施关涉国家核心利益，重大科技创新突破成为最核心竞争力，是国之重器、国之利器。

在这一伟大变革之际，我们既需要"创造性毁灭者"的远见和气魄，也需要"海纳百川，图大则缓"的胸怀和定力。 赢得胜利的关键，在于在对全局融会贯通的基础上，扬弃既有体制的心态和技术，以划时代的理论指导划时代的实践！ "雄关漫道真如铁，而今迈步从头越"，观历史潮流，浩浩汤汤，"数风流人物，还看今朝"，"天若有情天亦老，人间正道是沧桑"，"待到山花烂漫时"，我在丛中笑。

希望本书能抛砖引玉，在资源丰盛时代的新思维指引下，在创新驱动发展的变革大时代中，推动信息产业的自主技术创新和产业跨越升级，为中国现代化建设的伟大事业和中华民族的伟大复兴略尽绵薄之力。

2020 年 12 月于北京

目 录

第一篇

Information Technologies of Cloud Era

云时代的信息技术
——资源丰盛条件下的计算机和网络新工具

第1章
计算机体系结构的发展

计算机是 20 世纪最先进的科学技术发明之一，对人类的生产活动和社会活动产生了极其重要的影响，并以强大的生命力飞速发展。时至今日，信息产业已经成为重要战略性新兴产业，也是国家创新驱动、跨越发展和产业转型的主要领域之一。新一代的信息技术不再是支撑一个个单独、孤立的产业，而是以一种前所未有的姿态站在全产业链的顶点，成为所有产业共同的技术平台。这场信息革命的影响无疑将是方方面面的、无孔不入的、裂变式爆发的。它将引发新一轮技术革命、产业革命和社会变革，使人类跨越时间、空间，使物理世界和虚拟世界深度融合，使经济模式和生产力发展产生质的飞跃。

随着云计算、大数据、人工智能、物联网、区块链等技术的发展，新应用对网络服务质量的需求发生了质的变化。网络的种类、规模快速扩张，网络中承载的数据量呈指数级增长。在自动驾驶、远程医疗等新兴应用中，对低时延、高质量的网络服务的要求推动着网络和计算结构的改变。传统互联网的集中式云计算模式在时延的规模和能耗上将无法支撑不断增长的需求，由此，计算从中心走向边缘成为互联网发展的趋势。另外，根据 ITRS（国际半导体技术蓝图）预测，计算机产业在经过了70 多年的高速发展后，作为芯片核心材料的晶体管体积将于 2021 年停止缩减，日益增长的算力需求已经超过了摩尔定理。为解决算力和需求的矛盾，新型计算架构研究的黄金时代已经到来。

本章先回顾计算机、网络和人工智能的发展历程，为读者更好地理解本书的后续内容提供必要的背景知识。

1.1 信息技术的发展历程

以计算机为标志的第三次工业革命也被称为信息技术革命。所谓信息技术，简单来讲，就是指有关信息的收集、识别、提取、变换、存储、传递、处理、检索、检测、分析和利用等技术。从根本上说，信息技术是为帮助人类获得信息、提高人类获取信息的效率的技术，信息技术的最终目的是为人服务。 于是，在信息技术中，首先要解决的就是通信问题。

因此，回顾信息产业的发展历史就会发现，信息产业始终伴随着通信技术的发展而发展，或者说通信技术的发展推动着信息技术的发展。 信息产业的发展轨迹就是通信范围由近及远，通信内容由少到多的过程。 在这个过程中，由于通信能力的增强，人类需要处理的信息量增多，于是推动了辅助人类信息处理的计算机技术的升级。 而计算能力的提高，促使人们去试图获取更多的信息，反过来又推动通信技术的发展。 两者互相促进，螺旋上升，成为信息产业发展的主线。

我们以电报技术的出现作为现代信息产业的起点，一百多年来，通信技术和计算机技术虽然相互推动，但是基本上两者在各自独立的轨道上发展。 在通信技术领域，从电报技术对文本信息的传输到电话技术对语音信息的传输，再到互联网对多媒体信息的传输，每次技术的进步都使信息传输的能力呈指数级提高。 而在计算机领域，从手摇计算机到真正意义上的第一代电子管计算机，从早期的大型机到 PC，再到今天无处不在的智能手机，计算机技术的发展也同样使信息处理能力呈指数级提高。 每次技术进步都深刻地改变着人类社会。 这一百多年来人类社会的发展超过了以往数千年发展的总和。 然而，今天，无论是通信技术还是计算机技术，都遇到了各自的发展瓶颈。 现有的通信网络和计算能力，在人工智能、云计算、物联网、工业互联网、区块链等新需求面前，显得力不从心，对信息技术新的突破迫在眉睫。

在讨论通信技术和计算机技术之前，先介绍另一个信息技术的支柱——半导体技术。 可以说，半导体技术是 20 世纪最伟大的发明之一，直接推动了信息技术近 70 年的飞速发展。 半导体技术，尤其是集成电路技术，是现代通信和计算机技术的共同物理基础。 然而，当前信息技术所遇到的瓶颈也很大程度上与半导体技术相关。

下面通过回顾半导体技术、计算机技术和互联网三个方面的发展历程，来探讨信息产业的历史规律和未来趋势。

1.1.1　半导体技术的发展进程

半导体是导电性质介于导体和绝缘体之间的一类物质。 与导体和绝缘体相比，半导体材料的发现是最晚的，直到 20 世纪 30 年代，当材料的提纯技术改进以后，半导体的存在才真正被学术界认可。 经过 70 多年的发展，如今半导体材料已经发展到第三代，半导体材料的应用范围也扩展到高温、高频、高辐射、大功率的场景。 但是，硅材料仍然是当前半导体工业的主要材料，全球 95％以上的半导体芯片和器件是用硅片作为基础功能材料的。 半导体材料性能比较如表 1-1 所示。

表 1-1　半导体材料性能比较（来源于公开材料）

半导体材料		带隙/eV	熔点/K	主　要　应　用
第一代半导体材料	锗（Ge）	1.1	1221	低压、低频、中功率晶体管，光电探测器
	硅（Si）	0.7	1687	
第二代半导体材料	砷化镓（GaAs）	1.4	1511	微波、毫米波器件，发光器件
第三代半导体材料	碳化硅（SiC）	3.05	2826	1. 高温、高频、抗辐射、大功率器件 2. 蓝、绿、紫发光二极管，半导体激光器
	氮化镓（GaN）	3.4	1973	
	氮化铝（AlN）	6.2	2470	
	金刚石（C）	5.5	＞3800	
	氧化锌（ZnO）	3.37	2248	

以半导体为基础材料的芯片，或者说集成电路，是整个信息产业得以快速发展的基础。 1947 年，美国贝尔实验室的约翰·巴丁、布拉顿、肖克莱三人发明了晶体管，将计算机处理能力提升了好几个数量级，由此结束了持续 40 年的电子管时代，开启了晶体管时代。 之后，高纯硅的工业提炼技术成熟，硅基晶体管时代到来，晶体管的稳定性获得大幅提高。 1958 年，半导体业界著名的仙童半导体公司（Fairchild Semiconductor）创立，次年，德州仪器公司和仙童半导体公司分别发明了锗和硅集成电路。 1963 年，CMOS 技术首次被提出。 1966 年，美国 RCA 公司研制出 CMOS 集成电路，并研制出第一块门阵列（50 门），为如今的大规模集成电路发展奠定了坚实基础。 今天，95% 以上的集成电路芯片都是基于 CMOS 工艺。 1977 年，超大规模集成电路出现，一个硅芯片可以集成 15 万个以上的晶体管。 1988 年，16MB DRAM 问世，1cm² 大小的硅片上集成有 3500 万个晶体管，标志着半导体工业进入超大规模集成电路的更高阶段。 此后，集成电路工艺从 20 世纪 80 年代末的 1μm，一直缩小到今天的 7nm，甚至 5nm。 随着工艺的不断进步，以集成电路为硬件基础的现代计算机性能也不断提升，开创了信息技术最辉煌的时代。

1.1.2　摩尔定律和登纳德缩放定律

说到半导体产业，就不能不说著名的摩尔定律。 这是由当时担任仙童半导体公司研发负责人后来成为英特尔公司（以下简称 Intel）联合创始人的戈登·摩尔提出的关于半导体芯片集成度发展规律的预测。 1965 年，摩尔在《电子学》杂志发表的文章中预言半导体芯片上集成的晶体管和电阻数量将每年增加一倍。 1975 年，他又根据当时的实际情况对摩尔定律进行了修正，预计每两年翻一番，在后来 Intel 的 CEO 豪斯（David House）的引述中，采用了 18 个月的说法，并固定下来，延续至今。

摩尔定律神奇地预示了整个半导体产业的发展。 在此后的几十年，集成电路的发展一直遵循摩尔预测的规律。 通过 Intel 1971 年发布的第一代微芯片 4004 到第五代酷睿 i5（Core i5）处理器，就能看到摩尔定律的力量，芯片的性能提高了 3500 倍，能耗是原来的九万分之一，成本降至先前的六万分之一。 摩尔定律的名声太大，以至于被引申到互联网等其他领域，成为广为人知的定律。 但是，摩尔定律不可能一直延续下去。 随着芯片工艺向 10nm、7nm，甚至 5nm 发展，已经接近物理极限，量子效应的影响已变得不可忽略，晶体管集成度提高的难度越来越大。 如图 1-1 中的曲线所示，Intel 微处理器集成度在 2000 年左右开始放缓，到了 2018 年，根据摩尔定律得出的预测与当下实际能力差了 15 倍。

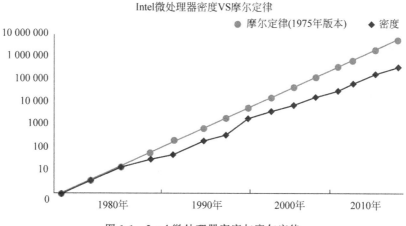

图 1-1　Intel 微处理器密度与摩尔定律

摩尔定律的失效只是预示了工艺进步对处理器能力提升的放缓。 然而，另一个定律的失效却是当前半导体产业发展面对的最严重的问题——功耗问题。 这个定律就是由罗伯特·登纳德（Robert Dennard）预测的登纳德缩放定律（Dennard Scaling）。他指出，随着晶体管密度的增加，每个晶体管的能耗将降低，因此硅芯片上每平方毫米的能耗几乎保持恒定。 由于每平方毫米硅芯片的计算能力随着技术的迭代而不断增强，计算机将变得更加节能。 在过去几十年，摩尔定律和登纳德缩放定律结合的效果让信息领域的创新者们可以在几乎不增加成本的情况下使性能呈指数级增长。然而，登纳德缩放定律的效应从 2007 年开始就已经大幅放缓，2012 年左右接近失效，如图 1-2 所示。 随着越来越小的硅电路里的电子移动越来越快，芯片开始变得过热。 随着登纳德缩放定律的终结，芯片内核数量的增加意味着能耗也随之增加，因此多核处理器受限于热耗散功率（TDP）直接导致了"暗硅"（Dark Silicon）时代，处理器降低时钟速率、关闭空闲内核来防止过热。

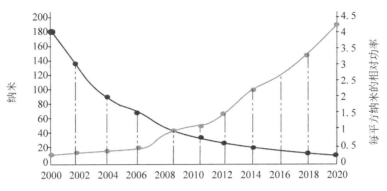

图 1-2　芯片工艺及每平方纳米的能耗

登纳德缩放定律结束、摩尔定律衰退，意味着低效性将每年的性能改进限制在几个百分点。 当然，这不意味着信息技术也已经发展到了极限，在硅基器件发展的同时，人们也在不断探索其他材料，其中，仿生计算机、光子计算机、量子计算机将可能成为未来信息产业的主角。 另外，当半导体工艺改进受限时，计算架构的改进就成为获得更高计算性能的途径。 事实上，摩尔定律在推动半导体产业发展的同时，也在一定程度上限制了架构师们的思维。 在过去的几十年，架构师们一直试图通过使用更多的晶体管来获得性能的提升。 现在，探索新计算架构的黄金时代到来了。

1.1.3　冯·诺依曼体系结构

半导体技术的发展直接推动着计算机技术的发展，或者说现在计算机技术体系就是建立在半导体技术之上的。 在现代计算机发展史上，有两个人起到了决定性的作用，他们的影响从现代计算机出现的那一刻开始，一直延续到今天。 他们就是被称为计算机之父的英国数学家逻辑学家艾伦·麦席森·图灵（以下简称图灵）和美籍匈牙利人约翰·冯·诺依曼（以下简称冯·诺依曼）。

早在现代计算机出现之前，计算机结构的发展经历了漫长的历程，从机械计算器开始，人们不断地完善数学理论，采用新的方法来提高计算效率。 直到电子管的出现，通信器材的进步推动着通信技术的发展，这为现代计算机的发展奠定了物质基础。 随着人们对信息处理能力的进一步追求，1936 年，图灵在论文《论可计算数及其在判定问题中的应用》中，严格地描述了计算机的逻辑结构，首次提出了计算机的通用模型——图灵机，并从理论上证明了这种抽象计算机的可能性。 这是现代计算机理论的基础。 值得一提的是，现代计算机理论本身就是为人工智能而提出的，今天，也可以说是人工智能技术的再次发展，推动了计算机体系结构新的变革。 这个问题，我们会在后面继续讨论。 1945 年，冯·诺依曼在共同讨论的基础上起草了一个全新的"存储程序通用电子计算机方案"——EDVAC（Electronic Discrete Variable Automatic Computer），而后，又对世界上第一台电子计算机 ENIAC 进行了改进。冯·诺依曼在图灵理论的基础上提出的存储程序计算机结构，让计算机按照人们事前制定的计算顺序来执行数值计算工作，奠定了现代计算机的基础架构。 经过 70 多年的发展，计算机体系结构发生了很多变化，但是，仍然没有脱离存储程序计算机这一基本理论体系，这一体系结构被称为冯·诺依曼体系结构。

根据冯·诺依曼体系结构（见图 1-3），计算机由硬件和软件组成，硬件部分由运算器、控制器、存储器、输入设备和输出设备五大部分组成。 软件通过一组指令集结构将运算转换为一串程序指令的执行细节，再由硬件执行计算。 这种结构的特点是"程序存储，共享数据，顺序执行"，需要处理器从存储器取出指令和数据进行相应的计算。 因此，处理器与共享存储器间的信息交换的速度成为影响系统性能的主要因素，而信息交换速度的提高又受制于存储元件的速度、存储器的性能和结构等诸多条件。 在冯·诺依曼体系结构中，程序本身被当作数据来对待，程序和该程序处理的数据用同样的方式存储，由此计算机获得了无比的灵活性，为计算机的快速发展奠定了基础。 同时，这样的结构也为日后埋下了隐患，成为冯·诺依曼体系结构局限性的根源。

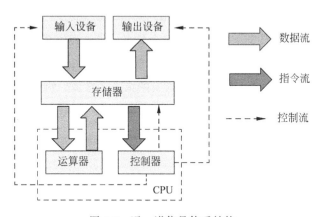

图 1-3　冯·诺依曼体系结构

从计算机架构角度来说，冯·诺依曼体系结构的局限可以概括为以下四个方面：

第一，以计算为中心的结构，对存储器访问的效率极大地影响着计算的效率，随着半导体技术的发展，通用处理器的处理能力和内存容量的增长速率要远大于两者之间传输速度的增长，将大量数值从内存搬入搬出的操作占用了大部分的执行时间，也造成了总线的瓶颈。而不断地增大总线宽度虽然提高了整体性能，同时也造成了功耗的浪费。

第二，程序指令的执行是串行的，由程序计数器控制，这样使得即使数据已经准备好，也必须等待执行指令序列，影响了系统运行的速度。虽然并行处理和多核处理一直是架构优化的方向，但是当半导体工艺接近极限时，功耗的增加使得简单并行处理也遇到了瓶颈。冯·诺依曼体系结构实现了电路与逻辑的分离，为了方便逻辑的实现，各种高级语言被发明出来帮助程序开发，但是高级语言和机器语言之间存在着巨大的语义差距，这些语义差距之间的映射要由编译程序来完成，编译器的效率决定着程序在各体系结构上的性能。

第三，冯·诺依曼体系结构计算机是为逻辑和数值运算而诞生的，它以处理器为中心，输入、输出设备与存储器间的数据传送都要经过处理器，在数值处理方面已经达到很高的速度和精度，但对非数值数据的处理效率比较低。

第四，冯·诺依曼体系结构的一个关键特点是指令和数据采用相同的方式存储，按照顺序编成程序存储到计算机内部让它自动执行。程序依据程序员代码设定的逻辑，接受外部的输入进行计算，并对结果进行输出，程序的行为取决于程序员的编码逻辑与外部输入数据驱动的分支路径选择。由此可见：①指令是可以被数据篡改的，外部数据可以做指令植入；②数据和指令混杂，意味着数据区域的紊乱越界可以影响控制与指令；③程序的行为取决于程序员的编码逻辑与外部输入数据驱动的分支路径选择，意味着程序员可以依据自己的主观意志实现功能与逻辑，输入者通过数据触发特定分支也是可能的。很明显，安全是冯·诺依曼体系结构中被忽略的一个方面，到 20 世纪 70 年代，架构师们才注意到安全问题。但是，上述安全问题是冯·诺依曼体系结构固有的隐患，面对错误的指令和数据，执行过程中是无法修改的。要解决这些计算机安全的巨大隐患，就必须对体系结构进行改造。

1.1.4　计算机架构的演进

从冯·诺依曼体系结构的介绍中我们看到，现代计算机是由软件和硬件组成的。指令和数据按照某种规则组织实施，完成计算的功能，我们称这种规则为计算机架构。在冯·诺依曼计算机体系结构里指令集架构（ISA）是计算机架构实现的方式。指令集架构的改进和优化是过去几十年计算机架构改进的主要方向。但是，随着半导体工艺的巨大进步，大部分架构师更倾向于用现实的技术实现已有的 ISA，而不是开发新的 ISA。尽管如此，计算机架构仍然取得了巨大的进步。

在 20 世纪 60 年代早期，IBM 公司（以下简称 IBM）的不同计算机产品线有互不兼容的指令集架构。 为了统一指令集架构，IBM 的工程师们提出了微架构和微编程，这一发明帮助 IBM 主宰了大型机市场。 微架构本质就是用于实现以各种指令集的一系列硬件，而且对于同一个 ISA，可以使用不同技术的微架构，比如单周期、多周期以及流水线。 例如，x86 ISA 由 286、386、486、Pentium、Pentium Pro 等实现。

如前面所介绍，冯·诺依曼体系结构中，指令是串行从存储器读出并顺序执行的，这是冯·诺依曼体系结构性能提升的瓶颈之一。 为了提高处理速度，在微架构体系中，架构师们提出了流水线、超标量、分支预测、动态调度、线程并行、数据并行、存储分级等一系列优化方法。 按照费林分类法，现代计算机已经由最初的 SISD结构发展到了 MIMD 结构，MIMD 结构成为当前商用计算机的主要架构，同时也是高性能计算和分布式计算的主要架构。 MIMD 结构在冯·诺依曼体系结构框架下，将并行结构发展到了极限。 随着并行处理的能力的增强，内存访问的问题更为突出。 于是，在 MIMD 结构下，又可以根据内存访问方式的不同，将并行结构分为共享内存的 SMP、NUMA 和 DM 结构，如图 1-4 所示。

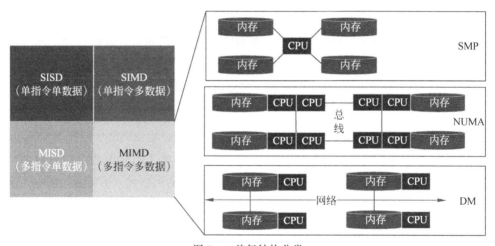

图 1-4　并行结构分类

内存的读写在冯·诺依曼体系结构中，或者说在存储型计算结构中，始终是影响处理速度的一个因素。 最理想的情况是有无限大的存储空间和零时延的存储系统，不过这显然是无法做到的，因此人们将存储分级，按照访问速度和容量大小，构建成一个如图 1-5 所示的金字塔结构，即分级存储结构。 通过小容量高速度的方式在存储空间和时延之间进行折中。 在此基础上，人们又提出了 TLB(转换后缓存)、虚拟内存、大页内存等方法来优化存储访问。

在计算机架构发展的初期，内存容量和速度是性能的最大瓶颈，程序的大小间接影响到处理速度。 因此，不定长指令格式更受青睐。 加之当时的编译器能力较弱，

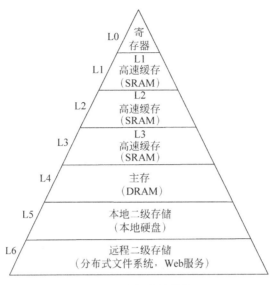

图 1-5　分级存储结构

使得架构师们普遍偏爱内存—内存以及寄存器—内存风格的操作模式。 我们将早期的指令集架构称为复杂指令集(CISC)。 随着处理器能力的提高，CISC 不断加入新的指令，使用微码控制，试图在指令集架构层面对高层编程语言提供更直接的支持，这种发展路线使得硬件研发成本不断提高，研发周期变长。 最早意识到这个问题的是图灵奖获得者约翰·科克(John Cocke)，他开始了对更加精简、清爽的指令集的设计。 最终，图灵奖获得者大卫·帕特森(David Patterson)和他的学生们在 1983 年国际固态电子电路大会(ISSCC)上获得胜利，精简指令集（RISC）登上历史舞台。RISC 提倡简化指令集设计，固定指令长度，统一指令编码格式，加速常用指令，与 CISC 的思路背道而驰。 两者各有优缺点，在之后的 20 多年中一直处于竞争状态。直到移动智能终端的兴起，低功耗的 ARM(RISC 架构)处理器获得了胜利，在今天的后 PC 时代，x86（CISC 架构）出货量自 2011 年达到峰值以来每年下降近 10%，而采用 RISC 处理器的芯片则飙升至 200 亿枚。 如今，99% 的 32 位和 64 位处理器都是RISC。

从上述计算机架构演进的过程，我们可以看到，架构师们对计算机架构做了很多优化。 事实上，根据丹诺威茨(Danowitz)等人的分析发现，自 1985 年以来，计算机体系结构革新贡献了约 80 倍的性能增长，与半导体技术进步的贡献相当。 然而，冯·诺依曼奠定的存储程序计算架构却几乎没有变化。 在过去，受半导体工艺进步的影响，架构师们更倾向于在现有技术基础上实现架构的改进。 今天，随着摩尔定律逐渐失效，架构师们终于可以跳出惯性思维，开启全新计算架构研究的黄金时代。

1.1.5 互联网的发展历史

信息技术革命从通信技术的突破开始。 电报技术的发明改变人类数千年来的通信方式。 从这里开始，信息技术革命进入第一个阶段——模拟时代。 在计算机出现之前，电信网络已经发展了近百年，从最初的电报网络到电话网络，从人工交换机到自动交换机，电信网络在模拟时代已经大大提升了信息传输的能力。 随着半导体工艺的发展，集成电路成为通信技术进入数字时代的基础。 1962 年，以 PCM（脉冲编码调制）为代表的数字调制技术打开了数字通信的大门。 当 PCM 与数字程控交换机结合后，数字通信时代正式到来。 与此同时，随着集成电路的出现和通信能力的提高，现代计算机技术也迎来了快速发展阶段。 为了解决大型计算机处理能力共享的问题，通信技术与计算机技术结合，出现了计算机网络。 计算机网络的初衷是为了提高计算能力。 然而当计算机小型化和普及化后，计算机之间的信息交换占据了主要需求，计算机网络也成为了独立于电信网络之外发展的新网络。 在之后的近 30 年时间里，计算机网络和电信网络各自发展。 今天，随着移动互联网的繁荣，计算机网络与电信网络日益融合，而云计算和人工智能技术的广泛应用，再一次让计算机网络回到服务于计算的初衷。

值得一提的是，现在的互联网来源于美国军方为冷战而建立的阿帕网（ARPAnet），可以说是冷战的产物。 ARPAnet 建立之初，受技术限制，网络带宽极其有限，规划速率只有 50kb/s。 其构想也仅仅是希望连接并共享宝贵的计算机资源。 ARPAnet 承载的业务不同于当时以电话为主的电信网络，而是以数据传输为主。 因此，分组交换技术代替了传统的电路交换技术，成为了互联网的第一块基石。

ARPAnet 虽然是军方项目，但是主导项目的计算机科学家们却拥有充分的自主权。 科学家们认识到，只有全球互联才能真正体现互联网的意义。 于是，互联网的第二块基石——TCP/IP 出现，TCP/IP 栈如图 1-6 所示。 鉴于当时科学家们开放的思想，TCP/IP 对新入网用户设置了很低的标准，使得用户在网络条件不好的情况下依然可以使用网络，这使得 TCP/IP 在带宽受限的年代生命力极强。 这种开放的、不追求质量保障的设计，帮助 TCP/IP 赢得之后的协议大战，最终成为互联网的基础体系，并延续至今。 互联网的技术选择在当时的环境下无疑是非常正确的，但是同时也埋下了隐患。 TCP/IP 尽力而为的原则使得通信时延无法保证，在今天越来越多的低时延的应用面前，基于 TCP/IP 的互联网显得力不从心，而开放的准入原则又使得整个网络的安全性无法保证。

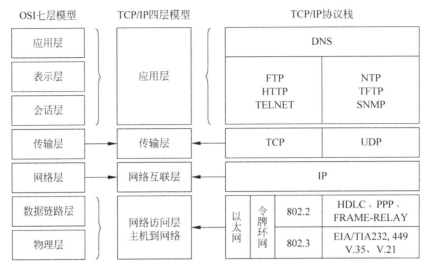

图 1-6　TCP/IP 栈

在经历整个 20 世纪 80 年代网络技术的大爆炸后，ARPAnet 正式退出舞台，互联网进入商业化阶段，互联网真正走向社会，成为变革时代的创新力量。 万维网和浏览器的出现，推动了互联网在美国的第一次泡沫，美国互联网公司市值占到美国总市值的 80%，网民数量从 200 万激增到 2 亿。 同期，互联网在中国开始生根发芽，为 21 世纪中国互联网的飞速发展奠定了基础。 20 世纪 90 年代，同样是分布式计算开始的年代，互联网在完成人们互联和沟通的需求之后，开始回归计算的初衷。

图 1-7 显示了 1995—2019 年的全球网民数量统计。 进入 21 世纪，互联网的发展进入全球视野，社交网络兴起，电子商务繁荣，移动互联网使得人们终于实现了在任何时候、任何地点都能使用网络的愿望。 互联网应用从 PC 转移到了移动终端，正如前面所介绍的，这不仅推动了计算机体系结构的一次重大变化，由 CISC 转向了 RISC，同时也推动着独立发展了 30 多年的电信网络和计算机网络的融合。

互联网起源于美国，但是到了 21 世纪，美国互联网中心的地位正在逐渐降低，2008 年，中国超过美国，成为世界上网民最多的国家，2016 年，印度超过美国，成为世界上网民第二多的国家。 在互联网经济上，中国正在紧追美国，在电子商务、在线支付等领域，甚至超越了美国，成为引领互联网发展的新力量。

互联网的发展历程可以概括为三个时代：PC/客户端-服务器时代、互联网时代、移动/云时代。 在这三个时代里，前端强调定义性体验，后端则强调定义性能力。在 PC/客户端-服务器时代，前端核心技术是图形化的显示（Graphical Display），后端核心技术是关系式数据库和分布式系统；在互联网时代，前端核心技术为浏览器和

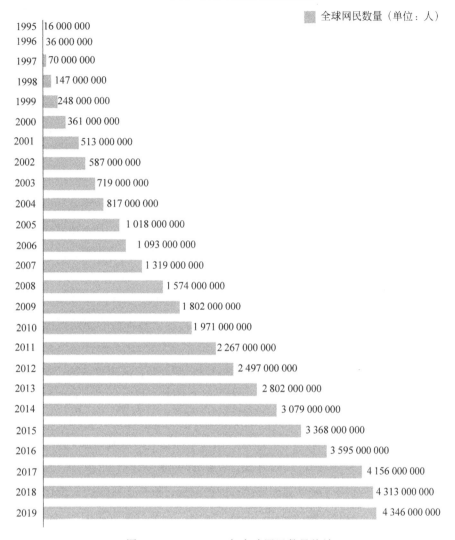

图 1-7　1995—2019 年全球网民数量统计

搜索引擎，后端核心技术为机器学习、大数据系统、大规模分布式系统；在移动/云时代，前端核心技术为智能手机，后端核心技术为云计算和服务（IaaS、PaaS、SaaS等）。定义性体验追求不断优化用户的体验，定义性能力则提供解决用户需求的核心能力。前后端技术相互配合，不断催生新的商业模式，打造新的生态。

1.1.6　互联网面临的问题

经过 50 多年的不断发展、应用和完善，互联网技术已经发生巨大的变化。但是，跟冯·诺依曼体系结构一样，互联网的核心基础并没有改变，这就是当前互联网"细腰"结构的核心——TCP/IP。 TCP/IP 设计的初衷是开放，为了让更多用户更自由地接入互联网。 因此，IP 是一种无连接的、基于数据报文的传输模式，提供"尽力而为"的服务，TCP 的重传和滑动窗口机制给实时数据的传输带来难以预料的时间延迟以及抖动，无法保证吞吐量和传送时延等服务质量要求。 随着互动直播、自动驾驶等低时延高质量服务需求的不断增大，TCP/IP 技术本身的局限性成为了互联网发展的瓶颈之一。 现有互联网在可扩展性、安全性、管控性、移动性、能耗等方面正面临前所未有的挑战。 主要的问题如下。

(1) 可扩展性问题：随着移动互联网、物联网的发展，网络数据流量的增加已经超过摩尔定律，网络规模的扩展迫使运营商不断进行被动升级，网络基础设施每两年左右都需要全面升级一次。 网络规模的迅速扩大，一方面使得 IPv4 地址资源枯竭加剧，NAT 等各种补丁技术使得网络的结构越发复杂，可扩展性越差；另一方面，网络规模的扩大对路由形成巨大压力，目前全球路由表条目已经超过 3087 万条，其中活跃路由表条目已经超过 80 万条，而且正在以每两年 1.2 倍的速度增长，预测到2020 年底整个路由表条目将可能达到 4000 万条。 这些根本性的问题只能通过对现有网络核心结构的变革来解决。

(2) 安全性问题：互联网是以开放网络为目标建立的，从建立开始，安全问题没有被很好地考虑在内。 随着互联网应用的飞速发展与大规模普及，网络安全已经成为一个不容忽视的问题。 诸如恶意软件、DDoS 攻击、钓鱼软件、应用程序漏洞等问题始终威胁着网络的正常运行。 2016 年，使大半个美国网络瘫痪的 DDoS 攻击已经彻底暴露了互联网的脆弱性。 同样地，网络防火墙及之后的 IPSec、SSL/TLS、DNSSec、RADIUS 等补丁技术只能解决一时的问题，整个互联网的安全保障仍处于被动应对的状态。 随着互联网使用的深入，SDN、NFV 等新技术的应用，基于互联网内在架构的问题，新的安全漏洞仍然会不断涌现。 网络的安全性问题始终缺乏系统化、内生化的解决方案。

(3) 管控性问题：互联网在建立之初，只考虑支持无连接数据传输，采取了"尽力而为"的服务机制，网络资源的管理和使用由终端完成，即传统的端到端工作方式。网络本身缺乏全局控制与管理。 随着互联网规模的扩大、网络应用的快速增长、对网络服务质量追求的提高，现有的开放式、尽力而为的网络已经越来越无法满足未来新型网络应用的需求。 网络的管理、容灾、自愈等需求也只能由新的架构来解决。

(4) 移动性问题：近十年来，移动互联网随着 4G 技术的发展而迅速普及。 移动支付、移动社交等互联网应用已经成为日常生活中的一部分。 如今，随着自动驾驶、物联网等的发展，网络应用对移动性的要求日益提高。然而，传统 TCP/IP 网络身份地址双重语义的设计规则不利于需要频繁切换的服务，对于高速移动场景，在时延和丢包等性能方面，远远不能满足要求。如何高效地实现网络对移动性的支持成为亟待攻克的重要难题。

（5）能耗问题：为了满足网络规模增长的需求，不得不增加大量的网络设备，例如路由器。思科公司的分析报告显示，一些高端路由器能耗甚至已高达兆瓦级。另外，随着云计算的兴起，越来越多的服务由网络设备提供，互联网正在从传统的端到端服务转向以数据中心为核心的广泛网络服务。然而，随着人工智能、高清视频服务等高算力、大存储服务的快速发展，数据中心的能耗增长已经无法忽视。据工信部网站数据，最近五年，我国数据中心产业快速发展，平均年增长率超过 30%，市场规模超过了 800 亿元，大型、超大型数据中心不断涌现，每年用电量占到全社会用电量的 1.8%左右，如何构建高效节能的网络已经成为影响国民经济和社会发展的重大科技问题。

为解决上述互联网面临的问题，除了延续在现有互联网网络架构下进行"补丁式"的修补以支撑当前互联网的正常运行外，世界各国都投入了对新一代网络架构的研究之中。ITU（国际电信联盟）在 ITU-T SG13 全会上决议通过了成立 Network 2030 焦点组（Focus Group on Network 2030，FG-NET-2030）。该焦点组旨在探索面向 2030 年及以后的网络技术发展，潜在的包括新的媒体数据传输技术、新的网络服务和应用及其使用技术、新的网络架构及其演进。在国内，由中国信息通信研究院、华为技术有限公司发起的网络 5.0 产业和技术创新联盟也将目标对准了下一代数据网络。从技术角度出发，未来互联网将朝着建设低时延、弹性化、智能化和开源化的安全绿色网络方向发展，通过重新设计网络通信协议，实现网络、计算、存储多维资源一体化管理，从根本上克服传统互联网体系结构的问题。

1.1.7　人工智能的发展历史

人类对人工智慧体的幻想可以追溯到希腊神话时代，而 20 世纪 40 年代基于抽象数学推理的可编程电子计算机的发明使一批科学家开始严肃讨论构建一个电子大脑的可能性。1956 年在麦卡锡（John McCarthy，计算机科学家与认知科学家，LISP 语言发明者，1971 年图灵奖获得者）、明斯基（Marvin Minsky，人工智能框架理论的创立者，1969 年图灵奖获得者）、香农（Claude Elwood Shannon，美国数学家，电子工程师和密码学家，信息论创始人）等科学家牵头举办的 Dartmouth 会议上，人们将用机器模仿人类学习以及其他方面智能的研究正式定名为人工智能。1958 年，罗森布拉特(Frank Rosenblatt)首次提出用于模式识别的感知器模型(一种单层神经网络),并预言感知器可以模拟人类的学习、决策过程,甚至翻译语言。 之后的十年,主张模仿人类神经元用神经网络的连接机制实现人工智能的联结主义成为人工智能研究的活跃方向,期间包括第一个真正意义的多层神经网络在 1967 年被提出。 然而,符号主义的代表人物明斯基于 1969 年在发表的《感知器》一书中指出,感知器具有严重的局限。 这一发现使神经网络的研究几乎停滞了十年。 符号主义由麦卡锡在 1958年引入人工智能领域,主张将人类思考的过程抽象成逻辑与符号操作。 由于算力的局限,显然符号主义在当时更具实用价值。

20 世纪 70 年代中期,集符号主义研究成果之大成的专家系统诞生,将人工智能推向了一个黄金时代。 然而,专家系统只适用于小的专业领域,虽然整个 20 世纪80 年代人们一直在尝试建设更大规模的、可以描述所有人类常识的知识工程,但最终以失败告终,这也意味着符号主义无法得到长足的发展。 与此同时,联结主义的研究也在悄然复兴,尤其是反向传播算法(Backpropagation)的提出使通过数据训练多层神经网络更为可行。 1986 年,深度学习的概念正式被提出。 虽然 20 世纪 90 年代神经网络已有成功的商业应用案例,但是当时的计算机发展水平仍处于资源匮乏的阶段,无论是在算力还是在数据积累上,都难以满足拥有巨大量参数的神经网络模型的训练需求。 因此,在 20 世纪 90 年代中期至 21 世纪初,主导人工智能领域研究的是以支持向量机(SVM)为代表的参数更少、对算力要求更低的浅度学习算法。

由摩尔定律所牵引的计算机与互联网的发展,使近 20 年内的算力与数据积累呈指数级增长,催生了真正意义的深度学习的再次复兴。 自 2006 年 Hinton 等人提出深度置信网络(DBN)与预训练(Pre-training)算法起,深度学习使语音识别、图像识别等人工智能技术迅速突破了准确率瓶颈,逐步实现了大规模的商业应用。 2016 年,基于深度学习的 AlphaGo 击败围棋世界冠军李世石,更将世人对人工智能技术的关注度推向一个前所未有的高度。 如今,在感知智能包括计算机视觉、语音识别等领域的很多任务上,人工智能已经接近甚至超过人类感官的能力。 甚至在阅读理解、音乐创作等认知智能任务上,人工智能算法也时常展现出超越行业专家平均水平的表现。 当然,这并不代表语言、艺术创作等这些人类特有的能力已经被人工智能攻陷。 更准确的阐述应该是人工智能能够以更精准的方式完成这些特定任务,我们离通用人工智能(Artificial General Intelligence, AGI)仍相距甚远。

1.1.8 区块链发展历史

区块链是一个集成高端密码学的分布式账本,是以去中心化、零信任化的方式集体维护一个可靠数据库的技术方案。 区块链是人类科学史上最为神秘的发明和技术之一，这项重大发明目前为止还不确定发明人的真实身份。

从信息数据的维度来看，区块链是一种几乎不可能被更改的分布式数据库。 区块链的分布式不仅体现为数据的分布式存储，也体现为数据的分布式记录。 从技术架构的维度来看，区块链并不是一种单一的技术，而是多种技术的整合，包括计算技术、网络通信技术、密码技术、动态应用技术等。 这些技术以一种新的分布式计算架构组合在一起，形成了一种新的数据记录、存储、计算、表达的方式。

从区块链的历史维度来看，区块链支撑比特币等数字货币在数学领域建立了信任价值体系，也第一次使用密码技术和分布式计算技术在互联网上建立了广泛的信任价值，将互联网由传输互联网、信息互联网推向了更高层次的价值互联网，并在后续的发展中成为了独立的综合技术体系。

2008 年 10 月 31 号，比特币创始人中本聪（化名）在密码学邮件组发表了一篇论文——《比特币：一种点对点的电子现金系统》。 在这篇论文中，作者声称发明了一套新的不受政府或机构控制的电子货币系统，这篇论文是公认的区块链发展的开端。2010 年 5 月 22 日，有人用 10 000 个比特币购买了 2 个比萨；2010 年 7 月 17 日，著名比特币交易所 Mt.gox 成立，这标志着以区块链为基础的比特币真正进入了市场。

在随后的几年至 2018 年间，比特币的造富效应，以及比特币网络拥堵造成的交易溢出，带动了其他虚拟货币以及各种区块链应用的大爆发，出现众多百倍、千倍甚至万倍增值的区块链资产，引发全球疯狂追捧。 由此比特币和区块链彻底进入了全球视野。

但以比特币为代表的不受监管的数字货币本身是一种挑战国家主权的货币形式，2018 年后逐渐落幕。 硝烟过后，区块链技术作为一种通用性技术，从数字货币加速渗透至其他领域，与各行各业进行了创新性融合。 未来的区块链应用将脱虚向实，更多传统企业将使用区块链技术来降低成本、提升协作效率。 激发实体经济增长，是未来一段时间区块链应用的主战场。 目前，区块链应用已经慢慢由金融领域、泛金融领域向全社会领域应用渗透，但在发展的过程中也遇到了很多瓶颈，涉及算力、网络通信、应用架构等诸多技术。

当前的区块链技术的发展瓶颈主要表现在"三角困境"，即现有区块链技术无法同时达到可扩展性（Scalability）、去中心化（Decentralization）、安全性（Security），三者只能得其二。 如何处理三者之间的关系成为当前区块链技术发展需要解决的问题。

从技术角度来说，具体表现在如下几方面。

（1）分布式存储瓶颈：任何区块链系统都需要存储，但目前的区块链数据结构难以存储大数据，只能存储小的交易数据，而且还必须使用分片技术，难以在上面建立文件系统、数据库系统和通信系统。

（2）分布式通信瓶颈：目前的区块链应用大多需要应用间通信，区块链应用的通信功能如果还是基于中心化服务器，不仅隐私得不到保护，也难以直接建立智能合约关系。

（3）可扩展规模瓶颈：区块链的本质是分布式记账，在目前的区块链网络中，一个数据块难以在短时间内同步给其他节点，这是造成交易效率和规模没办法快速提升的最主要原因。技术上，牺牲一定的分布式特性，采取分组记账的方法是当前主要的方法，但没有从本质上解决问题。

（4）高效率的跨链机制瓶颈：目前不同区块链间的跨链通信采用哈希锁定、中继等技术，但都不是分布式的跨链通信，违背了区块链的天然特性，有安全性和中心化问题。

总体来看，区块链从完全的密码学去中心化而来，带来了新型的生产关系，发展至今已与多个技术体系融合，包含各种企业政府应用、物联网、人工智能等，但也面临了算力、效率、通信、安全等各种各样的瓶颈，未来的区块链架构很可能是基于新型计算、通信、存储架构的中心化与去中心化的结合，以新型网络计算架构破解"三角困境"的制约，真正实现区块链为社会化数字经济服务的目标。

1.1.9　冯·诺依曼结构对人工智能发展的局限

从人工智能发展的过程可以看出，计算机和网络的发展始终制约着人工智能技术发展的方向与程度。神经网络本身是非冯诺依曼结构的，在摩尔定律接近失效的今天，将其承载于冯·诺依曼结构的计算机上，诸多弊端已开始日益凸显出来。其中最突出的两个弊端是延时和能耗。

冯·诺依曼结构的 CPU 需要指令译码执行并且共享内存。指令流的控制逻辑复杂，不可能有太多条独立的指令流。内存有两种作用：保存状态和在执行单元间通信。由于内存是共享的，就需要做访问仲裁。冯·诺依曼结构的本质决定了它无法支撑神经网络需要的高度并行计算。GPU 试图在冯·诺依曼结构上解决这个问题，采用单指令流多数据流的方法让多个执行单元以同样的步调处理不同的数据。也就是说 GPU 只实现了数据流的并行，指令流水线是深度受限的。为了在指令和数据读写之间切换来掩盖延时，编译器起着至关重要的作用。NVIDIA 花了十余年时间，投入过百亿美元来教育市场、培养生态，通过通用化 CUDA 编译器及其上层的高级编程语言，把 GPU 推广成了深度学习的标配。但这种商业上的成功其实只是弱化了架构上的矛盾，并无法从根本上解决问题。

与此同时，冯·诺依曼结构在能耗上的弊端也进一步凸显。Strubell 等学者发表在 ACL 2019 的论文显示，深度学习模型训练消耗的能源与模型参数量成正比。利用 NVIDIA 最新一代的 V100 GPU 训练一次自然语言理解模型 BERT-base 需要消耗约 $1500kW \cdot h$ 的电能，同时带来的二氧化碳排放约 $1400lb(1lb=0.454kg)$，几乎相当于一人次乘飞机往返纽约与旧金山的碳排放量。而现如今在深度学习领域，参数量数十倍于 BERT-base 的算法更已经比比皆是。

与基于冯·诺依曼结构的 CPU 和 GPU 相比，人工智能 ASIC 芯片在延时和能耗上都可以实现数量级程度的降低。而如何有效地为专业化芯片构建通用化的软件生态是至关重要的问题。这也正是本书后面要探讨的问题之一。

1.2 非冯诺依曼计算机体系的探索

人类发展的总趋势遵循"否定之否定"的哲学规律，不是直线式前进而是螺旋式上升的，其发展的动力源于理论突破和实践应用的长期互动和创新；这又是一个由量变到质变再由质变飞跃开启新的量变的、反复交迭的过程，是总体前进性与过程曲折性的辩证统一。比如说，现在说地球是圆的，这是显而易见的，因为我们已经能够测量足够远的距离，人类也可以从太空中直接观察地球。但是，在远古时代，当人类的活动范围局限于非常有限的地域时，认为地球是平的，则更能解释人们遇到的问题，也是人类最先从自然活动中得到的经验结论。

当前的数学体系都源于公理体系。公元前出现的欧几里得几何（简称欧氏几何），同样来源人类的认知，在只观察平面和立体空间时，平行定理是正确的，并且很好地解释了物理现象。但是，当人类认知拓展到更高维度，开始抽象空间研究时，就对现有公理的准确性提出了质疑，于是公理被改写，出现了各类非欧几何，推动了数学的发展，也推动了人类认知的进一步提升。同样的道理，牛顿定律只能阐述宏观低速物体的物理现象，但当扩展到微观(原子)、高速(光速)领域时，牛顿定律无法准确解释物理现象，严格地说，牛顿定律只是在物体宏观低速运动时的一种近似解释，并不准确，却很实用。

因此，人类社会的进步，尤其是自然科学的进步，总是离不开认知的提升。在冯·诺依曼时代，信息技术刚刚开端，对电磁技术的应用、对半导体材料的认知，都在不断进步中，因此，冯·诺依曼计算机是在当时的认知条件下、当时的技术条件下的最佳实现。 同样，互联网的各种选择也是在当时物理网络条件下的正确选择。 今天，由于技术的发展、认知的进步，传统技术瓶颈日益明显，这必然推动新技术革命的出现。 图 1-8 显示了探索范围的扩大带来的理论体系的革新。

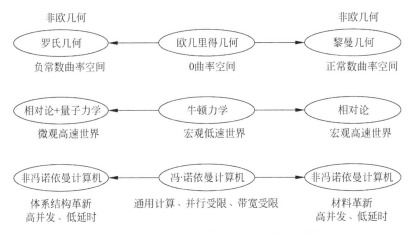

图 1-8　探索范围的扩大带来的理论体系的革新

冯·诺依曼计算是图灵机的一种实现形式，非冯诺依曼网络计算在本质上是技术的创新和发展，是随着大数据和人工智能、虚拟现实和混合现实以及区块链和价值网络等为代表的新时代的到来所应运而生的新的体系架构。 非冯诺依曼网络计算体系是传统基础理论的突破和扬弃，也是计算机和网络的工程技术与产业结构的革新和颠覆。 非冯诺依曼计算的研究和发展，将极大地拓展人类探索自然的能力，使得人类的认知水平达到新的高度，从而有可能推动新理论的出现。 当然，理论和实践发展也都是"否定之否定"的螺旋上升的。

新一代技术一定要解决上一代技术遗留下来的、不可解决的核心问题。 物理世界的财产权/所有权归属，最早期是混乱的、基本通过暴力争夺来确定的，后来随着文明的进步，"先占先得"发展为主导模式。 映射到网络空间，数字资产的所有权在早期也是混乱的，直到区块链引入"时序"的概念，保证了确定性，这才使得财产权利在网络空间得以确认并稳定、长期的发展。 人与兽的主要区别之一是个人隐私，在互联网初期，人类个体在互联网平台上几乎是裸露的、透明的。 大数据、人工智能技术迅猛发展，个人意识随之觉醒，网络空间中的隐私逐渐成为人们高度关注的问题。 互联网的结构也在不断演化，云计算时代的人工智能主要部署在云端，数字上传到云，算法在云上运行；而边缘计算时代的人工智能将不断靠近人类，个人数据中心、边缘人工智能等成为另一种趋势，数据存放在个人终端处，算法下放到个人终端处。 如图 1-9 所示，几乎所有颠覆性技术的出现，都以"否定之否定"的姿态，解决了上个阶段的核心难题。颠覆性技术的方向可以预测，但普及的时间点却很难预测，需要遵循其内在的发展规律和周期。

图 1-9　信息产业螺旋发展："否定之否定"

回顾了计算机体系结构和互联网发展的历程，我们可以清楚地看到，面对当前不断涌现的新技术、新需求，无论是计算机还是互联网，都需要对现有体系结构进行深层次的变革。我们知道，冯·诺依曼结构是现代计算机的基础，而计算机技术又是互联网发展的支柱。从某种意义上，当前的信息技术都建立在冯·诺依曼结构上。因此，要从根本上解决计算机和互联网面临的问题，必须突破传统冯·诺依曼结构对思想上的束缚，从新的角度去探索新的体系结构。

非冯诺依曼计算机体系并非否定冯·诺依曼结构，而是要跳出惯性思维的束缚，放弃从单一角度优化架构的历史做法，从计算和网络融合的角度、从体系生态的角度，探索全新的计算机体系结构。非冯诺依曼计算要解决的是当前受限于半导体工艺的计算瓶颈，而未来网络要解决的是信息爆炸时代的信息交流问题，而这些瓶颈的来源同样是人类对认知需求的提升，比如人工智能的发展。计算机从源头来讲就起源于人类对人工智能技术的追求，图灵机的提出也是对人工智能探索的结果。当前，人类对信息特征的提取维度和广度不断增加，这才触发了计算瓶颈。另外，随着认知的提升，人类对资源利用的范围不断扩大，从太空到海底，都成为利用的目标。天地一体化已经成为未来的趋势，在认知范围扩大、抽象维度提高的前提下，未来的信息服务必然要满足极大规模、极短时延、极高可靠性的场景，缩短人类从更大空间更准确地获取信息、处理信息的时间，在更大的范围内实现更流畅的信息交流。

下面，我们从材料（即物理介质）、计算架构和网络三个方面来梳理未来计算机体系结构的发展方向，并提出新的设想，供读者参考。

1.2.1　新的物理介质催生新的架构

现代计算机工业的发展一直在硬件工艺和计算架构间交替前行，但是，缩放定律失效,摩尔定律减缓,预示着 CMOS 工艺已经到达极限,依靠传统工艺改进来提升性能的道路无法继续。 要从根本上改变计算,人们尝试通过改变物理介质来实现完全不同的计算架构。 人们尝试了生物计算、光子计算、量子计算等。 使用的这些"新"材料,包括更高效的交换、更密集的布局和独特的计算模型,科学家们希望通过研发新器件技术来催生新的计算架构。

1. 光子计算机

光子计算机是一种由光信号进行数字运算、逻辑操作、信息存储和处理的新型计算机。 欧洲科学家研制成功了第一台光子计算机,其运行速度比普通的电子计算机快 1000 倍。 电子计算机是由电子来存储、传递和处理信息的。 光子计算机利用激光来传送信号,靠激光束进入反射镜和透镜组成的阵列进行运算处理,它可以对复杂度高、计算量大的任务实现快速的并行处理,这远胜通过电子"0""1"状态变化进行的运算。 光子计算机在图像处理、目标识别和人工智能等方面发展的潜力巨大。

2. 量子计算机

量子计算机(Quantum Computer)是一类遵循量子力学规律进行高速数学和逻辑运算、存储及处理量子信息的物理装置。 半导体靠控制集成电路来记录和运算信息,量子计算机则希望控制原子或小分子的状态记录和运算信息,使用量子门替代晶体管逻辑门的功能。 1994 年,贝尔实验室的专家彼得·秀尔(Peter Shore)证明量子计算机能完成对数运算,而且速度远胜传统计算机。 这是因为量子不像半导体只能记录 0 与 1,可以同时表示多种状态。 如果把半导体计算机比成单一乐器,量子计算机就像交响乐团,一次运算可以处理多种不同状况,因此,一个 40 位元的量子计算机,就能解开 1024 位元的电子计算机花上数十年解决的问题。

3. 超导器件

量子计算的一个姊妹方向是超导逻辑,使用约瑟夫森结等超导器件的系统,能够提供"免费"的通信。 在超导线上传输信号几乎不消耗能量,能耗主要发生在数据操作上。 这些权衡与 CMOS 电路正好相反,在 CMOS 电路上大部分能量消耗在通信而不是数据操作。

4. 生物计算机

利用生物学基底做计算是一个新的方向。 DNA 计算已经演示了简单的逻辑操作。DNA 作为档案存储器和纳米结构自组装的数字媒介也具备潜力。 除了 DNA,还有诸如蛋白质等其他生物分子能够用于计算,这些生物分子工程在过去十年进步显著。

5. 碳纳米管

基于碳纳米管(CNT)的电子学研究持续取得显著进展。碳纳米管可以保证更高的密度和更低的功耗，并且可用在三维基底上。这使得碳纳米管成为体系结构方案是可行的。

当然，新材料也伴随着新的问题需要解决，上述新材料在计算架构上的应用仍然在研究之中。其中，量子计算的研究最为广泛，是取代半导体材料中最有希望的一个。

1.2.2　计算架构的创新

登纳德缩放定律和摩尔定律的终结、冯·诺依曼结构固有的局限性，迫使架构师和设计师寻找新的方法以维持计算机性能的持续提升。事实上，早在 20 世纪 80 年代，已经有过一轮对非冯诺依曼计算架构的研究，当时提出的诸多设想今天仍然有参考意义。这里我们从计算架构角度来梳理非冯诺依曼研究的方向。

1. 数据流计算机

数据流计算机是上一轮非冯诺依曼计算架构研究的产物。它彻底改变了冯·诺依曼体系结构的指令流驱动的机制，而采用了数据流驱动的机制。其基本原理可归纳为以下两点：第一，一条指令当且仅当所需的操作数准备就绪时便开始执行，完全不需要指令计数器的控制。指令的启动取决于数据的可用性，与这条指令在程序中的物理位置无关。这样，只要有一批数据都准备就绪，如果功能部件可以使用，就可以激发一批指令并行执行。这就是数据流体系结构所特有的指令操作的异步性和操作结果的确定性。第二，任何操作都是纯函数操作，即每一数据流操作都是消耗一组输入值产生一组输出值而不产生副作用，这就确保任何两个并发操作可以按任意次序执行，而不会产生干扰。

数据流计算机在提高并行处理效能上有着非常显著的长处，但是在并行性、存储、编译难度、输入输出和组网等方面有明显的缺陷。因此，数据流计算机仍需进一步改进。就发展来看，数据流计算机仍然具有很大潜力。

2. 类脑计算机

所谓类脑计算，就是指仿真、模拟和学习借鉴人脑的神经系统结构和信息处理过程，构建出具有学习能力的超低功耗新型计算系统。类脑计算机也称神经计算机。神经计算机与电子计算机最大的不同是信息存放在神经元上，而神经元又是处理信息的基本单元，所以二者是不可分的。

当今类脑仿生芯片的主流理念是采用神经拟态工程设计的神经拟态芯片,用集成电路和软件系统来实现神经网络模型,并在此之上构建智能系统。 典型的例子有基于模拟电路实现的瑞士苏黎世联邦理工学院的 ROLLS 芯片和海德堡大学的BrainScales 芯片、基于异步数字电路实现的 IBM 的 TrueNorth 和基于纯同步的数字电路实现的清华大学天机系列芯片。 另外,Intel 推出了 Loihi 芯片,带有自主片上学习能力,通过脉冲或尖峰传递信息,并自动调节突触强度,能够通过环境中的各种反馈信息进行自主学习。 目前,这些芯片主要应用于图像和视觉领域。

神经拟态研究是一个复杂的交叉学科工程,受到了各国政府的重视和支持,如美国的脑计划、欧洲的人脑项目,以及中国的类脑计算计划等。 神经计算机可能引导计算机从自动运行走向自觉和自为工作,这将是人工智能发展的主攻方向。

3. 特定领域体系结构

随着人工智能技术的应用,当前最突出的计算需求是由大规模机器学习所驱动的图像和语音识别、无人驾驶汽车、视觉数据处理和理解等,有些前瞻性应用或许要求为世界上每个人提供每秒千兆像素级的运算能力。 对于这些应用,传统通用计算平台已经无法满足要求,在一些计算密集型应用领域,一种更加以硬件为中心的设计思路已经兴起——特定领域的体系结构(DSA)。 这是针对特定类别的应用进行了定制的可编程处理器,通常是图灵完备的。 相比传统的 ISA,DSA 有更有效的设计并行,能更有效地利用内存层次结构,可以使用更灵活的精度控制,还可以使用特定领域语言来实现更有效的编译。

在人工智能领域风起云涌的各种 AI 芯片、GPU、FPGA 等,都可划为 DSA 架构。 其中,FPGA 提供了无比的硬件灵活性,可以让架构师尝试各种新的硬件和软件架构,做更完整的测试,而其效率又远高于软件,使得 FPGA 受到了极大的关注,也获得了在人工智能、网页搜索等场景下的应用。 但是,FPGA 编程难度大,传统单纯的 FPGA 似乎不能满足多样化的需求,从而延伸出 eFPGA 和 FPGA SoC 这两个方向,试图将 FPGA 与嵌入式 CPU 相结合,以更灵活的架构来支撑 DSA 的发展。

此外,DSA 架构也得益于 DSL(领域特定语言),使得在特定场景下,拥有更高效的软硬件映射,同样地,保证足够的架构独立性也成为 DSL 面临的挑战。 如何使DSL 中编写的软件可以移植到不同的架构,同时软件映射到底层 DSA 的效率还要非常高,是 DSL 研究的重点。 Intel 的 oneAPI、Xilinx 的 HLS 等新的编程语言正试图解决这些问题。 DSA 之间的平衡可移植性以及效率是编程语言设计者、编译器设计者和 DSA 架构师都感兴趣的研究领域,也是未来架构的重要方向。

4. 更智能的编译技术

现有的软件构建技术广泛使用具备动态类型和存储管理的高级语言。 但是，此类语言的解释和执行通常都非常低效。 通过对高级语言编译结果的优化，可以有效地提高最终在硬件上的运行效率。 例如，对于矩阵运算，将 Python 语言代码用 C 语言重写就能提高几十倍的效率，优化内存又能获得几十倍的效率，再加上并行多核等优化，最终的效率有可能比原始的 Python 语言代码高几万倍。 由此，探索新的编译器技术来缩短性能差距，使得软件代码更高效地映射到硬件架构中也是一个重要的方向。

5. 开放架构和安全性

正如前面所述，冯·诺依曼结构在设计之初就没有考虑安全的问题，而底层固有的安全隐患无法通过传统的封、查、杀的方式得到彻底的解决。 从新的角度出发，学习人体免疫系统，建立主动免疫的计算架构，确保执行任务的计算逻辑无法被篡改或破坏，从根本上解决底层计算安全的问题，是未来万物互联时代可靠计算的基础。 在安全方面，开放式的 RISC 架构有天然的优势。 开放式的架构，允许安全专家按照自己的想法来实现新的安全架构，允许学术界和工业界的所有人才来帮助提高安全性。 其中 RISC-V 是一个典型的代表。 这是美国加州大学伯克利分校开发的第五个 RISC 架构，是一个模块化指令集，只需一小部分指令就可运行完整的开源软件堆栈，设计人员可以根据需要包含或省略它。 传统专有架构处理器通常需要向上的二进制兼容性，这意味着当处理器公司添加新功能时，所有未来的处理器也必须包含它，由此指令集越来越大。 对于 RISC-V，情况并非如此，所有增强功能都是可选的，如果应用程序不需要，可以将其删除，因此，也使其实现更容易检查。

此外，开放式架构加上软件堆栈以及 FPGA 的可塑性意味着架构师可以在线部署和评估新颖的解决方案，实现快速的架构迭代。 虽然 FPGA 比定制芯片慢许多，但这种性能仍然足以支持在线用户，同时带来安全创新，解决真正的攻击。

6. 计算存储融合

现在的 CPU、GPU 采用的都是冯·诺依曼结构，其内核是计算，而存储是一个边缘的设备，这是"基于计算的存储"。 如前面所述，对内存访问的优化能有效地提高计算效率，那么，将存储与计算合二为一，就像我们的大脑，使得存储的同时进行计算，构造"基于存储的计算"成为一个新的方向。 后"冯·诺依曼"将是以存储器件为核心的计算架构，针对特定场景和应用具有效率高、能耗低的优势。 2020 年 1 月 2 日，阿里巴巴达摩院发布了《2020 十大科技趋势》，将"存算一体"方面的架构研究列为了趋势之一。

计算存储融合有两个主要方式：其一是将计算靠近存储，将一部分计算任务卸载至靠近数据存储的位置，利用内部总线而非 I/O 完成数据搬动。 这通常通过在存储器加入计算功能部件实现，如 GPGPU、FPGA 和 ARM 处理器。 其二是将数据直接存放在内存，计算过程不需要在内存与外存之间来回搬动数据，从而克服了 I/O 带宽限制，称为存储上的计算（ISC）。 可编程忆阻器被认为是有潜力的"存算一体"器件，在机器学习应用上开展了大量研究。 清华大学微电子所基于忆阻器阵列芯片完好地实现了卷积网络，成为全球首款存算一体 CNN 芯片。

1.2.3 网络架构的创新

为了解决互联网面临的问题，满足新业务对互联网性能的要求，从学术界到产业界，提出了众多新网络架构和新型网络技术。 本章将从未来网络架构、软件定义网络、云计算和边缘计算、人工智能、网络安全、区块链网络等几个方面梳理网络前沿热点技术，与读者共同交流和探讨。

1. 未来网络架构

新的网络架构是从根本上解决现有互联网问题的关键。 多年以来，世界各国相继提出了多种新的网络结构设想，从不同角度，尝试突破现有 TCP/IP 体系的束缚。其中，由 Xerox PARC 研究中心和 UCLA 大学的科学家提出的直接针对传统互联网的核心 IP 进行变革的信息中心网络 [ICN，又称内容中心网络（CCN），或者命名数据网络（NDN）] 研究最为广泛。 图 1-10 直观显示了 ICN 的细腰结构。 它以信息命名方式取代传统的以地址为中心的网络通信模型实现用户对信息搜索和信息获取，旨在增强互联网安全性、支持移动性、提高数据分发和数据收集的能力、支持新应用与

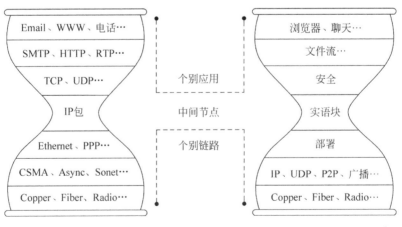

图 1-10　ICN 的细腰结构

新需求，试图从根本上改变现有互联网模式。 当然，信息中心网络在安全性、可扩展性、拥塞控制、网络管理等方面仍然存在许多问题需要解决，这些问题也成为今后研究的重点。 此外，针对网络使用模式多样化和可靠通信的需求，卡内基-梅隆大学的研究团队提出了新型网络架构 eXpressive Internet Architecture(XIA)，主要具有可演进、可信、灵活路由等特点，重在现有互联网基础上的不断演进。 针对移动性需求，美国罗切斯特大学的研究团队在 2010 年发起的移动优先网络(Mobility First)项目，试图通过全局命名、分离位置和身份标识以及设计多种路由的方式来提高移动性和无线网络的稳健性，成为美国四个未来互联网研究项目之一。

在国内，由江苏省未来网络创新研究院、北京邮电大学、中国科学院计算机研究所等单位联合提出的服务定制网络(SCN)，由解放军战略支援部队信息工程大学团队提出的全维可定义开放网络架构，都以软件定义网络(SDN)为基础，结合网络虚拟化、可编程化等特点，实现网络智能化管理和调度，为打破封闭垄断、消除技术壁垒，变革网络基线技术，开展颠覆性网络架构研究、试验和应用提供基础环境。 此外，清华大学提出的地址驱动网络(ADN)和东南大学团队提出的双结构网络(DAN)分别以 IP 创新管理和内容共享为目标，在现有互联网基础上进行局部改进。

这些各式各样的新型网络架构的研究，是未来互联网颠覆式创新走出的第一步。

2. 软件定义网络

软件定义网络是由美国斯坦福大学提出的一种新型网络创新架构，是网络虚拟化的一种实现方式。 软件定义网络将网络数据面和控制面分离，以便更好地抽象和管理底层网络设施，通过虚拟化的方式支持上层应用和服务。 从某种角度讲，软件定义网络是将网络计算机化。 如果我们将物理网络结构比作计算机总线，将软件定义网络控制器比作中央处理器，将软件定义网络编排器比作操作系统，那么软件定义网络就形象地理解为一个由控制器主控，通过编排器实现资源组合和应用服务的开放计算机。 它可以整合不同硬件厂商的产品，通过编排器的虚拟化，灵活、高效地利用底层网络基础设施，向网络用户提供网络服务，并接受对控制平面的编程。

当前，软件定义网络技术仍然在快速发展，并产生了众多与之相关的网络新技术，例如 Segment Routing(SR)技术、Intent-Based Networking(IBN)技术、P4 技术、SD-WAN 技术、智能网卡技术等。 通过这些技术，软件定义网络简化了网络的复杂度，提高了网络灵活性，为网络设备的虚拟化、操作系统的智能化和网络硬件的高性能提供了基础。

值得一提的是，软件定义网络由开源组织 ONF 成功推向产业界，并获得业界的广泛关注。 自从问世，软件定义网络已经得到了广泛的认可和应用，如 VMware、

Pacnet、AT&T、Barefoot 等公司都推出了各自的软件定义网络产品和服务。 根据 IDC（互联网数据中心）预测，2020 年全球软件定义网络物理网络基础设施市场规模将达到 125 亿美元；虚拟化/控制层软件市场规模将达到 24 亿美元，年复合增长率将达到 64%；软件定义网络应用（包括网络和安全服务）将实现 66% 的年复合增长率，届时市场规模将超过 35 亿美元；SD-WAN 市场规模将超过 60 亿美元。

3. 云计算和边缘计算

我们知道，从计算机发明到现在，计算模式经历了两次明显的结构变化。 随着半导体技术的发展，计算机从 IBM 的大型机走向小型化的 PC 时代，计算模式从集中式的专业计算变成了分散的小规模计算。 随着互联网的不断发展，网络服务取代了传统 PC 服务。 伴随着对高质量、更便利网络服务的追求，云计算成为计算模式的主流。 计算从分散再次走向了集中。 同时，也为未来计算架构的创新开辟了新的方向。 计算架构不再局限在独立的半导体芯片内，而是通过协作的形式，跨越物理边界，通过全新的软硬件协作方式来提供前所未有的计算规模和性能。 对计算机体系结构研究者来说，现在是抓住这个机遇并展示跨层专用化愿景的时机。 而虚拟化技术将新的硬件和软件创新透明地引入现有的软件系统，可以以更快、更便宜的技术替换处理器、存储器和网络部件，为特定的场景提供合适的底层硬件，从另一个角度实现架构的创新。

今天，随着移动互联网和物联网的发展，数据流量和终端设备连接数量呈指数级增长，4K/8K 视频、虚拟现实/增强现实、无人驾驶等新型业务的不断涌现，对网络服务质量要求的提高已经超出了当前互联网和集中式云计算模式的能力。 为提供低时延、高质量的服务，计算模式再次由集中走向分散，计算被散布于网络的边缘，这就是边缘计算。 边缘计算是一个融合网络、计算、存储的开放平台，是一种开放、弹性、协作的生态系统，通过协同网络资源，就近提供服务，满足在敏捷连接、实时业务、数据优化、应用智能、安全域隐私保护等方面的关键需求，如图 1-11 所示。

边缘计算推动着互联网架构的变革，发展至今已有 MEC、微云、雾计算、云接入网等业界广泛认可的技术架构。 随着产业生态的进一步发展、开源项目的不断深入，新的边缘计算架构将推动边缘计算朝着更高效、灵活和安全的方向前进。 边缘计算不仅仅是网络架构的进步，更是计算架构的变革。 边缘计算是云计算的进一步发展，其核心是资源管理，解决系统中计算、存储和网络资源的管理和优化问题。 通过协作机制，不仅可以有效地提高计算、存储和网络资源的利用效率，还可以极大地改善网络的服务质量和用户的体验。 图 1-12 展示了边缘计算在网络中的位置。

随着网络技术的发展，云计算已经对传统商业模式产生了颠覆式的影响，同时，

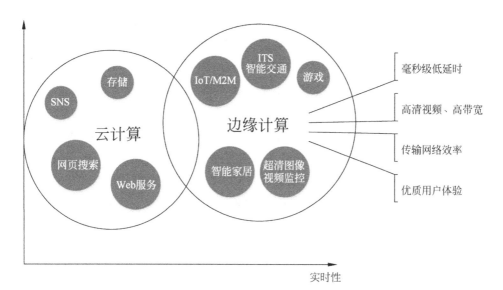

图 1-11　边缘计算满足行业数字化需求

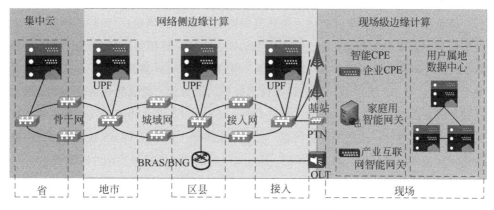

图 1-12　边缘计算在网络中的位置

在 5G、物联网等新一代网络技术的推动下，云计算以及以云计算为基础的边缘计算、雾计算等新计算架构将成为未来计算机发展的一个重要的方向。

4. 人工智能

以深度学习为标志的人工智能技术的崛起可以说是近五年来最亮眼的技术进步。人工智能技术经过几十年起伏的发展，最终成了信息技术新一轮革命的推手。人工智能技术在获得巨大成功的同时，也对现有的技术体系提出了更高的要求，巨大的算力需求推动着新的计算架构的研究，DSA、类脑计算、存算一体等新计算架构的研究都在为人工智能未来的发展添砖加瓦。另外，当人工智能技术与互联网相结合的时候，我们发现互联网给人工智能技术提供了一个天然的类脑神经网络。互联网为人工智能完成了感知、传输、存储和计算的所有物理准备，而人工智能技术本身又可以为互联网管理、协作和网络优化提供更高效的方法。 二者进一步的深入融合将是互联网发展的一个重要方向。 依靠采集的网络数据，通过人工智能框架和大数据框架，人工智能技术可以解决诸多固有的网络问题。 反过来，一个更高效的网络又提高了人工智能计算的效率。

近年来，各标准化组织相继成立了网络人工智能工作组，产业界和学术界也针对网络人工智能展开了众多研究，在网络资源管控、自动化运维、网络安全、拓扑管理、TCP 拥塞控制、内容缓存优化、QoS 测量等方面，智能化已经取得了不少成果。网络的智能化趋势将不断推动网络和计算的融合，通过计算来提高网络效率，通过网络来改善计算性能。

5. 网络安全

现有的互联网体系从建立之初就没有很好地解决网络安全的问题。 随着互联网应用的飞速发展与大规模普及，恶意软件、分布式拒绝服务（DDoS）攻击、钓鱼软件、应用程序漏洞等网络安全威胁成为了不容忽视的重要挑战。 保证系统正常运行、消除各个层次的安全威胁成为未来互联网必须解决的问题。 当前，对于网络安全的研究主要集中在协议安全、网络攻击防御、访问控制和隐私保护四个方面。 但是，大部分研究仍然停留在信息安全层面，通过加密、防火墙等打补丁方式进行被动安全防御。 例如，使用 MD5、PKI 等技术保护认证过程，通过简化会话流程、匿名性设计的方法提升隐私保护能力；通过 IPSec、SSL/TLS 安全协议等实现端到端通信的机密性和可靠性；通过部署防火墙、配置安全策略，来防止 DDoS 攻击；通过恶意软件检测技术防止病毒、蠕虫、木马、Rootkits 和僵尸网络等恶意软件的攻击。

随着边缘计算、软件定义网络、网络虚拟化（NFV）等新网络技术的逐步产业化，集成现有技术的网络内生安全将成为可能。 而区块链技术的出现，也给网络安全问题的解决提供了新的思路，例如去中心化的多控制器证书存储等尝试也已经开始。

在当前的互联网体系中，除了网络本身的安全问题外，相当一部分的安全问题是源自冯·诺依曼计算架构。 随着云计算、边缘计算等的发展，网络与计算的融合日益紧密，要从根本上解决网络服务的安全问题，最终取决于网络和计算架构本身的革新。 探索一种新的安全、高效的网络计算架构，在当前 TCP/IP 和冯·诺依曼计算体系之外，寻求主动、安全的方式来彻底解决网络本身的安全问题，才能为未来更高效、更广泛的互联网应用提供安全的环境。 最终，我们将通过计算机安全架构和网络安全架构的融合方案，实现高效、安全的网络服务。

6. 5G 网络

2019 年被称为 5G 元年，世界各国都相继推出了 5G 网络。 在美国，Verizon 已经是第一家通过固定无线接入服务向消费者提供 5G 服务的公司。 韩国于 2019 年 4 月 3 日启动 5G 网络服务并且成为全球第一个开通 5G 网络的国家。 在日本，2020 年 的奥运会将是 5G 毫米波在密集城市地区试验的重要里程碑。 我国作为 5G 技术的主 要玩家，华为和中兴等公司为全球运营商提供电信基础设施。 工信部已经发放了 5G 商用牌照，国内基础设施的投资是日本投资的 4 倍。 国内运营商正紧锣密鼓地推动 5G 商用化的进程。

我们把 5G 作为网络架构的创新来介绍，是因为 5G 网络已经不再是通信网络的 一个升级。 不同于前四代移动通信网络，提高网络传输能力已经不再是 5G 唯一的 追求目标，5G 更是一个融合的网络，试图将移动网络拓展到生产、生活的各个领 域。 于是，5G 出现了三大应用场景：增强移动宽带（eMBB）、超可靠和低延迟通信 （URLLC）和海量机器类通信（mMTC）。 根据 ITU 对 5G 性能的定义，5G 的下行峰值 数据速率为 20Gb/s，上行的峰值数据速率为 10Gb/s；在超可靠和低延迟通信场景 中，5G 网络预计支持小于 1ms 的接入网延迟和小于 10ms 的端到端延迟，可靠性要 大于 99％；而在海量机器类通信场景中，5G 大的连接能力可以快速促进各垂直行业 （智慧城市、智能家居、环境监测等）的深度融合。 在智能城市、工业物联网这些行 业中，它们有大量设备连接到网络，预计每千米处理 1 万～100 万台设备。

上述三大场景的应用对网络性能的要求差异明显，要把它们统一到一个网络中， 5G 系统必须对现有网络架构进行革新。 于是，软件定义网络、网络虚拟化、网络切 片、边缘计算等新技术都成为了 5G 系统的核心技术，5G 网络成为当前众多网络新 技术的融合体。 在经过几十年独立发展之后，通信网络和计算机网络在 5G 时代重 新走到了一起。 5G 开启了互联网发展的新时代，未来网络将从 5G 开始，进入一个 新的发展时期。

7. 区块链网络

传统互联网通过近 20 年的发展，互联网行业巨头已经在各种社交、视频、电商 应用平台上发展出类神经元结构的网络。 互联网设备，特别是手机，可通过其上的 软件在互联网公司的中心服务器上映射出个人数据和功能空间，相互交流，并传递信 息。 互联网巨头通过中心服务器集群的软件迭代升级，不断优化数亿台终端的软件 功能。 在神经学的体系中，这是一种标准的中枢神经结构。

区块链的诞生提供了另外一种神经结构，不再是集中式中心服务，而是每台个人 计算机和个人手机成为独立的神经元节点，保留独立的数据和信息存储空间，相互同 步各自信息和数据，在神经学的体系中，这是一种没有中心、多神经节点的分布式神 经结构。

区块链的这种分布式神经结构，其最主要的特点是：每一个网络节点之间都是平等的，没有哪一个节点处于中心地位，对其他节点也没有控制、管理权限。 网络的参与者共享他们所拥有的资源（处理能力、存储能力、网络带宽、AI 算力等），这些共享资源通过网络协议来提供服务和内容，能被其他节点直接访问而无须经过中心节点，在此网络中的参与者既是资源提供方又是资源获取方。

区块链技术的革命之处，在于其通过技术将现实中的"价值"，包括商品、服务、内容等资产以及货币，进行确定、完整的数字化表达，并反映在网络世界中。区块链的真正伟大之处在于，第一次将"时序"这一概念引入虚拟网络空间，让虚拟世界受到时间的约束，正是基于这种能力，信息互联网升级为价值互联网，数字经济得以实现。 区块链通过以下四种方式让虚拟网络空间真实反映现实世界的交换模式：第一，打造网络空间的交换媒介——数字货币；第二，表达现实世界的交换对象——价值数字化；第三，还原现实世界的交换方式——基于智能合约的可信交换；第四，创造有序的交换空间——有秩序的价值网络。 虚拟世界生于现实世界，而后发展为与现实世界相互映射和影响，最终将发展出超越现实世界的全新经济活动形态和协作新样态。

目前，区块链还是运行在基于 TCP/IP 的传统互联网网络中，还没有合适的底层分布式计算网络来承载，导致了通信效率和规模扩展等一系列制约区块链发展的问题。 随着区块链技术在安全性、性能上的提高和在监管等功能上的完善，以及区块链技术与人工智能、物联网等新技术的融合，行业内部都在寻找一种在算力调度、节点通信、规模拓展方面均具有良好特性的底层分布式计算网络，来实现区块链应用中的计算、通信、存储性能的整体提升，以一种全新的网络计算架构实现未来大规模区块链应用的承载，这方面的研究已经成为区块链行业发展的一个热门方向。 区块链发展的另一个热门方向，就是上文提到的数字经济，最理想的模式是由中国人民银行发行数字货币、由区块链技术实现价值数字化、由智能合约保证可信交易，最终构成有秩序的价值网络，中国将由此进入真正的数字经济世界。

1.3 未来的网络计算体系

以上我们回顾了计算机和互联网发展的历史轨迹（见图 1-13），可以清楚地看到，经过 70 余年的不断进步，信息产业的两大支柱都走到了十字路口。 以冯·诺依曼结构为主的传统信息技术已经无法支撑快速增长的计算和网络服务需求。 供需矛盾的日益突出，使得从供给侧的改革势在必行。

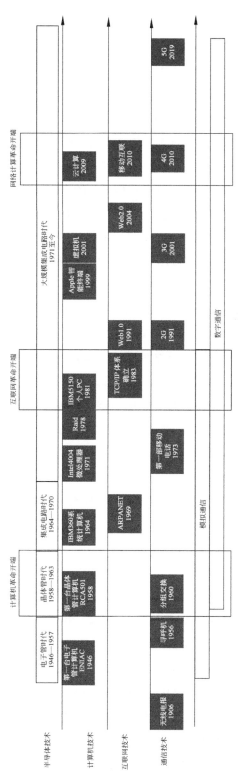

图 1-13　信息产业演进路线

然而，当前对计算架构的研究大多仍聚焦于微观层面，如改进指令集结构、内存结构等。对互联网技术的研究，虽然有诸如信息中心网络、双结构网络等未来网络架构的研究，但总体上仍然延续传统网络研究的思路，并不能从根本上解决未来业务，尤其是实时互动的感观服务对服务质量需求的增长，因此必须转换思路。作者认为，其一必须突破微观计算结构化的限制，扬弃传统 CPU 为通用化而设置的结构化边界；其二必须改变以资源受限为前提的传统互联网研究思路，而以解决无限量资源调度协作为目标来研究未来网络架构。由此，在吸取现有计算架构和网络架构研究经验的基础上，从云计算角度出发，本书将提出新的研究思路，即突破 CPU 计算结构，从宏观层面定义标准资源组合，尝试以算力、带宽、存储三种海量资源的组织管理，将计算和网络作为一个整体来研究。从无 CPU 统一硬件架构、无边界网络架构、海量资源管理方法和新概念编程方法等多个方面来探索新的网络计算一体化解决方案。

事实上，随着人工智能、云计算等新一代信息技术的发展和应用，当前市场已经呈现出多种新趋势，这不仅是向新的计算架构提出的要求，也是探索新的解决方案的推动力。其一，"云＋AI"成为一种新方案。云计算是数据处理的天然土壤，其规模并行和分布式计算能力可以帮助减少 AI 的计算成本；"云＋AI"是现阶段为产业赋能的主要途径，企业将以云的方式获得资源、平台以及应用在内的人工智能服务能力。其二，云边协同成为主流模式。物联网技术的快速发展和云服务的推动使得边缘计算备受产业关注，但只有云计算与边缘计算通过紧密协同才能更好地满足各种需求场景的匹配，从而最大化云计算与边缘计算的应用价值。其三，多云成为普遍需求。随着全面云化时代的到来，基于对灵活性、安全、成本以及便携性等方面的考虑，多云已经成为企业选择云计算的主要模式的发展方向。其四，全栈云服务成为传统企业部署云服务的必然之路。全栈云既能提供从底层 IaaS 到 PaaS 层的全栈云服务能力，还能提供网络通信、混合云的解决方案以及生命周期的管理。对企业而言，全栈云是助力企业上云的一个完整的技术体系和支撑平台。其五，基于分布式计算网络的区块链应用从金融领域逐步拓展到政府、供应链管理、工业制造等多个领域，是信任网络、价值互联网的基石，将在促进企业数据共享、优化业务流程、降低运营成本、提升协同效率、建设可信体系等方面发挥重要的作用。其六，人工智能正从专用智能走向通用智能。实现从专用智能到通用智能的跨越式发展，既是下一代人工智能发展的必然趋势，也是研究与应用领域的主要挑战。其七，从人工智能向人机混合智能发展。人类智能和人工智能不是零和博弈，"人＋机器"的组合将是人工智能演进的主流方向，"人机共存"将是人类社会的新常态。

从专用智能到通用智能，是当前人工智能最清晰的发展趋势。今天，完成某种特定任务的专用智能系统已经在多个领域得到了长足发展，无论是基于卷积网络的信息感知，或者是基于强化学习的决策系统，甚至是基于对抗网络的生成系统，在某些场景下，人工智能的能力已经超越了人类智能。但是，这些场景都需要人为预设，需要大量的人工干预，比如需要人工设计模型、收集并标注大量数据。因此，研究人员开始关注减少人工干预的自主智能方法。通用人工智能是能够完成一个人所有智能行为的机器系统，其本身具有完善的自主学习能力，可以完成未知的智能任务。人的智能行为包含多种类型，并且具有发展性和结构性，如何设计具有这样多重特性的计算系统，实现从专用智能到通用智能的跨越式发展，既是下一代人工智能发展的必然趋势，也是研究与应用领域的主要挑战。

新技术、新应用的快速发展在给国家带来机遇、给生活带来便利的同时，也势必会带来新的网络安全问题。随着新的信息技术不断推动网络空间与物理空间的深度融合，其伴生的安全问题给传统的安全技术提出了巨大挑战，也给现有的社会治理结构提出了新的要求。网络空间已经成为人类社会的"第二类生存空间"，网信领域的安全问题早已不是独立的技术问题，而是涉及国家网络空间主权、企业数字知识产权、个人数据隐私权的综合性问题。其一，国家管辖权已实质性地延伸到网络空间，网络治理成为维护国家主权、安全和发展的重要方式。国家网络空间治理体系建设要站在国家利益全局的高度，统一设计和构建国家网络空间治理体系，在观念、法制、机制和体制方面都需要主动应变、综合施策，推动网络空间治理的法律法规建设。其二，企业在升级转型适应数字基建需求的同时，要做好自身安全建设，提升威胁应对能力与抗攻击能力，通过软件保护、许可证管理、安全密钥存储、证书管理等方式，保护自身数字知识产权。其三，网络空间已成为人类社会的一个"精神乐园"，关于个人隐私权的保护，一方面要提高公民的信息保护意识，一方面要靠互联网公司的自觉自律，更重要的是需要国家立法进行规范。总之，网络空间已经成为大国博弈的重要战场，"没有网络安全就没有国家安全"，从国家安全的战略高度去认识网络空间安全，把网络空间安全作为国家安全的战略基石去捍卫，是维护国家安全的时代诉求。

回顾信息产业发展历史，已经发生过两次重大飞跃，或称变革。第一次在电报网鼎盛时期，电话（语音）超越电报（文字）。第二次在电话网鼎盛时期，互联网（多媒体＋CPU）超越电话网。其共同特点是在前一个网络的鼎盛时期，新应用和新技术驱动的后一个网络远超传统，反过来把前一个网络吸纳成附带的小流量服务。如今，技术和需求变迁再次催生信息时代变革。未来网络计算革命必将关系着国计民生，彻底改变当前计算和网络技术的世界格局，掀起一场信息化的网络战争。 设计面向未来的网络计算架构，从根本上提供一个高质量的网络服务环境，通过加强技术和示范应用的发展和推广，进一步形成自主可控的未来网络产业生态链，支撑我国在未来网络领域跻身创新型国家前列，引领技术和产业发展。

在追求这个终极目标的过程中，边缘计算是当前的一个极佳切入点，也是当前推动网络和计算同时变革的重要推手。 随着信息交流范围的扩大，尤其在物联网产生之后，信息的产生、处理和交换几乎每时每刻都在发生。 而其中最终产生作用的始终是经过提炼以后的信息特征和由此产生的知识。 因此，将信息处理与信息产生放到一起，通过知识的交流来代替原始信息的交流，从信息处理的整体结构上来改变传统框架，从而推动整个网络基础架构的变革。 实际上，在计算机发展史上，这样的变革已经发生两次，从最初的大型机，到分散的个人机，再到集中的云计算，现在再次走向分散，从信息源头来变革，也可以说是信息技术的供给侧改革。 而边缘计算的分布式架构同样也给非冯诺依曼计算架构的变革提供了新思路。 人们可以跳出传统工艺和材料以及指令架构的束缚，从信息处理的内容入手来改变计算架构，扬弃极端通用化的冯·诺依曼计算架构，从专用场景出发，在边缘计算这个分布式的架构中，针对不同的场景设计不同的高效的计算架构，只需解决不同架构之间的信息交流问题就可以在基础理论没有重大改变的情况下，从技术角度大幅提高系统整体的信息处理和认知能力。 因此，边缘计算将推动计算架构和网络架构的融合，从而催生出全新的云计算架构。

第2章
论道云计算

本章将通过不同历史事件、不同领域和不同国情的比喻与分析，推算云计算的发展脉络。 本书所述的云计算与 PC 是两个不同的体系，有些名称定义赋予了新的内涵，例如"数据""信息""知识""神经网络"和"宽带网络"等。 另外，本书中"云计算"和"云端计算"代表了不同的概念。 前者表示一种新的计算机系统模式；后者表示云中的设备技术，不包括用户终端。 读者在阅读本书时，不要局限于传统 PC 的思维模式。

2.1　冷眼看云计算

PC 时代已经过去了，我们迎来了云计算。 展望云时代，我们可以看到以下三个发展阶段。

1. 云计算的初级阶段：物理集中

信息和内容集中存储，远程随处查询，方便用户，提高效率，省电、省钱、省人工，还包括非人际的物联网。 这一阶段的云计算主要体现在物理集中。

2. 云计算的中级阶段：化学反应

建设社会信息中枢，通过深度加工和挖掘，提升信息价值，解决大规模社会问题。 这一阶段必然发生云计算的化学反应，有效改变"数据泛滥而知识贫乏"的局面。 也就是说，把数据变成信息，再把信息变成知识，最后落实到辅助决策。 实际上，所谓的大数据只是云计算的中级阶段。

3. 云计算的高级阶段：基因突变

超越信息范畴，原始数据变性成为实时多媒体内容深度加工，包括人工智能为主的各类应用，例如高度逼真的网络游戏、虚拟现实、自动驾驶等。 手持或贴身设备能够在嘈杂环境中用自然语言与主人沟通。 机器人不仅能识别人脸，还要解读表情，听懂、看懂人类的表达方式，甚至理解主人的意图。 这一阶段源自云计算的基因突变，或者说，从信息处理跨越到多媒体智能解读。

事实上，云计算必然破坏 PC 时代的平衡，带来终端和云端设备两极分化。 以电力系统为例，云端计算和终端设计好比是电力系统和家用电器的关系。 发电厂只管供电，不必关心家用电器的设计。 也就是说，建设什么样的云端和设计什么样的终端，是两个独立问题。

在终端，瘦客户机和 SoC 系统芯片导致竞争门槛下降。 另外，无线技术导致设备随身携带，如同衣服和提包，原先的基本功能已经不再重要，时尚设计、用户界面以及丰富便捷的附加服务将演变成主导元素。

在云端，仿生学告诉我们，如果造物主设计计算机，不会严格区分硬件和软件。 实际上，当前的计算机架构是冯·诺依曼的一种设计。 或者说，PC 的流行结构，但并不是人类智能机器的唯一设计，在云时代，甚至不是最佳设计。 未来云端强大的运算力资源必将突破传统冯·诺依曼结构的限制。

回顾历史，有助于进一步展望未来的云时代，还可以看到云计算的市场和技术特征。

4. 云端计算的市场：非传统应用

历史证明，**颠覆性先进技术是把双刃剑**，在大规模改善传统应用的同时，如果没有推出更高层次的新应用，必将严重挫伤传统产业。 当然，云计算也不例外。

20 世纪末，确切地讲 1995 年，回溯 100 多年，长途电话很贵，生活中离不开，这项极其赚钱的服务造就了世界第一大通信公司——美国的 AT&T。 然而，IP 电话出现在市场的时候，大家都觉得机会来了。 回顾当年，人们对 IP 电话的追捧程度超过今天的云计算。 但是，出乎意料，IP 电话导致电话费下降的速度远超过消费者使用电话量的增长。 很快通话总量趋于饱和，而 IP 电话费继续下跌。 整个产业总收入急剧萎缩，致使纳斯达克（NASDAQ）股票崩溃，至今难以恢复，许多超级明星公司破产。 这一切发生在 IP 电话问世短短 5 年之内。 结果是，长途电话平民化。 但是，100 多年历史的 AT&T 经营困难，被地方电话公司收购，整个长途电话市场边缘化。 当时，业界流行一句话："电话公司采用 IP 电话是自杀，不用 IP 电话就被他杀。"对于本地电话公司来说，幸好有互联网和移动通信业务填补空白才免于灭顶之灾。

如今 IT 部门已经成为企业经营中不可缺的部分，但是，对于绝大部分企业来说，同质化的 IT 部门不能带来竞争优势，反而成为一大负担。 值得注意的是，云计算与 IP 电话有异曲同工之处。 如同消费者用上 IP 电话，企业用上云服务，精简内部 IT 部门，经营成本大幅下降。 一旦云计算超过成熟期，必然大规模迁徙到云平台。 由此推测，云计算将导致传统 PC、服务器和企业软件产业需求严重萎缩。 因此，从产业角度，今天的手持终端市场已经过于拥挤，还必须寻找暴增的新需求填补传统产业大洞，这就是云端服务和网络基础。

5. 云端计算的技术：非冯诺依曼体系

今天，微软、谷歌、苹果的竞争焦点在于用户终端，相当于电力时代的家用电器。

但是，对应电力时代的发电厂技术，即云端计算技术正在快速演进。 实际上，在 PC 时代的技术道路上多跑几步意义不大。 问题是，什么技术配得上暴增的新需求？

今天，整个计算机工业都建立在一个假设之上：云端计算是传统 PC 技术的延伸。

本书认为，这个假设错了。 不要忘记，用爱迪生的发电机不可能建设大规模发电厂。 发电厂不论用什么技术(火电、水电、核电)，绝对不会是直流发电机和小锅炉的堆积。 翻开历史，我们看到在迈向大型发电厂的道路上，初期几乎所有人都不相信特斯拉的交流电，其中，爱迪生是最强大的反对派和阻力。 为了诋毁交流电，他精心策划了闹市演示，公开电死大象和死刑犯。 但历史的选择是，爱迪生完败于特斯拉。

今天，大部分计算机精英都在向同一个目标努力：建设超强和复杂计算机的硬件和软件，实际上，就是在传统 PC 架构上添砖加瓦，好比是努力建造通天的巴比伦塔。

本书认为这个目标错了。 我们看到，国际 IT 巨头们的数据中心，用集装箱装载数以百计的高性能服务器，堆满多个足球场，显然，如此庞大的系统还要消耗巨量电力。 实际上，他们都局限在传统体制下：求助于更强的硬件(CPU 堆积和服务器集群)、更强的软件(并行、分布和虚拟计算)、更高薪的工程师(越来越难以驾驭的复杂软硬件)以及更严格的管理(CMMI 认证，试图应付越来越难以控制的出错机会)。 但是，这条进化路线投入和产出不成比例，系统越大效率越低，导致软件在可维护性、可靠性和安全性上存在严重隐患，必然成为云端计算的发展瓶颈。

大道至简。 当我们将看似复杂的问题回归本质、回归简单，我们发现，自然进化规律是系统整体能量最小化，也就是说，系统整体越来越高效，而不是建设越来越复杂的超级细胞。 我们的目标应该是：确保芯片资源到应用的距离最小化，用简单的方法完成复杂的任务，当然，这个方法不限于传统计算机。

2.2 展望云计算的高级阶段

2.2.1 两种思维模式

探索云计算高级阶段的发展方向有两种思维模式。

1. 市场导向

站在当前业务的基础上推测未来可能的方向，观察周边细节，推测未来可能的方向，即所谓市场导向，或者增量导向。 我们知道，市场导向能够帮助改善已有的系统，将一件粗糙的产品打磨光滑，但是，不能突破传统框架的束缚。 马车时代的市场研究能够帮助设计更好的马车，但是，永远不会得出汽车的构想。 在大方向上，市场导向带有很大的盲目性。

2. 目标导向

抛开传统的束缚，自由畅想未来图景，瞄准终极目标，反思实现终极目标的方法。 也就是说，用未来的终极目标引导今天的行为，犹如在大海中航行时使用的北斗星和指南针。 事实证明，这种方法是颠覆性创新技术的摇篮。 云计算是国家经济战略的重要组成部分，创新是争取战略主动的最有力武器。

假设我们已经进入云计算高级阶段，意味着我们已经建立起完整的云端计算机体系，具体表现在新体系能够有效化解当前的软件危机，避免使用当前高能耗的超级数据中心，另外，通过拧干传统信息技术的低效率水分，掌握富裕的基础资源：运算能力、存储能力和通信宽带。

2.2.2 三大终极目标

什么是云时代信息产业的终极目标？ 抛开传统的束缚，我们将看到云时代信息产业的三大终极目标。

1. 锁定需求的海洋

在资源丰盛的前提下，信息产业的首要任务是寻找需求的海洋。 云计算高级阶段的目标主要是实现人工智能为基础的各类应用，例如人机自然界面、虚拟现实、智能识别、自动驾驶、高度逼真的网络游戏、数据挖掘和辅助决策等。 实现上述使命的工具不限于传统计算机。 与传统数据处理应用相比，智能应用的性能比功能更加重要，因此，实现方法千变万化，难以预测。 未来计算机世界还有太多的未解之谜，我们需要不断发明新的算法，而不是纠缠于复杂的软件系统。 进入云时代，传统软件只是实现算法的手段之一，而且不是最重要的手段。

本篇第 4 章和第 5 章进一步描述云端技术将突破传统冯·诺依曼体系，排除当前计算机技术的软件和硬件瓶颈，开创新一代云存储和云计算架构。

2. 夯实网络基础

值得注意的是，实时多媒体内容深度加工，离不开实时高品质网络通路。 云计算高级阶段的充分必要条件就是云端运算力和大一统网络，其核心指标是实时性和品质保证。 然而，当前互联网有两个无法治愈的遗传病：缺乏实时通信能力以及混乱的网络秩序。

今天，高清摄像机已经走进普通消费者家庭，甚至普通人的口袋，市场上已经难觅非高清的电视机，从互联网能够下载高清电影，通过 Skype 能够使用低品质视频通信。 但是，互联网能够提供高清电影品质的实时视频通信服务吗？ 并且满足普通消费者的广泛使用。 有人说将来可以，因为互联网每天都在进步。 大部分网络专家们认为，只要沿着文件网络的路一直走，不断扩充带宽和使用聪明的算法，就会到达实时流媒体的彼岸。 实际上，正是由于这些不断出现的小进步，给人们造成一种海市蜃楼的幻觉，导致在错误的道路上欲罢不能。

由于通信网络是云时代的基础设施，这直接决定了云时代服务能力的高度。 如果网络基础不稳固，云计算只能停留在简单的信息服务层面，必然导致产业发展低迷，这就是当前信息产业面临的困境。 因此，只有先稳固网络基础，才能培育出人类想象力所及的网络应用。 自从电报发明以来，通信网络结构发生多次重大变动。

本篇第 6 章将花较多篇幅重点论述，尘埃落定之后，未来网络世界将变得清澈而单纯，人类终极网络必定收敛于一个简单的实时流媒体通信网。 必须强调，终极网络不是遥远的事，而是进入云时代的先决条件。

3. 无线有线同质化

从"三屏融合"角度，我们的目标是提供有线和无线同质化服务。 我们的使命是把无线网络的服务能力提高到有线网络水平，而不是把有线网络应用降格成无线水平。

实际上，问题的焦点是，如何无限扩展无线网络的带宽？

大部分无线网络专家们不理解香农理论，习惯性地以为，甚至误导消费者，沿着过去的发展道路，无线带宽就会遵照类似摩尔定律的速度增长，可惜错了。 著名的香农极限理论明确告诉我们，依赖芯片资源堆积出的复杂算法对带宽资源提升的效果有限。 实际上，突破有线带宽资源瓶颈是光纤的发明，突破无线带宽资源瓶颈将是网络架构改变，或者说，唯一的出路是建设微基站网络。 本篇第 7 章论述了建设微基站网络的必要性、难点和解决方案。

2.3 云时代的终极网络：大一统互联网

今天，尽管多数人并不清楚云计算能提供什么服务，可已经吸引了一大批人，主要出于谷歌(Google)的明星效应。 但是，市场最终接受云计算的唯一途径是实实在在的服务。

告诉用户牛肉在哪里？

云计算或者网络计算机是个很好的想法。 为什么 20 多年来好想法没有成为广泛现实？

实际上，当前云计算所涉及的每个单项业务都已经存在，实施云计算的芯片和带宽条件早已充分丰盛。 本书认为，云计算患的是营养不良症，缺乏可盈利的商业模式。 云计算除了给消费者提供方便，还必须承诺信息安全。 云计算的资金投入和承担的责任都远大于搜索引擎，云计算不可能仅靠广告收益养活，它也不是慈善事业。让消费者明白云计算的商业模式，消除顾虑，他们才敢放心使用。

云计算的价值不在于简单地将用户数据和软件从终端移到网络的另一端。 云计算的优势在于利用网络的通达和协调能力，提供比独立 PC 功能上更完整、时空上更广泛、性能上更优质的服务。 最重要的是，弥补传统 PC 和互联网的空白，提供前所未有的新服务，并具备商业价值。 展望未来，以信息服务为中心的云计算应用，不论其受欢迎程度有多高，对于网络经济来说，永远只是一道开胃菜。 当前，推动规模化云计算的真正瓶颈不在信息服务领域，不在新颖的计算机系统，而是整个网络的生态环境，包括网络的诚信体系。 当前云计算的目标仅仅局限于全面掌管计算机信息服务。 我们知道，充当信息保险箱角色与靠运气的搜索服务不同，需要更多资源并承担更大责任。 因此，云计算必须同未来网络影视内容产业和实时视音交流在一个平台上实现价值互补、业务融合和资源共享。

根据一致公认的观点，过去网络计算机不成功的原因，大都归结为当时的网络设施不成熟。 因此，今天有一点可以确定，网络环境还是决定云计算成败的重要因素。 也就是说，为了治疗云计算的营养不良症，我们必须将努力方向移到网络建设上来。 只有完善通信网络环境，才能避免当年网络计算机的失败，为云计算提供可持续发展的空间和现金流。 形象地说，云计算是缠绕在树干上的藤蔓，只有等大一统互联网这棵大树形成规模以后，才能谈得上云计算这些藤蔓的发展空间。

大部分人以为，用户体验取决于终端和内容，但是，不要忘记中间还有一个网络。

苹果、谷歌和微软激烈竞争的焦点是终端产品，包括硬件、软件和时尚要素。

实际上，网络决定可传递内容，二流终端加一流网络能够轻易战胜一流终端加二流网络。 想当初，上述三家公司都是从零开始，在公司初创时期，网络是遥不可及的目标。 但今天，三家公司都是 IT 行业巨头，已经有足够的力量左右和主导网络发展。 因此，占据网络制高点将比时尚的终端更重要，是决定竞争胜负的关键，甚至，可以像 AT&T 那样称霸市场 100 多年。

当前的互联网有两大不可治愈的遗传病：缺乏实时视频通信能力和混乱的网络秩序。 显然，不能承受云时代的丰富多彩的服务和内容。 因此，云时代提供了创新网络基础的机会。

什么是大一统互联网？

答案就是全球一张网，覆盖全部用户和全部服务，或者称终极网络。

纵观过去、现在和未来，网络内容不外乎以下四部分：信息、通信、媒体、娱乐。

1．信息服务内容（传统信息服务和物联网，微量计算）

信息服务通常以提高生产力为目标，包括数据库、电子邮件、搜索引擎、远程桌面、日程安排、购物清单、照片分享、家用电器的远程管理以及传感器网络等。 这些内容以非视频为主，其数据量仅占据平台总量中极小一部分，好比是人体内的维生素，尽管重要，但是微量，几乎可以忽略不计，因此，称为"微量内容"。 在云时代，这些内容通常存储在信息库中。

2．人际通信内容（单纯透明的数据传输，无须计算）

事实上，只要有少数人使用视频通信，网络内容就以视频为主。 由于视频通信属于未经加工的"生内容"，依据"带宽按需随点"原理建立的大一统互联网已经完美地满足透明传递通信内容。 网络人际交流自然包括远程呼叫服务中心，甚至还包括远程外科微创手术等。

3．影视媒体和个人视频存储内容（超级云存储，时空转移）

主要由编导人员或消费者自己，事先制作好的内容，或者说，单方面预先加工的"熟内容"。 依据"存储按需租用"的大一统互联网公共存储能力，足以应付此类内容。 实际上，在充分带宽保障的前提下，网络存储资源的市场需求将扩大万倍以上。

4. 人-机-人的互动内容（超级云计算，广义用户和人工智能）

互动内容也称为"活内容"，同样以视频为主，如较高的网络游戏画面品质、实时视频模式识别、家用机器人、虚拟商场等，都需要处理大规模互动视频通信内容。大一统互联网进一步提出"智能按需定制"的概念。

实际上，互动视频内容的本质是以娱乐和体验为主。

如图 2-1 所示，从资源贫乏时代，经过一个短暂的过渡期，进入资源丰盛时代，并且，不会回头。显而易见，不论什么内容（生内容、熟内容和活内容），对于网络的要求是一样的，或者说，通信网络平台没有变，需求趋于饱和，结构趋于固化。如同无论公路上可以跑各种车，但是路不会变，从这个意义上，其也可以称为"终极网络"。

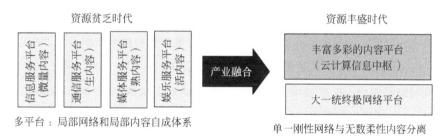

图 2-1 云时代产业融合导致终极网络平台

今天，人们难以接受终极网络理论，认为事物总是会不断发展的。其实，产生这种错觉的原因在于看不清网络和计算机的差异，将原本简单的网络问题想象为复杂的计算机业务。今天，人工智能还处于启蒙阶段，未来发展难以预测，但是，那是计算机的任务，与通信网络毫无关系。很明显，阻碍网络实现终极目标的根本原因就是人为混淆了网络与计算机的分工，把原本简单的通信网络功能想象成了尚处于幼稚期的计算机算法。

"终极网络"的概念看起来不可思议，其实很容易解释。终极目标指的是不会再有本质的变化，但不排除非本质的改进。例如，车轮是地面交通工具的终极目标，自从圆形车轮发明以后，再没有本质的变化。实际上，通信网络的透明管道就等效于地面交通的圆形车轮。我们平常把重复发明轮子斥之为荒唐，或者说多此一举，实际上，这更加证明了第一次发明车轮是何等的伟大。车轮是相对于人背马驮的进步，因为车轮保持负重与地面距离不变，省力又舒适。当然，带一件小东西不必用车，而且，行车必须有路。终极网络理论第一次系统地提出，透明管道是相对于IP互联网复杂机制的进步，透明管道的原理是"简单为真"，即保持内容不失真，省去许多中间处理，保证传输品质。当然，传递一个小文件不值得用透明管道，而且，透明管道以丰富的带宽为前提。透明的大一统网络建设其实与自来水管一样简单。

我们的结论是，如同发展经济先修路，只有先稳固网络基础，达到透明的极限状态，才能脚踏实地发展不断变化的内容产业，提供人类想象力所及的任意网络服务。由此可见，只有实现"终极网络"，关上"网络平台"这扇窗，才能充分打开"内容平台"这扇门。

2.4　从 PC 时代的数据库过渡到云时代的信息中枢

近年来，业界普遍意识到数据挖掘技术是对未来人类产生重大影响的新兴技术之一。　由于计算机和数据库的广泛应用，日益膨胀的数据量导致了"数据丰富而信息贫乏"的现象，数据挖掘技术以一种全新的概念，改变了人类利用数据的方式，可望开发出大容量数据的利用价值。　但是，现阶段数据挖掘技术面临许多"鸿沟"，主要是：应付多源异构数据和数据库、应付海量数据的效率和运算力、应付数据规格化和大规模协同作业、挖掘结果的可用性和表达能力以及数据安全和隐私等。　这些"鸿沟"制约了数据挖掘的广泛应用。　本书就是在这样的背景条件下，提出了一套切实可行的信息中枢整体解决方案。

在 PC 时代，我们发明一种工具，称为数据库软件，用于完成数据处理任务，使得不懂计算机的人也可以完成数据采集和查询。　过去 30 年来，互联网上的应用网站基本上沿用客户端和服务器(C/S)的数据库操作模式。　数据库的内容以数据和文字为主，仅仅从存储器中查询历史记录，目标是获取信息；对所有用户统一编排，采用封闭式操作。　随着网站规模的扩大，常见的方法是，用高性能服务器集群取代单一计算机，即硬件解构，继续保留单一的数据库应用软件。　这一模式成功运作了 30 多年。　实际上，当前不论哪一款数据库软件，其核心无非是"建表""建索引""建关联"三要素。　本书认为，数据库软件不是目的，只是手段。　数据库把用户功能限制在一款软件中，该软件又把用户规模限制在一套计算机硬件中。　当用户需求的功能和规模猛增时，就引发了复杂的软件和硬件结构，成为发展瓶颈。　本书从结构上打破这种软硬件限制，用信息中枢取代传统数据库软件，让开发者直接面对原始信息，在不增加软硬件复杂度的前提下，无限扩展信息中枢的功能和规模。

2.4.1　要解构传统数据库的原因

多媒体内容是最大的不确定因素，潜在的数据量造成难以预测的压力，必然限制和拖累数据库的发展。　另外，同样的多媒体内容可能解读出不同的信息。　因此，只有通过特殊算法，将多媒体内容提炼成精简信息后，才能参与信息深度挖掘，以及数据可视化。只有提升信息价值，才能高效解决大多数人的共同问题，即社会有序化问题。由此可见，精简信息是确保大规模信息中枢限制在可控范围，并且方便使用的必要手段。

数据挖掘是一个多学科交叉的领域，但是，业界对数据挖掘的定位不清，导致研究人员难以聚焦。实际上，原因在于对数据、信息和知识的基本概念定义模糊和认识不清。本书认为，数据(Data)是传输和存储的载体(包括记录)，数据的承载对象是信息和多媒体内容。其中，信息属于知性内容；多媒体主要带来舒适的感受，属于感性内容，当然，可以包含知性成分。只有信息(Information)，或者说知性内容，才是知识的载体(有意义的消息)。从信息发现角度看，感性内容属于冗余数据，应该事先滤除。实际上，信息本身只是描述事实(或现象)，只有把许多信息联系起来，形成一个模型，才能提升到知识(Knowledge)境界，用于指导人类活动。

2.4.2 解构传统数据库的方法

解构传统数据库就是从数据中剥离多媒体内容。本书认为，数据挖掘实际上包含两个过程：首先，从数据中发现信息；然后，从信息中发现知识。但是，当前的数据仓库和数据挖掘基本上都从传统数据库发展而来，因此，大部分关于数据挖掘的著作都把这两个过程混为一谈，导致许多研究工作迷失方向。

关于从信息中发现知识的过程，相对有章可循，经过数十年努力，目前已经具备较完整的数学模型和方法，至少已经有了比较明确的研究方向，大部分数据挖掘的著作中都有类似的描述。关于从数据中发现信息的过程，取决于数据的类型。实际上，每一种数据类型都是一门独立的学问，其中，传统数据库所处理的"结构化"数据已经成熟。但是，除此之外，例如从文本、网站和多媒体内容中提取信息，还远未成熟。尤其是面对视频内容，如何提取有效信息尚属起步阶段，连发展方向都不清楚。这些领域其实与信息库无关。这项任务可以分配给专门的算法引擎，甚至可用人工辅助实现。也就是说，将不同算法引擎提炼后的信息，统一充实到已有的运行的信息库中。在数据仓库和数据挖掘领域，还面临数据规格化和大规模协同作业的难题。我们知道，传统数据库不具备普遍性，即便使用同一家公司的数据库软件和 SQL，但是，变量定义只在特定的数据库中有效。也就是说，只有数据库的原始开发人员才能充分使用该数据库的内容。

本书提出"信息中枢"的概念，首先把传统数据库解构为信息库、多媒体内容库、代码字典和用户操作模块，消除信息库中的冗余信息；然后，通过开放的跨平台数据结构和神经网络系统整合传统数据库、数据仓库和数据挖掘的全部功能；最终，完成大规模协同作业的信息中枢。 本书所述的信息中枢，只要一本代码字典、一份埋藏信息的地图和统一的神经元传导协议，任何人用任何工具，包括软件或可编程硬件，只要在局部授权的前提下，都可以使用信息中枢指定范围内的信息，开发任意应用业务，包括信息挖掘和辅助决策。

2.4.3 要建设信息中枢的原因

社会信息化的深入伴随两大矛盾：信息集中与分散、信息开放与安全。 从人类社会进步的角度，信息资源应该集中，打破地区和行业壁垒，避免各自为政，同时面向两大类人群：①水平管理，以信息写入或更改维护为主；②垂直使用，以信息查询和支持决策为主。 但是，信息集中可能会受到传统势力和现行的管理体系的阻力，好在信息极易复制，可以化解大部分不利因素。

同样从人类社会进步的角度，信息资源应该开放，为每一个公民服务，实现信息价值最大化。 然而，过度防范导致使用价值受损，过度开放危及信息安全。 在现实社会中，不可控的开放必然导致滥用，因此，开放必须有度。 我们不能因为担心信息安全而因噎废食。 理想情况是，该开放的就开放，该封闭的就封闭，对于不同对象有不同的开放程度。 每次接触信息都留下记录，并且，随时设定每个人和每台设备的操作权限。 但是，如此精确可控信息资源的最大障碍是当前无数个疏于管理的数据库和混乱的网络秩序，或者说，脆弱的安全体系。

本书提出，化解上述两大矛盾的有效途径是建设社会信息中枢。 如前所述，信息中枢首先分离多媒体内容，然后通过压缩冗余数据，提取有效裸信息，最后建立精简并无限扩展的信息库。 实际上，信息库就是原始信息本体，建立信息库对应了传统数据库的第一要素"建表"过程。 信息中枢的信息库包含很多子库，例如个人身份信息库、社团法人（企业）信息库、客户资源信息库、电子商务网店信息库等，这些信息库分散在许多独立的神经元中。 传统数据库的第二要素"建索引"就是定义信息存放地址，信息中枢跨介质数据结构对应了"建索引"过程，这种数据结构隐含在所有神经元中。 传统数据库的第三要素"建关联"，实际上就是如何使用信息的题目，这是一个千变万化的过程，决定了整个系统的价值。 信息中枢将此功能交给独立神经元完成，不同神经元执行不同的关联。 实际上，分工细化有利于提高信息价值，这是社会信息化的象征和必然趋势。

随着信息中枢应用的积累，常用的关联都可在已有的神经元中找到。 信息中枢永远向符合条件的用户开放自定义的神经元，执行包括数据仓库和数据挖掘在内的、任意可想象的信息加工任务。 另外，信息中枢允许任意多开发团队同时开发不同的信息加工任务，并且，面向无限量的用户群。 值得指出的是，对于无限扩展的信息中枢，每个神经元的复杂度可以维持不变，可以自由定义任意新结构。 也就是说，消除了软件和硬件的发展瓶颈。 最后，本书提出的信息中枢具备免疫和自愈能力，杜绝病毒、黑客的攻击。 信息中枢像生物体那样生长和新陈代谢，或者说，能够在系统运行过程中定义不断变化的新任务，完成升级和扩容。

如上所述，信息中枢的用户操作模块主要面向四大类远程用户群：按功能分为信息采集者和信息使用者；按介入深度分为低级用户和高级用户。 所述的信息采集者泛指人工信息登录或自动信息抓取，包括第三方数据库吸纳、媒体内容搜索、多媒体内容识别。 所述的信息使用者泛指通过链接、挖掘、推理等手段，从信息中提炼知识，进一步指导决策。 信息使用者还泛指多媒体内容点播，包括电子商务、电子教育、娱乐性内容消费。 所述的低级用户泛指常用服务套餐的用户；所述的高级用户泛指开发定制功能的用户。 当然，所述的每大类用户群还可以进一步细分具体功能。 实际上，信息中枢包含并超越传统数据库、数据仓库和数据挖掘的全部功能。

2.4.4 建设信息中枢的方法

从数据库过渡到信息中枢，或者说，从知性的信息服务过渡到感性的全方位网络体验，主要实现多方位拓展。

1. 内容拓展

过去二十多年来，数据库的内容以数据和文字为主。 信息中枢保留原有的数据和文字，把主要着眼点拓展到视频、音频、图像等非文字领域，由此势必引起传统数据库的变革。

主要差别表现在，原有的存储器容量将扩大千万倍，原有的搜索手段已不能有效地获取所需信息。 因此，必须创立全新搜索体系，包括建立标准分类码、自定义关键词、独立于元媒体的索引表等。

2. 时间拓展

过去二十多年来，数据库的工作模式仅仅是从存储中查询历史记录。 信息中枢将查询内容拓展到同步信息源，如传感器、面对面影视信息、现场直播等领域。

3. 能力拓展

过去二十多年来，数据库的目标是获取信息。 信息中枢将此目标拓展到获取服务，包括模式识别、机器翻译、计算力、存储空间、视音频资料共享等领域。

将一组游戏机放在网络服务中心，面向一个用户群提供共享的游戏点播服务，将大大降低户均游戏机硬件成本，防止软件盗版，减少消费者购买游戏软件的投资，形成硬件、软件和消费者三赢的局面。

同理可推广至家用人工智能领域。例如：一位学者可以发明某项特殊算法，并将执行此功能的设备托管在网络服务中心，索尼（Sony）公司生产的家用机器人或电子宠物可以将原始数据上传至服务中心，按需调用各类算法，然后下载结果。这样一来，一个很便宜的低功耗装置就能变得无限"聪明"，只要适当支付一点"聪明费"即可。

提供服务的手段可以用计算机，也可以用人脑。例如，通过合理、有效地调配人工资源，实现人工辅助、同声翻译、网络律师、网络秘书、面对面认证等更具人性化的服务，以补偿计算机能力的不足。

4. 目标拓展

过去二十多年来，数据库内容对所有用户都统一编排。信息中枢将个人信息与普通内容有机结合，为不同用户群甚至单个用户提供个性化目录和服务。

5. 经营拓展

过去二十多年来，数据库大多是封闭式操作，作为面向内部不收费的资料查询系统，不能有效地管理面向社会的超大型广义网络数据库。

信息中枢提供一种全方位协同作业环境，允许任意多远程联网团队，同时开发不同的信息加工任务，并且面向无限量用户群。这些独立开发任务横跨多个不相关领域，很难由少数几个团队完成，例如，不同信息链接和挖掘需求、分析解读不同类型多媒体内容、对应不同聪明程度的各种人工智能算法等。

信息中枢创立了以大一统网络为基础的资源共享体系，创立了多个经营角色（供应商，零售商，运营商）之间的界面，创立了各自独立的收费系统，创立了具备良性循环、可持续发展的开放性商业模式。

2.5　迈向统一云的过程：信息黑洞效应

从数据库过渡到信息中枢，最后迈向统一云，这个过程可以描述为信息黑洞效应。IBM公司（以下简称IBM）创始人老沃森（Thomas Watson）曾经断言"世界市场对计算机的需求大约只有5部"。后来，这个断言成了一句笑话。进入云计算时代，情况发生逆转。当消费者群体巨大时，其需求会出现很大的趋同性，也就是说，消费者数量必定远大于需求的种类。 由于网络普及，促进资源按价值最大化方向重新排列，因此，云计算理念将回归老沃森的灵魂。

苹果公司（以下简称苹果）的乔布斯认为，iCloud 让消费者在任何地方将所有设备（iPod、iMac、iPhone、iPad、iTV 等）全部整合成一体，带来了极大方便。 把用户服务集中起来处理，必然带来效率的提高，而且，从长远看还能够降低成本，方便扩容。 因此，导致云计算初级阶段的动力主要来源于集中所带来的使用方便和效率。实际上，云计算的灵魂就是集中。

显然，乔布斯只是从一家公司角度通过云计算整合全部产品。 微软、谷歌、IBM、亚马逊等都有自己独特的云计算策略，因此，必然形成许多云。 例如按经营模式分类，包括私有云、社区云、公共云、混合云等。 另外，在云计算的初级阶段，物理集中还表现在不同的层次结构上，例如软件即服务（SaaS）、平台即服务（PaaS）和基础设施即服务（IaaS）等。

在云计算的初级阶段，随着物理集中的加剧，上述多种云计算的分界逐渐模糊，互相融合，必然导致化学式反应。 也就是说，通过数据挖掘，信息变成知识，价值提升，引发进一步集中的向心力。

进入云计算的中级阶段，云计算优势主要来源于对信息的深度加工和挖掘，解决大规模社会问题。 集中导致信息价值提升，向心力增强，形成正向反馈机制，赢家通吃，这就是所谓的信息黑洞效应。 不断强化的新增向心力导致许多小云合并成大云，形成社会信息中枢。

实际上，所谓的信息中枢就是极大地扩展信息服务的广度（数据集中）和深度（数据挖掘），但是，本质上还停留在信息服务领域。 也就是说，云计算的中级阶段主要体现在信息服务平台的深化和整合，或者称"小整合"。

进入云计算的高级阶段，我们将看到，网络世界中的"现实环境"凝聚了大量人脑的创意，日新月异地发展，并长期积累。 消费者对虚拟现实的应用必须通过网络来传递和共享。 消费者、创意发起者、管理者和公共资源通过透明的网络连接成一个整体，创造出真正的联网价值。 不难看出，那时若非云计算，或者互联网，个人即便拥有超级计算机也无多大用处。

显然，在云计算的高级阶段，原先的初级和中级应用不会消失，只是从资源占用角度变得无足轻重，降格成高级应用的辅助和附带功能。 也就是说，云计算的高级阶段主要体现在信息服务平台基础上，进一步整合通信平台、媒体平台和娱乐平台，或者称"大整合"。

综上分析，在网络资源充分的前提下，云计算模式导致运算和存储资源不断集中的大趋势。 这种向心力已经远超过云计算初期的方便和效率，其主要来源是云计算本身的基因突变，也就是说，向心力来源于多变和长期积累的智力产品共享和发酵，包括信息、创意、影视内容、智能算法等。 当然，云计算一定会面临阻力，主要包括传统既得利益者和群体文化差异。

展望未来，动力(向心力)和阻力博弈的总趋势是，动力逐渐增强，阻力逐步减弱，导致多个大云合并成超大云。 尽管经济和技术优势明显，从超大云迈向统一云仍可能是一个漫长的过程，各国家和民族的不同利益也可能成为跨国云甚至世界云的障碍。

2.6 社会效应：信息化促进社会公平和诚信

什么是信息化社会？

一般人认为各级政府机构和企业各自建一个网站，俗称"触网"，带来前所未有的方便和高效率。 其实，这仅仅是初级阶段。

本书认为，信息化的真实含义是通过信息挖掘和提炼，转变成有用的知识，解决实际问题，提高社会有序化程度，推动人类社会的发展。

我们的目标是，用神经网络和广义数据库的云计算信息中枢平台，理顺当前已有的分散和杂乱无章的信息，挖掘和提炼潜藏的社会问题。 配合国家税务系统，自动跟踪和链接企业资金流向，促进纳税公平，杜绝洗钱。 自动跟踪和链接企业原料和产品物资流向，结合人工检验，自动排查潜在的违规，促进食品和药品安全。 自动跟踪和链接食品和药品的销售渠道，包括每一张超市收银条和每一张医生处方单，在信息大集中的前提下，杜绝假冒伪劣产品的流通。 自动跟踪和链接大件商品和产权流向，使任何公民来历不明的财产无所遁形。

在美国，普遍使用个人支票和信用卡，很少有现金交易。 每个公民拥有多少财产国税部门都有详细信息，并据此征收遗产税。 法院有权调阅这些个人资料，诸如离婚和债务之类的民事案件，当事人很难隐匿财产。 "9·11"之后，美国政府机构进行了大规模改革，成立了跨部门的国土安全部。 实际上，改革的主轴就是打通各部门壁垒，信息共享，汇总和分析来自多部门的情报，包括监听私人通信。 此后，尽管世界各地多次遭受恐怖袭击，美国本土相对平安。 实践证明，信息链接和挖掘是强有力的武器，而且成本极低。

我国人口众多，地区差异大，社会公平更加依赖信息管理、建立公平制度(游戏规则)，包括纳税与福利。 云计算信息中枢能够促进社会公平正义，提升社会诚信度，巩固法治，扶正祛邪，成为国家长期稳定和发展的重要支柱。 近年来，我国大力发展信息化建设，将信息基础设施作为交通、能源之后的第三大基础设施，2020年更推出新基建工程，取得了瞩目的成果，也仍有巨大的发展空间。

举个例子，公安部门处理一桩刑事案件，需要排查无数细节，还要有经验的侦探分析和梳理案情。 但是，如果同时混合数以万计的案件，绝非人力所为。 尤其是危害公共安全隐性事件，以及高智商的经济犯罪，往往缺乏直接受害者报案。 通过媒体揭露社会不公，只能看到冰山一角。 实际上，信息的价值在于链接，链接的前提是基本封闭的信息疆界；链接的效率取决于信息相对完整，去除冗余。 可见，高效定向链接相当于有经验的案情梳理，从无数杂乱无章的孤立碎片中找出疑点，填补缺损的片断，还原事件的来龙去脉。

随着社会信息化的深入，信息过度防范导致使用价值受损、过度开放危及信息安全，因此，开放必须有度。 该开放的就开放，该封闭的就封闭，对于不同对象有不同的开放程度。 在实现信息价值最大化的同时，必须认识到信息滥用的危害也相应加大。 尤其是人们对个人隐私曝光的恐惧，这种恐惧主要来源于信息管理不善和滥用。 其实，个人隐私主要是客观存在的事实，隐去人名特征，无非是一些的琐事而已。 问题是，当前大量的个人信息存放在无数个疏于管理的简易数据库，这是个人信息泄露甚至进入黑市买卖的主因。 如果排除传统数据库这个信息漏洞，杜绝业务操作员接触客户信息，取而代之的是少数几个严格监管的信息中枢，杜绝带特征的信息批量输出，个人信息能够像银行存款一样安全，恐惧自然消失。 另外，如果司法机关决定对某人立案侦查，那么在司法范围内此人无隐私可言。 因此，保护个人隐私的途径不是毁灭信息，而是严格管理，斩断非法介入渠道。

美国已将云计算提高到国家战略高度。 2011年，美国政府发布《联邦云计算战略》白皮书，强调了云计算将重新定义信息产业，并以服务为中心，指导各部门向云平台迁移。 通过云计算技术，我们可以借鉴美国国土安全部架构，有望建立更高效率的社会信息中枢。 但是，以我国的国情和人口规模，在可预见的将来，没有现成的产品或系统解决方案。

本书描述的云计算系统的主要设计思路是通过解构传统数据库、软件硬化和本能神经网络等手段，巨量提升云计算中心信息处理能力，同时实现大规模协同作业和本质信息安全，进入高等级信息化社会。 社会信息中枢的安全体系包括目标和手段两部分：第一，目标是精细可控的信息开放程度；第二，手段是从结构上确保上述目标的严格执行。 也就是说，本系统能够实现精确收放自如的信息开放，信息安全体系可达到银行金库水平。

第3章
再论资源、需求和工具

技术是一种"工具"，讨论任何技术的理论和实践不能脱离"资源"和"需求"的大环境。 在丰富"资源"的前提下，人类的"需求"转向于满足感官体验，同时必然伴随颠覆性变革"工具"的出现。 这一理论是指导本篇余下章节的纲领，只有登高，才能望远。

3.1 解读美国信息化历史，推测未来发展路线图

在数百年历史的大跨度下，信息产业四大平台的来龙去脉变得清晰可见。

今天人们关于社会信息化的认知大都始于互联网，但是，Chandler 为我们展开了一部历史长卷，详见 *A Nation Transformed by Information*。 原来，美国人已经为进入信息时代准备了 300 多年，确切地说，立国之前新大陆的移民先驱们已经充分表现出美国文化对信息的痴迷。 实际上，这是工业文明与广袤原始土地碰撞的结果。

1. 通信平台

回顾 1828 年美国完成邮政网络建设、1844 年建立第一条电报线路、1876 年贝尔取得电话技术专利的历史故事，已清楚地勾勒出以邮政、电报和电话(PTT)为核心的通信平台。

2. 大众媒体平台

1792 年邮政法颁布以来，美国国会不顾邮局连续数十年的亏损，通过长期邮政补贴，不遗余力地推动报纸的发行与流通。 1919 年开创无线电广播，1930 年收音机已经普及到美国家庭。 到了 1947 年，广播电视正式开张。 我们看到，以报纸、声音和电视广播为核心的大众媒体平台已经成形。

3. 信息服务平台

另外，再看早期商业信息处理技术的发展，从 1890 年美国人口普查中大获成功的有穿孔卡片制表机、打字机、收款机、复写纸、油印机以及机械加法器等。 1946

年，数字计算机出现。 1976 年，PC 问世。 显然，这是一个完整的信息服务平台。
事实上，前述传统的通信、大众媒体和信息服务是三个完全独立的平台。

当历史车轮行进到 20 世纪的最后十年，电子产业开始走向融合。 1995 年，美国
人已经明白，互联网的影响将比 PC 更大，所有信息都可以通过互联网融合到一起。
互联网已经将触角伸到了通信和媒体领域，这项新的融合将带来前所未有的社会推
动力。

4. 娱乐平台

接下来的故事不再需要讲述历史。 今天，互联网已经渗透到人类生活的各个方
面。 很可惜，Chandler 没有对娱乐技术发展有足够的关注，实际上，娱乐平台（如网
络游戏）也是未来网络服务的重要部分，或者称第四平台。

2006 年，美国人把互联网信息集中和无处不在的环境归结为云计算，显然，云
计算的起点主要是整合信息服务平台，因此，该阶段只能算作云计算的初级阶段。

站在历史的高度，我们不难发现，云时代的融合过程必将从下一代信息服务平台
扩展到下一代通信平台、媒体平台和娱乐平台，最终实现完美统一。 也就是说，在
充分整合四个平台的基础上，实现人类信息和通信网络的终极目标。

在解读美国信息化和信息技术发展历史的基础上，本书主要描述云计算未来发
展的路线图，以及发展过程中的关键技术，包括云端存储、云端计算、大一统互联网
和无线通信。

另外，纵观历史，人类文化和科技都不是线性发展的，从诸子百家到音乐绘画和
自然科学，都有一个启蒙至完善的过程，中间有一个短暂的"日新月异"时期。

我们注意到信息技术的特点是容易复制，因此，历次进步的诞生到成熟期越来越
短。 今天我们迎来云计算日新月异的动荡期，必然孕育出非传统的理论和技术。 不
难预测，在不长的时间内可完成向云计算高级阶段的转型。 也就是说，从包含物联
网在内的信息服务平台"小整合"，过渡到包括通信、媒体、娱乐感性内容在内的四
个平台的"大整合"。 随后，将面临相当长的稳定发展期。 因为，**在可预见的将来，
我们看不到第五个平台**。 显然，把握动荡期的理论和技术创新，将争取到稳定发展
期的主导权。

3.2　重温 *Microcosm* 和 *Telecosm*

George Gilder 两本独到见解的著作 *Microcosm* 和 *Telecosm*，揭示了从资源贫乏进
步到资源充分富裕的新环境中信息产业市场和技术发展的新规律。

2000 年，Gilder 出版了新书 *Telecosm*。值得注意的是，该书开篇第一句话就是："计算机时代过去了（The computer age is over）"，预示了 PC 时代已经让位于网络时代。

3.2.1　四件大事所传递的信息

接下来（2000—2010）十年的历史，我们看到计算机行业发生的四件大事：

（1）苹果计算机公司率先转型成功，起死回生，市值一举登顶，并且改名为苹果公司。

（2）IBM 放弃并出售无利可图的 PC 业务，完成战略转型，专注于企业服务。

（3）新兴互联网应用公司，如 Yahoo、Google、Facebook、Twitter 等迅速蹿升。

（4）坚守在 PC 桌面软件领域的微软公司，桌面市场依然稳固，但市值长期不增。

其实，历史发展并没有完全依照 Gilder 的预测。在上述十年的起始阶段，美国 IT 行业发生了一次大动荡。有人说，这次动荡与 Gilder 的理论有关。由于他提出一个影响深远的理论：在带宽丰盛时代，带宽资源将取代芯片成为新时代的推动力。

嗅觉灵敏的华尔街投资人都把注意力集中到光通信领域。但是，他们过于相信表面的"统计数字"（带宽需求每 100 天翻一倍），对长期压抑后释放的暂时"带宽饥渴"现象缺乏理性分析和研究。后来大家不愿看到的事实是，能够生产最多带宽的设备厂商和拥有最多带宽资源的明星公司都遇到大麻烦，如 AT&T、MCI WorldCom、Sprint、Qwest、Global Crossing、Level 3 和 Metromedia 等无一幸免。在股票市场上，"互联网泡沫"导致 1 万亿美元市值蒸发，紧接着，"电信泡沫"再一次导致 7 万亿美元市值蒸发。NASDAQ 指数从 2000 年 3 月 5000 多点的高位，经历两次泡沫破灭，到 2002 年 10 月，总共下跌 78%。十年过去了，新兴的互联网公司仍无力使股市指数恢复到 3000 点。

为了探究背后的原因，让我们再次回顾 Gilder 1990 年出版的描述 PC 经济的 *Microcosm* 一书中的故事，这里包括三个元素："资源""需求"和"工具"。

实际上，找不到需求的资源等于没有资源。PC 工业的大发展得益于资源和需求的完美匹配，与资源同步的应用，使爆炸性增长的芯片资源得到良性吸收、承载和消耗。PC 时代的一个重要工具就是操作系统。其实，DOS 加上 CPU 386 已经基本满足了办公自动化的需求，微软适时地推出 Windows 这个新工具，以及多媒体计算机的新概念，创造出更大的芯片资源需求，促使股价一路攀升，两次将 *Microcosm* 推到新的高度。正如 PC 时代流行一句名言："每当 Andy（Grove）制造出更快的芯片，Bill

（Gates）都用到一点不剩。"

2000 年，Gilder 敏锐地察觉到 PC 时代已经过去。 显然，盖茨没有找到 PC 普及以后的第三波大量消耗芯片资源的需求，这也可能是他感到回天无力，急流勇退，辞去微软总裁的深层原因。 果然，此后十年，微软股价不再风光。

3.2.2　宽带网络的价值在于消耗

读懂 *Telecosm* 的故事，同样也要理清"资源""需求"和"工具"三者的关系。

Gilder 已经详细描述了丰盛的带宽资源，但是，带宽的价值不在于"生产"和"拥有"，任何资源包括马力、芯片和带宽在内，只有"可有效管理"的大规模消耗才会有价值。

回到 2000 年的 *Telecosm*，如何寻找大规模消耗带宽的出路？ 当时 Gilder 没有说清楚。

1993—1998 年，Negroponte 在 *WIRED Columns* 连载中描述的美妙场景、2009 年 Michael Miller 在 *Cloud Computing* 一书中描述的全部应用、今天移动互联网的全部应用，以及近年来备受关注的物联网，基本上都属于低端运算力和窄带网络的需求。 此类需求大都属于"知性"范畴，不需要大运算力、大存储量和大带宽，因此，不足以成为推动云计算高级阶段的需求。

3.2.3　云计算改变生态环境

在可预见的将来，云计算必然改变传统计算机行业的生态环境：

（1）瘦客户机导致终端的能力下降，意味着产能过剩。 SoC 系统芯片导致竞争门槛下降，山寨版或者特供版盛行。 这些情况已经成为事实，未来还将愈演愈烈。

（2）服务器设备采购集中到少数大型云计算服务商（如同集中运作的发电厂）手中，一般企业放弃采购设备（发电机或服务器），转购服务。 与此同时，集中服务必然带来资源共享和高效率，这意味着云计算中心的服务器总量远低于以往分散在各家的独立服务器。 显而易见，即便企业信息处理需求成倍增长，服务器总体市场也必然面临萎缩。

当前，许多计算机企业看不懂云计算的内涵，以为只要把手里的技术重新包装一下，就又可以卖出去了。 事实是，传统芯片和计算机行业的产能严重过剩，同时体制内不可避免地出现垄断加剧。 形象地说，就像非洲荒野中的小池塘，水源逐渐蒸发，吸引众多动物来争抢。 其实大部分动物明知会渴死，只为喝上最后一口泥浆，临死前挣扎一下。 但是，它们不能或不愿去寻找新水源。 这里所说的临死前挣扎一下，是指那些无明确目标、天真地模仿他人的技术方案而虚掷资源的企业。 实际上，这是当前整个计算机行业面临的一大困境，或者说潜在困境。 因此，有远见的公司纷纷部署战略转型，或者说寻找新水源。

解读 *Microcosm* 和 *Telecosm* 中的 PC 和电信产业，我们得出以下结论：爆炸性扩展的资源是一把双刃剑，必须创造有市场价值的规模化新产业。 不然的话，如果只是简单地在传统市场中同类竞争，除了少数几家公司得利，必将把整个传统产业拖入困境。 由此推理，云计算健康发展的先决条件是找到大量消耗丰富基础资源的新需求，这里所说的基础资源包括运算能力、存储能力和通信带宽。

3.3 开发信息产业需求的海洋：从知性到感性大转折

3.2 节我们得出结论，云时代信息产业的第一要务不是在传统信息领域精耕细作，不惜代价地争抢最后一口水，而是要找到新水源，或者说找到暴增的新需求。

让我们再次关注 Gilder 和他的 *Telecosm*，此书首版的时间恰逢互联网泡沫开始崩溃，华尔街已显乱象。 *Telecosm* 犹如一针强心剂，大量投资涌向与光纤有关的电信领域。 但是一年后，电信泡沫崩溃对投资人造成的损失远大于互联网泡沫。 无数人的养老金付之东流，美国证券交易委员会介入，多名华尔街明星级分析师锒铛入狱。 当时不少人抱怨 *Telecosm* 误导了投资者，据说 Gilder 为此受到调查，幸好结果显示 Gilder 并没有买入电信股票，也没有在此事件中获利。 2010 年初，作者专程去洛杉矶与 Gilder 讨论共同写一本 *Telecosm* 后续发展的书。 两天里我与 Gilder 单独深谈6 小时，期间我向他求证证券交易会的调查之事，他笑而不答，流露出倔强的表情。

3.3.1 人体生理结构的秘密

回到 2002 年，就在华尔街股市大崩盘期间，Gilder 换了一家出版社，再版他的*Telecosm*，重申他的观点，并在再版书中增加一篇"后记"。 在 Gilder 再版书的后记中有一段看似无关紧要的话，详细描述了人类视网膜和大脑神经节细胞的生理结构，引出一个基本事实：视网膜细胞感受外界光刺激的信息量高达 1Gb/s，而大脑神经节细胞能够理解的信息量只有 25b/s，两者相差达 4000 万倍。 问题是，大脑接受的精炼信息主要取决于个人的主观意志。 也就是说，人类最大的需求就是不确定自己的需求是什么。 因此，云计算的终极目标是让人"感受"，而不是"知道"。 由此可见，早在 2002 年，*Telecosm* 的再版后记已经指明了云时代信息产业的第一要务。 这就是满足人类感官刺激是整个信息产业渴求的新水源或暴增的新需求。

我们通过互联网或者移动互联网，可以了解世界各个角落发生的事情。 知性内容指的是传递消息，例如政治见解、新闻故事、统计资料、天气、股票、图片文件、家电控制、传感器网络等。 传输过程不重要，只要结果正确就够了。 由于受人脑限制，抽象的知性内容不需要大的数据量，属于窄带范畴，如 Twitter 的生存空间能够迅速从互联网延伸到无线终端。

但是，感性内容讲究视听过程的感受，人类对视音品质的体验要求如同发烧友对音响、数码相机和高清电视，几乎没有止境，可以引发资源需求膨胀万倍以上。 典型的例子是，曾经从号称"宽带"的 3G 无线网络下载一部普通电影，通信费用高达上百元。 而且，这种电影放在大屏幕电视播放，品质不佳。

3.3.2　暴增的新需求必然打碎原有的行业秩序

显然，*Microcosm* 和 *Telecosm* 带给我们丰盛的资源（算力、存储、带宽），只有通过人类视觉器官才能消化。 在云时代，消费者已经不满足"知道结果"，而是要讲究"过程的感受"。 因此，消费者对感受品质的追求，或者说，消费者需求从知性到感性的大转折，就是云时代唯一暴增的新需求。 开发这一需求海洋是促成 IT 经济井喷的唯一途径。 实际上，也锁定了云计算和信息化的终极目标。

20 世纪 80 年代中期，互联网的开拓者们开始认真研究和规划互联网的应用。那时，作者作为一名入行不久的青年工程师，全部时间投入到早期视音讯网络的研究开发工作中。 有幸参与研发项目，在 1985 年，使用 1.5Mb/s 码流实现了从纽约到旧金山之间稳定流畅的视频会议。 1992 年，Van Jacobson 等人展开了全面的 MBone(Multicast Backbone)试验，其中包括实况转播航天飞机发射、医生远程诊病、学术会议和讲座（包括 IETF 会议）。 当时普遍认为 MBone 将比 WWW 更具有潜力，但很可惜，MBone 以失败而告终。 今天看来，MBone 的勇气可嘉，但想法不够成熟。

本书认为，MBone 失败的直接原因是深受窄带思维模式的限制。 形象地说，大象（流量巨大的视频通信业务）骑脚踏车（小流量计算机信息网络）哪有不垮之理？ 20 年过去了，数千亿美元花掉了。 可悲的是今天，互联网应用还没有达到 MBone 当年的目标，互联网上最热闹的应用竟然限制在搜索引擎和 Facebook 之类的窄带业务。

人类与生俱来的追求感官体验高品质，必然引发巨大的资源需求。 *Microcosm* 和 *Telecosm* 带来的资源是一个深不见底的矿藏，已经充分富裕，甚至永久过剩。 但是，这些资源必须用信息技术这把铲子去挖掘。 如果沿着传统 PC 时代的思维模式，挖掘传统信息服务资源的铲子已经很完美。 但是，用这把旧铲子来挖掘云时代的丰盛资源很不顺手，并且已经成为信息产业发展的瓶颈。 因此，必须换一把新铲子，这就是云时代的信息技术。

回顾本章提出的论点，面对云时代"资源"和"需求"的新环境，必须发明一种新"工具"。 实际上，云计算的技术不同于 PC，就像 PC 技术不同于中央主机。

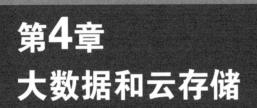

第4章
大数据和云存储

我们知道，计算机发展初期，存储器和中央处理器(CPU)曾经是一体，其中，存储内容分为计算程序(软件)和用户数据。当时，运算力是瓶颈，存储器是 CPU 的外围设备。后来，由于多媒体内容快速发展，相比之下，计算程序增加缓慢，用户数据趋向于独立的存储器。今天，存储器带宽和容量已经成为计算机体系的瓶颈，因此，运算力围绕着存储器而设计。注意，这里所说的存储，主要是用户多媒体数据，不包括计算机的执行程序。

存储领域的研究显示，未来存储载体的发展趋势是：磁性硬盘扩容、固态硬盘降价、光学硬盘成熟。在可预见的将来(十年以上)，大规模网络存储的载体还是以传统磁盘为主。

30 年前，我们还没有数码相机和 MP3，那时 PC 已经有基本完整的办公软件，只不过屏幕上显示 5×7 点阵字母。当然，那时不知道多媒体为何物。过去 30 年中，PC 的存储和运算量暴增，如果仔细分析不难发现，这些暴增的部分大都源自多媒体内容。

未来十多年，网络流量还有一次更大的暴增机会，业内有人称其为"大数据时代"。

什么是大数据？

细心分析不难得出，大数据不是简单的数据量增加，而是数据性质的改变。实际上，随着存储资源的高速增长，单位成本快速下降，未来最大的数据存储必须同时满足两个条件：大数据量乘以大用户群。显然，电信应用是大数据量，但是，中国只有几家电信公司。搜索引擎面向大用户群，但是，每人仅处理关键词和网页地址之类的小数据量。因此，这两者都不符合未来大数据的定义。我们知道，高品质视频内容占据的数据量相当于非视频内容的千倍以上，由此推理，大数据量以视频为主。另外，大用户群非普通消费者莫属。

由此不难得出简单结论：未来消费者的个人视频内容存储(视频邮箱)将百倍于传统企事业和政府存储数据量的总和。注意，相对而言，非视频内容微不足道。显然，这个视频内容的海量市场尚在孕育之中，但是，我们已经看到眼前大规模城市视频监控的高清晰度、长时间记录和智能化解读趋势，单此一项刚性需求就导致巨大的市场增量。云端存储技术创新正是瞄准了这一目标，量身定做了视频内容这一块，这一块将占据未来市场的十之八九。至于说非视频内容，到时候只需增加一个格式转换接口模块。

由此可见，未来大数据的主体不是今天常见的数据（电信、金融、税务、公安等），未来实现大数据存储的手段不是我们今天常见的方法（SAN、NAS 等）。这一与众不同的观点是云存储创新的立足点。

我们应该清醒地认识到，尽管多媒体和流媒体容量巨大，但是处理流程却极为单纯，而且基本固化。在 PC 时代，多媒体内容分散在无数个服务器中，存储器成为计算机的一部分。进入云时代，多媒体内容必然集中存储，存储器必然独立于计算机。根据新一代的云端存储技术，用硬件方式直接处理多媒体和流媒体内容只需一条简短指令即可自动建立存储库与用户终端间的直通车。

由此可见，云端存储物极必反，从计算机的最大负担跳变到完全解除计算机负担。

4.1　云端存储系统

新一代的云存储系统主要包含两项重大创新。

4.1.1　云存储创新之一：解构传统数据库

在云时代，我们面临的难题是：采集的数据量无限增大，数据种类不断增多和难以解读（多媒体），数据查询速度无限加快（多人共享和机器自动查询），查询方式复杂多变（深度加工和数据挖掘）。更重要的是，使用数据库的人员分工细化，有不断增加的人群（社会化）同时维护和使用同一个超级数据库（信息中枢）。显然，当数据库极度扩大后，采集查询的速度和存储总量受计算机硬件限制，查询和挖掘功能受数据库软件限制，尤其是许多独立工作的团队受一台机器扩容和功能更新限制，频繁下载、重启，干扰系统正常运行。

应该怎么办？

本书提出建设超级社会信息中枢的新思路：用无数台设备联网，每台设备都独立工作，执行指定算法，即解构硬件＋解构数据库软件。既然无数台设备联网，性能指标取决于网络，单台设备不在乎高性能而是强调高性价比。 也就是说，系统总规模无限扩展，不在于单台设备。

既然每台设备都独立工作，就没有必要统一单机结构，甚至可以不用计算机（高效的软件硬化），单一功能容易实现复杂算法，这就是异构算法引擎，或称神经元。

增加超强的管理功能（传导协议），协调每个神经元的任务和数据流向，包括算法引擎之间的任务转移，启动和停止某些指定神经元工作。 实际上，系统在运行过程中完成升级和扩容，这就是新陈代谢能力。

由于算法引擎独立工作，当然能够由独立团队异步开发、维护和使用，这就使系统具备了远程协同作业的能力。 如果某些算法引擎能够根据实际环境数据，自动调整算法参数，这就是自适应能力，或者称自学习能力。

将上述优势整合在一起，由无数神经元（异构算法引擎）联网，规模可无限扩展，具有新陈代谢和自学习的能力，适应远程协同作业的信息中枢取名为"神经网络"。

新一代云存储针对内容特征，解构传统数据库，量身定制基于信息库、文件库和媒体库的三种硬盘操作模式，并且统一到跨平台的数据结构。

1. 信息库

信息库主要面向裸信息处理和系统管理内容，简单 CPU 紧密结合 SSD 的结构。

在超级大系统中，信息库兼作全系统的中央处理机（极多线程状态机），统一指挥系统流程和其他神经元。

2. 文件库

文件库主要面向多媒体文件的存储、发送、系统备份等。 用现场一种可编程门阵列（Field Programmable Gate Array，FPGA）做成硬件读写硬盘数据，采用异步数据包传输方式。 这种传输方式包含检错重发机制，可替代烦琐的 TCP（Transmission Control Protocol，传输控制协议）。

3. 媒体库

媒体库主要面向实时视频流媒体，包括通信、媒体、娱乐等。 由 FPGA 硬件读写硬盘数据，采用准同步数据包传输方式。 简化用户端存储器，并且体验到瞬间互动反应的感受。 为了保障系统的流畅性，媒体库不设检错重发机制。 如果信道品质较差（如无线通信），可以考虑采用前向纠错方式（Forward Error Correction，FEC）。另外，本操作模式包含流量微调机制，消除视频场景和收发端时钟误差造成的缓存器溢出或读空。

4.1.2 云存储创新之二：剥离多媒体内容

新一代云存储的显著特征是，建立存储库至用户终端之间的直接通道，彻底解除多媒体内容存储和传输对计算机的依赖。 剥离多媒体内容以后，实际上，为云计算服务器卸下绝大部分工作负担。 也就是说，无论多大的多媒体文件进行存储和传送，对于服务器来说只是一条简短指令。 另外，文件库和媒体库只接受来自信息库的单方向指令，即使文件库和媒体库受到病毒感染或者黑客攻击，绝对保障信息库安全。 同时确保云计算服务流程不受病毒和黑客的干扰。 多媒体文件的制作和解读基本上属于用户终端的任务，与云端无关。

面对云时代的新需求，云存储结构设计和管理必须配合应用环境。 其中，信息库的应用关键是以安全为核心建立精确可控的开放度；媒体库的应用关键是合理、精确计费，当然，计费同样离不开安全；文件库介于两者之间。

我们知道，人类活动能力有限，即便是明星，每天只能露面几次，产生消息的机会非常有限。 100年前的明星消息不过是在报纸上登几段文字，今天的明星产生新闻事件其实与100年前差不多。 至于说今天的明星消息占用多少数据量，完全取决于用什么媒体方式报道，而不是有多少条消息。 一条消息从简单文字到高清晰度视频，数据量增加数亿倍，但是，人类消息总量增加缓慢。 因此，所谓的大数据主要都是视频内容。 大数据不代表消息总量暴增，在剥离多媒体内容的前提下，大数据不会增加服务器负担。 这就是重建云存储体系的价值所在。

物联网将产生大量异构数据。 另外，能够为我们生活带来极大便利的物联网，基本上还是采集一些简单的数据。 一大堆采集数据加起来不过相当于一段简单文字或者低品质图片而已，数据总量微不足道。 况且，如果我们采集全国每家超市的每张收银条，纳入数据挖掘系统，其数据总量还不抵一套小型视频点播系统。 因此，除了实时视频监控，物联网不会产生大数据。

人体生理结构告诉我们，在充分满足人类视觉交流之后，再没有更大的爆发性数据容量需求。 也就是说，IT产业的三大基础资源（算力、存储、带宽）像其他资源需求一样，都不会无限制增长。 我们预测，不久云存储的总量中信息库占据不足1%，文件库占据不足10%，媒体库占据90%以上。 实际上，未来的趋势是，信息库增加缓慢，文件库增加10倍，媒体库增加100倍，最终占据数据总量的99%以上。 也就是说，网络存储和传输流量将收敛到几乎全是视频内容的境地。

4.2　跨平台数据结构

我们知道，传统数据库的功能局限于一款软件，性能局限于一套硬件。 即便使用同一家厂商的软件和硬件，不同团队开发的数据库内容也不能互通。

新一代云存储的开放式数据结构能够分布在不同的硬件平台，不限于存储设备类型，包括 CPU 内存、固态硬盘、磁盘阵列等；也不限于访问工具，包括传统软件、可编程硬件或其他异构设备。 只要一本局部代码字典、特定的信息存放地址和通用的神经元传导协议格式，就可以让用户直接面对原始数据，开发任意高等级信息服务。 也就是说，打破传统数据库的限制，满足完全开放、永远够用、不浪费、不必引进新结构的设计原则。

新一代云存储定义一种简单的三层数据结构，每一层都可以由不同设备实现。

1. 功能区

对于任意一种物理存储设备，首先将其分割成多个功能区，主要包括索引功能区、链接指针功能区、通用存储功能区等。

2. 数据块

每个功能区由许多长度相等的数据块组成，数据块在功能区的排列位置代表本数据块的地址，或称指针。 每个数据块包含状态标识和扩展地址，或称复合链接指针。 另外，索引功能区中数据块按序排列，存储功能区中数据块随机排列。

3. 信息单元

数据块可容纳信息单元，并在数据块中随机排列。 从数据结构角度，数据块包含信息单元；从应用角度，信息单元是主体，数据块只是存储载体。 信息单元的数据量差异极大，许多小信息单元可以合并存放在一个数据块中，但是，一个大信息单元可能占用许多个数据块，并可跨越数据块边界。 每种信息单元可定义多种细分类型，长度固定或可变，前端附带类型代码和辅助描述，由代码字典详细解释。 信息单元中可能含有指针，例如指向某个算法引擎，或者某个多媒体内容的存储设备和地址。

4.3　信息库设计(裸信息)

信息库的功能主要面向精简信息（或称"裸信息"）处理，包括客户流程和系统管理。

以气象预报为例，气象台通常告诉我们：晴转多云、小雨、大风等。 如果用代码表示 N 种可能的事件，只需占用 $\log 2^N$ b 信息量。 如果用 2 个中文字(32b)来描述一个事件，仅有几种结果。 但是，按裸信息量计算，32b 可能包含 40 亿种不同组合。 因此，用代码传达信息简洁可靠：明天 3♯ 天气，后天 17♯ 天气。 显然，我们必须事先约定(先验信息)3♯ 和 17♯ 代表什么，或者说设计一本代码字典。 有了这套代码系统，并事先告诉相关用户，在用户手机上就可以显示不同语言的天气预报，并且配上不同风格的图片。

显而易见，信息与其表现形式分离，是实现"三屏融合"的重要手段。

我们不难预测，"以人为本"的数据结构一旦涉及多媒体内容，就会导致无节制的数据量暴增，对云计算中心带来灾难性的处理压力。 或者说，意味着数据量超线性增加。 因此，新一代云存储的出路在于"以计算机为本"，或者说去除冗余数据。

用信息库取代传统的数据库，此处"信息"与"数据"仅一词之差。 一个设计良好的信息库应该是信息量巨大的，但是，实际上，数据量却很小，尽量精简的数据量意味着运算、存储和传输效率提升千百倍。

与多媒体内容相比，信息库内容几乎不占用存储和传输资源，或者说，资源使用费为零。 信息的价值因人而异，尤其对于敏感信息，接触特定信息的许可不是简单收费，而是严格细分的权限管理。 从社会信息化角度，信息过度防范导致使用价值受损，过度开放危及信息安全。 在现实社会中，不可控的开放必然导致滥用，因此，开放必须有度。

4.4 文件库设计(多媒体文件)

文件库的功能主要面向多媒体文件的存储、发送、系统备份等。

新一代云存储的文件库由三个操作层次组成，其中包括多条指令。

1. 文件层次

信息库执行用户服务协议，操作在文件层次(包含任意多个数据块)。 如果有需要读写用户多媒体文件，则由信息库向文件库管理器发出单个读写盘指令。 操作结束后，文件库管理器向信息库发回结束确认指令(成功或失败)。

2. 数据块层次

文件库管理器实际执行多媒体文件读写操作，将文件分解成多个数据块，逐块确认和重发。 缓存频道控制器根据 FPGA 的读写盘数据块结束指令，向 FPGA 发送下一个数据块读写指令，直至完成整个文件，或者该文件读写盘失败。

3. 数据包层次

一个数据块含有多个数据包，由缓存频道控制器完成数据块中独立数据包的收发操作，同时执行数据包收发过程中的安全审核、丢包、乱序和少于设定 PDU (Protocol Data Unit)的数据块处理。随着数据包不断存入或读出缓存频道，积累达到完整的数据块，然后一次性读写硬盘。对于磁性硬盘，这种方法可以大幅度减少磁头寻道时间。

为了提高存储单元的并发流量，例如视频点播应用，可以将多个数据块合并成复数据块，由多个硬盘同步读写。实际上，就是向多个硬盘同步发送读写盘指令，使得总体流量倍增。另外，为了提高存储单元的总容量，例如个人邮箱业务，可以组合多个硬盘复用。实际上，就是分别向多个硬盘发送独立读写盘指令，使得单位存储成本大幅度下降。

对于文件库来说，为了确保文件内容的完整性，如果发现数据包丢失，则通过文件库流程自动申请补发，替代烦琐的 TCP 网络协议。

文件库内置的接收和发送缓存器、处理器承担了每个数据包的安全和完整性过滤。在传统计算机和存储设备中，这些任务均由软件完成，导致消耗大量的计算资源。新一代云存储的文件库通过硬件缓存处理器，彻底解除了多媒体内容存储和传输对计算机的依赖，奠定坚实的云端存储基础。

4.5 媒体库设计(视频流媒体)

媒体库的功能主要面向实时视频流媒体，包括通信、媒体和娱乐等。可以预见，未来多媒体服务将统一到单纯流媒体网络架构。也就是说，媒体库结构单一，体量巨大。

典型的媒体库设计在上述文件库基础上，增加了恒流特性，严格控制每个频道数据包的发送时间。实际上，如果每个数据包长度固定，那么，发包时间间隔就决定了用户码流。

新一代云存储的媒体库将传统硬盘文件转化成用户媒体流，在信息库的指令下，直接向用户终端收发准同步视频流。因此，满足了大一统互联网的品质保证，消除了网络服务器处理多媒体内容的负担，同时，在客户端可以感受到实时操作，省去昂贵的硬盘存储。

对于视频流媒体，瞬时流量随视频内容场景略有波动，用户终端的视频编/解码器决定了实际流量。在写盘方向，不论用户终端发来多少数据包，都能够准确存入硬盘；在读盘方向，按平均流量设定发包间隔，用户终端数据缓存器检测到即将读空，发送协议指令，自动要求增加流量，即减少服务器端的发包间隔。反之，数据缓存器检测到即将溢出，发送协议指令，自动要求降低流量，即增加服务器端的发包间隔。

第5章
云时代的计算技术

面对云时代的新需求，如果沿着冯·诺依曼的计算机体系，同时迫使计算机适应人的沟通习惯（所谓人性化），必然导致越来越复杂的硬件和软件。 其中，复杂硬件主要表现为巨大数据中心，其实只是同类服务器简单堆积。 尽管数据中心占地面积从足球场扩大到飞机场还有很大上升空间。 但是，复杂软件必然引发软件危机，良好的编程和严格的管理能够改善这种状况，不过上升空间极为狭窄。

　　为什么？ 软件是以个人能力为主的人脑的产品，软件危机的本质是挑战人类思维极限，如同运动员追求体能极限，实际上是挑战自然规律，其难度不下于谋求长生不老。 实际上，PC 时代的大型软件工程本质上不断地扩大资源到应用的距离，违背了自然界最低能量的进化规律。 这条恐龙式路线投入和产出不成比例，系统越大效率越低，导致软件在可维护性、可靠性和安全性方面存在严重隐患。

　　问题是，我们的目标不是设计最复杂的软件，陷入毫无意义的竞技游戏。 我们的使命是面向无限扩展的应用领域，探索算法，解决实际问题。 云计算为我们提供了化复杂为简单、拧干传统计算机体系中多余水分的机会。

　　不难看出，硬件和软件瓶颈已经限制了重大的网络应用，多年来，人们只能寄希望于各种不需要密集计算资源的网络快餐，例如，当前流行的社交网站，如微信、Facebook、微博、Twitter，团购网站 Groupon 和企业服务网站 Salesforce 等。 尽管这些都是受追捧的好业务，但是，本质上都属于云计算的初级应用，对网络经济贡献不大。

　　我们的研究发现，过去 30 年计算机的发展是一个只加不减的过程，因此，不可避免地堆积大量"赘肉"。 本书认为，进入云时代，云端计算技术应该突破 PC 模式，而不是补救。

　　本书认为，现有的计算机体系背负着两个极其沉重的包袱：第一，多媒体内容；第二，人性化环境。 第 4 章所述的云存储体系已经彻底解除了多媒体内容对计算机的负担。 本章论述，只要把人性化操作环境交给终端，不但彻底解除了云中心的第二项沉重负担，而且大大有利于应对"三屏融合"的市场趋势。

　　事实上，放下上述两大包袱的前提就是跳出冯·诺依曼体系框架。 遵循本书提

出的云存储和云计算理论，突破当前 PC 和万能机器的工作模式是快速获取云端巨量
运算能力和化解软件危机的绿色手段。

5.1　云端计算结构创新

根据冯·诺依曼体系，今天的计算机结构分为硬件和软件两个独立部分。 基于
神经网络的云端计算技术突破了这个框架，主要包含两项重大创新。

1. 云计算创新之一：硬件与软件融合

硬件与软件融合成自治体，或者说独立神经元，包括极多线程状态机和异构算法
引擎。 化解软件危机的措施归结为：把一项复杂任务分解为多项简单任务；通过软
件硬化（例如 FPGA）高效执行专用算法。

2. 云计算创新之二：计算与通信融合

用通信模型重建复杂的计算机系统。 通过信息处理流水线，并由神经元传导协
议，从物理上隔离各个算法引擎，设定通信权限。 实质上，在巨幅提升系统效率的
前提下，保障系统结构性安全以及植入各类商业模式。

5.2　从解构传统数据库到创立非冯诺依曼计算体系

当前各类通用和专用网站大都以数据库为基础，技术大同小异，应用开发流于快
餐模式。

云计算带来了计算机基础创新的机会，建立新的理论体系。 从大规模应用角
度，云计算创新的突破口在于"**解构传统数据库**"，事实上，就是创立云存储新体系。

神经网络信息中枢彻底打破传统，扬弃了业界推崇的多核 CPU 和服务器、操作
系统、集群和虚拟软件、各类中间件和数据库软件，实际上，从总体上突破了当前的
PC 模式。 取而代之的是多项基础理论和技术创新，包括神经网络四要素、神经元传
导协议、信息处理流水线、极多线程状态机、异构算法引擎、跨平台数据结构，以及
按内容分类的信息库文件库和媒体库结构等。 事实上，就是落实到"**创立非冯诺依曼
计算体系**"。

什么是 PC 结构模式？ 简言之，就是串行处理 CPU 加上洋葱式层叠堆积的软件。

为了确切说明本系统的宏观架构，有必要与传统计算机系统做深入比较。

如图 5-1 所示，当前以 PC 为基础的计算机系统架构（包括超级计算机）由两个独
立部分组成：计算机设备和应用软件。 作为通用设备的计算机（包括虚拟机环境），

不论如何复杂，在加载应用软件之前，不具备任何实际应用功能。 尽管这一系统比原始冯·诺依曼体系已经有很大改进，今天，硬件和软件已经远比当初复杂，但是，从系统分成硬件和软件两个独立的发展部分来看，这一系统没有跳出原始框架，最多是改良的冯·诺依曼体系。

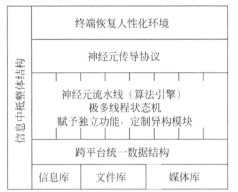

图 5-1　传统计算机系统与基于神经网络的云计算系统的比较

5.2.1　神经网络结构

从直观上看，基于神经网络的计算机体系没有明显的硬件和软件之分，整个系统由许多独立的算法引擎（或称神经元）经由传导协议连接而成。 实际上，借鉴生理解剖学术语，得名"神经网络"。 显然，每个神经元都具备独立运行能力，完成指定的任务，并且组合成任意复杂的系统。 更重要的是，神经网络能够在运行过程中调整神经元，定义不断变化的新任务，完成升级和扩容。 也就是说，像生物体那样生长和新陈代谢、免疫和自愈。

当前是数据量暴增的时代，存储器带宽和容量制约了计算系统的整体发展，因此，计算围绕存储设计。 在数据中心，存储器占据大部分空间。 为化解存储瓶颈，本系统依据存储内容性质划分为信息库、文件库和媒体库，并且，统一到跨平台数据结构。

从功能上看，神经元群建立在数据结构基础之上。 从结构上看，存储器本身也属于神经元。 从宏观上看，这一体系包含两个互相关联又相对独立的子系统：云存储和云计算。

进一步分析，本系统具有三个显著特征：第一，由极多线程状态机统一指挥系统流程和各类神经元，相当于大系统的中央处理器，或者称广义 CPU。 当然，从结构上看，该状态机本身也是一个神经元。 第二，根据功能定制不同结构的执行装置(不限于 PC)，或者称异构神经元。 第三，连接神经元的传导协议根据地址、具体功能和权限引导数据包通信，不同于传统网络协议仅靠地址导向，造成安全隐患。

为什么需要强调这三个特征？

实际上，就是将一个系统的复杂度分解为三个简单维度，即系统规模、单项神经元设计和系统协调模式。 很明显，这三个维度都不需要复杂软件，因此，神经网络自然化解软件危机，为云计算的高级应用创造了发展空间。

不难想象，云计算中心必然全自动运行，不需要个人的操作环境，更不应该迫使计算机适应人类的沟通习惯。 计算机和人是两个不同物种，天生没有共同语言。 机器听懂人话很美好，但那是为了广泛消费者的具体应用，而不是为软件工程师们提供方便。 本系统整体设计的显著特征表现在充分适应计算机固有行为方式，软件工程师应该能听懂计算机的语言，或者说通信协议。 云计算应该以计算机为本，谋求最高性能和最低能耗的设计原则。 这一原则与传统 PC 以人为本相反，效果大不相同。当然，从应用角度，以人为本永远正确，但那是终端的任务，与云端无关，因为终端只需面对一个人，而云端面对百万用户。

本系统通过客户端恢复人性化的操作环境，这里所说的"恢复"可以理解为把机器的高效沟通协议"翻译"成人类熟悉的表达方式。 与多媒体数据处理相比，这项翻译工作带给用户终端的运算力负担微不足道。 如果面对物联网的简易终端，则根本不需要翻译。

不难看出，基于神经网络的新一代计算机理论具备了完整性、新颖性和实用性。

如前所述，云计算中级阶段的主要任务是对信息深度加工，显然，这加剧了对运算力的压力。 在资源消耗相同的前提下，基于神经网络的计算体系能够提升云端潜在的运算力千倍以上。 这些运算力资源的释放，将推动云计算进入高级阶段。 因为一旦跨越信息处理范畴，渗透到消费者实时视频应用领域，那么，云端运算力需求还将暴增百万倍，那时，传统计算机系统更加望尘莫及。

5.2.2 传统神经网络缺少什么

有趣的是，1956 年，就在冯·诺依曼去世的前一年，这位计算机巨匠为耶鲁大学 Silliman 讲座留下一部未完成的手稿 *The Computer and the Brain*。 在这部手稿中，他已经明确提出人脑和计算机的巨大差异。 今天，面对云计算的潜在需求，传统冯·诺依曼结构已经遭遇难以逾越的发展瓶颈。 其实，现代仿生学提示，造物主早已指明了计算机的发展方向，那就是神经网络。 但是，很可惜，今天的神经网络还远未成熟。

本书认为，当前神经网络不成熟的原因在于理论上有缺陷，根据 Simon Haykin 的经典著作 *Neural Network，A Comprehensive Foundation*，纵观数十年神经网络的发展，90％以上的研究精力局限在自学习算法和能力训练上，同一个题目反复研究，导致近亲繁殖，以及整体进步不大。因此，必须拓宽神经网络的研究方向，寻找新的突破口。我们看到，人类大脑发育达到谋生能力，必须经过幼儿期不断试错学习和十几年的知识积累。但是，我们设计计算机，尤其是面对用户信息处理，不能容忍试错，也不能等待漫长的学习过程。

本书认为，当前的神经网络理论忽视了不同部位的神经元形态各异，忽视了生物与生俱来的本能，还忽视了生物抵御外来侵扰的免疫和自愈能力。这些能力与大脑的关系尚不清楚，因此，研究神经网络不应局限于大脑，还应该看到整个生物体；不应局限于模仿细节，还应该借鉴宏观的系统能力。实际上，如果知识空白、本能缺乏、难以学习，应该先灌输知识（先验信息）再谈学习。探究生物奥秘的路程尚远，我们不能等待所有谜底都揭开之后再来模仿。尽管多年来不少人提出超越冯·诺依曼的构想，但是基本上只是局部改善，不成系统。本书认为，当前神经网络研究不应该局限于自学习算法，并首次提出神经网络四要素的新理论，包括神经元结构和传导协议、先天本能、免疫和自愈、自学习能力。沿着这一新理论，专用异构神经元取代传统的万能机器，从根本上创立非冯诺依曼云端计算新体系。

图 5-2 概括了基于神经网络的非冯诺依曼计算机（智能机器）体系结构，包括设计准则、独立子系统、理论创新和结构创新，其中结构创新包含 8 项专利技术。如图 5-2 所示，这一云端计算体系充分展示了完整性、新颖性和实用性。很明显，这是从第一台计算机问世以来最大的结构性变革，作为开创云时代的奠基。

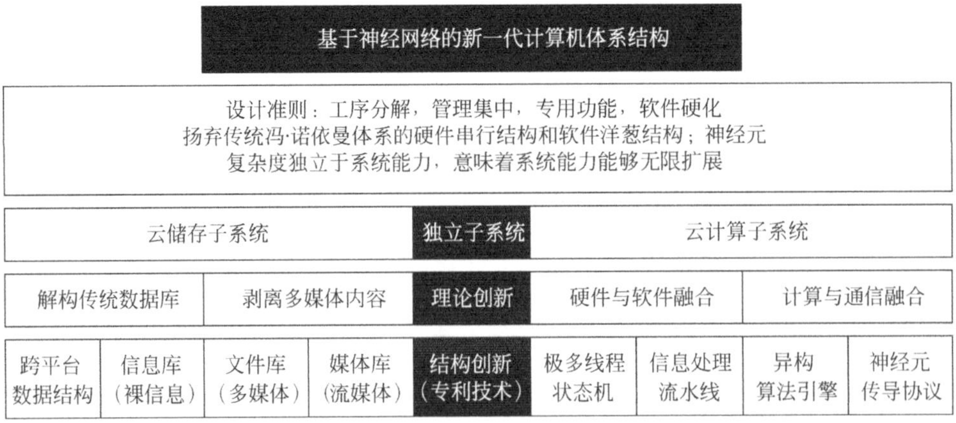

基于神经网络的新一代计算机体系结构								
设计准则：工序分解，管理集中，专用功能，软件硬化 扬弃传统冯·诺依曼体系的硬件串行结构和软件洋葱结构；神经元 复杂度独立于系统能力，意味着系统能力能够无限扩展								
云储存子系统				独立子系统	云计算子系统			
解构传统数据库		剥离多媒体内容		理论创新	硬件与软件融合		计算与通信融合	
跨平台数据结构	信息库（裸信息）	文件库（多媒体）	媒体库（流媒体）	结构创新（专利技术）	极多线程状态机	信息处理流水线	异构算法引擎	神经元传导协议

图 5-2　基于神经网络的非冯诺依曼计算机体系结构

5.3 极多线程状态机

图灵发明的有限状态自动机（也称图灵机）奠定了现代计算机的理论基础。当前广为流行的冯·诺依曼计算机体系其实是一种用集中存储程序（软件）方式实现图灵机的结构设计。正如其名称所提示，程序（Program）隐含了完整和连续执行的形态。

本书认为，冯·诺依曼的后人忽略了或者视而不见图灵机的一项重要特征，即状态机不是一个连续程序，而是可以分解成许多无限稳定的断点，即状态。我们知道，计算机的处理速度远高于人类，例如，1s 对于人来说是极短的一瞬间，但是，对计算机操作来说是一个很长的历史时期。如果让计算机同时为许多人服务，只需找出图灵机中的那些稳定状态，然后配上适当的索引标记。在每个人操作流程的间隙中，能够轻易插入成千上万其他人的不同服务流程。依据这样的思路，本书提出极多线程状态机，实际上，它是一种用非程序方式多维度扩展图灵机的结构设计，或者说，它无限增加系统复杂度基本不增加编写软件的长度。这是过去 30 年来软件工程望尘莫及的成果，显然，这是与冯·诺依曼计算机结构平行的另一种计算机体系。

西谚云，要想吃掉一头大象，只要切成小块即可。实际上，一旦切成小块，就看不出大象的原貌了，也就是说，任何大动物也都可照此办理，例如，狮子、骆驼等。我们知道，国际公认的 ISO 9001 品质管理的灵魂是：要做的事必须写在纸上，写在纸上的事必须严格执行。也就是说，任何企业活动（当然指 100％的任务）都必须落实到一组流程。同时，任何复杂的程序流程（当然指 100％的流程）都可以分解成一组简单状态机。因此，这是一条普遍真理。非冯诺依曼计算机创新了状态机结构，直接通过多维度扩展，实现和替代了大部分复杂的软件功能。其实，任何复杂的软件无非是告诉计算机，按事先规定的程序指令执行。本设计状态机几乎不用传统软件，或者说，程序不等于语言，因为结构化信息表同样能告诉执行模块，按事先规定的程序指令操作，与软件等效。极多线程状态机结构表现为：低熵代码＋结构化信息表＋先验通信协议。极多线程状态机面向空前强大的云计算中心，改变超大型计算机系统的开发环境，用极简单软件，完成极复杂任务。

请读者注意，极多线程状态机为 5.4 节信息处理流水线埋下伏笔，实际上，为实现流水线的"工序分解，管理集中"打下坚实的基础。

5.3.1 极多线程状态机的工作原理

我们知道，经典状态机有三项基本结构元素，本系统定义为：

1. 触发事件只有三种

这三种触发事件为用户请求、某项任务完成、某个计数或计时到点。触发事件无非是收到一个数据包，主要包含两项信息："谁"和发生了"什么事"。

2. 动作执行也只有三种

这三种动作执行为回答用户请求、通知某个算法引擎执行某个任务、启动某个计时器。动作执行无非是发送一个数据包，主要包含两项信息："谁"和要求执行"什么任务"。动作执行可以落实到一小段软件子程序或者硬件算法引擎，取决于动作难度。

3. 状态转移代表了程序流程的中间步骤

状态转移无非是服务器内部一个存储字节，服务器收到一个数据包，其来源"谁"指向一个特定的"状态"。在此状态下，程序流程规定依据不同的触发事件，执行不同的规定动作，并转移到下一个规定的状态。所有操作无须复杂软件，只要一个代码转移表格即可。

5.3.2 面向云计算应用环境

面向云计算应用环境要求云端服务器**"同时"**为**"无数多人"**提供**"无数多种"**独立的**"任意复杂"**的服务。因此，本系统进一步从四个维度扩充上述状态机基本结构。

1. 时间扩展

时间扩展就是在图灵稳定状态之间插入其他不相关流程，或称并发操作能力，取决于运算与存储的协调。

2. 空间扩展

空间扩展就是通过用户信息存储分割，服务极大用户群。云中心能够同时服务无数用户，但状态机在每一个瞬间都只能执行一项任务。为了把随机出现的协议元素归纳到某项特定的服务过程，必须在每个协议元素上标示唯一与该服务相关的记号。本设计以服务申请方的逻辑操作号为索引（Index），确保用户操作具备时间和空间上的唯一性。

3. 功能扩展

功能扩展就是通过流程信息存储分割，提供无数多种不同流程。云中心能够同时提供无数种不同服务，每一种服务的协议过程都由一组互相链接且封闭的状态组成。 状态链接表可容纳大量独立状态，由状态入口指针（Pointer）表示一项服务的起始状态。 通过不同的入口指针，完成不相关服务的协议过程。

4. 资源扩张

任何处理量超过原子程序的任务，都转移到状态机之外的独立执行机构（算法引擎），例如，复杂的加密算法、搜索引擎、视频内容压缩和智能识别、大容量文件处理和发送等。 对于状态机来说，所有任务无非是发送一条操作指令，或者类似复杂度的原子程序。 注：原子程序（Atomic Operations）的定义是不可分，或者不可中断的短程序，执行时间一般在神经元每秒操作能力的 $10^{-4} \sim 10^{-3}$。

实际上，极多线程状态机的核心思想就是把一个复杂系统分解为四个独立维度，在每个维度上都是一项简单任务。 在执行一个维度任务的同时，不影响其他三个维度。 进一步分析发现，在上述四个维度上，无论扩展到什么程度，几乎不增加软件复杂度。 或者说，无论流程有多复杂，软件永远保持在不可思议的简单水平。

5.4 信息处理流水线

"流水线"这个名称今天已经不陌生。 100 年前，美国汽车大王亨利·福特（Henry Ford）为了应付日益增长的 T 型车市场需求，对汽车生产流程进行了彻底的分解和优化，创造了前所未有的流水线生产模式。 这一颠覆性的变革，直接导致汽车从美国富人的象征转变为大众交通工具。

流水线生产模式带来的直接好处可以归结为两点：

第一，汽车装配从高技能机械师转变为普通工人，甚至雇用了大量的残障人士。

第二，汽车装配品质稳定，人均产量大幅提高，生产周期大幅缩短，带来巨大的经济效益。 连续多年，福特一款 T 型车占据世界汽车销量的1/2以上。

今天，制造业流水线生产模式早已是理所当然。 但是，令人费解的是，在高科技的计算机领域居然还在延续原始的行为模式。 图 5-3 上半部揭开了当前计算机的面纱，我们看到建立在 PC 模式上洋葱一样层叠堆积的软件结构。 这种结构注定成为云时代的发展瓶颈。

5.4.1 应用软件的价值在哪里

今天的软件精英们用一款软件把持网络应用的全过程，与 100 多年前手艺精湛的

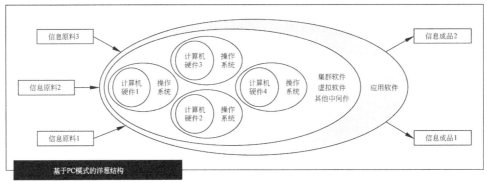

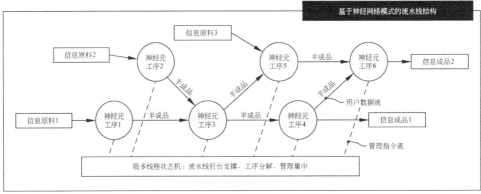

图 5-3　比较两种计算机工作模式

师傅们何等相似。其实,这种洋葱结构的出发点是为了迁就僵化的应用软件,不得不在硬件资源和应用软件之间插入许多与应用不相干的中间层。本书认为,这是典型的舍本求末,作茧自缚。事态还在继续恶化之中,这些脱离应用的中间层越来越复杂,演变成令人生畏的软件工程。事实上,复杂的软件工程浪费大量资源,无助于实际应用,成为社会信息化肌体里的肿瘤。因此,只要不放弃僵化的应用软件结构,就注定了洋葱模式愈演愈烈,最终不可避免地引发恐龙式的巨大数据中心和难以治愈的软件危机,成为云时代的应用瓶颈。

我们有必要保护既有的"应用软件"吗?

错了。真正的价值在于应用,而不是软件。

5.4.2　未来的网络应用会更加复杂吗

未来的网络应用会更加复杂吗?完全没有必要。其实,应用本身并不复杂,今天的复杂软件几乎都不是聚焦在应用上。实际上,今天计算机大部分的任务都是多余的。

所谓的信息处理，无非是用计算机执行人为制定的流程。流程就是人类行事规则，人类的生物性决定了流程永远不会复杂，而且进化极为缓慢。君不见，30年前，IBM最早的PC已经具备今天办公软件的基本功能。45年前，美国航空公司的订票流程与今天最新的火车票实名售票流程相差无几。再看几千年前的古罗马奴隶拍卖，到250多年前的苏富比和佳士得拍卖行，再到今天的eBay，常用拍卖流程至今未变。同样，电子商务流程无非是模拟人们司空见惯的购物行为。

我们看到，当用户群体巨大时，其需求会出现很大的趋同性，也就是说，网络普及必然促进资源按价值最大化方向重新排列。实际上，今天互联网的热门应用不过屈指可数。

我们看到，今天计算机已经能识别人脸，但解读表情的能力还不如一个新生婴儿。展望未来，算法还有很大的发展空间。但是，算法不是软件，复杂的算法不代表需要复杂的软件，复杂算法可以由专用的简单软件，或者直接用硬件实现。详见5.5节异构算法引擎。

本书认为，云计算时代不要被那些喜欢玩软件竞技游戏的精英们所绑架，应该重新定义网络应用，重新规划应用软件，抛开既有复杂软件的禁锢，包括操作系统、集群软件、虚拟软件、各类中间件、数据库软件等。我们看到，这些洋葱结构的软件系统与真正的应用毫无关系，因此，某种意义上可以断定，在云计算中心，复杂的软件一定不是好软件。

为什么今天的软件工程如此复杂，还要陷入所谓的软件危机？

本书认为，软件危机是计算机工业误入歧途所致。出路其实很简单，我们只需借鉴亨利·福特的智慧，对计算机应用流程进行彻底分解和优化，不难得到图5-3下半部分的信息处理流水线，或者说，神经网络。如同汽车制造流水线，由熟练装配工取代手艺高超的师傅，显然，流水线中每道神经元工序的设计不需要前述的复杂软件。我们还能清楚地看到神经元工序中间过程的半成品，实施精细调试和品质管理。

从表面上看，流水线由许多简单工序组成，但是，仔细分析福特流水线，它的关键是强大的后台支撑体系。也就是说，工序分解，管理集中。实际上，5.3节所述的极多线程状态机正是为信息处理流水线量身定制的，具备了超级强大的管理和协同能力。

我们显然可以分享到汽车制造流水线带来的好处，预测到必然的后果：软件危机不复存在，系统运行超级稳定和可靠，系统效率巨幅提升。因此，改变计算机工作模式是快速获取巨量运算能力的绿色途径。凭借高一代的技术优势，不但能够争夺传统市场，重要的是为开辟新市场、进入高级网络应用奠定了基础。试想，手中握有万倍以上资源，俯瞰当今计算机世界，这是一幅有趣的小人国风景画。

5.5 异构算法引擎

前面我们谈到了算法不是软件，本节进一步解读流水线中关键的神经元工序，或者说算法引擎。异构算法引擎包含两个独立概念：算法引擎和异构。

5.5.1 算法不是软件

算法引擎泛指大处理量的专用设备，任务单纯，聚焦高效率，简化软件，包括典型的多媒体和流媒体库、搜索引擎、加密与解密、第三方数据库采集和挖掘、实时监控识别、人工智能、多媒体加工软件、办公软件等。

显然，未来最大的不确定因素是算法，我们很难预测什么技术是实现某种算法的最佳选择。本书认为，当前很热门的所谓大数据技术，如 Hadoop，其实仅仅适合于 Map/Reduce 之类的批量流式处理算法，用于计算统计匹配的搜索引擎。显然，对于精确计费的电子商务，或者对于未来网络应用主体的实时视频数据处理，就不是一个好方法。事实上，浮点运算、离散余弦变换等算法早已成为一个硬件模块。

实践证明，算法千变万化，例如，高智能家用机器人或者机器宠物通过无线网络连接云端巨大和日益更新的智能库，能够自动感知周边环境，识别主人的行为、手势和表情等，具备个性化和自学习能力。我们知道，为了让消费大众用自然方法指挥机器，背后必须由专业人士花大力气精心设计。千万不要误解为消费大众可以直接设计机器，或者编写软件，如同对着一堆原材料念个咒语，就会自动变成一部汽车。

用一个形象化的比喻来理清软件和算法的定位。缝纫机发明后的一百多年内，大部分家庭都有一台缝纫机，那时，大街小巷中裁缝店林立。如果比作 PC 时代，缝纫机是 PC，裁缝师傅就是软件工程师。后来随着成衣业的发展，家用缝纫机成了古董，传统裁缝师傅不见了，取而代之的是时尚设计师。显然，这些时尚设计并不需要精湛的裁缝手艺。如果成衣业比作云计算，那么时尚设计就相当于算法。未来计算机世界里还有太多的未解之谜，我们需要发明新的算法，而不是复杂的软件系统。进入云时代，传统软件只是实现算法的手段之一，而且，不是最重要的手段。

今天，由于 IT 行业发展长期近亲繁殖，思维模式局限在 CPU 加软件的计算机理论和 TCP/IP 的互联网理论桎梏中，在宏观上迷失了方向。本书认为，应该花力气探索和发现处理对象的共性规律，避开低效和无目标的通用万能设计，把精力聚焦到少数大规模的专项云计算应用中，例如，专用电子商务或其他专用机器，学会使复杂事情回归简单，把握云计算的应用主体。

5.5.2 从试管和白鼠探索软件硬化之路

异构泛指不拘泥于既定架构，量身定做，同样聚焦高效率，避免复杂软件。 从"算法不是软件"这个命题，自然引申出异构的算法引擎。

过去的几十年里我们有幸见证了 IC 芯片、PC 和互联网的诞生和成熟过程，还目睹了 Bellheads 和 Netheads 两大学派的竞争。 自从有了 PC 和互联网，Netheads 感觉像吃了菠菜的大力水手，无所不能。 各种高级编程语言把注意力集中在人性化的软件设计过程上，却忽视了随之而来的低效率执行的结果。 当前的软件精英们忘记了软件编制永远是少数专业人士干的活，好的软件必须服务消费大众，而不是贪图自己方便；忘记了他们的使命是让计算机完成人类不擅长的任务，而不是迫使计算机按照人的沟通方式办简单的事；忘记了大数量事件的结果比过程重要，舍本求末，引发软件危机。 事实上，自然法则总是朝着降低能量消耗的方向发展，Netheads 与造物主的行事方式格格不入，他们还没有看到天边已经出现了大片乌云。

从传统 PC 到所谓的超级计算机，其共同点是由独立硬件和软件组成。 也就是说，在经典冯·诺依曼结构的基础上，分别发展出越来越复杂的硬件和软件，形成超级细胞。 但是，造物主设计生物体的时候并没有分成 CPU 和软件两步走，没听说下载一对眼睛软件或者下载一个心脏软件。 每个器官都是从细胞发育时就确定功能，例如，视觉细胞和心脏细胞。 跟随个体发育成长，细胞数量增加，器官功能完善，但是，细胞结构和复杂度不变。

人类发明 CPU 和软件成为探索新领域的一种快速见效的工具，或者说，CPU 加软件可以当作实验用的试管和小白鼠。 这种工具本质上的串行操作模式，先天注定了效率瓶颈。 过去 30 年，为了弥补串行操作的低效率，促进了芯片资源的爆炸式发展。 与此同时，受多媒体和云计算推动，同样的芯片资源为非传统计算技术开辟了广阔的发展空间。 常识告诉我们，对于确定的流程、无限重复使用的程序，一旦掌握了原理和算法，就应该换一种更有效的方法投入实际使用。 本书认为，少用软件，不用复杂软件才是创新计算技术的根本。 任何相对成型的流程和算法都可以通过软件硬化或者计算机家电化途径大幅度提高效率。

让我们回顾一下 FPGA 厂商讨论的他们的产品，当 Intel 销售第一代 Pentium 处理器(P1)的时候，最大的单片 FPGA 可以容纳 4 个 P1。 后来 Intel 销售 P4 时，最大的单片 FPGA 可以容纳 10 个 P4。 这一现象告诉我们，芯片制造进步的速度超过了人们设计和使用芯片的能力，新一代 CPU 的设计时间成为运算力的瓶颈。 事实上，今天硬件电路已经可以在不停电的前提下远程修改，相对而言，复杂软件程序的修改变得越来越困难。

Netheads 的理论基础是摩尔定律，因为 CPU 加软件方法固有的低效率能够被快速进步的芯片能力所补偿，所以纵容软件精英们肆无忌惮地浪费运算力资源。 但是，这种理论只能对线性增长的需求有效。 一旦市场需求出现重大跳跃，例如，从文字内容跳到视频，从小系统到云计算，芯片设计和资源捉襟见肘。 于是，CPU 加软件的方法只能被逼无节制地膨胀，形成恐龙式的巨大数据中心，引发软件危机，同时导致大规模高等级网络应用的瓶颈。

由于实际任务复杂度差异极大，算法引擎设计随任务性质而变，因此自然形成异构的概念，例如，廉价嵌入式 CPU 模块、传统 PC 和服务器、FPGA 硬件模块、由 FPGA 连接的多 CPU 组件、由 CPU 管理的多 FPGA 组件、包含硬盘阵列的文件和媒体库，甚至包括人工呼叫和鉴别中心。 执行模块可位于本地或远程网络连接。 系统业务流程与执行模块设计调整无关，甚至，同一任务可由不同类型的算法引擎执行，彻底隔离系统复杂性与执行复杂性。 实际上，这就是用通信模型重建计算机系统的优越性。

5.6 神经元传导协议

前面我们讨论了云计算创新体系中三个关键要素，本节引入第四要素：神经元传导协议，或者说通信规则。

5.6.1 基本协议栈

神经元传导协议的宗旨是"管理"和"开放"，或者说，可管理的开放。 实际上，在刚性的游戏规则之内，实现柔性开放，允许用户在规定的权限内行为不受限制，最大限度地灵活支持创新应用。

需要强调的是，在大一统互联网中，网络资源和网络业务是两个独立的协议流程。 其中网络资源与用户终端隔离，由服务器和交换机设备执行严格监管。 网络业务流程则由用户终端参与执行，甚至可由用户制定规则，完全开放且不受限制。 因此，对于善良的消费者来说，看到透明的资源和灵活的业务，完全感觉不到网络设备的监管。 对于行为不规矩者(如黑客),大一统互联网的监管措施与用户设备完全隔离,是一道迈不过的铜墙铁壁。

实际上,神经元传导协议与传统网络协议的主要差别在于:传统网络协议仅靠地址导向,难免造成安全隐患;神经元传导协议加入了功能和权限元素,与地址一起参与数据包导向,犹如生物体不同神经分属不同的传导机制。

1. 资源管理流程

神经元传导协议的"管理"体现在严格的资源调配上,用户需要多少带宽和存储资源,网络按需提供。 在用户申请的范围之内,严格保证安全和品质,并且精确记账;在申请范围之外,杜绝资源浪费。 也就是说,将用户申请的带宽和存储资源限定在刚性管道内,在管道里面保证透明流畅,管道外面没有渗透和泄漏。

大一统互联网的资源管理流程主要包括网络设备即插即用、疆域的扩展和界定、用户号码分配、服务等级登记、账户注册和终端入网等。

2. 业务管理流程

大一统互联网的业务管理流程主要包括网络带宽按需随点、存储空间按需租用、消费者业务按次审核和精确计费。

(1)神经元传导协议的"开放"体现在用户和服务的普遍原则、协调参与服务的三方如下。

① 供应方:包括敏感信息库(针对有选择的细分客户)、原创版权内容、增值服务等。

② 需求方:泛指客户,包括资格(针对不同信息类型的细化资格)和支付(占用资源)。

③ 资源方:提供网络平台,包括带宽、存储、运算力、代理版权内容等。

(2)业务管理流程为每次连接都执行一项统一的四步合同。

① **"甲方"**(主叫方)审核过程:账户状态、细分权限、登记用户申请信息。

② **"乙方"**(被叫或被点节目)审核过程:账户状态、服务提供能力、允许服务的细化资格、确认成交价格、登记服务内容信息。

③ 服务**"提交"**过程:服务器退居二线,建立甲、乙方直接连通,并记录服务过程参数。

④ **"买单"**过程:服务正常结束,按合同登记结账,并提出对本次服务满意度的评估。 若非用户原因造成服务流产,不提交账单。

注意,根据不同服务性质,上述四步统一合同分别有所侧重。

- 简单开放的免费服务可以省去某些合同内容，简化服务器操作。
- 敏感信息服务要求严格的认证和权限匹配，这是极多企业共享平台的基本保障。
- 商业性服务要求严格计费，一般还需配合各类降价套餐和灵活的促销活动。

5.6.2 关于信息安全

当前计算机和互联网的安全措施都是被动和暂时的，无辜的消费者被迫承担安全责任，频繁地扫描漏洞和下载补丁。进入云计算，不少厂商适时推出云杀毒和云安全产品，可以想象云病毒和云黑客们的水平跟着水涨船高。各类安全措施无非在玩猫鼠游戏，信息安全如同悬在消费者头上的达摩克利斯之剑，严重干扰了云计算的商业环境。本书的目标不是用复杂硬件和软件"改善"安全性，而是建立"本质"安全体系。

实际上，今天遭遇信息和网络安全问题的根源在于当初发明计算机和互联网时根本没有想到用户中有坏人，或者说，没有预见安全隐患。PC时代的防火墙和杀毒软件以及各种法规和法律，只能事后补救或处罚已对他人利益造成损害的人。这些措施不能满足社会信息中枢的可控开放模式和安全要求。其实，借助云计算的机会，重新规划计算机和互联网基础理论，建立高枕无忧的安全体系并不困难。

首先，病毒传递必须满足两个条件：第一，用户文件可搭载计算机程序；第二，用户数据和计算机程序同时存放在 CPU 的存储区。病毒程序寄生在公开文件中，只要用户计算机解读下载的文件，就可能释放病毒。实际上，病毒的根源在于冯·诺依曼计算机结构，突破这种独立 CPU 加软件的结构是铲除病毒一劳永逸的手段。

其次，网络黑客是另一类安全破坏者。在工商社会里，一旦信息有价，必然有人图谋不轨，任何安全设施都无法对人心设防。因此，严密的安全体系必须针对每个人的每次信息接触。不论公网或专网，把每个人都当作可能的黑客，才能最大限度地堵住受过训练的间谍入侵。实际上，黑客的根源在于 IP，未经许可就能向任何地址发送任意数据包，因此，创新网络协议是铲除黑客一劳永逸的手段。

但是，多媒体内容的解读方法繁多，难以排除传统计算机技术。另外，在当前环境下，完全排除 IP 互联网并不现实。针对这一情况，本书的对策是解构传统数据库，从功能上划分信息库与多媒体库。信息库兼作多媒体库的指挥机构，承担安全责任。其实，信息库只是单方向发送指令至多媒体内容库，没有必要使用和解读多媒体内容，因此，只要信息库安全，就能保障系统安全。信息库本身的安全依赖非冯诺依曼计算体系，每一项操作都必须满足信息开放范围与用户权限范围的多维度匹配。 具体落实到神经元传导协议，严格赋予神经元不同的访问权限，杜绝黑客和病毒，确保系统操作的安全和灵活。 也就是说，能够在开放的信息中枢，把安全和隐私程度提升到银行金库水平。

显然，与重建互联网相比，在单个信息中枢，抛弃传统数据库软件是微不足道的代价。

关于大一统互联网安全，详见 6.8.4 节网络安全的充分条件。

5.6.3 关于电视、计算机、手机的三屏融合

大一统互联网的界面管理流程主要包括消费者选择和定制网络业务、海量内容的菜单导航系统和搜索引擎、用户文件柜和存储内容的远程管理。

面向消费者的云计算应用，界面设计关乎用户体验，因此非常重要。 最近从乔布斯的传记中得知，苹果产品对内部结构、外观和界面设计都一丝不苟，充分表现出乔布斯对细节的追求，精益求精是他成功的注解。

云计算服务必须贯穿于三大市场：手持终端应用（手机和平板计算机）、桌面应用和客厅应用，即所谓的"三屏融合"。 本系统的对策是云端统筹提供信息内容，终端独立决定显示方式。 一套云流程，终端自动适应，同时服务手持、桌面和客厅。

信息中枢主要面向相对固定的流程，界面设计一般要求简洁易用。 尤其对于选项丰富的电子商务内容，如同类商品的性能和价格，一次下载的精简信息（或称"裸信息"）可以临时存储在客户端，分成多个小界面。 当客户反复比较时，不必多次下载，加快页面反应。 也就是说，为了提高页面的反应速度，同时降低网络流量，神经元传导协议的用户界面显示数据由两部分组成，即"裸信息"和"格式文件"。 前者包括随机更新的精简数字和代码，由云端流程产生；后者包括适应不同显示屏幕和艺术风格的细节，一般事先设计完成，由终端自动选定。 格式文件一般较大，尽量存储在客户端，避免重复下载。

另外，不同年龄和文化客户群喜爱不同的艺术风格，甚至要求个性化的界面设计，包括融入个人名字和照片。 格式文件能够配合多种裸信息显示，客户端自动存储、积累常用格式文件。 云端服务器发送用户界面时，首先发送裸信息和适合该客户的格式文件代码。 若客户端已经存储该格式的文件，则立即显示界面，否则，自动申请补发。

为了适应多种不同客户端屏幕类型，实际上，"三屏融合"的难点之一是如何适

应数倍之多的屏幕大小差异。 如果把计算机屏幕显示的内容全部搬到手机，必然导致字体过小，会伤害眼睛。 有一种常用方法是采用移动窗口，但是，内容看不全，来回移动很不方便。

　　未来云计算应用独立屏幕格式设计，共享信息，相同的应用在电视、计算机和手机屏幕上的显示布局可能完全不同。 计算机屏幕的显示界面，一次下载后，在手机上分解成多个可快速切换的子屏幕，尤其有利于移动电子商务。

第6章
云时代的大一统互联网

本章提出一个严肃的问题，就在新的网络应用功能不断涌现之际，IP 互联网却已经由于先天结构缺陷而难以跟上时代前进的步伐，那么，什么是大一统互联网？答案就是全球一张网，覆盖全部用户和全部服务，或者称终极网络。

当前互联网是计算机网络，或者说是信息交流网络。 大一统互联网是实时流媒体网络，或者说是娱乐体验网络。 有了"透明的"实时流媒体通信，个性化电视水到渠成，回头拿下其他多媒体业务只是顺手牵羊。 也就是说，传统计算机信息服务包含其中，多媒体、单向媒体播放、内容下载成为买一送三的附赠品。 在云时代网络更加通畅的前提下，智能功能同样会从终端移到云端，这种趋势带来无法抗拒的优势，进一步导致终端空洞化。 实际上，复杂智能手机的发展就是把赌注押在网络品质永不通畅的假设上，显然，这个假设迟早不成立。 因此，新一代通信网络将成为最具经济价值的战略要素。

更重要的是，未来互联网的实时性是无线微基站网络的先决条件，而微基站是未来无线宽带应用的先决条件，详见第 7 章。 本章阐述如何解决未来互联网绕不开的难题，包括网络安全和可管理性以及传输品质保证和实时性。 本章的结论是：未来网络的基础架构必须独尊视频，未来网络是一片未开垦的处女地。

6.1 大一统网络世界观

什么是网络世界观？

这是宽带网络的灵魂，或者说，是对未来网络目标的认知。

本书认为，当前网络学术界面临的一个主要问题是"灵魂缺失"，或者说，不知道未来网络的目标是什么。

由于文字是最高效的通信手段，或者说占用带宽最少，传统窄带思维重点关注文字类信息。 也就是说，急功近利的心态导致过度关注窄带应用。 君不见，人们围绕着几项窄带应用而跳舞，真正的通信能力未见进步，网络却成了时尚设计的舞台。

但是，几百万年进化史告诉我们，为满足人类视觉感受所需的信息量是其他感官总和的千倍以上，这结论绝非市场调查能够左右的。实际上，文字传递信息，视频通信传递情感，由于不同类多媒体内容的数据量分布极度不均匀，因此，提供什么样的服务和建设什么样的网络，必然撕裂成两个独立不相关的课题。事实上，可以毫不夸张地说，未来网络巨大流量只是为了让人眼感到舒服而已。

从进化角度看，通信交流造就了人类文明。原始人类或动物的交流方式起源于面对面的比画，即肢体动作，这其实就是视觉通信。后来逐渐发展出更加高效的语言，能够在黑夜或有阻挡物的环境下交流。最终创造出人类独有的抽象文字，知识积累得以代代相传，成就了人类文明。概括起来，这是一条从具体到抽象的进化道路。工业革命后，人类发明了远程电子通信技术。伴随该项技术的进步，通信内容必然先易后难，走一条抽象到具象的反向发展道路，也就是从文字、语言到视频通信。由此推理，实时视频通信就是人类通信网络的终极目标。

通过基本常识和简单数学推算，可以得出一个不容置疑的事实：今天，光纤带宽资源丰盛，只要少数人使用中等品质视频通信服务，网络流量中90%以上成为视频通信内容。尽管未来网络内容长期包含多种形式，随着使用视频人数和视频品质的上升，视频通信内容的比例将迅速超过99%。因此，视频通信业务区别于其他传统网络应用，是一个新物种，网络架构必须独尊视频。但是，当前通信网络业界许多人不愿意接受上述事实。

本书认为，缺乏网络灵魂已经导致网络经济长期低迷，广大消费民众深受其害。

未来50年人类将在网络上干什么？大规模视频通信有必要吗？此类问题的答案有许多种，不可能达成共识。

6.1.1 多媒体网络是个伪命题

其实，我们根本不用猜测未来人类在网络上的行为，也不必争论视频通信有没有市场，因为，此类问题无关紧要。我们可以直接证明以下两点：

第一，只要很少人使用视频通信，网络流量几乎变成单纯的视频通信，与市场大小无关。

第二，一旦有了视频通信，其他一切网络业务就都包含在内（传统多媒体、电视播放和影视内容下载等），也就是说，视频通信的真正价值在于其彻底的包容和替代能力。

十多年前，作者根据下面的现象确立资源丰盛时代的网络世界观，探究其背后的道理，创立大一统网络理论。请看以下事实，如图6-1所示。

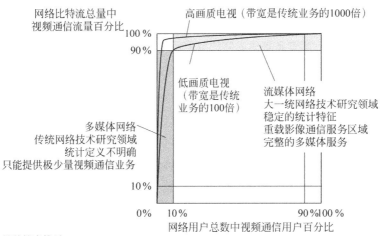

网络比特流总量中视频通信流量百分比

高画质电视（带宽是传统业务的1000倍）

低画质电视（带宽是传统业务的100倍）

流媒体网络
大一统网络技术研究领域
稳定的统计特征
重载影像通信服务区域
完整的多媒体服务

多媒体网络
传统网络技术研究领域
统计定义不明确
只能提供极少量视频通信业务

网络用户总数中视频通信用户百分比

简单算术推导

假设：低画质视频通信带宽是传统业务的100倍，高画质视频通信带宽是传统业务的1000倍						
若在100用户中，使用视频通信业务的人数为	1	2	5	10	20	50
若低画质视频通信：网络总流量中视频通信百分比	50%	67%	83%	91%	95%	98%
若高画质视频通信：网络总流量中视频通信百分比	90%	95%	98%	99%	99.5%	99.8%

图 6-1　只有视频通信流媒体网络才能提供有效的多媒体服务

　　第一，我们已知，不同媒体形式的流量需求比例为：简单文字＝1，图音文多媒体＝100，高品质视频通信＝10 000。

　　第二，在视频通信流量中，不同业务形式的比例为：广播电视＝1，个性化视频点播＝100，个人视频交流和视频互动游戏＝10 000。

　　下面是关于图6-1的详细解说。 首先，建立一个平面坐标体系，横轴代表100位用户中有几位使用视频服务，纵轴代表100％的网络流量中有几个百分点属于视频流量，实际上，就是使用人数与网络内容性质之间的关系。 其次，假设100位用户中有1/2/5/10/20/50位用户使用视频服务，并且，进一步假设低画质视频宽带是非视频内容的100倍，高画质视频宽带时非视频内容的1000倍。 然后，根据上述假设，分别计算视频内容在总流量中的百分比，得出图示表格中的数据。 最后，从表格找到数据在平面坐标中标出，并连成线，不难得出图示的两条坐标曲线。 分析得到：不论低画质还是高画质，当视频用户数在0～10范围内时，两条曲线均落入垂直阴影区域。 当视频用户数为10～100时，两条曲线均落入水平阴影区域。 根据互联网实际内容分析，我们已知互联网初期根本没有视频流量，当前互联网一半流量为视频内容，实际推算不足5％的用户使用视频服务。 显然，在这一垂直区域，使用视频的用户百分比略有变动，将导致网络总流量中视频分量大幅波动，造成当前网络传输内容难以预测，品质难以保障。 但是，一旦视频用户百分比超过5％，视频流量百分比曲线落入水平阴影区域，表示网络总流量中视频内容稳定地保持在90％以上。 随着使用视频用户数的增加，以及视频画质的提高，未来互联网总流量基本上全部是视频内容，或者说，就是视频流媒体网络。 这个观点很容易证明，但是，当前互联网学术界似乎对此视而不见，故意回避。

事实上，视频通信的重要性不在于其市场大小，关键是大流量包容小流量，实时流畅包容非实时下载，双向（多向）传输包容单向，高品质包容低品质，但是反过来，上述包容性全部不成立。 显而易见，能够提供大流量、实时流畅、多向传输、高品质视频通信服务的网络，已经彻底包括了其他一切网络业务。 视频通信的真正价值在于自上而下覆盖和替代人类全部通信需求。 自从光纤技术成熟，整个网络世界发生翻天覆地的变化，各种传统和新兴业务融合和演变，在这一过程中，市场能见度很低。 但是，几番折腾过后，尘埃落定，未来的网络世界将变得清澈而单纯，必将收敛成一个简单的视频通信网。

如果顺着这个思路挖下去，很快会得出有趣的结论：不同媒体类型之间的巨大流量差异，必然会撕裂终端与网络原有的属性，尽管我们看到的还是一张PC的脸，但是支撑整个身体的骨架会"钙化"成单纯的视频通信网络。 因此，必须丢弃错误的多媒体网络概念，所谓的多媒体仅仅是一种用户终端的表现形式，与网络本质毫无关系。 网络与终端使命不同，网络只管传输，终端只管多媒体形式的表现。 就好比电网建设只需考虑供电能力，不必关心家用电器设计。 带宽按需随点，意味着网络只是连接"复杂"终端的"简单"管道。 不论里面流的是水、汽油还是美酒，只有终端知道。 有些专家提出，许多业务不需要视频通信的高品质也能实现，看上去大一统网络有点"浪费"，实际上，这是典型的窄带思维模式。 在带宽像空气一样充分的条件下，非视频和非通信的总流量微不足道。 由于网络统一的优势高于一切，未来网络的大智慧就是瞄准了网络大一统的终极目标。

6.1.2 通信网络的终极目标

以上事实已经充分论证：未来网络就是视频通信网，即视频决定论（Video Dominant）。

更进一步，视频通信网就是人类通信的终极网络，即视频终极论（Video Ultimate）。

实际上，视频决定论和视频终极论构成一个正向循环，并诱发互补性同步改进现象：

第一，未来网络中视频通信流量是一家独大，视频通信＝视频＋通信。

第二，在这一前提下不必考虑"非视频"（多媒体），不必考虑"非通信"（下载播放）。

第三，上述两个"不必考虑"使视频网络设计变得简单高效、高信赖、低能耗和低成本。实际上，这又轮回到语音原理，因为，视频只不过是大一点的语音。

第四，上述几项经济和技术元素形成合力，反过来推动视频通信越滚越大。

第五，一旦视频通信形成规模，根据网络黑洞原理，非视频和非通信的业务就会自动吸纳进来，顺手牵羊，不战而胜。由于强大的正循环推动力，大一统网络将形成超过 20 世纪 90 年代互联网的爆发力。

6.2 Isenberg 和 Metcalfe 缺少什么

George Gilder 在 *Telecosm* 一书中提出关于通信网络的两个范例（Paradigm），即电话网络和以太网，后者代表新的计算机通信，并且演变成今天的互联网。有趣的是，Gilder 讲了两个英雄式人物背叛自己前半段事业信仰的真实故事。

6.2.1 两个阵营的叛逆者

一个故事描述了在电话网络阵营中，就在 AT&T 公司大做"真音电话"广告时，内部资深工程师 David Isenberg 发表了一篇轰动性文章——《笨网的崛起》。该文历数了传统电话网的缺陷，并竭力推崇新兴的互联网。

另一个故事说以太网发明人 Robert Metcalfe，在以太网以及在此基础上发展起来的互联网如日中天之时，多次抛弃自己发明的典范，声称以太网已经是一项"遗产"。是的，Metcalfe 多次公开预测互联网崩溃，甚至打赌说 1996 年底互联网崩溃，为此，他当众吞下杂志封面。这是因为他看到一种新的强大的交换体系 ATM 将取得普遍胜利。

我们曾在其他文章中对 ATM 及其后续发展 NGN(Next Generation Network)和 IMS(IP Multimedia Subsystem)等做了详细分析。ATM 在烧掉千亿美元资产后，已经彻底失败，不过对于 1996 年的 Metcalfe 来说，那是后话。

实际上，Isenberg 了解电话网，更了解电话网的缺陷，但是，他对互联网不甚了解。同样，Metcalfe 了解以太网和互联网，当然非常清楚其遗传性缺陷，但是，他对电话网不甚了解。因此，尽管他们两位都走到了真理面前，很可惜，只差一步就能跨进真理的大门。

让我们先来分析 Isenberg。 他的文章深刻揭示了传统电话网络的特征，以及面临的无奈。 正如他所说，电话网的进步像冰川那么慢。 为什么？ 追究其原因，在发明电话和计算机之间的一百年，受资源限制，人类远程通信的主要需求只有语音一项。

20 世纪 80 年代，由于 PC 的进步，出现新的数据通信需求，传统电话网难以适应，这是正常现象。 实际上，Isenberg 提出的"笨网"，原话是"Just Deliver Bits, Stupid"，不过这是一种短视理论。 今天互联网就是这种笨网的后代，Apple 和 Google 似乎证明了笨网的成功。 但是本书认为，Apple 和 Google 只代表了窄带应用，远不足以推动未来网络经济，两者的热门恰恰说明 20 多年笨网成就乏善可陈。

本书认为，Metcalfe 比 Isenberg 聪明得多，他敏锐地察觉到"笨网"，或者说互联网的致命缺陷，只不过预言其崩溃的时间不够准确而已。 ATM 的失败延缓了互联网的崩溃，但是，并不能掩盖互联网致命的缺陷，或者说，互联网的宿命不会因 ATM、NGN 和 ISM 的相继失败而改变。 今天，IP 互联网尚未崩溃的原因是还没有找到建设未来网络的正确途径。

6.2.2 笨网理论错在哪里

仔细阅读 Isenberg 的文章，它强调了笨网的三个特征：

（1）网络内部愚钝的传输（Dumb Transport），将智能留在终端；

（2）带宽充分；

（3）数据自己做主（Be the Boss）。

在我们看来，第一，笨网不笨。 什么是"笨"？ 其实就是尽量少用芯片运算力。

实际上，每次 PSTN 电话呼叫只需执行一次协议流程，按照电话原理，流媒体网络中不论带宽和服务时长，每次业务都执行一次协议流程。 相对而言，IP 网络中每个数据包（PDU）都需要执行协议操作，运算力消耗正比于带宽和服务时长，浪费的芯片运算力在万倍以上。 今天，由于芯片和光纤技术的进步，传统 PSTN 管理中心的巨型计算机可以缩小至一个火柴盒，传统 PSTN 埋在地下的 4500 万吨铜线可以用光纤取代，但是，技术不能与原理混为一谈，技术进步不能否定 PSTN 曾经是最合理的网络，更重要的是不能证明 PSTN 网络的原理错误。

第二，笨网不应该是乱网，未来网络绝对不能放松管理。

一旦笨网数据由自己做主，必然导致没有交通规则的道路系统，增加带宽可能减少数据冲撞，但是，同时给那些不守规矩尽力而为的流量提供了广阔的活动空间。也就是说，破坏品质的因素随带宽增加，破坏力水涨船高。 20 多年历史已经证明的事实是，按照笨网理论建立的 IP 互联网永远无法承诺高品质实时视频通信，永远无法治愈品质保证和网络安全的遗传病。 不是吗？ 人类通信网络不允许长期容忍这种局面。

我们很佩服 Gilder 在书中引用香农理论来描述未来网络结构："要传送高熵值的内容，即意料之外的信息，你需要一个低熵值的载体，即对于你要表达信息的一个可预见的载体。 或者说，你需要一张不会改变和模糊书写内容的白纸。"

必须指出，热力学第二定律和信息论中低熵的定义是"有序（Order）"和"确定（Certainty）"，而不是"笨（Dumb）"；同样，高熵的定义是"无序（Disorder）"和"不确定（Uncertainty）"，丝毫没有"聪明（Intelligent）"的意思。

由此可见，Isenberg 的笨网不符合香农理论。 实际上，网络结构与所传递的内容匹配就是有序、低熵、能够事半功倍；否则，必然导致无序、高熵、事倍功半。 因此，忠诚、结实、有序和透明是低熵网络的固有本质。 低熵不是笨网，也不是智能网，更不是先把网络弄乱，再靠聪明的算法来补救。

6.3　七层结构模型是网络弊端的总根源

今天的网络工程师们在大学里都曾学过七层网络结构模型，说不定它还是某次考试中的题目。 因此，七层网络结构模型已经深深地印在网络工程师们的潜意识中。 许多人从大学生一直熬到大学教授，从来没有质疑过这个网络模型。

本书提出七层结构模型是网络弊端的总根源，突破七层结构模型是建设未来网络的先决条件。 这一论点无疑会招来许多非议，因此，有必要从以下几方面做出充分说明：

（1）七层结构模型源自窄带网络环境，今天已经无此必要。

（2）七层结构模型违背了网络管理的基本原则，导致不可弥补的安全漏洞。

（3）大一统网络定义三层结构模型是未来网络的普遍基础。

6.3.1　七层结构模型源自窄带网络环境，今天已经无此必要

产生七层网络模型的历史原因，可以归纳为以下几点：

首先，20 世纪 70 年代早期，计算机之间的连接刚刚起步。 那时的网络环境很

差,主要表现在速率极低、严重误码、丢包、延迟以及价格贵等。计算机文件远程传输过程中,每一段的错误率都很高,导致多段传输难以一次性完成。因此,必须借助网络中的节点对所传送的内容进行分段复杂处理,例如,当时流行的 X. 25 协议要求在每一小段连接电路中都执行独立检错和重发功能,即所谓的链路层,并称该小段连接为"可靠的"网络。

今天,网络技术环境已经大大改善,我们对网络的要求不仅是"可靠的"结果,还要求是"流畅的"过程。因此,网络设备没有必要,也不应该干预传输内容。

其次,计算机网络发展从局域网到广域网。在发展初期有许多种局域网格式,例如,以太网、令牌环、令牌总线等。为了使所有计算机文件都能够通过统一网络参与交换,必须在各种局域网之上开发一种高层的网间网络,即后来的 IP 层。

今天,我们规划未来网络时,不存在这种先入为主的局域网限制,所以网间网(也称网络层或 IP 层)纯属多余,可以省去。

最后,七层结构还有一张王牌,即所谓的开放结构,有助于不同局部设备和软件兼容。

今天,由于技术进步,设备集成度大幅提高,七层模型中第 3～7 层的相关功能已经集中在终端内部执行。所谓的兼容性问题,早已被成熟的功能模块所取代。本书不再重复七层结构的详细内容,事实是,第 3～7 层可以完全退缩为一层。至于这些层次所负担的任务在终端内部是否分层、如何实现,纯属终端设计范畴,与网络结构全然无关。

其实,七层网络结构模型从定义的那一天起,就从来没有完全实行过。未来将更加没有实施的可能。综上所述,七层网络模型是 40 年前窄带思维的产物,曾经有过正面意义,今天已经毫无必要。但是,作为历史遗迹保留又有何妨,为什么一定要扬弃呢?请看下文。

6.3.2　七层结构违背网络管理基本原则,导致不可弥补的安全漏洞

为了明确论述这一基本原则,让我们先引入几个网络新概念:

1. 协议路径

协议路径指数据包应该走的路径,假设用户都能按规矩行事。

2. 非协议路径

除了协议路径,数据包可能走的地方、黑客或异常情况导致不该出现的数据流,或者说网络中任意数据包游离于协议路径之外,均被定义为非协议路径。

3. 本质上可管理性

依靠网络结构管理，排除非协议路径，而不是依赖用户终端自觉执行网络协议的规定。本质上的可管理性直接关系到网络安全、品质保障和商业模式。

互联网初期目标只是学术文件的交流平台，未来网络将面向全社会，提供全方位服务。

七层模型的问题就是它的设计出发点假设网络用户都是好人，会老老实实地遵守网络协议，完全没有考虑不按理出牌的破坏者，如黑客。实际上，网络管理绝对不能依赖用户的道德标准，网络设计必须假设任意用户都可能是黑客，千方百计企图攻击网络。这些攻击有的出于商业或政治目的，有的纯粹恶搞；有的攻击有明确目标，有的故意制造大量无目标的垃圾流量；有的因网络用户缺乏协调造成的流量过载而干扰网络传输品质；有的窃取版权内容、机密或隐私信息；有的匿名散布攻击个人或扰乱社会秩序的内容。因此，一方面，未来网络必须从结构上杜绝一切非协议路径；另一方面，必须确保协议路径畅通无阻。

实际上，七层网络结构模型仅仅站在设备制造商的角度，想象出一些与用户无关的好处，完全忽略了网络安全的基本原则。本质上可管理性是实现网络安全的基本保证，IP 互联网正是缺失了最重要的可管理性，导致今天不可救药的混乱局面。

有人会想出许多理由来增加网络结构层次，或者认为七层协议中的某一层还有存在的必要。这些理由可能有道理。但是，反过来我们面临一个不能回避的选择：网络安全、简化软件设计和更加漂亮地解释网络结构，哪一项不可以放弃？显然，小道理服从大道理，与网络本质上可管理性相比，任何其他理由都是微不足道。

6.3.3　大一统网络定义的三层结构模型是未来网络的普遍基础

大一统网络定义了三层结构模型，它们分别是物理层、数据层和应用层。

1. 物理层

首先，由于物理媒介可以有许多种，例如，不同频率的电磁波表现为光、电、磁等媒介，不同传播方式还可分为波导（有线）和自由空间（无线）传递。另外，物理媒介必须通过专用的机械接口和插件实现连接。因此，网络系统必须具备物理层，包括传输媒介和连接件。

2. 数据层

其次，物理媒介必须通过特定的转换才能变成有逻辑意义的数据。我们可以将不同性质和不同空间的物理层转换成统一的数据包格式，例如，分组数据包（PDU），实现全网通达。因此，网络系统必须具备数据层，用来屏蔽不同规格的物理层，并实现全网数据的畅通连接。

3. 应用层

最后，有了数据层，我们可以在全网任意点间传递数据。但是，实际的数据传递必须限定在用户意愿的范围之内。也就是说，在规定范围之内确保应该有的数据畅通无阻，在规定范围之外禁止不该有的数据出现。简单地说，确保数据流通称为应用，禁止数据流通称为管理。在大一统网络中，管理和应用融为一体，为了方便起见，通称为应用。因此，网络系统必须具备应用层，实现网络的可管理性，使得全网通达的数据层按照用户意愿提供网络服务。

大一统网络的三层结构，配合其他措施，切断网络黑客的生命线，是实现网络安全目标的充分条件。实际上，在数据层与应用层之间插入任意网络结构，用户就有可能随意发送数据包而不受管理层限制，这将不可避免地导致非协议路径的产生。因此，应用层(管理层)必须紧贴数据层，这是杜绝非协议路径、实现网络本质上可管理性的必要条件。

若要实现真正的网络安全，唯一的途径是按照上述基本原理，突破七层网络结构模型，将管理直接加诸未经处理的用户原始数据。因此，大一统网络的三层结构是不能妥协的建网方案。少一层不成系统，多一层必将带来无尽的弊端。

6.4　互联网 IP 和路由器是大一统网络的绊脚石

要证明一件事正确，你需要从各方面提供严密的依据。但是，要证明一件事错误，只要一条致命的证据就足够了。

视频通信业务的低效就是扬弃 IP 互联网论据的基础。不管 IP 互联网的成就有多大，那都是过去的事，已经是历史。请读者注意，一旦 IP 互联网失守视频通信，其他业务也会跟着大面积流失，这就是"网络黑洞效应"。

我们必须清醒地认识到，无所不达的网络基础设施(资源)和令人眼花缭乱的网络业务(需求)是真正的主人，网络技术(工具)只是一个经纪人而已。主人雇用经纪人为其服务，而不是任由经纪人当家做主，听其摆布。许多年前，IP 网络技术伺候老主人(计算机文件)还算舒服。如今，新主人(视频通信)品味不同了，换个经纪人是理所当然的事。

今天的实际情况是，那些在互联网上开发各种应用的人们被告知网络根基牢固，另外，那些互联网的建设者们想当然地以为现有网络是万能的。 事实上，双方的行为相互建立在对方的假设之上，可惜的是，这两种假设都站不住脚，必然导致整个网络体系土崩瓦解。

根据网络二元论，以文件传输为基础的 IP 互联网和以视频通信为基础的大一统互联网，这两类网络的差异是原理性的，只有必须扬弃 IP 网络理论和技术，进一步发展新的颠覆性理论和技术。 面向未来，40 多年来以电报为基础的 IP 互联网全部理论和几乎全部技术，会彻底演进到未来以视频通信为基础大一统网络，**就好比制造马车过渡到汽车**。

6.4.1 四段通俗故事揭示 IP 互联网真相

首先强调，这些故事听起来不可思议，不过细细品味，不难发现这里已经明白地揭示了当代通信和互联网深奥的核心事实。

1. 揭示 IP 互联网的核心理论

过去 100 多年来，人类生活在有序的网络环境中。 突然有一天，一帮不守秩序的人破坏了长久以来的排队习惯，发明所谓的"尽力而为"手段，为他们占尽便宜。与尽力而为形影相随的还有两大帮凶，即所谓的"存储转发"和"永远在线"。 把这三种技术统称为"IP 三兄弟"。 存储转发是为了巩固尽力而为抢来的资源，永远在线阻碍了别人公平竞争的机会。 由于它们见缝插针的霸道行为，"IP 三兄弟"夺取了巨大的利益，并在气势上把持了当前整个网络世界，这就是 IP 互联网的基本原理和真实写照。

附注：当然，IP 网络理论和技术是一个完整复杂的体系，但是，其核心部分就是"尽力而为""存储转发"和"永远在线"，约占全部理论的 70%，足见其重要性。

2. IP 互联网不能治愈的遗传病

其实外界看不出来，面对人类自古就有的视频交流愿望，"IP 三兄弟"没有能力满足这个视频通信需求，只能不断地施放烟幕来欺骗和迷惑不明真相的消费者，好像高品质视频通信网络明天就会兑现。 不幸地，这仅是一个不断重复的谎言。

另外，与"IP 三兄弟"相同师傅教出来的一群"小流氓"（黑客）不断趁火打劫，抢占地盘，搅得老大哥头痛不已。 大部分胆小怕事的人们无奈地把"IP 三兄弟"奉为救世的菩萨，这些善良的庙前香客们哪里知道，其实，那些猖獗的黑客们都是"IP 三兄弟"的同门弟子。 因此，只要赶走"IP 三兄弟"，那些破坏安全和品质的"小流氓"就会跟着树倒猢狲散。

注意，以上场景真实地描述当前 IP 互联网两大不可治愈的遗传病：缺乏实时视频通信能力和混乱的网络秩序。

3. 大一统网络理论是 IP 网络的未来

以视频通信为基础的大一统网络理论在这个时候站出来挑战"IP 三兄弟"，彻底改变了 IP 网络的全部理论和技术，因此，创新网络理论就是"IP 三兄弟"的未来。

如何提供高品质服务是困扰 IP 互联网 20 多年的难题，至今解决无望。 实际上，只需一句话就轻易化解：创造高品质不如排除低品质。 我们根本不用去考虑如何提高品质，所谓网络 QoS 本身就是一个有待商榷的课题。 100 多年的通信网络世界本来全部都是"高品质"，为什么不问一问怎么会产生"低品质"？ 答案就是不按规矩的尽力而为，只要突破尽力而为，恢复原来的有序习惯，没有了那些坏品质，剩下的就自然回归到本来的好品质。

首先，大一统互联网恢复有序的手段称为"均流"。 均流效果是指每项业务可独立申请任意带宽，并消灭丢包现象。

其次，"存储转发"这个帮凶导致网络业务不可容忍的延时，大一统互联网的对策是"透明"，就是消除不必要的中间环节，为衔接未来全光网奠定基础。

最后发现，"IP 三兄弟"中的"永远在线（免除拨号）"并不足以称为优势。 以今天的计算机能力，自动拨号这点区区小事，何劳用户操心。

大一统互联网恢复网络秩序的另一项重要手段称为"准入"。 其实，"准入"手段就是恢复原来的拨号上网，因为"拨号"是管理的抓手。 在"自动拨号"过程中自然融入网络安全、权限控制、内容计费、资源分配等一系列个性化和商业化管理措施。 对于善良的消费者来说，"拨号"只是瞬间悄然无声的自动化过程。 但是，对于那些不守规矩的黑客之类，包括那批追随"IP 三兄弟"的"小流氓"来说，"拨号准入"就是一道过不去的铜墙铁壁。

显然，彻底解决品质保证和网络安全的互联网弊病之后，大一统网络水到渠成。

4. 如何建设未来网络

今天貌似强大的 IP 互联网体系中，各项复杂技术环环相扣，其中 90% 属于治标不治本的"补丁"。 由于有些"笨办法"导致网络出点小毛病，就有人用"笨笨办法"来解决，导致更多毛病，再引出"笨笨笨办法"，如此循环，导致今天网络弊病无人能治。 我们的药方很简单，只要割除网络机体上失去控制的"IP 三兄弟"毒瘤，回归和谐的网络环境。 根据大一统互联网理论，建设未来网络的方向是降低网络熵值。 也就是说，平稳地拆除当前的 IP 互联网在过去 30 年沉淀的有害废物，疏通网络经济管道中的拥塞环节。 通过这样的手术，可以负责任地得出结论：只要回归自然，今天网络世界的一切麻烦都将烟消云散。

更有甚者，"IP 三兄弟"不仅制造了无解的弊端，而且伴随着昂贵的设备成本。在带宽资源充分的条件下，继续容忍"IP 三兄弟"，实际上是花冤枉的钱，买伤命的事。 今天的光纤技术告诉我们，网络建设成本在于连接，而不是带宽。 也就是说，一旦光缆连接通信设备实体，提供多少带宽与建设成本关系不大。 事实上，大部分网络专家还不知道，采用大一统互联网技术提供高品质实时流畅的视频业务，比 IP 技术品质低劣的视频下载还要便宜得多。

回顾前述四段故事，大一统互联网理论的特征在于使未来网络世界变模糊为清晰，化复杂为简单。 我们不难发现大一统互联网的核心要素"均流""透明"和"准入"是具有百年历史的电话网络固有的本质。 因此，大一统互联网的成就在于恢复网络原有的秩序。

伴随着上述通俗故事，实际上已经完成了未来大一统互联网的设计蓝图。 今天，通信网络行业的学者专家们说，新的网络体系需要在现实世界中通过大规模的试验来评估。 其实，30 年铁一般的事实已经证明，IP 网络理论的遗传性缺陷无法治愈。 然而，在漫长的岁月中，电话网络理论牢不可破。 过去 100 多年来，尽管技术手段日新月异，但是基本原理没有变。

互联网将成为人类社会生活中密不可分的一部分。 几百年后，历史文献可能会如此描述通信网络的发展过程：人类的语音通信网络开始于 19 世纪 80 年代。 21 世纪之交，网络世界患了一场叫作 IP 的疾病，该疾病导致网络管理失调，广受外界病毒侵扰，出现频繁丢包症状。 后来幸好用一种称为大一统网络的方法治好了。 从此以后，人类通信网络终于全面过渡到了视频通信时代。"故事就这样讲完了。

6.4.2 IP 路由器错在哪里

当前，高性能路由器根据具体应用调整网络品质的 QoS 技术，电信 ATM、NGN 和 IMS 的分类业务都降低了网络透明度，因此，注定都是高熵网络。 30 多年来，IP 互联网遭遇的一切麻烦，与 Isenberg 笔下的 PSTN 如出一辙，其根源就是掉进了笨网的错误理论。 IP 互联网消耗了百万倍的芯片资源（运算力）造成一片乱象，狡猾和捉摸不定的黑盒子与未来全光网理念背道而驰，成就了有史以来最高熵值的网络架构。大一统的网络理论归结到一点，就是把网络熵值降到最低。

今天，高性能路由器理论还在不断提升网络熵值。 但是，本书认为，这些看似复杂的高性能路由器技术，实际并没有想象中强大。 因为，建立大一统的互联网其实根本不需要路由器。

不信吗？ 试问1977年全球自动交换的数字式电话网络已经深入家庭，哪来的路由器？

那时，微处理机刚刚发明，IBM PC还要等三年以后才出世呢。

我们知道，通信网络的基础资源是带宽和运算力（芯片）。 由于光纤技术的进步，网络带宽资源的发展速度已经超过了芯片，因此，今天制约网络发展的瓶颈在于芯片技术。 进一步分析，网络中芯片资源最集中的就是路由器，这也是互联网最重要的设备。

今天网络工业将巨大资源投入所谓的高性能路由器研发中，但是，仔细分析高性能路由器的关键技术，不难发现这些技术无一不依赖于更多芯片的堆积。 因此，注定了继续加重网络瓶颈，成为日益严重的累赘。 显然，单凭这一条就足以宣称这些路由器技术不是长久之计。

让我们先来分解路由器结构，实际上，约95%的芯片资源集中在三大功能模块中。

（1）路由表：包括每次建立连接时计算的路由表，以及每个数据PDU转发时的查询路由表。

（2）缓冲存储器：为了使TCP正常工作，至少保存0.25s总流量的缓存数据。

（3）多种智能操作：包括分类、仲裁、排队、调度和各类判断功能。

由于本书篇幅有限，因此，只用几句话指出上述技术的本质错误。

1. 路由表是多余的累赘

受限于互联网初期的历史条件，网络地址（IP地址）同时代表了用户身份和用户终端位置。 并且，网络地址归属于用户终端，因此，不得不由终端将自己的地址告诉网络。 如同出门在外，背着自家门牌号码走街串巷，导致通信联络难题。 为了让别人在拥挤的城市中找到他们，于是发明了所谓的路由器。

本书认为，有必要对互联网IP地址体系结构做两项深度改造：

（1）用户终端的身份必须独立于与网络拓扑位置，并由网络告诉终端当前的地址。

（2）网络地址按拓扑位置分级设定，如传统电话PSTN，用局部地址执行交换功能。

实际上，网络地址好比是街道地址，归网络所有，只是授予用户终端临时使用权。 因此，我们只需一张事先印好的地图，完全没有必要引入路由表。 另外，当前IP地址结构直接导致网络安全难以弥补的重大漏洞。

2. 缓冲存储器是多余的累赘

由于 IP 网络采用"尽力而为"的传输方式，必然导致网络流量紊乱；为了防止数据包丢失，只得借助于缓冲存储器；可惜存储器容量有限，不得不再开发 TCP 流量控制算法。不难看出，所有这一系列无奈举措的根源就是"尽力而为"，只要扬弃尽力而为和 TCP 流控算法，执行大一统互联网的"均流"和"准入"措施，一切麻烦自然烟消云散。大一统互联网交换机中只需保留 1‰ 缓存器容量就能避免丢包现象。

至于说"尽力而为"能够提高网络效率的传说，只是特定历史阶段的一厢情愿而已，如果读者有兴趣，可以自行证明其谬误。另外，去除路由缓存器后，网络丢包和延迟现象将自然消失。

3. 智能操作是多余的累赘

路由器智能操作主要是为了根据不同类型的数据流提供不同优先的服务级别。据说这样就可以提供服务品质保证。事实是，这个有待商榷的思路可能误导了无数个网络技术专家。基本常识告诉我们，所谓优先的前提是只能为少数人服务，如果多数人都是 VIP，实际上，等于没有 VIP。未来网络面临的事实是：需要品质保证的"优先"视频服务占据网络总流量的绝大部分。显而易见，不应该用复杂的算法提供 VIP 优先服务，其实只要简单排除低品质，剩下的全部都成了高品质。因此，大一统互联网忽略路由器中的所有智能操作，得到一个彻底品质保证的简单网络，并且，能够与未来全光网络完美无缝连接。

综上所述，无论多么先进的路由器都不能实现云时代大一统互联网的使命。如果读者觉得上述解释不够充分，希望追根究底，那么，可能需要多篇论文来说清楚。不论读者如何评价，路由器原理与未来的全光网络背道而驰，因此，必然成为历史。请相信，未来互联网中不会有路由器存在。

6.4.3　IP 视频通信服务还有多远

今天的 PC 和 IP 互联网上好像什么事都有，什么活都能干。当然，用计算机可以模仿任何东西，甚至可以模拟原子弹试爆，还有什么办不到？问题是，看似漂亮的花拳绣腿，管用吗？

1. 就技术而言

今天，从 VoIP（基于 IP 的语音传输），如经常停顿的 Skype（占用带宽约 20kb/s），到互联网中等观赏画质的同步视频通信（占用带宽约 2Mb/s），至少需要扩容 100 倍。另外，IP 互联网非同步视频下载以 YouTube 为例，平均带宽 300kb/s，影片时长 5min，到有线电视品质的博客至少需要扩容 100 倍。 也就是说，今天全部 IP 互联网的能力还不到中等水平视频通信网络的 1%，很明显，仅凭 1% 的能力，断定 IP 技术在未来网络结构的取向为时过早。

未来网络将用什么技术，当然还要在擂台上见分晓。

2. 就经济性而言

我们知道，人们乐于使用 Skype 的主要原因是不花钱。 另外，有数据显示，YouTube 用户每年每户贡献的广告收入远低于有线电视的用户月租费，不足以应付运营开支。

实际上，品质低劣的 YouTube 如此受欢迎，只能是告诉我们一条道理：视频是未来网络的希望所在。 但是，未来网络不会是像 YouTube 这类视频。

3. 就可操作性而言

更有甚者，传统 IP 互联网的安全、品质和管理三大老毛病，没有人知道何时能够治好。 这些问题不解决，就无法建立健康的商业模式；没有合理的现金流，就算网络再扩容几百倍也没用。

如此大的升级缺口和如此大的弊病，需要花费多少时间和金钱？ 谁愿意为此买单？

所以本书认为，IP 互联网上高品质视频通信服务只是一个海市蜃楼。

30 多年的历史已经证明，IP 互联网永远无法承诺高品质实时视频通信，永远无法治愈品质保证和网络安全的遗传病。 可是，人类通信网络能够永远容忍这种局面吗？

不幸的是，如果 IP 互联网守不住视频通信这个球门，就算现在已有的 IP 互联网业务也会大面积流失。 因为任何网络都有收敛本性，即"赢家通吃和一网打尽"，也就是本书提出的"网络黑洞效应"。 今天，电话业务向 IP 互联网迁徙，并不是 IP 电话比传统电话好，而是网络黑洞效应所致。

IP 互联网得以继续发展的原因是还没有找到正确的理论和技术。 ATM、NGN 和 ISM 都相继失败了。 值得注意的是，上述网络诉求中都明确包含了视频通信业务，只可惜，误入了多媒体陷阱。 因此，一旦大一统视频通信网络达到可用阶段，电话业务和计算机信息服务将再次向电视网络迁徙，将基于相同的黑洞效应。PSTN 电话网络遭遇到的尴尬事，也将同样不可避免地在 IP 互联网上重演。

6.5 IPv6(NGI)的变革和局限

今天，新一代互联网是个热门话题，战略价值不言而喻。

6.5.1 学术界的派别

学术界分为三大派别：

（1）**改革派**：主张继续在现有互联网的基础上改进，或者说，补丁叠补丁。

（2）**重建派**：主张推倒重来，以 GENI 为代表。

（3）**折中派**：主张采用折中的 IPv6（Internet Protocol version 6）方案，或者称下一代互联网（Next Generation Internet，NGI）。

但是，改革派不知道如何改，重建派不知道如何建，他们都拿不出一个切实可行的解决方案。折中派的方案（IPv6）解决了部分问题但尚未触及本质，同时，既贵又无法与现有网络融合，因此，前途也显得渺茫。

6.5.2 变革性的过渡方案

IPv6 本质上不是新技术，它是 20 世纪 90 年代初酝酿的产物，当时光纤技术尚未成熟，还没有规划大规模网络电视的应用。IPv6 仅仅是对 IPv4 的局部改进，其致命伤是与 IPv4 不兼容，而且与 IPv4 市场重叠，缺乏创造新价值的空间。发展 IPv6 意味着重新建网，丢弃所有 IPv4 设备。由于 IPv4 不断自我改进，造成 IPv6 长期束之高阁，没有出头的机会。

今天的网络环境（光纤）和需求（视频）与当年大不一样，IPv4 不能应对下一代的新需求，并不代表 IPv6 就有机会。实际上，IPv6 的整个设计没有跳出窄带思维模式的束缚。对于 IPv4 的安全、品质和管理问题，IPv6 尽管有所改善，但是并没有根治，无非是增加了黑客的攻击难度。只要黑客们水平提高一点，就能提供"专业级"的黑客软件，同步改善攻击工具。巨额投资过后，只要时机一到，原有的混乱局面可能会卷土重来。

另外，尽管 IPv6 只是对现有互联网略有改进，推广 IPv6 遭遇的困难已经使专家们束手无策。经过多年苦苦搜索，提出两大类没有实际价值的过渡方案：

（1）所谓的隧道方案：显然，由 IPv4 承载 IPv6，整体网络性能和规模不可能超过 IPv4，因此，IPv6 的优势无从发挥，反而成了画蛇添足。

（2）所谓的双模方案：意味着 IPv6 只能在局部地区使用。 失去了互联网的广泛通达性，IPv6 自然成了无本之木。

衡量一项技术的价值可以从两方面入手：第一，对网络性能有所改善的新技术，哪怕是小改善也好，但必须与原有系统兼容，否则，改善是没有价值的；第二，如果具备了称得上更新换代的大突破，那么在新系统上，兼容就没有必要。 显然，IPv6 两者都不是。

投资 IPv6 是花"革命"的代价，收"改良"的效果。 IPv6 的确可以解一时之需，但重建一项改良技术是极大的浪费，或许也给未来网络埋下灾难的种子。

6.5.3　无奈的事实

欧洲深具影响力的大众科学杂志《新发现》在 2009 年 3 月号上发表 Vincent Nouyrigat 的文章《互联网崩溃》，阐述了三大事实：

（1）互联网遭遇的困境远比想象的更加严重。

（2）当前采用的反制措施远比想象的更加无效。

（3）改造互联网的可能性远比想象的更加困难。

事实上，关于互联网崩溃的争论已经延续了 20 年，仍然毫无结果。 但有趣的是，争论双方竟然有 20 年的共识：IP 互联网弊端严重，同时，IP 互联网不可替代。

本书认为，其实事情并不复杂，只要树立正确的网络世界观，所有难题都将迎刃而解。

根据网络二元论，互联网的改革方向是采用"电话模式"，并无他途。

6.6　迷失方向的 GENI：网络学术误区

美国国家科学基金会（National Science Foundation，NSF）曾经是推动早期互联网发展的主要力量。

由于受到 20 世纪 70 年代设计的束缚，今天的互联网在安全及其他许多方面都存在严重缺陷。 这些缺陷无法通过局部修改来纠正，因此，整体重新规划已经势在必行。 探索未来网络架构的努力长期以来受到关注，2005 年，NSF 再次发力，设立了未来互联网网络设计（Future Internet Network Design，FIND）和全球网络创新环境（Global Environment for Networking Innovation，GENI）两项计划。 欧洲也不甘寂宽，2008 年设立了未来互联网研究实验计划（Future Internet Research and Experimentation, FIRE）。

下面引述 GENI 计划首任主任 Peter Freeman 在 2005 年 12 月 9 日的报告摘录："包括互联网发明人在内，最有知识的网络专家们得出的根本结论是：由于现有互联网架构上的限制，难以或甚至不可能满足 2010—2020 年期间的网络要求，其中包括 IPv6，不管它在近期有多少价值。 国家科学基金会有支持基础研究的责任，我们相信最好的方法是根据今天的技术和逐步清晰的需求，在一张白纸上重新构思未来网络。 我们相信这种'重起炉灶（Clean Slate）'方法所能产生的思想，将使今天的网络演变到未来的互联网。"奇怪的是，不知什么原因，Freeman 在后来的报告中删除了上面这段指导性论述。

GENI 代表了网络学术界的动态，按理说，不断有创新概念和理论涌现出来。但是，从五年多发表的论文中看不到实质性进展。 从 GENI 纲领性文件"GENI 研究计划（文件号 GDD-06-28）"中可以看出，研究人员背负着沉重的包袱，先入为主地以为未来的互联网一定比今天复杂，不幸作茧自缚。

尽管 GENI 对未来网络开展全方位的研究，但是，整体上没有明确目标，看不到内在联系，缺乏可操作性。 通过浏览 GENI 发表的数十篇设计文件和数百个研究项目，以及最新的宣传文档，其对于未来网络的设想基本上与当前互联网大同小异，看不出明显的差别，几乎都局限于"窄带思维模式"。 本书认为，GENI 与当前 IP 互联网出自同一个理论源头，即 Netheads，在学术界封闭的思维环境中，形成几十年近亲繁殖。 实际上，沿着今天互联网的思路，根本不可能解决今天互联网的难题。 从哲理上说，就是"不识庐山真面目，只缘身在此山中"。

显然，GENI 忘记了一些历史事实：Bell 电话不是源自电报技术；20 多年前，NSF 首次推动互联网时，没有依赖 AT&T 及其电信技术。 今天，如果 GENI 的目标是"重起炉灶"建新网，那么，如同制造汽车不用马车技术，新互联网显然不会源自现有的互联网技术，或者说，必须跳出传统的框架。 这不是意外，而是规律。GENI 错误地把建设新一代互联网的希望寄托在传统网络学术界，实际上，就是把制造汽车的任务委托给一大群熟练的马车工匠。 结果可想而知。

其实，自从 Freeman 删除了 2005 年 12 月 9 日的报告中的精辟论断（幸好我保留了原始文件），GENI 计划就走上了一条向传统网络投降的不归路。 GENI 发起的初衷是创新网络理论，但是，实际上只是试图在陈旧的网络概念上添加新装置。 很可惜，GENI 研究者们不知道什么该做，什么不该做，研究方向陷入了两个严重的误区。

6.6.1 黑洞效应就是通信网络的归宿

首先，GENI看不清未来网络的核心目标是从"知性内容"转向"感性内容"的大趋势，详见3.3节，在一些具体应用枝节问题上纠缠不清。可能有人会说，互联网的核心业务在桌面和手持终端的信息处理，不是视频通信。但是，没有人会否认未来的客厅视频通信网络将高度互动。到那时，如果回头看历史，我们会后悔当初关于多媒体网络和单向内容下载等行为，我们会真诚地接受计算机网络不能独立存在的事实。

原因很简单，一个流量规模为百倍以上的视频通信巨人就像一个黑洞，吞噬周边其他小流量业务。不管未来互联网的核心业务是什么，只要视频通信流行起来，网络传输的数据类型迅速向单一化的视频通信内容倾斜，计算机信息服务逃不过下降为附庸的宿命。实际上，高品质视频通信所到之处，其他任何网络业务（包括云计算和物联网）无论设计得多么巧妙，都不可能独立成网，至少在经济性上如此。

根据网络黑洞效应，视频通信网络将冲击和替代过去几十年全部网络业务，包括语音电话、多媒体、单向播放、内容下载，还包括无线业务。实际上，只要目标明确，一旦网络业务聚焦和单纯了，我们就会发现，通信网络上的服务突然变得空前丰富，今天互联网遇到的难题换一种思路均可避免，也就是说，难题都不存在了，根本就不需要解决。面对这样的现实，继续为改良还是推翻传统网络理论争论不休，导致未来网络发展方向不确定，直接影响到千亿元的巨额投资，影响到网络经济，甚至社会的发展前途。

如果我们抛开争议，假设视频业务已经普及，再回头看那时网络的状态，毫无疑问，那时非视频业务的总和不足以占据网络流量的1%。也就是说，实时视频通信将占据未来网络流量的99%以上，历史的潮流谁也挡不住。

不难看出，网络黑洞效应是建立在几百万年人体生理结构进化的基础上，与具体技术和市场无关，因此，是指导未来几百年网络建设的准则。今天，我们设立了许多缺乏战略观的长期计划，如FIND、GENI、FIRE等，无数大学正在教授计算机网络课程，所有努力的目标就是寻找和设计一个最好的计算机网络。

但是，网络黑洞效应明确指出，我们根本没有机会去设计新的计算机网络，未来除了视频通信，根本不会存在独立的计算机网络，我们所面对的问题只是如何在视频通信网络上开展计算机应用业务而已。

6.6.2　网络和计算机辨析

作为一个网络计划，GENI 似乎并不明智地将本该属于计算机终端的任务揽到网络身上，也就是说，将原本简单的网络问题想象为复杂的计算机业务。 为了进一步澄清网络与计算机的关系，让我们回到 1984 年 SUN 公司的解释：计算机的能力并不在于计算机本身，网络才是展示这一力量的途径。"网络就是计算机"意味着所有系统结成一个庞大的资源协同与合作体。 今天，云计算进一步提出"终端设备之外就是云"，基本上继承了相同的理念。

本书认为，如果站在计算机的狭隘角度看，这一观点充分强调了网络的重要性。但是，将网络纳入计算机的范畴，或者云计算的范畴，忽略了网络在逻辑和技术上的独立性，那么"网络就是计算机"的概念简化有什么不良后果呢？ 只要与大一统网络世界观所提出的"透明通道"概念一比，就可知道答案。

云计算站在服务器角度，透过无所不达的网络向任何人、任何时间、任何地点传递"信息"。 也就是说，云计算强调的是服务器（或服务中心）的信息运算和存储能力。 大一统理论站在网络角度，通过透明网络通道连接服务器（或服务中心）和用户终端，实现不失真的内容传递"过程"。 大一统网络强调过程透明和不失真（包括丢包、延时和抖动）。 重要的是，消费者通常要求免费的"信息"，但是，愿意为感觉良好的"过程"买单。 因此，"网络就是计算机"与"网络不是计算机"不存在对与错之分，只是在不同立场上看到的现象而已。 根据大一统网络世界观，应该强调"网络不是计算机"。 举例来说，现在的洗衣机里都装了计算机程序，但是，我们不能说洗衣机就是计算机。

尤其进入带宽丰盛的 Telecosm 时代，两者功能更加向两极分化。 计算机将更加聪明，而网络将变成"低熵"。 实际上，网络和计算机就如同电力系统和家用电器的关系，建设什么样的网络和提供什么样的网络应用，是两个不相关的问题。 通信网络专注于传输数据，应该完全"忘记"终端，千万不要插手干预终端业务。 好比建设电力系统，不必关心家电技术。 另外，在透明网络上，强大的服务能力取决于计算机的聪明程度。 计算机专注于提供消费者服务，应该完全"忘记"网络，即不必关心网络性能。 好比设计家用电器，不必关心供电系统。

未来网络发展的关键是破除迷信和陈旧的思维模式，也就是说，拆除现有互联网错误的理论基础。 未来网络不是扩大业务范围，追求所谓的多媒体（这是终端的任务）。 相反，未来网络应该缩小，或者准确地说聚焦业务范围，专心致志做好视频通信一件事，或者准确地说提供适合视频通信业务的透明带宽。 当前网络创新的重点就是把现有网络中的有害寄生物统统拆除，把网络对承载流量的干扰和破坏降到最少，设计"简单为真"的网络平台。

根据大一统网络世界观和设计思路，未来的互联网将比今天的互联网更为简单，实际上要简单得多。 GENI众多的研究项目在微观上(1％流量)似乎都有道理，都堪称高效率的设计，但是，在宏观上(99％流量)几乎都没有存在的必要，甚至带来极大的伤害。 笔者认为，GENI是在一个错误的战场上虚耗精力。

6.7　未来网络发展观

根据前述的网络世界观，视频通信是有和无而不是多和少的问题。 也就是说，只要有少数人使用高品质视频通信，建设大一统的视频通信网络不可避免。

可是，关于如何建设视频通信网络仍有不同的途径，或者说，必须确立方法论。

不幸的是，当前通信和互联网工业同时陷入"多媒体网络""IP网络"和"智能化网络"三大陷阱，直接导致2002年的网络科技股泡沫破裂，成为2008年金融海啸的前奏。 如此惨痛的教训，不可不察。

健康发展未来网络必须调整建网思路，跳出上述三大陷阱。 新系统必须依靠创造来实现，墨守成规难有收获。 大一统网络令人震惊的性能价格比优势远远超过行业专家们的想象力。

6.7.1　从ATM看NGN再看IMS，跳出"多媒体网络"陷阱

2007年春，全球NGN高峰论坛在北京举行。 本书作者之一的高汉中先生，早在2003年2月在《电信科学》杂志上曾发表文章指出，NGN不能提供下一代视频服务。 如今，多年过去了，NGN长大了吗？

NGN的最大卖点是改善传统电话，但是，这只是站在运营商立场上单方面想象出来的优点。 如果站在用户角度，电话已经令人满意，进一步改善无关紧要，关键是有没有什么值得称作"下一代"的服务。 消费者购买NGN服务的理由在哪里呢？

尽管有各大公司支持NGN，不要忘了ATM的前车之鉴。 当初的ATM网络被称为超级信息高速公路，大批电信设备厂商积极参与，其势力远大于今天的NGN，但是惨败于非电信的IP互联网(注：本书所述ATM是异步网络交换技术，不同于银行的自动柜员机)。

当前电信运营商热衷于部署NGN和软交换技术，与30多年前发明的四类和五

类程控电话交换机相比，软交换机确实有所进步。 但是，云时代通信网络的目标是把语音提升到全方位的视频通信服务，覆盖了个性化电视的全部内容。 如果高品质视频的传输与交换成本降低到传统语音的水平，那么语音通信还值多少呢？

实际上，新兴运营商（Competitive Local Exchange Carrier，CLEC）的取胜之道是成为"个性化电视和视频通信"的先行者，避免与老电信（Incumbent Local Exchange Carrier，ILEC）竞争"传统电话"业务。 须知，电视做好了，电话自然会来。 有道是：欲争电话业务，寄身电视网路，不必锦上添花，唯有低价一途。

如果说 NGN 还处于探索阶段，2007 年的高峰论坛又冒出一种新观点：IMS 呈现出更好的应用前景，大有取代 NGN 之势。 够了，没完没了还要折腾到几时。

高汉中先生青年时代曾在 M/A COM 研究中心任研发工程师，那时就十分关注快速分组交换技术（ATM 的前身）。 后来成为 ATM 虔诚的信徒，每年飞到世界各地，参加各种高峰会议，带回厚厚的论文集，回家细细琢磨其原理。 当时我沉醉于ATM 精密复杂的设计，直到有一天，几家台柱企业轰然倒塌，废墟中屹立着原本不起眼的 Cisco，那时我才恍然大悟，开创网络新局面的原来是一台简单的路由器。

当初有一个 ATM 论坛，轰轰烈烈，热闹了十多年，制定了一套完整的世界标准，却毁掉一大批电信设备厂商，其中包括多家国际知名企业。 这是国际电信联盟（International Telecommunication Union，ITU）记忆犹新的大手笔，难道不该发人深省吗？ 如今 NGN 的概念似乎老旧了，于是又提出 IMS，但也说不清 IMS 是怎么回事，看来又可以开上几年的论坛会议，再等待下一个新名称的出现。

从 ATM、NGN 到 IMS 一路走来，共同的盲点是看不到多种媒体形式流量极度不均匀的事实，看不到所谓的多媒体其实是终端的任务，与网络本身无关。

从某种意义上，"多媒体网络"只是水里的月亮，从来没有捞上来过，将来也不会。

6.7.2 认识通信网络的互斥二元论，跳出"IP 网络"陷阱

100 多年来，通信网络的理论体系庞大复杂，看起来是一门大学问。 其实，不论这些理论发展到什么程度，它们都起源于两种古老的网络结构之一：一种是 1844 年发明的电报系统；另一种是 1876 年发明的电话系统。 这就是通信网络的二元论。

IP 互联网基于电报理论，甚至 IP 中的专用术语也来自电报技术。 通过 IP 网络发送一份文件或一本书必须先将其拆分成许多页，每页都编上号码，像电报或信件一样独立递送。 接收方得到一大堆电报后，按序排列，若有错漏，同样以电报方式要求重发，直到得到一本完整的书。 这就是 TCP/IP 的基本原理。

比电报晚发明几十年的电话网，完全采用另外一种处理方式。电话接线员收到用户请求后，首先用人工方式为用户接通线路，然后任由双方通话，注意，此时接线员没有任何动作。直到通话任一方要求结束，接线员拆除该次通话线路并记账。

今天，服务器代替接线员操作，网络传送的内容只有两种格式：信令包和数据包。信令包相当于接线员的接通和拆除动作，数据包就是用户通话。每次服务接线员只要处理几个信令包就够了。因此，不论通话时间长短，不论通话内容是简单语音还是高清电视，服务器建立和拆除网络连接的工作量几乎不变。

下面用比较专业的语言重新描述电报和电话两种不同的传输网络：数据报（Datagram）以及流媒体（Streaming）。数据报是无连接网络，依照每一封数据包的需求经过多层次网络间转发，因此所需的数据处理能力与数据包数量（即带宽）成正比。对于文字业务来说，一般带宽很低，少量数据包就可解决，没有连续数据的需求，因此，用数据报方式比较经济。

相对而言，流媒体传输建立在面向连接的基础上，只有在呼叫开始及结束时才需要做处理，其数据处理能力与流量、通信时间无关，单个网络层就能够包含信令及数据传输。因此，对于语音和视频通信业务来说，流媒体处理的复杂度比数据报简单和有效得多。

实际上，网络二元论的核心是指明了通信网络只有两种架构：文字系统或者流系统。另外，根据大一统网络理论，从网络功能出发，网络业务可以分成知性内容和感性内容。

知性内容指的是传递消息，传输过程不重要，只要结果正确就够了。由于人脑接受外界消息的能力很有限，因此知性内容属于窄带范畴。一般来说，知性内容对于传输时间不敏感。进一步说，由于时间不敏感，允许传输过程中检错重发，或者说，能够容忍网络传输过程较高的丢包率。因此，知性内容既不需要大带宽，也不需要网络传输品质保证。

但是，感性内容讲究视听过程的感受，人眼对影视品质体验的要求没有止境，高画质视频引发网络带宽需求膨胀万倍以上，相对而言，未来网络中知性内容自然可以忽略不计。

很明显，电报和计算机文件属于同一类型的内容，适合采用"尽力而为"的网络技术，如 IP 互联网。另外，语音和视频通信属于同一类型的内容，适合采用"均流连接"的流媒体网络技术，如大一统互联网。事实上，技术没有先进与落后之分，没有好坏之分，只有正确与错误之分。正确的技术有共性：首先，要对症下药；其次，火候要把握得恰到好处。很明显，"尽力而为"对于计算机文件处理是正确的技术，因此，击败了 ATM 世界标准。 但是，用来处理流媒体就是错误的技术，因此成为互联网视频通信业务的障碍。 由此可见，通信网络的二元论直接体现在网络结构和网络内容上。

从技术原理上说，IP 互联网是一个改进的电报系统，电报或者 IP 互联网适合传递知性消息。 IP 互联网传递内容以独立电报为单位，计算机文件无非是大一点的电报而已。 所谓先进的 IP 网络技术只不过改善了多报组合、自动纠错和流量调节之类的措施。 为了实现"尽力而为"的目标，TCP 依赖"丢包"来探测当时的网络状态，并根据"丢包"程度调节发送流量。 因此，传输过程中频繁丢包是 TCP/IP 网络与生俱来的本性。

相对而言，大一统互联网是一个改进的电话系统，电话或者视频适合传输流媒体形式的感性内容，语音和视频通信的差别只是带宽不同而已。 传统电话带宽是固定的 64KB，大一统网络带宽按需可变。 与电话系统类似，大一统网络具备严格管理能力，通过预留带宽确保实时视频通信内容达到任意高品质，同时，在保证传输品质的前提下，带宽一点儿也不浪费。 另外，大一统网络还增加了全网组播能力，以适应大众媒体和会议功能。

事实上，大一统网络与 PSTN 电话的差别类似于 IP 互联网与电报的差别，都处于技术进步层次。 然而，大一统网络与 IP 互联网存在着原理性差别。 由此得出结论，由于未来网络处理的对象变了，当前通信网络工业的理论和技术必然过时。 重要的是，网络技术路线如果适应网络内容的本质，一切难题都会迎刃而解，否则必然掉进麻烦不断的混乱局面。 网络互斥二元论能够清楚地解释 IP 互联网过去、现在和未来的状况：

（1）过去，IP 互联网初期取得巨大成就，因为那时互联网内容 100％ 是文字内容。

（2）现在，IP 互联网遇到巨大麻烦，原因是当前互联网中的视频内容已经过半。

（3）未来，我们预测，IP 互联网一定会崩溃，原因是未来网络内容 99％ 都是视频。

互斥二元论从理论上解释了当年电信 ATM 试图提供计算机桌面服务而遭遇惨败；同时也解释了今天试图用 IP 技术建设未来视频通信网络，看上去每天都有进步，但是永远达不到目标。 两者的共同点是：网络结构与传输内容不匹配，注定要失败。

通信网络的互斥二元论告诉我们两个非黑即白、不可调和的事实：任何通信网络都起源于电报和电话两种基本结构，并且落实到文字和流媒体两种基本内容。

实际上，如图 6-2 所示，在通信网络历史上有两次大规模的错误尝试。

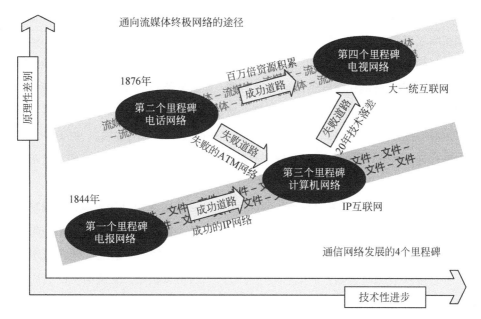

图 6-2　互斥二元论和通信网络历史上两次大规模错误尝试

第一次，试图将计算机文件的传输建立在电话原理上，由于 ATM 和 SONET (SDH) 的灵魂中保留了"同步 8kHz 语音采样"的基本结构，导致系统过于僵化，无法灵活适应新业务多变的需求。付出千亿美元的学费，最后归于失败。

第二次，试图将视频通信业务建立在 IP 互联网上，由于 IP 的灵魂中保留了"尽力而为"的本质，导致网络品质无法管理，无法适应实时视频通信业务的需求。尽管今天大部分专家还认为 IP 互联网不可替代，其实 IP 视频通信业务失败只是迟早的事。更严重的是，视频通信业务的失败一定会引发其他业务大面积流失，最终导致 IP 互联网难以为继。

站在宏观角度，这两次失败尝试的共同点就是违背了网络二元论，把不同本质的新兴业务套在传统平台原理中。与此相反，IP 互联网初期的成功恰恰验证了网络二元论。由于抛弃了电话原理，专注于计算机文件，从基本结构上标新立异，击中突发数据传输的要害。

推广到其他领域，收音机与电视机、汽车与飞机等都是原理上的创新。

6.7.3　建设透明管道，跳出"智能化网络"陷阱

当前网络发展有两个相反的极端：一种是沿着 IP 互联网的思路，建立更加复杂

的所谓"智能化网络"，如 GENI、IPv6、NGI、NGN、IMS，还包括应用层覆盖网络（Overlay Network）、主动网络（Active Network）、深度包检测等，其代表性观点就是根据实际应用聪明地调节网络服务品质（Application Tuned Network Performance）。三十多年网络发展的历史证明，不管技术手段如何巧妙，这一思路带来的麻烦比解决的问题多。 由于智能化降了网络的透明度，如果网络业务要求网络具备智能，或者区别对待，那么，"自作聪明"的网络一定成为未来服务的障碍。 另一种是全光网，为每项服务提供一个独立的光波长，这是一种过于超前的想法。 由于许多基本物理器件远未成熟，当前实现全光网还有难以逾越的鸿沟，因此在现阶段，这两种发展思路都不可取。

互联网初期，由于对低熵网络的曲解，受到 Isenberg 笨网理论影响，导致互联网变成乱网，不得不指望用高熵的智能化来补救。 当今高科技领域，各种理论和技术层出不穷，几乎每种技术思路都希望覆盖尽量大的服务能力，系统设计者越想越复杂，唯恐漏掉什么。 但是，事实结果往往与人们的初衷相反，复杂结构的适应能力最小，简约反而能够包容天下。 不断增加复杂度，距离高品质视频通信网络越走越远。 本书认为，只有低熵网络才能承载未来任意"聪明"服务。 大一统网络理论奉行"简单为真"，严守网络二元论，抛弃"智能化"，开宗明义地把能量聚焦在"视频通信"一点上，套用肯德基的广告语就是"We Do Video Right"。

大一统网络理论包含了两项基本原理：网络与终端分离和传输与内容分离。 前面解释"多媒体网络"陷阱，实际上就是用了网络与终端分离原理。 下面再用传输与内容分离原理解释"智能化网络"陷阱。

实际上，智能化网络代表了典型的窄带思维模式，直接后果就是降低了网络的透明度。 那些听起来狡猾多变的智能网络，绝不会成为未来网络的发展方向。 通信网络必须致力于保持忠诚和结实，将智能推向边缘，即网络终端。 不管计算机科技发展到什么程度，最好的网络永远是能够忠厚老实地传递"不失真比特"的透明管道，或者说，感觉不到网络存在，从某种意义上说，所谓网络限制服务品质，就是指网络还不够"低熵"或者透明度不高。

大一统网络提出全透明概念，或者称"带宽按需随点"，实际上就是全光网的初级阶段。 下一步，在此基础上自然实现"波长按需随点"，就成了真正的全光网。可贵的是，由于带宽随点和波长随点只是管理颗粒度不同而已，两者能够在同一个网络架构中融合和共存，大一统网络能够逐步平稳过渡到全光网。 实际上，全光网是大一统网络的一种表现形式。 比较 IP 互联网和大一统互联网的服务基础和发展潜力，不难看出以下规律：IP 互联网建立在电报体系基础上，从简单文字开始，先遇

IP 语音、多媒体，然后非实时视频通信内容。 每次进步都遭遇网络本身能力的制约，解决当前问题的方法成为后来业务的祸根。 IP 互联网面临的困难越来越大，最终无法越过实时视频通信，沦为一种残缺的网络。

大一统互联网建立在电话体系的基础上，轻易将发展的起点定位在高品质实时视频通信，即"未经加工的通信内容"。 然后，提升内容的价值，从传统的电视台和内容供应商，迈向全民参与的内容制作，即"事先加工的媒体内容"。 最终，将进入"互动加工内容"领域。

什么是电话体系基础？

简单地说，就是专注于单一电话流媒体服务。 大一统网络聚焦带宽按需随点，俗称视频通信。 显而易见，尽管传输内容千变万化，不论是未经加工、事先加工还是互动加工，都属于计算机运算能力和后台存储库的范畴，与透明的网络本身无关。

由此得出结论：IP 互联网服务能力受限于网络本身，无法满足未来网络需求。明显的差别是，大一统互联网服务能力体现在不断发展的内容上，大屏幕电视和超级信息中枢将成为演绎人类想象力的舞台。 由于大一统网络本身的结构不会变，因此，从另一个角度论证了建立在透明管道上的大一统互联网就是人类的"终极通信网络"。

6.7.4　两种发展观

未来网络何去何从？

本书概括为两种发展观，实际上，映射到网络资源环境，表现出两种相反的方向。 一种立足于资源贫乏时代，为"窄带发展观"，核心是复杂的多媒体网络平台；另一种立足于资源丰盛时代，为"宽带发展观"，核心是单纯的视频通信平台。

1. 窄带发展观

当今网络世界强者林立，清楚勾画出"四国四方阵营"的脉络（Summit 4＋4）。看起来这个阵营几乎涵盖了当今网络世界的全部，但是实际上，这只是一个陈旧的传统世界而已。

今天我们看到四大王国（Kingdom）都号称以未来通信网络为目标：①互联网（NGI、IPv6、P2P）；②电信固网（NGN、IMS、IPTV）；③有线电视（NGB、DTV、DVB、DOCSIS）；④移动通信（3G、4G、WiMAX）。

另外还有以行业或地域为起点的四大国际标准化长老会（Presbytery）：①国际电信联盟（ITU）；②欧洲电信标准化协会（European Telecommunications Standards

Institute, ETSI); ③IP 互联网工程任务组（Internet Engineering Task Force, IETF); ④无线阵营(3GPP 和其他)。

以上多股势力各自为政，个个都是老大，内部竞争激烈，这就是今天通信网络工业的写照。 然而，对于未来网络走向，四国四方阵营有一个共同点：站在现有业务的基础上，盲目推测未来发展方向，建立面面俱到的多媒体网络平台，试图以"完美"方式融合所有业务。 他们的目标是建立智能化网络，能够根据不同业务需求，聪明地调节传输品质。 无奈视频通信是他们共同的弱项，或者说，是他们共同的"死穴"。 实际上，四国四方阵营过去二十多年全部的努力只是向视频通信迈了一小步，但是，沿着这条路永远达不到大规模视频通信的境界。 因此，四国四方阵营在错误的战场耗费精力，不论多么强大，结果都是徒劳的。

本书将他们的建网思路概括为**窄带发展观**，也就是资源贫乏时代的传统发展观。

2. 宽带发展观

与整个四国四方阵营完全相反，本书提出的**宽带发展观**认为：表面看未来网络服务五花八门，但就网络流量而言，实质上只是视频通信一家独大。 由于多媒体数据量极度不匀(差异达四个数量级以上)，因此，要么网络没有视频通信，一旦开始，转眼就全成了视频通信。 所谓多媒体网络只是这个发展过程中的一个短暂浪花，为多媒体所花力气的效果就是徒劳。 读者可以回到 6.2 节，细细体会图 6-1 传递的道理。 实际上，只要一心一意把电视机方面做好了，其他非视频通信流量总和的百分比几乎可以忽略不计。 另外，单向媒体播放和影视内容下载成为同步通信的一个子集，但是反过来，文件下载和单向播放网络都不可能提供实时高品质视频通信业务。

因此，本章的结论是，只要发明一个"单纯"的视频通信网络，或者说，适合视频通信的"带宽按需随点"透明网络，就足以包打天下。

对比两种发展观不难看出，目标不同，方法不同，效果必然大相径庭。

根据窄带发展观，数十年努力，浪费资源无数，无奈视频通信还是可望而不可求。

遵循宽带发展观，即便使用十多年前的原材料和电信基础设施，也能轻松实现全方位视频通信的终极目标。 显而易见，宽带发展观在理论和技术上至少超越窄带发展观 20 年。

简言之，资源丰盛时代的宽带发展观认为：

第一，网络以"通信"为纲，非通信的电视媒体和下载播放只是视频通信的子集，可以不予理会。 视频通信发展空间百倍于单向媒体，而且轻易替代单向媒体和下载播放。

第二,通信以"视频"为本,非视频的其他业务流量百分比几乎忽略不计。

这里并不是说当前"非通信"和"非视频"业务不重要,这些业务同样能够带来市场回报。 但是,把着眼点放在视频通信上,就掌握了全局的主动权。 未来整个媒体和影视内容产业、多媒体网站、云计算和物联网都将被淹没在视频通信的汪洋大海之中。

因为视频通信的核心是透明带宽按需随点,有了"透明带宽",个性化电视水到渠成;有了"透明带宽",回头拿下其他多媒体业务只是顺手牵羊。 因此,只要建立视频通信网络,多媒体、单向媒体播放或内容下载都将包含其中,成为买一送三的附赠品。

一旦多媒体网络被透明带宽取代,当前四国四方阵营的理论和技术体系必将土崩瓦解。

本书认为,这一天已经近在眼前。

宽带发展观的实际行动是:锁定视频通信为目标,就是掌控了未来网络的十之八九,只要打赢视频通信这一仗,在其他领域将不战而胜。 别人还在为整合传统业务劳心费神(如 NGN、IMS),盘点老房子中的旧家具,大一统互联网已经将未来的大鱼收入网中。

宽带发展观告诉我们:跳出"多媒体网络""IP 网络""智能化网络"三大陷阱,今天 IP 互联网遇到的一切麻烦都会消失,今天能够想象到的一切网络服务都可以轻而易举地实现。 实际上,大一统网络能够轻易包容 100% 四国四方阵营的服务能力,然而,在可预见的将来,四国四方阵营无法实现大一统网络的使命。

6.7.5 大一统网络技术平台的领导者

今天我们面临两个新的时代特征:

(1) 光纤技术成熟带来带宽无比丰盛的时代,实际上,带宽资源永久过剩。

(2) 消费者市场(包括桌面、客厅和手持终端)进入娱乐经济和体验经济的时代。

事实上,两者构成完美的互补关系。 因为娱乐和体验的核心平台是视频通信网络,必须依赖充分的光纤和无线带宽资源才有可能实现。 同样,丰盛的带宽资源只有通过消费者高清晰的电视屏幕才能消化和吸收。 两者的结合将创造出一个看不到边际的消费市场,这个市场将提高人类生活品质,极少占用物质资源和能源,没有环境污染,能提供大量服务性的就业机会,因此,是一个绿色市场,或者说,是信息产业需求的海洋。

为了能够使上述理想成为现实,也就是说将带宽资源和视频通信网络有效结合,必须依靠一个技术平台。 今天这个技术平台尚未成熟，当然也没有一个平台领导。

Gawer 和 Cusumano 于 2002 年所著的 *Platform Leadership* 详细描述了 Intel、Microsoft 和 Cisco 技术平台的本质和成为平台领导的准则。 本书认为在云时代，以视频通信服务为核心的大一统互联网市场规模远将大于上述三家公司所代表的桌面信息服务市场。

研究未来客厅技术平台，本书强调以下五方面的分析：

1. 分析基本元素

参考 *Platform Leadership* 一书的观点，本书引申出以下客厅技术与其他平台不同的特征。

1）客厅市场的要素

对于消费者的客厅来说，有三个主要的体验核心：媒体、娱乐以及沟通，这些都与视频有关。 因此，视觉、互动和距离三大基本元素，以及大屏幕、遥控器和沙发三大设备是未来消费者网络成为娱乐体验中心的关键组件。

2）视频通信网络的要素

结构要求：由于不同类型媒体带宽需求极度不匀，提供多媒体服务的网络中，视频通信内容将占据绝对多数，非视频通信内容可以忽略不计。 因此，自然要求面向连接的流媒体网络。

环境要求：为了保障视频通信体验效果和健康的市场，视频通信网络必须满足安全、品质保证和严格管理的商业环境。

3）技术平台的要素

充分开放性：公开发表一套烦琐的接口文件，要求别人削足适履，这不是真正的开放。 充分开放的技术平台应该对补充技术尽量不做限制，允许同类业务建立多种应用标准，并在平台上共存和竞争。 例如，在开放的 IP 互联网平台上，可以建立不同的电话标准、不同的播放器和搜索引擎，因此，IP 互联网不愧为开放的平台。

充分包容性：必须在一个平台上实现全部业务功能。 如果说某项有市场需求的业务不能包容在平台中，那么这个平台就一定会让位给具备更大包容能力的新平台。例如，IP 互联网缺乏提供高品质实时视频通信服务的能力，因此，难以成为大一统网络技术平台。

2. 分析现有的平台

谁能成为视频通信技术平台的领导者，关键在于是否符合上述基本要素条件。过去和现在，每一个成功的平台领导都是由小变大，某一领域的平台转变到另一领域，还没有成功的先例。

我们分析现有参与竞争的网络平台，看看能否演变成视频通信技术平台的领导者。

1）IP 互联网平台

IP 互联网是成功的桌面平台，但是，缺少感性和商业化两个基本要素。由于 IP 互联网属于"知性"网络，不适合客厅体验市场中的"感性"需求。IP 互联网固有的安全、品质和管理弊病解决无望，而消除这些弊病是客厅市场商业环境中不可或缺的基本条件。因此，从桌面到客厅是 IP 互联网难以跨越的鸿沟，努力了二十多年，收效甚微。因此，IP 互联网最多成为视频通信技术平台上的一项小流量业务，或者称为子平台。

2）DVB 和 DOCSIS 平台

DVB（Digital Video Broadcasting）和 DOCSIS（Data Over Cable Service Interface Specification）是成功的数字有线广播电视平台、现任客厅技术的平台领导。其特征是单向为主，广播为主。个性化和对称交流是未来客厅市场的基本要素，DVB 和 DOCSIS 无法满足这些需求，因此，将无缘成为未来的平台领导。

3）ATM、NGN 和 IMS 平台

ATM、NGN 和 IMS 是电信行业不成功或者希望成功的平台，立足于整合传统业务。

从 ATM、NGN 到 IMS 一路走来，名称变了，部分技术手段变了，但是，基本建网原则没变。事实上，ATM、NGN 和 IMS 面临以下三大通病：

（1）将不该属于网络平台关心的多媒体业务强加给网络平台，混淆了网络与终端的定位。

（2）在网络内部堆积过多的"智慧"，导致丧失网络透明度，因此，都属于高熵网络。

（3）用过时的"标准"限制网络的开放性和包容性，与未来网络的核心价值背道而驰。

事实早已证明，复杂的网络结构不符合平台领导应有的特征，因此，二十多年来这条思路只是论坛上的热门话题，从来没有实际成功的迹象。

4）IPTV 平台

许多人问及大一统网络与当前热门的 IPTV 究竟区别在哪里，简单的答案是：如果 IPTV 相当于传呼机，大一统网络就相当于手机。

具体表现在：

第一，对于传统的电话和计算机来说，电视是个新东西。 技术上 IPTV 用计算机技术模仿电视服务，价高质差。 大一统网络将电话业务升级到电视服务，功能强、性能好、成本低。

第二，IPTV 以单一内容节目库为中心，建立一套影视内容配送系统，内容受节目库限制。 大一统网络以影视通信网络为中心，每个用户都可以申请成为内容供应商，显然内容供应将会丰富得多，更加个性化，用户体验价值更高。

第三，大一统网络除了影视内容配送之外，还具备大规模高品质双向和多向视频通信功能，带来居民、企业和政府的高端客户。 因此，IPTV 的全部服务能力只是大一统网络中一个次要的子集。 当网络发展到大一统阶段时，不论 IPTV 做得多好，都将成为多余。 就好比没有手机的时候，传呼机很受欢迎，一旦有了手机，传呼机必然退出市场。

3. 分析大一统网络的必要条件

根据宽带发展观，我们分析大一统网络为何有望成为视频通信技术平台的领导者。 在深入研究通信网络理论的基础上，提出大一统网络的三项必要条件：

1) 均流管理条件(参见 6.8.3 节)

网络若不遵循"均流"原则，就不可能实现实时通信的重载品质保证。 也就是说，未来网络必须突破 IP 互联网固有的"尽力而为"和"存储转发"策略。

2) 按次管理条件(参见 6.8.4 节)

网络若不遵循"按次准入"原则，就不可能建立面向客厅的健康商业模式。 也就是说，未来网络必须突破 IP 互联网固有的网络层开放和"永远在线"策略。

3) 原始数据管理条件(参见 6.3 节)

网络若不将管理规则直接加诸原始数据，允许用户未经许可向网络发送数据，就不可能建立有效管理，不可能保证在商业环境下的网络安全和品质。

以上三项条件击中当代网络理论的根基，波及面极广，必将招来许多非议。 若要证明上述条件的必要性，可详细阅读其他章节。 在作者看来，未来网络研究项目只要违背一项所列的必要条件，那么不论看上去有多聪明，都不值得花费时间和精力。 因为这类技术都隐含了严重缺陷，即使暂时在市场上取得成功，只是癌细胞侥幸没有发作而已。

4. 分析大一统网络的充分条件

在明确发展目标的基础上，针对未来网络的特殊环境，本书对网络基本功能进行了全面梳理、优化、分解和重组，首次归纳出建设大一统网络的充分条件。 尽管可能不遵循这些条件，也可以建设实用和可靠的网络，下述充分条件能够帮助我们找到建设未来网络的近路。 本书提出建设大一统网络的充分条件包括：三条去相关原理和三条同相原理。 其中，去相关原理指明确分工，去除相关性，简化功能，极大地促进各自独立发展；同相原理指提取共同点，剥离差异性，综合功能，极大地扩展整体覆盖面。

1）去相关原理 1：网络与终端功能分离

在宽带时代，网络和终端的分工将更加明确，大一统网络通过"带宽按需随点""存储按需租用"和"智能按需定制"的网络架构，提供适合高品质视频通信服务的透明管道，其中自然包括其他非视频通信内容和非实时业务。 所谓的多媒体服务只不过是网络终端的表现形式，理应留给聪明的服务器、PC 或者用户终端去解决。 相对而言，大一统网络的功能简单化了，不必考虑多媒体内容细节，平稳过渡到全光网络。 通信网络致力于保持忠诚和结实，将智能推向边缘，即网络终端。 也就是说，通信网络根本没有能力，也不应该卷入多媒体泥潭。

2）去相关原理 2：网络服务器与内容存储功能分离

在面向桌面的 IP 互联网服务中，网络服务器每发送一幅网页都必须经过许多次面向连接的 TCP 和 HTTP 操作。 网页内容和协议处理量在同一个数量级，因此传统的网络服务器同时执行内容送达和协议操作。 但是在视频通信网络中，一次协议连接可能要提供整部电影，数据量上升了几个数量级（万倍以上），而协议连接次数反而减少，内容送达和协议操作的任务性质向两极分化。 大一统网络首次提出并实现了内容送达与协议操作分离的思路。 云计算中心信息库仅需执行智能的协议操作；剥离后的多媒体内容由文件库和媒体库处理，并直接与用户终端建立直通车。 因此，消除了网络服务器的瓶颈，同时简化了内容存储阵列。

3）去相关原理 3：路由选择与数据交换功能分离

IP 互联网的路由器同时执行数据包的路由选择和交换功能，成为网络建设的瓶颈之一。 本书创新网络和地址结构，实现路由选择与数据交换分离，彻底丢弃传统路由器，极大地简化了网络交换体系。 这项原理技术性较强，详细内容请参阅有关大一统网络交换机的专著。

4）同相原理 1：用户普遍性

传统上，电信网络提供全部服务，网络服务器必须兼顾所有的业务功能。 因此，增加新业务是一个非常复杂的过程。 大一统互联网将所有网络参与者一律看作"用户"，不论是消费者、多媒体网站、内容供应商，还是电视台，只不过赋予不同的权限和规模而已。 潜在的内容供应者只要申请足够的带宽和存储空间，将应用软件或机顶盒直接发放给客户。这样一来，新服务的进入门槛就可大大降低。因此，大一统互联网覆盖了普遍用户。

5）同相原理 2：服务普遍性

不论何种媒体形式（视、图、音、文），不论何种业务（广播、点播、时移电视、可视通信、会议聊天、网络游戏、邮件下载、博客、节目指南等），甚至包括未来的未知业务，在大一统互联网看来只有一种"带宽按需随点"服务，只不过加上可配置不同的参数或者下载不同软插件的用户终端而已。大一统网络与服务类型无关，自然包容人类全部服务需求。

6）同相原理 3：品质普遍性

我们知道计算机文件能够容忍品质不保证的网络，但是，并没有任何理由拒绝品质保证的网络，就好像我们都不会拒绝航空公司的免费升舱。既然占未来网络总流量绝大部分的视频通信内容必须要求品质保证，那么，剩下极少数不要求品质保证的非视频通信业务流量也都给予品质保证何尝不可。实际上，网络传输品质完全不保证，或者完全有保证都很简单，难就难在部分保证和部分不保证，尤其还不知道这"部分"两字的界限划分在哪里。因此，只要为全部网络业务提供一致的品质保证，QoS 问题自然就不存在了。也就是说，当前各种 QoS 以及所谓的"品质按需可调"算法并未能提供相应的实际价值。有人可能会担心，提供免费升舱的思路会不会增加网络成本？恰恰相反，大一统网络杜绝了当前 IP 互联网普遍存在的带宽资源滥用现象，实际上，大一统品质保证的网络成本远低于品质不保证的 IP 网络。

5. 分析大一统网络的生态系统

大一统互联网构建了一个可持续发展的生态系统，其中包括：

（1）运营商提供"刚性的"网络环境：带宽按需随点，存储按需租用，每次服务呼叫都独立计费和利益分成。所有这一切都是在网络服务器严格监督下，遵循不可妥协的游戏规则，提供一个有序的法制环境。

（2）服务和内容供应商营造一个"柔性的"商业环境：专心致志为客户提供贴身服务，通过向用户单独发送的"软插件"直接指挥用户终端工作，实现差异化服务。由此可见，各个厂商的应用软插件不必关心与其他业务的兼容性，整个网络服务处于动态平衡，有利于各种创新业务同台竞争，提供一个充分调动全社会积极性的市场环境。

（3）消费者拥有最大的选择权：可以同时保留多个服务软插件，可以随时删除或花几秒时间下载新的软插件。用户甚至可以自行开发软插件（烧私房菜），在运营商的许可下，向别人提供个性化服务。

（4）终端设备厂商承担最低的风险：用户终端，如手机、电视机顶盒和智能机器人等，只需具备最基本的功能组件，被动地接受下载软插件的调度。未来丰富多彩的网络应用和神奇的人工智能，与用户终端的软硬件设计无关。

以上分析可以看出，大一统互联网充分满足了网络平台的开放性和包容性。本书其他部分的描述进一步说明，大一统网络继承了电话网络面向连接的流媒体结构原理，充分满足了客厅环境的安全，品质保证和商业管理需求。大一统网络技术平台与其他网络系统有本质的区别，具备其他系统难以比拟的性价比，因此，自然成为未来网络平台领导的最佳候选者。

6.7.6　奠定大一统网络的理论基础

本书认为，对付当前互联网难题不应该有多个孤立解决方案，只在表面刷油漆，头痛医头脚痛医脚，这样治标不治本。正确的途径是针对病因，所有问题一次性根治。

首先，设定一个明确的网络目标。然后，设计正确的网络架构，与网络目标相匹配。最后，根据目标修正各种技术手段。

电报技术发明 100 年后，Claude Shannon 于 1948 年第一次系统地提出了香农信息理论，从有效利用带宽的角度奠定了窄带通信理论。如果说香农理论告诉我们如何在**"带宽稀缺"**时代建设各种**"最高效率"**的通信网络以适应**"不同的需求"**，那么，大一统网络理论告诉我们如何在**"带宽丰盛"**时代建设**"终极网络"**满足人类通信的**"全部需求"**。

本书第一次系统提出资源丰盛条件下完整的通信网络理论：

（1）大一统网络世界观，网络发展的首要命题，即视频决定论（详见 6.1 节）。

（2）大一统网络方法论，网络发展的普遍规律，即互斥二元论（详见 6.7.2 节）。

（3）大一统网络归宿论，网络发展的黑洞效应，即视频终极论（详见 6.6.1 节）。

（4）大一统网络的必要条件，这些条件是宽带网络发展的禁区（详见 6.7.5 节）。

（5）大一统网络的充分条件，这些条件是宽带网络发展的近路（详见 6.7.5 节）。

（6）大一统网络的生态系统，表现为刚性网络管理环境和柔性商业内容环境（详见 6.7.5 节）。

根据大一统网络的设计思路，未来的互联网将比今天的互联网更为简单，实际上，要比今天简单得多。过去二十多年，人们为改进互联网花费了巨大的资源，这些努力孤立看好像都不错。但是，整体上没有明确目标，只能继续在茫茫大海中搜索，不知道陆地在哪里。

其实，未来网络根本不需要多数人想象中那么复杂的多层网络结构，也不需要看起来新奇的智能化算法。从根本上解决人类终极网络的难题，我们所要的只是一个正确的方向。

大一统网络理论从网络流量特征角度(视频独大)清楚地解释了为什么当初弱小的互联网能够胜过强大的传统电信(那时视频为零)，为什么今天互联网会遭遇无法摆脱的困境(如今视频流量占据半壁江山)，并且预测了未来互联网面临崩溃(那时几乎全为视频)。

脚长大了，已经被旧鞋卡痛了，必须赶紧换鞋，万万不能削足适履。本书所说的这双旧鞋泛指网络概念、思路、理论和技术，未来网络必须从根本上全面更新。大一统网络理论告诉我们，有了充分的带宽资源该做什么和怎么做，或者说能够指导光纤时代的通信网络建设，将人类带入真正意义上的信息社会。

6.8　创建大一统的通信王国

大一统网络理论和技术提供了化解当前互联网难题的简单和有效途径。

6.8.1　再次改造以太网

面对视频通信网络前所未有的巨大流量和高品质传输需求，必须突破任何既有框架的束缚，为大一统互联网寻找一种适合视频通信业务的承载网技术。从这点出发，通过全面审视过去四十多年网络技术的积累，兼顾当前的网络环境，我们选择再次改造以太网。或者说，我们选中以太网的原因是"异步"和"包交换"两点。

当前业内许多技术论文中可以看到一种误解，认为网络结构分为分组包交换(Packet Switching)和电路交换(Circuit Switching)两大类。但是实际上，分组包也可以建立电路交换。精确地说，应该是网络内容分为突发数据(Burst Data)和流媒体(Streaming)两种类型，网络结构成为电报和电话两种原始模型。大一统互联网就是用分组包建立面向连接的虚拟电路(电话模型)，即用 Packet Switch 满足 Streaming 需求。

1973 年，Robert Metcalfe 发明以太网。1982 年，高汉中先生刚进 M/A COM 研究中心时看到的以太网还是像自来水管一样僵硬的铜管子。今天，以太网已经是大家最熟悉的网络之一。

限于当时的条件，原始以太网的冲突域限制了传输距离，广播域限制了用户数量。因此，一般人心目中只是局域网概念。

1. 以太网的本质

实际上，以太网的本质是数据与地址合一的明信片模式。 自从发明以太网交换机以来，消除了冲突域限制，使得以太网的覆盖范围和用户数大大增加。 实际上，以太网交换机放弃了关键的 Aloha 技术（带冲突检测的载波侦听多路访问），也就是说，这是以太网的第一次原理性改造，也是一次面向扩张的改造。 但是，以太网的许多缺点并未消除，局域网的基本定位没有改变。 为了突破此项限制，必须对以太网实行进一步改造。

2. 承载大一统网络的五大条件

大一统网络对以太网做了第二次原理性改造，主要引入五大必要条件：

（1）全网采用统一格式和固定长度的数据包（1KB），其中包括数据和短信令，这一限制没有超过以太网标准的范围。 其便利性在于，只要改变发包时间间隔，就可以得到任意带宽的媒体流。 用统计复用的分组数据包实现传统时分复用电路（Time Division Multiplexing，TDM）的效果。

（2）按电话号码原理对以太网地址做结构化改造，消除广播域限制。 引入类似电话分机号码的可变长分地址结构，在简化交换机的前提下，确保终端数量无限扩展，尤其为大规模物联网打下基础。

（3）充分保证全网均流特征。 本措施包含两项细则，首先要求终端设计必须具备均流能力。 其次通过通行证机制，在结构上杜绝不按规矩的突发流量进入网络。

（4）任何网络业务都实行"准入"机制，平时仅允许发送极少量服务申请短信令包，由节点管理服务器向指定交换机发放通行证，允许用户终端按规定目标和流量发送数据包。 品质保证措施不能指望用户自觉执行，只能依赖网络交换机执行准入程序。

（5）为了确保无线微基站时间同步，大一统网络物理层必须插入精确时标信号。

上述措施主要缩小了传统以太网的自由度，奠定了网络安全和品质保证，增加了传递精确时间信息的能力，这是一次面向聚焦的改造。 本次改造完成了以太网向"带宽按需随点"过渡，实现有线和无线同质化网络，成为承载大一统互联网的理想结构。

大一统互联网保证有线和无线所有业务达到"电信级"品质。 如果有一个节点出现"忙音"超过设计指标，能够无限量调整带宽以满足新增业务量的需求。

6.8.2　流媒体网络交换机

在 6.4.2 节中大胆提出，按照本书的理论，建设未来的大一统互联网，根本不需要路由器。

1. 扬弃网络路由器

实际上，用流媒体网络交换机取代 IP 路由器，可以收到以下效果：

（1）降低芯片消耗 95%，在同等芯片运算力条件下，释放带宽资源 100 倍以上。

（2）彻底解决传输品质保证，在网络流量达到 99% 重载条件下，原始丢包率几乎为零。

（3）彻底消除网络设备延迟，全程线速交换，每一节点的延迟几乎为零。

（4）由于结构简单，耗电量大幅下降，单机平均无故障时间（MTBF）提升一个数量级以上。

（5）全网交换统一格式虚电路，与无线通信无缝融合，与全光网络无缝连接。

与传统 PSTN 交换机相比，大一统网络采用分组包交换模式，这样既可省去昂贵的同步系统，省去独立的信令系统，又可随意定义任意流量的异步媒体流。 由此可见，大一统互联网具备分组交换的灵活性，同时具备电路交换的品质和安全保障。

与传统 IP 路由器相比，流媒体交换机大幅简化了路由表、存储转发和智能功能，芯片运算力消耗仅为 IP 路由器的 5% 左右，大幅降低了设备成本、系统延时和耗电量。

2. 网络交换机技术

大一统网络交换机的技术创新主要包括以下内容：

1）创立了局部和双端地址寻址算法

将每一层交换机寻址范围都限定在局部空间之内（自治域），极大地简化了交换机的结构。

2）创立了流量预测和离线路由算法

大一统网络交换机无须保存路由表，无须计算路由的高速处理机，也无须大容量缓存器，在极大地降低交换机复杂性的同时，实现了全程无缝线速交换，大大降低了系统延时。

3）创立了中央存储交换的结构

大一统网络交换机实现大规模远程广播和组播功能，为使交换式视频网络取代传统有线电视打下了坚实的基础。

4）创立了多参数导向的交换模式

定义了多参数属性，对不同标识的数据包实施不同导向、过滤和交换模式，保证网络安全。 采用结构化分段网络地址，有助于简化交换机和交换网络的整体架构。

6.8.3 网络品质保证的充分条件

QoS 是 IP 互联网的老问题。 长期以来无数个研究报告试图解决这一难题,如果我们将 QoS 主要里程碑按时间排列,不难看出互联网 QoS 是不断降低要求,并不断失败的无奈历史。 从 Inte Serv(1990)到 Diff Serv(1997),再到 Light Load(2001),各种看似有效的 QoS 局部改善方案加起来,距离全网范围品质保证的目标还是像水中的月亮。 今天,IPv6 依然在延续之前的道路。

本书认为,QoS 看起来很近,其实遥不可及。

不幸地,QoS 已经研究了二十多年,无数篇论文都是同一个调子:"在'局部'情况下,本方法能够起到'改善'的效果。"但是,还未看到一篇论文提出 IP 互联网在 X% 负荷条件下,能够达到 Y% 丢包率的精确数据。 然而,不要忘记,这些数据是传统网络测试的必备条款。 自从 IP 互联网逐步普及以来,人们不间断地寻找解决网络品质保证的良方。 网络技术专家们经过二十多年搜肠刮肚,各种 QoS 方案均不理想,许多专家把网络拥塞的原因归结为简单"供和需",以为只要增加带宽的"供"就能解决传输品质的"需"。 在对于解决 QoS 失去信心的大环境下,一些不愿留名的人提出了不是办法的办法,即 Light Load。 其基本设想是所谓的轻载网络,认为只要给足带宽,光纤入户,就不担心网络拥塞。

轻载网络的设想可行吗? 不幸的是,答案还是否定的。

1. 妨碍品质保证的根源

要想解决问题,必须找出症结所在,通过仔细分析我们得出以下几点:

(1) IP 互联网核心理论中关于"尽力而为"(Best Efforts)的机制必然导致网络流量不均匀和频繁的丢包。 实际上,TCP 正是利用网络丢包状态来调节发送流量。

(2) IP 互联网核心理论中关于"存储转发"(Store & Forward)的机制在吸收本地突发流量的同时,将造成下一个节点网络流量更大的不均匀。

(3) IP 互联网核心理论中关于"检错重发"(Error Detection & Retransmission)的机制在同步视频通信中,将造成不可容忍的延时。

(4) 连续性的网络流量不均匀或突发流量必然导致周期性交换机(路由器)丢包。

当前的网络技术专家们似乎没有意识到一个基本道理,网络丢包现象的根源是由流量不均匀性造成的。 从宏观上看,在一个时间段发送略快一点,必然导致另一时间段的拥挤,只要网络流量不均匀,网络可能达到的峰值流量就没有上限,在短时间内可以占满任意大的带宽。

实际上，由于缺乏管理，无论增加多少带宽，都可能在局部时间"供"不足以"需"。 当前的设备厂商推荐每户数十、数百乃至上千兆比特每秒的超宽带接入网，就算每家都有了光纤到户，还是难以向消费者展示品质保证的视频通信服务。

实际上，避免突发流量的唯一办法靠管理，管理好了重载条件也能保证品质。管理不好，无论怎样轻载一样不行。 也就是说，解决网络拥塞的有效途径是管理，而不是简单扩容。

IP 互联网缺乏管理，因此，轻载网络此路不通。 既然前述方法无一可行，那么，解决网络传输品质保证的出路在哪里？

笔者认为，当前的各种 QoS 方法都建立在一种错误的假设上。 根据这种假设，QoS 的解决方法是为视频通信流量提供优先处理的特权，或者说"绿色通道"。 但事实是，由于不同媒体形式所需的网络流量极度不均匀，只要有少数人使用视频服务，网络上的视频流量将占据绝对主体。 如果换一角度看，专门为大部分网络流量提供好的品质，等效于专门为少部分非视频流量提供差的品质。 也就是说，既然大部分网络流量必须要求品质保证，那么剩下少数不要求品质保证的业务流量也都给予品质保证何尝不可。 假设 1000 位旅客订飞机票时都要求头等舱，只有少数几位可以接受经济舱，那么，航空公司的自然措施是取消经济舱。 因为为了满足极少数差异化的经济舱，航空公司所花的代价远大于给这些旅客提供免费升舱。

实际上，全网品质保证的有效方法几十年前早就有了，严格同步的 TDM 网络可以达到 100％带宽利用率和 100％品质保证，加上用"忙音"拒绝超载用户，PSTN 电话早就实现了当今世界唯一的品质完全保证的通信网络。

IP 互联网初期好比是乡间小路，在民风淳朴的小镇不需要交通警察。 但是到了繁华的大都市，有些热闹路段的红绿灯和交通警察都控制不了混乱局面，出行赴约都难以确定时间，就像今天的 IP 互联网。

2. 网络品质保证的解决之道

大一统网络好比是高速公路，不需要警察和红绿灯，水泥隔开的车道和立交桥确保汽车在规定的道路行驶。 根据加利福尼亚州交通局的经验，避免高速公路堵车的办法是关闭入口匝道。 加利福尼亚州高速公路的设计思路有三个特点：

(1) 在公路入口匝道设置开关，控制宏观车流量。

(2) 保持车速稳定，提高道路通车率。

(3) 采用水泥结构的道路分隔和立交桥，而不是警察和红绿灯来规范车辆行驶。

大一统网络遵循电话网的原理，采取类似上述高速公路的三项措施：

(1) 每个路段都计算和实测流量，一旦流量接近饱和，采取绕道或拒绝新用户加入。

（2）严格均流发送，MP（Media network Protocol）能够在 99％重载流量下，实现几乎为零的丢包率。

（3）上行通行证 ULPF(Up Link Packet Filter)从结构上确保用户严格遵守交通规则，因为品质保证措施不可能指望用户自觉执行。

从理论上讲，多个均匀流合并以后，还是均匀流。实践进一步证明，在均匀流的前提下，网络流量可以接近于极限值，而不发生丢包现象。由于占据未来网络流量中 90％以上的视频媒体流本身具备均匀流特征，因此，以视频通信业务为主要目标的大一统网络品质保证的途径自然是消除信源流量不均匀，尤其在意从根本上防止重载条件下网络交换机的丢包现象。

但是，在实际网络环境中，显然不可能寄希望于用户自觉遵守均匀流规定。因此，大一统网络节点服务器向网络交换机发放通行证，只允许用户数据包在很细的时间精度下均匀通过。对于符合规定要求设计的用户终端，通行证是完全透明的。如果是计算机文件，必须先经过均匀流适配后才允许进入网络。均匀流适配功能只需对终端网口驱动软件略做修改即能实现，可以用独立软件，也可以整合到 Windows或者 Linux 操作系统中，好在未来网络流量中流媒体占绝大多数，少量文件数据并不影响网络总体复杂度。

6.8.4　网络安全的充分条件

在当前的网络环境中，消费者被迫承担网络安全责任，要求用户的计算机频繁查毒杀毒。然而，网络安全还是今不如昔，给消费者带来极大的精神负担和潜在灾难的威胁。以内容消费为主的商业环境一定会有"小偷"和"强盗"，它们在网络中更加隐蔽，易于复制，危害扩展快。

影视产品制作投入高，播出后对社会影响大，因此，更须体现其特殊要求：①内容获取安全，表现于版权保护；②内容播出安全，表现于社会道德与法规。

安全性是互联网发展的第一要务，实际上，信息安全（Information Security）和网络安全（Network Security）是两个不同的概念。"信息安全"应该在最高层实现（离信息源最近处），如果信息只有自己人读得懂，那么根本不在乎网络是否安全，因为不怕被别人看到。"网络安全"应该在最底层实现（离传输线路最近处），如果网络安全有保障，那么信息加密成为多余，反正别人拿不到。

当前，互联网安全措施主要有数字内容版权加密保护技术（Digital Rights Management，DRM）和可信计算组织（Trusted Computing Group，TCG）。值得注意的是，就算 DRM 和 TCG 能够如愿以偿，只不过是把住了自己的门户，充其量是篱笆扎得紧，野狗进不来。 但对于篱笆之外的广阔天地还是让给了野狗们施虐。 这样的被动防御手段充其量提供信息安全，丝毫无法制止用户滥发数据包。 网络攻击不道德或无节制使用，很容易不当占据网络带宽，干扰正常的网络流量。 尤其当网络流量处于重载条件下时，只要有少量突发干扰，就会造成大面积实时视频通信品质下降。 另外，对于通过合法手段购买影视内容个人观赏权然后在网上散布盗版内容这种非法行为，DRM 和 TCG 之类的信息安全手段完全无能为力。

今天的互联网仅仅开始初级视频应用，如果说未来互联网任务包含影视内容消费的主渠道，那么，非法经济利益将成为各种黑客手段巨大的动力源。 互联网的安全问题着实把广大的使用者吓坏了，感觉是网络一大，必遭攻击，安全是个永远无解的难题。 其实错了。

IP 互联网安全概念不能推衍到其他网络，网络的安全性与网络大小和复杂度没有内在关联。 大部分人没有意识到，其实高等级的网络安全并不一定复杂，网络安全主要靠架构设计，而不是昂贵的装置和多变的软件，如病毒库之类。 恰恰相反，安全的网络一定不复杂，关键是不能存在安全漏洞，这就如同石头不会感染病毒一样。 举例为证，伴随我们几十年的数字电话网就称得上一个安全的网络。 即便有人在电话线上动手脚，充其量只能偷听或盗用个把当事人的电话，不能攻击电话公司，更不能影响到其他无关的客户。 今天，在网络安全领域存在着太多需要澄清的误区，那些令人眼花缭乱的技术方案，都不能像大一统互联网那样恰到好处地解决网络安全问题。

下面从分析 IP 互联网安全问题原因的基础上，提出大一统网络根治网络安全的一揽子解决方案。 网络安全不是一项可选择的服务，大一统网络的目标不是用复杂设备和多变的软件来"改善"网络安全性，而是直接建立"本质"上高枕无忧的网络。 以下五大创新点结合在一起，从结构上确保网络不可被攻击。 因此，大一统网络是本质上安全的网络。

1. 从网络地址结构上根治仿冒，包括两端定位

IP 互联网的地址由用户设备告诉网络；大一统网络地址由网络告诉用户设备。 为了防范他人入侵，PC 和互联网设置了烦琐的口令、密码障碍。 就算是实名地址，也无法避免密码被破译或用户稍不留神而造成的安全信息泄露。 连接到 IP 互联网上的 PC 终端，首先必须自报家门，告诉网络自己的 IP 地址。 然而，谁能保证这个 IP 地址是真是假？ 这就是 IP 互联网第一个无法克服的安全漏洞。

大一统网络终端的地址是通过网管协议学来的，用户终端只能用这个学来的地址进入网络，因此，无须认证，确保不会出错。 大一统网络地址不仅具备唯一性，同时具备可定位和可定性功能，如同个人身份证号码一样，隐含了该用户端口的地理位置、设备性质、服务权限等其他特征。 交换机根据这些特征规定了分组包的行为规则，实现不同性质的数据分流。

2. 每次服务发放独立通行证，阻断黑客攻击的途径

IP互联网可以自由进出，用户自备防火墙；大一统网络每次服务都必须申请通行证。

由于通信协议在用户终端执行，因此可能被篡改。 由于路由信息在网上广播，因此可能被窃听。 网络中的地址欺骗、匿名攻击、邮件炸弹、泪滴、隐蔽监听、端口扫描、内部入侵、涂改信息等形形色色固有的缺陷，为黑客提供了施展空间。 垃圾邮件等互联网污染难以防范。

由于IP互联网用户可以设定任意IP地址来冒充别人，可以向网上任何设备发出探针窥探别人的信息，也可以向网络发送任意干扰数据包（泼脏水）。 为此，许多聪明人发明了各种防火墙，试图保持独善其身。 但是，安装防火墙是自愿的，防火墙的效果是暂时的和相对的，IP互联网本身永远难免被污染。 这是IP互联网第二项安全问题。

大一统网络用户入网后，网络交换机仅允许用户向节点服务器发出有限的服务请求，对其他数据包一律关门。 如果服务器批准用户申请，即向用户所在的交换机发出网络通行证，用户终端发出的每个数据包若不符合网络交换机端的审核条件则一律丢弃，杜绝黑客的攻击。 每次服务结束后，都自动撤销通行证。

通行证机制由交换机执行，不在用户可控制的范围内：

（1）审核用户数据包源地址：防止用户发送任何假冒或匿名数据包（入网后自动设定）。

（2）审核目标地址：用户只能发送数据包到服务器指定的对象（服务申请时确定）。

（3）审核数据流量：用户发送数据流量必须符合服务器规定（服务申请时确定）。

（4）审核版权标识：防止用户转发从网上下载的有版权的内容（内容供应商设定）。

大一统网络不需要防火墙、杀毒、加密、内外网隔离等消极手段，从结构上彻底阻断了黑客攻击的途径，是本质上可以高枕无忧的安全网络。

3. 隔离网络设备与用户数据，切断病毒扩散的生命线

IP互联网设备可随意拆解用户数据包；大一统网络设备与用户数据完全隔离。

冯·诺依曼创造的计算机将程序指令和操作数据放在同一个地方，也就是说一段程序可以修改机器中的其他程序和数据。 沿用至今的这一计算机模式，给特洛伊木马、蠕虫、病毒、后门等留下了可乘之机。 随着病毒的高速积累，防毒软件和补丁永远慢一拍，处于被动状态。

互联网 TCP/IP 的技术核心是尽力而为、存储转发、检错重发。 为了实现互联网的使命，网络服务器和路由器必须具备解析用户数据包的能力，这就为黑客病毒留了活路，网络安全从此成了比谁聪明的角力，永无安宁。 这是 IP 互联网第三项遗传性缺陷。

大一统网络交换机设备中的 CPU 不接触任意一个用户数据包。 也就是说，整个网络只是为业务提供方和接收方的终端设备之间，建立一条完全隔离和流量行为规范的透明管道。 用户终端不管收发什么数据，一概与网络无关，从结构上切断了病毒和木马的生命线。 因此，大一统网络杜绝网上的无关人员窃取用户数据的可能，同理，那些想当黑客或制造病毒的人根本就没有可供攻击的对象。

4. 阻断用户之间的自由连接，确保管理收费和杜绝滥发

IP 互联网是自由市场，无中间人；大一统网络是百货公司，有中间人。

对于网络来说，消费者与内容供应商都属于网络用户范畴，只是大小不同而已。

IP 互联网是个无管理的自由市场，任意用户之间可以直接通信(P2P)。 也就是说，要不要管理是用户说了算，要不要收费是单方大用户(供应商)说了算，要不要遵守法规也是单方大用户说了算。 运营商至多收个入场费，要想执行法律、道德、安全和商业规矩，现在和将来都不可能。 这是 IP 互联网第四项架构上的残疾。

大一统网络创造了服务节点概念，形成有管理的百货公司商业模式。 用户之间或者消费者与供货商之间，严格限制自由接触，一切联系都必须取得节点服务器(中间人)的批准。 这是实现网络业务有效管理的必要条件。 有了不可逾越的规范，各类用户之间的关系才能在真正意义上分成 C2C、B2C、B2B 等，或者统称为有管理的用户间对等通信(MP2P)。

5. 在通信协议中植入商业规则，确保盈利模式

IP 互联网奉行先通信后管理模式；大一统网络奉行先管理后通信模式。

网上散布的非法媒体内容，只有在造成恶劣影响以后才能在局部范围内查封，而不能防患于未然。 法律与道德不能防范有组织、有计划的"职业攻击"，而且法律只能对已造成危害的人实施处罚。 IP 互联网将管理定义成一种额外附加的服务，建立在应用层。 因此，管理自然成为一种可有可无的摆设。 这是 IP 互联网第五项难移

的本性。

大一统网络用户终端只能在节点服务器许可范围内的指定业务中，选择申请其中之一。 服务建立过程中的协议信令，由节点服务器执行（不经用户之手）。 用户终端只是被动地回答服务器的提问，接受或拒绝服务，不能参与到协议过程中。 一旦用户接受服务器提供的服务，只能按照通行证规定的方式发送数据包，任何偏离通行证规定的数据包一律在底层交换机中丢弃。 大一统网络协议的基本思路是实现以服务内容为核心的商业模式，而不只是完成简单的数据交流。 在这一模式下，安全成为固有的属性，而不是附加在网络上的额外服务项目。 当然，业务权限审核、资源确认和计费手续等均可轻易包含在管理合同之中。

6.8.5 定义网络管理的新高度

网络管理是一项古老的系统任务。 今天，主要有两大技术体系，分别是 TMN 和 SNMP。

（1）TMN(Telecommunications Management Network，电信管理网络)专门管理电话网，提供单一的语音服务。

（2）SNMP(Simple Network Management Protocol，简单网管协议)专门管理互联网中松散关联的设备，提供简单数据传输服务。

根据国际标准化组织 ISO/IEC 74984 文件中的定义，网络管理必须具备五大功能：

（1）配置管理(Configuration Management, CM)；

（2）性能管理(Performance Management, PM)；

（3）故障管理(Fault Management, FM)；

（4）计费管理(Accounting Management, AM)；

（5）安全管理(Security Management, SM)。

我们知道，上述两种网络管理系统和 ISO 的定义都诞生于窄带年代，那时每秒几千比特带宽和每秒几千指令运算力严重限制了系统的处理能力。

今天，不仅管理资源(带宽和运算力)增加了千倍以上，其实，管理对象反而变得简单了。 过去庞大的设备需要复杂的部件管理，今天都集成到了单一的芯片上，过去的管理对象已经消失了。 例如，TMN 中最复杂的 Q 接口，已经没有存在的必要。

时代不同了，本书认为，窄带时期的思维模式和技术手段必须改变，才能建立起全新的宽带模式。 大一统互联网的目标是建立在大规模视频通信基础上，满足消费者丰富多彩的新需求。 由于网络管理的资源变了，对象变了，需求也变了，整个网络管理的环境大大改变了，因此，大一统互联网不能与传统网络同日而语，必须创建一个网络管理的新高度。

大一统网络改变传统网络管理思路，通过动态的软启动和软复位程序（见图6-3）具备了快速适应设备和拓扑结构调整的自学习能力。 网络管理将传统网络中的配置、性能、故障和安全等功能融合到一组协议流程中，实现全网设备即插即用（Plug&Play）。

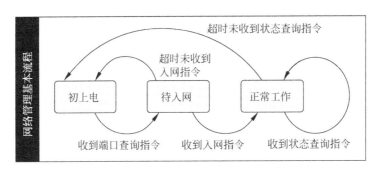

图 6-3　大一统网络的动态软启动和软复位流程

1. 软启动流程

设备在入网前，并不知道自身在网络中所处的地址，同样，服务器也完全不知道交换机端口的连接情况。 服务器只能试探性地向可能连接网络设备的地址，即正常工作交换机的未连接端口，发送端口查询指令，将确切地址告诉可能存在的联网设备，使得连接在该端口的网络设备启动入网程序，或称为软启动（Soft Stater Procedure，SSP）。

服务器根据正常工作的交换机得知其端口地址及层数，并将此信息包含在端口查询指令中，网络设备从端口查询指令中学习得到其位置信息，如地址、层数、途经交换机节点等，并向服务器回复端口查询应答指令，其中告诉服务器关于本设备的固有信息，如标识、类型、掩码宽度等。 服务器将根据这些信息为此设备建立档案，即设备信息表。

若服务器定时（查询周期）向所有可能连接网络设备的地址发送端口查询指令，将使任何时间联网的任何合法设备在几个查询周期内迅速自动入网。

2. 软复位流程

从另一个角度，服务器定时向所有正常工作的网络设备发送状态查询指令，或称为网络心跳（Heartbeat）。 状态查询指令中包含了被查询设备的标识，因此查询过程针对被查设备具有唯一性。 网络设备在应答指令中，包含自身和周边环境的状态信息，由服务器做智能判断。 若服务器连续几个周期停止向某设备发送状态查询指令，则现场设备内部的看门狗（Watchdog）就会迫使该设备退网，或称软复位（Soft Reset Procedure，SRP）。 同样道理，若现场设备脱离网络，如下电或故障，服务器在几个周期内收不到该设备发回的状态查询应答指令，则服务器信息表中的看门狗就会迫使该设备进入未连接状态，并根据设备的重要程度向网络管理员发出告警，或直接启动故障处理程序。

大一统网络的软启动和软复位程序看起来寥寥数语，其实代表了宽带网络管理领域划时代的变革。 读者值得花时间去思考上述网络管理的基本思路。 因为篇幅有限，笔者不打算在技术上过于深入。 配合其他技术手段，大一统网络的软启动和软复位程序实现了以下网络平台和用户管理功能：

（1）能够通过自学习过程扩展网络疆域和拓扑结构。

（2）能够实现大一统网络无线接入、异地漫游和车载通信。

（3）无须任何现场参数设置，能够实现全网设备即插即用。

（4）能够实现结构上的网络安全，避免 IP 网络的重大安全漏洞。

（5）能够在一个流程中融合网络容错、故障排除、流量工程和传输品质保障。

注意，大一统网络管理不包括传统的计费管理，因为大一统网络实行每次服务独立计费的商业模式，计费属于业务管理的范畴。

6.8.6　异构网络融合原则与孤岛价值

异构网络泛指不兼容的网络，例如 IPv6、GENI、大一统网络都与传统 IP 互联网不兼容。 众所周知，当前互联网性能不佳，导致网上应用局限在不需要丰富带宽资源的快餐式服务，如搜索引擎、Facebook、Twitter 之类。 因此，为了促进网络经济发展，建设新一代互联网是不可回避的唯一出路。 与此同时，我们必须正视，今天的 IP 互联网已经发展到无所不在的境地。 因此，任何新网络的发展都不能损伤传统服务，尤其是 IP 互联网。 所以，在相当一段时间，新网络必须与 IP 互联网共存。

如何实现异构网络共存？ 一般有"隧道"和"双模"两大类方案。 双模方案实际上就是两个独立网络，各自的业务难以融合，因此，不在本书考虑之列。 隧道方案进一步分为两种模式：

（1）用已具规模的传统网络承载新网络，例如，用电信 ATM 网络承载初创期的 IP 互联网，用当前的 IPv4 互联网承载 IPv6。 这种工作模式的最大优点是利用传统网络成熟覆盖面，帮助新网络迅速大面积扩展。 但是，这种工作模式的缺陷是新网络的品质受到传统网络的限制，互联网上承载的应用品质难以超越互联网本身，因此，价值不大。

（2）用不具规模的新网络承载传统网络，由于新网络的品质高于传统网络，显然，新网络能够透明承载传统网络。也就是说，在新网络所到之处，用户感觉不到传统互联网已经改换为新网络承载。更重要的是，我们能够在新网络覆盖范围内，提供优于传统网络的新业务。当然，这种工作模式的最大缺点是新网络只能在少数孤岛启动，距离连成大网看来很遥远。但是，如果每个孤岛都能产生现金流，支撑该孤岛的网络建设，那将发生戏剧性的变化。实际上，这就是大一统互联网成功的秘诀，请看 6.9 节的详细论述。

6.9　大一统互联网的推广路线图

行家们心里清楚，下一代互联网真正的难中之难是要求解决难题的同时，维持网络正常运行，甚至不断扩展。难怪互联网业内的顶级专家们发自内心地、绝望地呼叫：实现互联网结构创新好比是为正在飞行途中的飞机更换发动机。也就是说，这是不可能的使命。

但是，事实并非如此，不要悲观。

包括远程视频交流在内的通信网络是人类自古以来的梦想。今天，实现这一梦想的基础资源(IC 芯片和带宽)早已充分丰盛，而阻碍实现梦想的只是一种人为的网络技术。本书认为，人类社会发展不能被少数几家网络设备厂商所绑架。其实只要毫不犹豫地扬弃 IP 网络技术，大一统互联网简单易行，甚至可以说，十多年前就具备了大规模推广的可行性。

大一统网络理论的重要贡献在于指明了未来网络只要满足视频通信的透明传输，其他一切业务都将转移到与网络本身无关的内容层面。在这一理论指导下，允许大一统网络在不同区域独立发展，也就是说，在无数个局部区域复制成功模式，迅速推广，连成一片。

传统互联网催生了一种通过免费服务吸引眼球，迅速掌握大量用户群，然后从定向广告中赢取利润的商业模式。今天，这种商业模式似乎已经习以为常，成为互联网公司的固定套路，但是他们忽略了实实在在创造用户现金流的传统商业模式。实际上，发展视频互联网的商业模式不在广度，而在深度。这就颠覆了当前业界普遍认可的互联网商业模式。

当然，实现这一目标的路线图需要分几步实现，关键在于：

（1）每一步都能避开传统势力的阻拦，或者说，不损伤传统服务。

（2）每一步都能为消费者、运营商和投资人创造价值，或者说，用户愿意买单。

6.9.1　透明承载 IP 数据，吸纳区域有线电视的大流量

我们有信心凭借大一统网络的业务优势，逐步蚕食 IP 互联网的地盘，直至完全替代。

读者一定会问，由互联网联盟推崇的 IPv6 问世二十多年还看不到取代 IPv4 的迹象，大一统网络凭什么能成功？

其实，原因很简单。由于 IPv6 的主要业务与 IPv4 重叠，结构上互不兼容，导致大量没有实际价值的重复投资。另外，IPv6 业务改良的程度达不到可称为"下一代"的境界，因此，自然没有消费者愿意为 IPv6 买单。大一统网络显然不能沿用 IPv6 的推广模式。

大一统网络的推广策略为：接入网资源共享，骨干网业务分离，避免重复投资，服务能力本质差异，确保每一步有足够的现金流支撑。

实际上，先在局部区域建设大一统网络的示范区，主要提供两项服务：

（1）透明承载 IP 互联网；

（2）卓越的网络电视，功能和性能远超传统有线电视。

1. 透明承载 IP 互联网数据

先从局部地区开始，例如多个居民小区。在确保大一统网络唯一性的前提下，通过透明隧道将 IP 互联网整体平移到大一统网络平台上。原有网站和用户 PC 软件都维持不变，对于视频新网络来说，这是一项相对小流量服务，就好像在铁路系统中附带的邮政业务。

大一统网络承载 IP 数据的原理如下：

（1）在用户接入端，即底层交换机，根据终端地址格式区分 IP/MAC 和大一统网络数据包。

（2）用大一统网络数据包封装 MAC 数据，共享接入网，包括物理线路和无线带宽。

（3）在网络服务节点，分流并恢复原始 IP/MAC 数据包，引导进入分离的 IP 骨干网。

实际上，消费者完全察觉不到现有互联网基础已被替换。在可管理的大一统网络上承载 IP 互联网，可以顺便附加一些有用的功能，例如，家长可以按时间随意定

制网络带宽。 在孩子做功课和就寝时段，有选择地关闭或降低互联网带宽，防止孩子沉溺于网络游戏。

2. 有线电视是培育大一统网络的第一层肥料

每一个局部网络建设都必须由强壮的现金流来支撑，当地有线电视服务费自然成为培育新网络的肥料，个性化电视服务就能带来充分的现金流支付本地网络建设。大一统网络所到之处，卓越的个性化网络电视直取替代当地有线电视，提供全高清的时移电视、视频点播、视频博客、视频邮箱等服务。 显然，与互联网上的免费视频不同，网络电视的第一要素是"有料"，达到客厅观赏级水平，能够提供消费者认为有价值的服务，并愿意为此服务支付费用。

由此可见，大一统网络示范区(局部网络)已经具备了可盈利的商业模式，至少能收回成本。 有了这一原动力，成功的模式可以大量复制，不断扩大示范区，并且连成一片。 在上述推广过程中，设备和管理成本下降，定向广告价值上升，形成大面积复制的有利条件。

6.9.2 用户自建不一样的无线通信

无线网络带来的便利性是未来消费者服务的必然趋势，但是，大规模贴近消费者的无线网络服务必须依赖高性能有线固网的支撑。 而且，无线与有线应用密切交融，在社区和家庭中密不可分，大量的网上内容都在有线固网上传递。 当前，移动通信和传统电信分离的网络架构实际上建立了两张重叠的网络，仅在少数节点上通过网关互联，各自具有难以弥补的局限性，造成网络服务长期萧条和网络资源的巨大浪费。

如前所述，大一统网络的主要特征之一是可管理的"带宽按需随点"，这种可管理性能够自然延伸到无线领域，成为"可管理的 WiFi"。 也就是说，大一统网络的可管理性延伸到无线微基站的覆盖范围和服务计费上，因此，自然成为区别于当前无线网络的撒手锏，提供前所未有的有线同质化无线服务，锁定基本用户群。

当个性化网络电视示范区规模的扩展超过大部分人的日常活动范围，例如一个城市，在大一统网络覆盖的区域内，用户和商家在各自管辖区域内部署可管理的廉价微基站，余下公共场所的微基站由运营商部署，这就形成一个独立的无线城域网。只要达到一定的用户需求量，设备厂商愿意为城域网提供量身定做的无线终端。 大一统网络强大的计费管理能力，能够将部分无线接入费分享到微基站提供者的账户，成为用户自行建立无线微基站的原动力。 另外，大一统网络强大的带宽管理能力，能够通过技术手段自动协调大量微基站的入网规则，包括不当入侵别人的管辖区，以及超过规定的发射功率等。

在中等规模区域，大一统网络能够提供高品质视频化的电子商务、远程教育和社交网站等。 显然，此类与传统差异化的服务能够获得用户月租和本地广告收入。 在城市范围，以远程人工智能为核心的超级云计算将成为新一轮可收费的杀手应用。电视、计算机和手持设备能够共享高品质视频通信内容和无须下载的接收方式，实现真正意义上的"三屏融合"。

综上所述，大一统网络整合固网和无线网络，整合以后的统一网络能够大大超越传统无线和固网服务的总和，极大地提升了社会资源配置的合理性，有效推动人类社会进步。 大一统互联网的发动机是背后巨大的网络经济，这项整合带来的社会价值足以冲垮那些既得利益者构筑的路障。 因此，固网和无线或者说互联网和移动通信整合成一体化的超级网络只是迟早的事。

第 7 章详细论述了基于大一统网络的无线微基站服务能力和建网方案。

6.9.3 白赚一棵摇钱树：用户之间的视频通信仅需下载软件

随着大一统网络覆盖面的扩展，尤其是超越城市范围，另一项网络服务浮出水面，这就是视频通信。 其实，视频通信是一项古老的需求，可以追溯到千年以上的神话故事中。

视频通信的发展过程与当年电话网络相似，从本地电话到长途电话。 早在 20 世纪 60 年代，AT&T 成功实现了可视通信。 但是，几十年来未见规模化发展，不少人开始怀疑是否有市场需求。 其实一点也不奇怪，过去曾有许多骑马高手怀疑过火车的实用性，爱迪生发明的电灯曾被"科学地"认定不如煤气灯实用。 当年美国第 19 任总统 Rutherfor Hayes 观看贝尔电话演示后说："这是一项神奇的发明，但是谁要用它呢？"因为那时电报已经成为远程传递消息的便捷工具。 显而易见，视频通信仅仅带来信息之外的辅助感受，因此，差的视频通信没有价值，贵的视频通信没有必要，操作麻烦的视频通信懒得用。 但是，一旦用上了，养成习惯，视频通信会成为日常生活离不了的基本元素。

随着"个性化网络电视示范区"的扩展，几乎零成本的高品质视频通信业务缓慢起步。 尽管有用户适应过程，但是后劲足，流量巨大的视频通信将奠定大一统网络不可替代的地位。 视频通信业务的特点是需要一个较大的起始群体，一旦超过数量门槛，用户价值随用户平方呈指数级增长，大一统互联网的推动力自然地从媒体（B2C）转向通信（C2C）。 前面说过，在大一统互联网上，高品质实时视频通信只是最基本的服务，或者是几乎零成本的服务。 但是，相对于 IP 互联网，却是最难的服务，或者是办不到的服务。

对于消费者来说，大一统互联网带来"视频服务，语音收费"或"专网品质，公网价格"。

对于网络运营商来说，随着个性化电视和同质化无线服务的逐步普及，不断复制可盈利的商业模式，突然有一天，发现大规模视频通信已经成为主营业务之一，运营商白赚了整个视频通信能力，带来源源不断的稳定现金流。 也就是说，消费者视频通信服务几乎零成本传递用户摄像机未经加工的"生内容"，铸就大一统互联网的百年大计。

6.9.4 迈向真正的大一统

站在视频通信角度，整个大一统互联网可以想象成广义的电话网，只不过用户电话机换成了电视机和摄像机。 有些用户不要电话机，而用自动应答录音机代替。 如果有些用户安装了许多录音机，这就是网络硬盘存储阵列。 有些用户租用很大的邮箱，并向其他用户开放，他们就称为"内容供应商"。 有些用户的摄像机一直开着，并向其他用户开放，他们就称为"电视台"。 在大一统互联网上只要获得许可，任意用户都可以申请成为内容供应商或者电视台。 如果说到互联网计算机信息服务，大家不会忘记过去的拨号上网，今天大一统网络能够提供虚拟超级猫（Modem）可自动拨号，并任意设置带宽。 事实上，我们想象不出还有哪一项服务不能在上述广义的电话网上实现。

只要大一统网络达到一定用户规模，自然有人会将 IP 互联网业务移植到大一统网络，并且开发出混合服务，即真正的多媒体服务。 显然，这一过程是单方向的，同时伴随了巨大的经济利益，自然会愈演愈烈。 只要有一小部分新应用不能在 IP 互联网上实现，传统 IP 互联网就将不可避免地走向不归路，最终，就像电报和传呼机一样退出历史舞台。 实际上，走到这一步已经完成了为高空中的飞机更换发动机的壮举。

面对未来网络，不能依靠小技巧和小聪明，在窄带思维空间内寻求出路，必须具备创新网络基础理论的大智慧，从根本上重建宽带思维模式和全球网络新环境。

实际上，大一统互联网的核心就是实现终极网络。

1. 未来网络必将大整合，或者说大一统

具体表现在以下两个方面：

（1）从内容角度：整合媒体、娱乐、通信和所有类型的信息服务。

（2）从结构角度：整合固网、移动通信和传感器网络。

展望未来，传统电话网络和有线电视由于服务单一，将被率先替代，成为网络创新的肥料。实际上，当前的强势网络是互联网和移动通信网。我们看到，互联网初期取得巨大成功，但是，随后各种弊病缠身，网络经济长期陷于低迷。类似地，移动通信网络也是在初期（2G）取得巨大成功，但是，3G 大部分亏损，直到 LTE 和 4G 扭转局面，移动互联网获得了巨大成功，5G 应用呼之欲出，未来前景莫衷一是。

我们的研究结论是，两大领域从初期盛况逐步衰退的通病，就是不按视频决定论办事。或者说，只要遵循大一统网络世界观，这两大领域都会出现翻天覆地的进步。

实际上，打下互联网江山，打下移动通信江山，充其量是各占一方的诸侯。

大一统网络世界观告诉我们，未来一统天下的王者是视频通信。

令人难以置信，视频通信极其简单：第一，在语音通信的基础上；第二，扩大带宽几百倍。

2. 网络现实透露了无奈的真相

（1）传统互联网以文件为主，尽管扩大带宽不难，但是，文件的子孙驾驭不了语音原理。事实是，今天最好的 IP 电话，使用最贵的网络、最复杂的终端，其品质还不如已有 100 年历史的 PSTN 服务。

（2）传统移动通信以语音为主，尽管语音是本分，但是，移动通信的后代不知如何扩容几百倍。

如何面对未来网络大一统？ **本书给互联网开的药方是，扬弃互联网"尽力而为、存储转发、永远在线"的基本模式，网络基础整体转到流媒体架构**。在满足大规模视频通信的前提下，抽象文件传输效率不必在乎，舍得丢芝麻，才能得西瓜。

本书给移动通信开的药方是，放弃在今天宏蜂窝架构上继续投资，趁着现在手里掌握资源，快快找一个安全着陆点，把资产结构调整到以固网为中心的微基站架构上来。

但是，这些建议无疑要改变祖宗家法，可惜，两个王朝命运都掌握在一些既得利益者手中。因此，为了广大消费者的利益，为了人类社会的整体利益，看来一场网络大革命难以避免。大革命就是要创立全新的理论体系。

大一统互联网理论认为，所谓"网络服务"无非是通信、媒体、娱乐和信息四类；所谓"网络传输"不外乎是即时和存储两类；所谓"网络内容"不过是计算机文件和视音流两类；所谓"网络载体"不出有线和无线两类。大一统互联网在统一基础结构上，全面覆盖上述全部网络服务、网络传输、网络内容、网络载体，能够向每个用户的多台终端同时提供多路服务。 未来新的杀手应用难以预测，但总是离不开上述四种服务、两种传输、两种内容和两种载体。 而且，创新应用最有可能出现在上述工作模式和媒体类型的交界处。 因此，大一统的网络平台有能力将过去、现在和未来的服务一网打尽，或者说，实现通信网络的终极目标。

显而易见，在大一统网络覆盖的区域内，传统互联网服务将自发地迁徙到新的网络平台。

3．此次大迁徙的动力来自新应用市场

（1）实时、高品质的传输大大改善了网络服务能力。

（2）无线和有线同质化服务能力大大提升了网络应用价值。

（3）安全有序的网络商业环境大大促进了以内容消费为基础的网络经济。

回顾上述几个发展阶段，实际上，**推广大一统互联网的秘密只是一个反传统的网络理论和一个可复制的局部盈利商业模式**。当前，网络建设的基础资源已经充分丰盛，在大一统互联网的大餐上，传统服务无非是几道开胃菜。 大一统网络的核心价值在于整个网络的生态环境。 传统互联网业务必须同未来网络影视内容产业和实时视频与音频交流在一个平台上实现价值互补、业务融合和资源共享。 根据网络黑洞效应，没有任何力量能够阻拦大一统互联网吸纳和替代传统四大网络：电信、有线电视、互联网和无线通信，并且，开辟了传统网络可望不可求的市场空间，即云时代的网络新世界。 推广大一统互联网很难吗？ 不，完全不难。 按照本书论述的路线图，每一步都足以产生自身建网所需的现金流，这就是价值驱动的解决方案。 实际上，以战养战可形成可持续的扩展模式，促进网络经济井喷。

通过充分论证必要性和可行性，本章的结论是大一统互联网近在眼前。

第7章
边界自适应微基站无线通信网络

7.1 无线领域的两大阵营

当前无线领域主要有两大网络体系，分别是移动通信和无线局域网。

7.1.1 移动通信

第二代移动通信(2G)取得了巨大成功，但是，接下来的3G不如2G。 由3GPP领军的长期演进计划(LTE)希望能为移动通信开创新局面。 但是，面对不堪重负的通信带宽，大部分移动运营商捉襟见肘，自降服务水平，撤销不限量数据业务。 事实是，3GPP-LTE(包括两家竞争者)不论多么努力、耗费多少资源，还是不及2G那样成功的高度。 后来，3G网络收入主要依赖传统的2G业务。 有趣的是，3GPP用了一个前所未有的新词"长期演进"，言下之意，似乎还不知道未来目标是什么，下一步将如何演进，也不知道要演进多久，反正先把概念提出来"绑架"了消费者再说。

我们知道，2G无线网络的主要业务是语音，显然，2G的成功建立在一个事实基础之上，即语音品质与固网相仿。 当前两大无线阵营都把目光聚焦在无线多媒体上，问题是，它们提供的无线多媒体品质能够与固网相提并论吗？ 答案是不能且差得很远。

实际上，问题的焦点不在于新奇的应用，而是基本的带宽资源。 本书认为，沿着LTE的宏基站演进路线，不可能抵达无线多媒体的彼岸。 无奈地，两大阵营只能将无线通信市场局限在简单的信息传递和所谓的"碎片化"时间上。 实际上，就是把有线网络应用降格成无线水平，严重拖累了网络经济的发展潜力。 事实上，移动通信的核心是移动，微基站的设计可以保证覆盖，但对移动性也是很大的考验。

7.1.2 无线局域网

另一个无线体系是从无线局域网开始，由WiFi联盟领军，目标是在小范围内提供移动性。 为了扩大覆盖区域，2001 年成立了 WiMAX 论坛，与移动通信竞争。 但是，WiFi 和 WiMAX 都面临"四不一没有"的困境，即带宽不足、漫游不方便、网管不强大、系统不安全，以及没有杀手应用。 当前所谓的"无线城市"基本上靠政府买单，或其他业务补贴，直接经营收入难以支付维护成本。

本书提出的微基站概念是相对于当前蜂窝网宏基站而言，大幅度缩小基站覆盖半径，意味着减少单个基站服务用户数，等效于大幅度增加每个用户的可用带宽，充分满足未来无线通信带宽需求。 这个看似简单的方法会遇到许多复杂的问题，其中，边界自适应是具代表性的对策。 边界自适应的微基站网络目标是，找到切实可行的办法，从本质上充分提升无线通信带宽和传输品质，把无线做得与有线一样好。请注意，这里所说的有线，不是指品质低劣的 IP 互联网，而是指高品质的大一统网络，提供包括视频通信在内的有线同质化服务。

在城市人流密集的热点区域，如校园、咖啡馆、茶室、商场、展会、运动会、车站、候机楼等，移动终端密度大，一旦普及宽带业务，带宽需求将远远超过传统基站的能力。 微基站网络通过集中管理的高度密集基站群，在空间上分割人群，相对降低每个微基站服务区内的终端数量，如果基站间距缩小到 10m 以下，系统带宽增益可达万倍以上。

在高密度居民区，无线信号完全重叠，边界自适应的微基站网络从结构上确保无线频谱的管理能力。 无线网络的动态时隙和发帧权中心控制机制能够消除信号间的互相干扰，同时，严格防止侵占他人的网络资源。

在乡村地区，无线基站能够自动放大覆盖半径达 1km 以上，兼顾用户大量集中和少量分散的分布状态。 如果发现某一区域带宽不够，只需在那里加装基站，如同照明不够的角落增加几盏路灯。 边界自适应的微基站网络多向发射功率和天线波束控制以及基站即插即用机制，能够自动缩小周边基站的覆盖范围，在该局部区域内提升系统带宽能力。

在铁路和隧道沿线，微基站单方向排列，无线网络能够实现高速车载移动通信。当无线终端以数百公里时速穿越无数个微基站时，可能每个基站只收发几个数据包，甚至一个数据包都来不及发送。 边界自适应微基站网络的无损切换机制，能够确保实时互动高清视频流的原始丢包率控制在万分之一（0.01%）以下。

综上所述，无线网络不再需要"规划"，只要随时增设基站，就能按需获得无线带宽的能力。 根据边界自适应微基站原理，未来的基站数量可能比终端多，基站价格比终端便宜。 在不远的将来，我们可以在超市里买无线基站，像电灯泡一样，回家自己安装，无须任何参数和密码设置。 无线通信网络发展方向如图 7-1 所示。

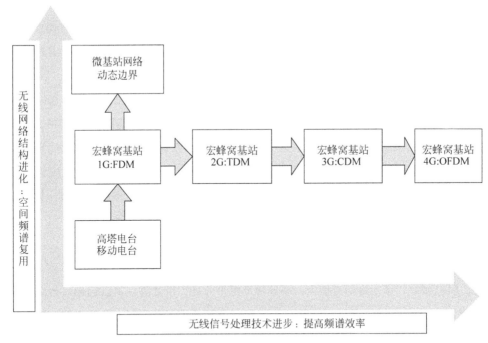

图 7-1　无线通信网络发展方向

7.2　无线通信的终极目标：有线同质化服务

在进一步讨论无线网络之前，必须首先澄清有关的基本原理、目标和方法。实际上，当前移动通信阵营忽略了基本功课，却提出眼花缭乱的演进计划，甚至偷换系统带宽与峰值带宽的概念，误导消费者。

7.2.1　基本功课就是两个简单的问题

（1）未来许多年以后，无线通信网络需要多少带宽？

（2）在当前的宏蜂窝网络架构基础上，最多能够增加多少"系统总带宽"？

我们知道，2G 以后，无线网络的下一个成功取决于下一个大规模高回报的应用，这就是包括视频在内的移动多媒体网络。实际上，视频数据量远高于语音，一旦触发了视频应用，随之而来的必然是品质、费用、用户量和满意度等无休止的纠缠。这是一个可怕的潘多拉盒子，必然重现今天视频业务对 IP 固网冲击的噩梦。好在 IP 固网可以有幸简单扩容，然而，LTE 难以扩容，因此，不应该向消费者许诺不切实际的业务。视频是一头巨兽，从语音到视频是一个网络带宽的大跳跃，实现视频目标的唯一出路是品质保证的带宽增加数百倍。 这个带宽跳跃称为视频门槛，达到这一门槛，其他一切服务都包含在内，就是光明前景。 达不到这一门槛，无论在半道上花多少力气都是白搭。 今天，无线通信阵营的心态就像赌徒企图捞回 3G 已经输掉的本钱，而下注更大的 4G 筹码。 我们必须牢记，未来无线网络的使命是降服视频巨兽，而不是降低消费者标准。

可见，前面提出的第一个问题的答案很简单，为了满足未来视频应用需求，唯一的出路就是品质保证的无线带宽至少扩容数百倍。 对于第二个问题，没有人否认 3G 比 2G 好，当然，4G 则更好。 一个网络建成后，总会有人手发痒，试图做些改进。当然，他们还能证明新网比旧网好。 但是，这些人往往会忽略一个问题，重建新网的代价是多少？ 更重要的问题是，新网络能否激发下一轮大规模高回报的新业务？

7.2.2 3GPP-LTE 的技术文档中得出的结论

（1）LTE 提升带宽的手段之一是使用更多频段。 注意，这个办法 2G 也可以用，不必演进。

（2）3GPP 还通过两次演进，提升频谱效率 3～6 倍（LTE：2～4 倍；LTE-A：1.5 倍）。

（3）这样的演进与原来的网络不兼容，需要重新购买基站和终端设备。

我们知道，OFDM 技术处理单信道带宽能力大大增加，看上去，4G 峰值带宽可达几百兆比特每秒。 但是，在一个宏基站覆盖范围内大量用户共享，每户所得极为可怜，根本不足以支撑真正的宽带业务。 也就是说，系统总带宽或用户服务能力只是略有改善。 没有足够的带宽，移动云服务充其量只是个玩具。

因此，对于第二个问题的事实真相是，移动通信工业努力 15 年，系统总体服务能力增加极其有限，远不能满足未来无线带宽的需求。

7.3 解读香农信道极限理论

香农（Shannon）理论是指导窄带通信网络发展的纲领，这里特别说窄带通信是为了强调带宽是无线通信网络的首要资源。 对于窄带通信网络来说，香农理论告诉我们，在有噪声的环境下，信道容量的极限（C）取决于两个主要参数：频谱宽度（W）和信号噪声比（S/N）。 其简单关系如下：

$$C = W \log(S/N)$$

当前无线通信领域，多种技术激烈竞争，在行业内吸引了不少注意力。 但是，今天这种竞争已经演变成比谁跑得快，或者说，是一场比谁能更加逼近香农理论极限的竞技表演，竞争者们忘记了最终的使命是什么。 在移动通信市场，消费者不是花钱买技术，而是买服务。

在资源丰富的宽带世界里，应该从另外一个角度解读香农理论。 也就是说，在香农理论指导下，我们的目标是用户最佳体验，而不是追求逼近理论极限。

1. 香农理论只告诉我们一个带宽极限值

达到这个极限就够了吗？ 根据视频业务需求，采用 LTE 的宏蜂窝结构，这个极限值与实际需求相去甚远。 事实上，就算达到了这个极限值，还是不解决问题，那么，为了逼近极限煞费苦心岂非多余？ 香农极限理论明确指出，无线带宽与芯片运算力不同，不遵循指数式进步的摩尔定律。 因此，无线网络不能走 PC 发展多次温和改善，或者说"长期演进"的道路。

2. 香农极限是一个收益递减的对数函数

众所周知，log 函数的特征是越往高走，收获增益越小。 也就是说，不论多么漂亮的技术，在极限值附近花力气，即提高频谱效率一定事倍功半。 事实上，按照每赫兹频谱产生多少比特带宽来看，无线工业过去 15 年潜力几乎已经挖尽，提升频谱效率的总和只有 10 倍左右。 当前移动通信和无线局域网两大阵营的技术差不多，即 LTE 和 IEEE 802.11n 都采用了 OFDM/MIMO 技术。

3. 第一个关键参数是频谱宽度

受到电磁波本质限制，适合无线通信的频谱只有一小段，因此，频谱是极为宝贵的公共资源。 曾有人向美国联邦通信委员会(Federal Communication Commission, FCC)建议，把广播电视频段改用于移动通信。 但是，由于低频段频谱总资源稀缺且天线体积过大，高频端频谱不适合有障碍和移动环境，因此，大幅扩大频谱宽度难以操作。

4. 第二个关键参数是信噪比

假设其中噪声(N)恒定。 电磁学原理告诉我们，不同的天线结构和无线频率，信号强度(S)随发射天线距离的平方至四次方迅速衰减。 也就是说，无线通信的"黄金地段"只是在天线附近而已。

5. 根据香农理论指导网络建设

说得明白点，提升无线带宽只有三条路：改善频谱效率、使用更多频段和提高频谱复用率。 香农理论告诉我们，前两条都是死路，唯有提高频谱复用率才能够为我们带来潜在的、无限量的无线带宽。 简单计算得出结论，覆盖半径从 3km 缩小到 50m，相当于有效频谱资源放大 3600 倍。 不断缩小覆盖半径，最终导致无线通信退化成有线固网近距离接入手段。

跳出传统思维定式，其实电磁波弥漫在空中。 我们每个人周围的短距离内，电磁波传输环境良好，与个人需求相比，电磁波带宽充分丰盛。 但是，如果在数千人的群体，中间一定有许多墙体遮挡，分布环境复杂，需求总量扩大千倍，电磁波带宽必然成为一个稀缺资源。

香农理论告诉我们，当前移动通信阵营违背了上述规律，其演进方向可以概括为，在理论极限附近，狭隘地改善无线频谱效率。 这是在戈壁滩上种庄稼的策略，努力耕作流尽汗水，却永远改变不了带宽饥饿命运。

香农理论告诉我们，强迫用户去使用远方的电波显然是个不够聪明的主意，人为地将原本简单的问题复杂化。 因此，遵循香农理论，采用低功率无线微基站结构，通过空间隔离，无数次重复使用相同的频谱资源。 这就是把房子全部盖在黄金地段的策略。

香农理论告诉我们，不论用户密度有多高，只要适当调整发射功率，理论上总是能够部署足够多的无线基站，将用户从信号干扰中隔离出来。 因此，无线基站就像电灯一样，天黑了，我们只需照亮个人的周边活动环境，而不是复制一个人造太阳。同样道理，人体周围的无线频谱资源充分富裕，不必使用远距离的电波，否则就违背常理，舍近求远。 另外，由于用户周围平均电磁辐射量大幅降低，微基站显然是个健康的方案。

综上所述，香农理论归结为一句话：为了将无线网络品质和容量提升到接近有线网络水平，微基站是唯一的出路。 实际上，最好的宏基站网络远不如初级的微基站网络。 既然如此，迟早要走不如趁早，赶快停止 2G、3G、4G 的宏基站演进路线，避免把大量资源浪费在半道上。

7.4 把微基站理念发挥到极致

本书认为，建设未来无线网络的主要出路在于宏观上选择正确的拓扑结构，而不是在微观上强化传输技术。 也就是说，首先必须认定微基站方向，然后再看看有什么辅助技术可以配合。 大一统无线网络的本质是用有线优越性化解无线难题。 下面分析微基站的技术理念，并引申出动态边界的构想。 首先突破传统蜂窝网络架构，采用中央密集时分和精确功率控制，将频谱复用率优势发挥到极致。 这个方法还放松了对频谱效率的追求，扩大基站数量，同时减低基站成本。 然后通过精确管理，把大一统地面网络延伸到无线领域。

7.4.1 微基站网络的设计策略

根据本书理论，推导出微基站网络的设计策略：

第一，微基站网络增加整体无线带宽的主要手段是牺牲单个基站的空间覆盖范围，换取增加全系统的带宽容量，即大幅度提高频谱复用率。 由于空间面积与基站覆盖半径之间存在平方关系，从宏蜂窝到微基站，系统布局带宽提升潜力可达万倍以上。

第二，既然微基站带来充分的潜在带宽资源，那么，我们只需使用天线附近的优质带宽，配合防止信号干扰的措施，就能够满足系统高品质的传输要求。 或者说，采用多基站深度交叉覆盖，放弃使用弱信号的边缘区域，牺牲基站覆盖面积换取实时无线传输高品质。

第三，如果单个基站的覆盖范围小和基站密度大，必然引发无线信号干扰、无线终端在不同小区之间频繁切换，以及大量基站的管理和成本。 所有这些问题都必须从全局角度谋求解决方案，也就是说，用宏观的高性能固网优越性，解决微观的无线网络难题。

第四，既然使用大量微基站，或者说，基站密切贴近用户，那么自然采用不均匀的基站安装位置和动态基站边界调整手段，使资源配置跟踪需求分布的变化。 实际上，大一统无线网络用精确的管理方法，突破传统蜂窝网络系统架构，按需动态配置基站覆盖范围。

第五，采用小天线和低功率放大器，不断缩小覆盖范围，不断重复使用相同的空间频率，必然导致无线通信退化成有线固网近距离接入手段。 当穿行于无数个微基站时，用户感觉是无线，其实，背后主导的是固网。

最后的结论为：边界自适应微基站网络是用工程上的复杂度（即大幅度增加基站数量）换取理论上的不可能（即在频段使用和频谱效率上不可逾越的瓶颈），实现传统技术不可比拟的无线环境。 令人惊奇的是，根据大一统网络技术的优化方法，在成熟技术的基础上，无线网络在工程上既不复杂也不贵。

7.4.2 中心控制时分多址技术

无线通信领域面临的最基本问题是许多用户如何共享公共的频谱资源。 其中，向多用户发送混合数据，称为"复用"；占用公共资源发布个人数据，称为"多址"。迄今为止，无线复用和多址技术分为频分、时分和码分三大类。

1. 移动通信的发展历史和未来

（1）第一代（1G）模拟移动无线通信开创了蜂窝网络结构。主要采用频分复用和频分多址（FDM/FDMA）技术即不同用户使用不同无线频率，同时收发信号。蜂窝网络结构的核心优势是隔开一定距离，相同的频率段可以重复使用，因此，大大增强了系统带宽能力。为了防止信号干扰，频分技术的相邻频道必须保持足够的频率间隔，导致频谱浪费。

（2）第二代（2G）数字无线通信主要采用时分复用（Time Division Multiplexing，TDM）和时分多址（Time Division Multiple Access，TDMA）技术，即小区内不同用户使用相同频率，不同时间收发信号。由于时隙分配不灵活，导致资源利用率不高。

（3）第三代（3G）无线通信主要采用码分复用（Code Division Multiplexing，CDM）和码分多址（Code Division Multiple Access，CDMA）技术，不同用户用相同频率，同时收发信号，但使用不同的编码。为了形象地解释码分技术，可以用鸡尾酒晚会模型，即许多人同时在一个大厅中交流，如果使用不同语言，别人的谈话可以当成背景噪声。从理论上分析，码分技术的效率高于传统的频分和时分技术。

（4）第三代以后［B3G（Beyond 3G）和4G］，随着数字处理技术的进步，人们发现只要严格控制信号相位，可以大幅度缩小传统频分技术的频道间隔。这项改进后的密集频分技术，即所谓的正交频分复用（Orthogonal Frequency Division Multiplexing，OFDM）和正交频分多址（Orthogonal Frequency Division Multiple Access，OFDMA）技术。由于用户数据被分解成多个子频道，有效降低了无线信号的码间干扰，同时具备很高的频谱效率，尤其与多天线技术（Multiple-Input and Multiple-Output，MIMO）结合，更加适合大带宽和复杂反射波的环境。

上述历史显示，无线通信从第一代发展到第四代，都沿用了所谓的蜂窝网络结构。也就是说，传统无线网络以基站和小区为中心独立管理，最多增加一些基站间的协调。具体表现在蜂窝内部，即一个无线基站的覆盖小区内，采用一种复用和多址技术。但是，在蜂窝之间，采用另外一层独立的技术，或者说，存在着明显的蜂窝边界。

对于高密度微基站的特殊网络环境，我们必须重新评估无线复用和多址的基本技术，即频分、时分和码分原理。分析得知，在频道和基站切换过程中，频分和码分技术必须事先知道新信道的接收机参数（如频率和编码）。只有时分技术能够在不预设任何参数的前提下，忽略基站边界，无缝地穿行于高密度的基站群。

2. 边界自适应微基站网络

（1）在传统时分技术的基础上，增加了动态发射功率控制、多基站统一资源协调和统计复用技术。

（2）突破传统无线蜂窝结构，实行多基站统一宏观时隙分配，同化所有基站和终端。

（3）根据用户终端分布密度和通信流量，动态调整小区分界。

实际上，这是一项改进后的密集时分技术，或者称为中央控制时分复用（Centralized Time Division Multiplexing，CTDM）和时分多址（Centralized Time Division Multiple Access，CTDMA）技术。严格说，边界自适应网络不属于纯粹无线技术，而是用精确管理的有线固网解决无线基站同步难题，将无线网络品质和容量首次提升到接近有线水平。有趣的是，我们看到无线复用技术呈螺旋上升：FDM > TDM > CDM > OFDM > CTDM。如果使用足够的芯片资源，可以推测未来可能出现MCDM技术，即多路合并的CDM技术。

由于边界自适应微基站网络采用全网同质通信方法，因此隔离不同用户终端和基站之间的传输通道只依赖每台设备发射功率和发送时间差异。就发射功率来说，增加信号强度有利于提高传输品质，但同时也增加了对其他设备的干扰。因此，大一统无线网络中每台终端和基站的发射功率都必须随时调整到恰到好处的水平。要在数毫秒时间内，分析计算数千台无线收发设备的信号关联和干扰，找出可能互不干扰的、同时通信的终端和基站，其运算工作量大大超过低成本微型设备的能力。大一统无线网络采用模板近似算法，极大地简化了基站运算工作量。首先通过人工设计经验模板，包含全网每个基站的初始工作参数，在实际运行中不断调整优化模板，逐步逼近最佳值。与传统移动通信相比，CTDMA技术局部带宽增长潜力无限制。因此，只要有需要，不必担心带宽不足。

3. 根据网络宏观状态动态协调

CTDMA主要包括四项调节机制：

（1）多向闭环发射功率和天线波束控制；

（2）时隙和发帧权的动态分配；

（3）基站边界的动态调整；

（4）跨越基站的无损切换。

由于本书篇幅有限，关于上述调节机制的详细描述参见相关专利说明书。

CTDMA 技术的另一个显著优势是采用同质通信收发机（Homogeneous Transceiver），每个无线网络设备包括基站或终端，使用单一物理层技术，即相同频率、编码方式和协议流程。 只要满足一定的信噪比，就能建立可靠的通信连接，包括基站之间、基站与终端之间以及终端之间。 具体地说，网络收发机的差别只是发射功率、天线波束和发送时间，基本相同的模块配置不同的服务参数。 为了形象地解释统一无线收发机的概念，可比喻为一把绿豆和一把红豆撒在盘子里，绿豆表示自由移动的无线终端，红豆表示固网光纤连接的基站，其中指定一个提供中心控制的主基站。 主基站通过前述四项调节机制，动态增加或减少基站与无线终端的关联度，自动实现全网最佳信噪比分布。

7.4.3　兼职无线运营商

由于无线通信给用户带来便利，大一统互联网将无线连接看作一种固网的增值业务，即在原来固网服务费用上叠加无线收费。 根据这样的安排，大一统互联网不需要专门的无线运营商，甚至可以使用免费的 ISM（工业、科学和医疗）频段，大幅降低网络运营成本。 通过大一统互联网连接大量廉价微基站，覆盖城市人流密集的公共区域和道路，以及居民密集的私人住宅。 大一统无线网络设计了一套独特的商业模式，任意用户都可以向固网运营商申请，在自己管辖区域内安装自动入网的无线基站，成为"兼职无线运营商"，并与固网分享无线接入部分的经营收入。 大一统互联网同时对基站和终端实施严格的管理和计费，自动切断和记录任意不遵守约定的基站连接。 任意用户在任意地点的无线连接费用，将被精确记录到该用户的服务账单，同时，提供该无线连接的基站将获得相应收益。

沿用大一统互联网即插即用的网络管理特征，从技术上简化了大一统无线网络大规模推广的操作流程。 如果依赖运营商部署和维护大规模无线基站，依然是一项旷日持久的工程。 可见，"兼职无线运营商"低成本和高利益驱动的商业模式，必然成为大一统无线网络的强大推动力，迅速将其覆盖到每一个有潜在用户的角落。

7.4.4　重大灾难时不间断无线通信服务

我们知道，无线通信具备天然的便利性，尤其是在遭遇重大灾难时，更是关系生死的救命线。 针对无线网络的容灾能力，前人开发出多种网络架构，如 Mesh 和 Ad Hoc 网络，还有多种卫星通信技术。 但是，建设具备抗灾能力的商用无线通信网络成本极高，尤其要求消费者的手持无线终端兼容抗灾通信，更加困难。 普通消费者不可能为几十年不一定遭遇的事件买单。因此，迄今为止没有一种无线通信技术能够提供平灾兼容的解决方案，边界自适应微基站网络是破解这个难题的有效方法。

传统通信网络一般只要求系统具备单点故障处理和恢复能力，因为，多台设备同时发生故障的概率几乎为零。但是，遭遇重大灾难，如地震海啸时，电力系统、地面固网和大部分无线基站可能同时损毁。边界自适应微基站网络的每一个基站和终端都能够连续感知即时网络状态，一旦检测到网络连接异常，例如，有线或无线通信中断，便可立即向上级网络管理报告。另外，由于无线基站的分布深度交叉覆盖，基站间可能具备多条潜在的无线通路。一旦基站的光纤通信中断，残存的基站和用户终端自动切换到 Ad Hoc 模式，能够在降低调制带宽的前提下，自动扩展通信距离，维持基本无线服务畅通。

如果有多个设备感知到类似的异常情况，可能是某个网络设备故障，或者人为事故，或者发生重大灾难。由于网络管理中心保留事故发生前的网络拓扑结构和全部设备工作状态记录，只要将这些数据与事故发生后收集到的网络状态信息比较，就能清楚地界定事故范围。或者划分成多个不同受灾等级的局部区域，根据事先准备好的预案规则，选择不同等级的故障处理流程。实际上，随着事态的发展，以及网络修复行动的进展，网络状态也随时有变化。边界自适应微基站网络管理流程具备了动态应对故障的能力，或者说，应对重大灾难只是平时故障处理流程的一部分。如果灾难发生后，系统留下通信覆盖盲区，则可以向盲区位置远程投放免安装的临时中继站。根据投放方式，如火炮发射或直升机空投，适当增加临时中继站的数量，只要少数中继站投放成功，就能快速恢复盲区的通信连接。

很明显，大一统互联网是商业网络，平时通过精确管理的地面固网连接和协调大量无线基站，同时向移动和固定终端提供高品质服务。一旦发生重大灾难，受灾的局部网络有选择地限制部分宽带服务，降格为救灾通信。面对无法预测的灾难地点和时间，充分利用民众手中握有的大量通信终端，自动启动中继站功能，这是平灾兼容的理想选择。

第8章
云时代的终极目标

从石器时代、青铜时代到铁器时代，从农业社会、工业社会到信息社会，无一不是新的资源，带来新的环境，推动社会进步，而且，都会经历从动荡期迈向稳定发展期(终极目标)的过程。本书探讨信息社会，或者说，云时代的终极目标，以及通向这一目标的指导理论和行动路线图。

8.1　云时代信息化的制高点：信息中枢和大一统网络

根据 2.2.2 节所描述的三大终极目标(锁定需求的海洋、夯实网络基础、无线有线同质化)，我们看到云时代信息化的制高点：信息中枢和大一统网络。

在这两个制高点之间，是今天信息产业巨大的魔鬼市场，无数蚂蚁兵毫无方向地混乱厮杀，其中不乏强壮的骑士们，但是，尘土弥漫中他们看不清战略制高点在哪里。

根据本书"资源丰盛时代"的信息理论，只需少数几个高度精简的、极大规模的信息中枢，指挥大一统网络所提供的有序化资源(带宽按需随点、存储按需租用、运算力按需定制)，就能调制出人类想象力所及的一切服务。原来混乱的战场将变成青青草原。

根据 2.2.1 节所描述的两种思维模式(市场导向、目标导向)，我们发现人类终极网络只是简单的视频通信。其实，伴随人类文明，关于目标的遐想延续了千年以上。

让我们借助好莱坞的丰富想象力：《黑客帝国》(The Matrix)和《阿凡达》(Avatar)影片中人物或生活在封闭的地下室，或驰骋在外星球，身上连一根电缆，感受外界任意的实时动态场景。我们可以推断那根电缆中信号一定是连续和互动的，而且，其中绝大部分是视频。我们还可以推断那时的网络一定是同步流媒体，因为不管多快的下载方式都无法与人类感觉器官直接沟通交流。那时的网络传输品质一定要保证，沟通过程中的停顿现象将导致人们不吞"红药丸"也会很快发现事实真相。 那时的网络一定要安全，等到发现病毒漏洞再来杀毒或升级防火墙已经太晚。很明显，影片所描述的网络就是视频通信，只不过终端不同而已，我们现在还没有发明那个连在身上的插头。

但是，今天的现实情况是：市场说要多媒体，市场说要单向播放，市场说要内容下载，因此，我们就做了多媒体、单向播放和内容下载。 但是，市场不会说只要一个视频通信就可以替代所有其他单向和非实时技术，市场也不会说实现视频通信的方法极其简单，成本极低。 结果是灾难性的，跟着市场，我们浪费了二十多年时间和巨大资源，尝到网络泡沫破灭的苦果。

我们可以看到，当前网络有许多种服务，但是，唯独缺少终极目标中绝对主导的视频通信。 四大网络(电信、有线电视、互联网、移动通信)过去许多年没有明确目标指引，凭着市场的模糊感觉，从不同角度向视频通信走了一小步，或者说，实现了多处局部改善。 其实，正是由于这些不断出现的小进步，给人们造成一种海市蜃楼般的幻觉，导致在错误的道路上欲罢不能。 实际上，四大网络过去二十多年的努力，甚至许多正在进行和规划中的工作，都没有起到推动网络经济健康发展的积极作用，甚至起到反作用。 无情的现实是，四大网络都不能广泛地提供高品质视频通信服务，而且，将来也不能。

本书指出，信息中枢和大一统网络就是兵家必争而尚未发掘的战略高地。 今天，云时代信息产业王国向人类开放的天时、地利、人和条件已经齐备，等待着勇敢者前来耕种和收获。 尽管传统大佬们都渴望把这块地盘纳入自己的势力范围，但幸运的是这里还没有一个事实上的"老大哥"。 因此，如何把握这个巨大商机，将考验弄潮儿的智慧和勇气。

8.1.1 资源驱动的云时代

技术进步了，环境进步了。 充分富裕的"资源"、知性到感性大转折引发巨大"需求"、云时代信息技术创新"工具"，三者互动引向信息时代的终极目标。 处于时代变更期间，大部分人习惯性地认同旧时代的行事方式，因此，重大技术创新具备了引领新时代的机会。

我们知道，信息产业的基础资源(算力、存储、带宽)代表了日新月异的科技成果，是一个不断增长的"激变量"；人类接受外界信息的能力由百万年漫长进化的人体生理结构决定，是一个基本恒定的"缓变量"。 今天我们看到的各种高科技应用，无非是多了一个电子化和远程连接，其实早就出现在古代的童话和神鬼故事中，今天的科幻电影无非是把老故事讲得更加生动和逼真，这些丰富的想象力代表了人类信息需求和文明的极限。

显然,"信息资源"和"信息需求"是两个独立的物理量,不会后退(单调性),也不可能同步进化,因此,两者轨迹必然存在单一的交叉点。

在交叉点之前,信息资源低于需求极限,信息产业发展遵循窄带理论,每次资源的增加都能带来应用需求同步增长。 因此,人们习惯于渐进式思维模式,或称为"资源贫乏时代"。

一旦越过交叉点,独立的信息资源增长超过需求极限,很快出现永久性过剩,信息资源像空气一样丰富。 此时,必然导致思维模式的转变,出现颠覆性的理论和技术。 Microcosm 和 Telecosm 分别代表了芯片和带宽资源需求轨迹的交叉点。 Gilder 告诉我们,消除了信息资源限制以后,信息化从知性到感性的大转折成为必然。 从此,人类信息化将进入一个完全不同的新世界,或称为"资源丰盛时代"。

在资源贫乏时代,为了节约资源,不同需求按品质划分,占用不同程度的资源。因此,资源决定了需求,我们必然看到无数种不同的需求。

在资源丰盛时代,当我们把品质推向极致,原来无数种不同的品质反而简化成单一需求,这就是满足人体的感官极限。 也就是说,人体感官的极限决定需求。 当然,原先资源贫乏世界的全部服务需求都会长期存在,但是,在数据量上将沦为微不足道的附庸。 在不长的时期内洗去所有传统的痕迹,是的,洗去100%的传统业务。就像您今天站在"马路"上,却看不到马的踪影,尽管马曾经为人类干过许多事情,但马的功能已经被新工具彻底取代。

8.1.2 信息中枢和大一统网络两极分化

如果换一种思路观察世界,我们可以看到信息时代的终极目标,如图 8-1 所示。

其实,只要换一种思维模式,解决当前计算机和互联网所有难题的办法不可思议地简单。

在人类科学技术史上,思维模式决定最终的结果,多次发生。 所谓换一种思路,实际上就是理论创新。 显然,不要将自己的思想框在旧世界中,站在新世界观察问题,有利于规划未来。 本篇第 4～7 章所描述的 4 类重大理论和技术创新,是在终极目标指引下的精心设计,奠定了云时代新的理论、技术和游戏规则。 任何网络服务都可映射到两个极端,只要掌握高度精简的信息中枢和高品质视频通信网络,这两个制高点,就把握住了云时代的脉搏。

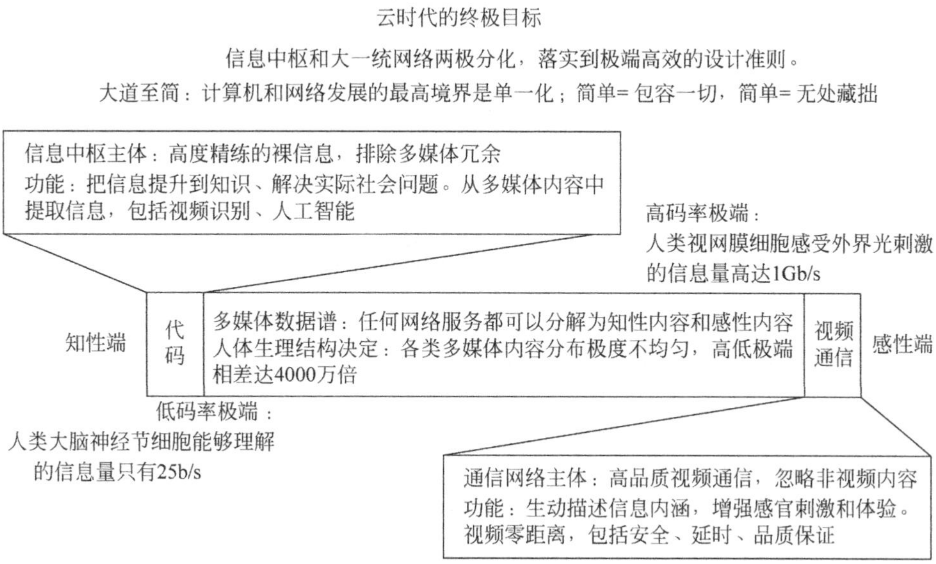

云时代的终极目标

信息中枢和大一统网络两极分化，落实到极端高效的设计准则。

大道至简：计算机和网络发展的最高境界是单一化；简单＝包容一切，简单＝无处藏拙

信息中枢主体：高度精练的裸信息，排除多媒体冗余
功能：把信息提升到知识、解决实际社会问题。从多媒体内容中
提取信息，包括视频识别、人工智能

高码率极端：
人类视网膜细胞感受外界光刺激
的信息量高达1Gb/s

知性端　｜代码｜　多媒体数据谱：任何网络服务都可以分解为知性内容和感性内容
人体生理结构决定：各类多媒体内容分布极度不均匀，高低极端
相差达4000万倍　｜视频通信｜　感性端

低码率极端：
人类大脑神经节细胞能够理解
的信息量只有25b/s

通信网络主体：高品质视频通信，忽略非视频内容
功能：生动描述信息内涵，增强感官刺激和体验。
视频零距离，包括安全、延时、品质保证

图 8-1　人类信息化需求向信息中枢和视频通信网络两极分化

1. 第一个极端：低码率代码组成的信息中枢

为什么要解构传统数据库？

实际上，解构传统数据库就是从数据库中剥离多媒体内容。 多媒体内容是最大的不确定因素，潜在的数据量造成难以预测的压力，必然限制和拖累数据库的发展。另外，同样的多媒体内容，可能解读出不同的信息。 因此，只有通过特殊算法，将多媒体内容提炼成精简信息后，才能参与信息深度挖掘。 只有提升信息价值，才能高效解决大多数人的共同问题，即社会有序化问题。 由此可见，精简信息是确保大规模信息中枢限制在可控范围的必要手段。

2. 第二个极端：以视频通信为基础的大一统网络平台

为什么大一统互联网必须以视频通信为基础？

视频通信的重要性不在于其初期的市场大小，关键是大流量包容小流量，实时流畅包容非实时下载，双向（多向）传输包容单向，高品质包容低品质，但是反过来，上述包容性全部不成立。 显而易见，能够提供大流量、实时流畅、多向传输、高品质视频通信服务的网络，已经彻底覆盖了其他一切网络业务。

另外，思维模式从"窄带"到"宽带"，网络结构从复杂的"智能化"到简单的"透明"，传输机制从"下载播放"到"实时流畅"，网络内容从"知性"到"感性"，所有这些进化都不可逆。 通信网络发展到"透明"，已经达到"感觉不到网络存在"的最高境界。 显而易见，当基础资源充分丰富时，不论什么内容（生内容、熟

内容和活内容),对于网络的要求是一样的,或者说,通信网络平台没有变,需求趋于饱和,结构趋于固化,这就是终极网络的概念。 我们的结论是,只有先稳固网络基础,达到透明的极限状态,新一代的云端计算技术才能脚踏实地发展不断变化的内容产业,成为演绎人类想象力的舞台。

8.2 解读狭义网络经济和广义网络经济

为了量化网络经济,我们先定义如下:

网络经济的总量(面积)=网络对于个体的作用深度×网络对于群体的作用广度

网络经济可以从两方面来分析:

(1)狭义网络经济:网络企业本身的总体经济;

(2)广义网络经济:网络工具对社会经济的总体辐射效应。

8.2.1 狭义网络经济总量

狭义网络经济总量(面积)=用户现金流(深度)×用户总数(广度)

搜索引擎是一项互联网应用,其价值在于"广度"。 此类互联网应用一旦成功推出,可以立即扩散到千万级用户。 但是,每个用户的贡献很有限,或者说,免费服务的作用深度几乎为零。 另外,互联网根深蒂固的心态是花投资人的钱,买网民的注意力(眼球),随着此类互联网应用向"深度"发展,技术难度必然加大,收益增幅随之递减,导致后继发展越来越困难。 因此,无论各类免费服务如何受欢迎,难以形成狭义网络经济的"面积"。 根据本篇其他章节的论述,IP 互联网无论怎样发展都不能实现大一统网络所设定的目标。

大一统网络是结构本身的创新,其价值在于"深度"。 大一统网络推广策略非常清晰:首先把网络电视定位在观赏级水平,这样才能通过个性化电视替代传统有线电视,谋取有线电视的客户和现金流。 一旦在局部范围内,用户每月的现金流贡献能够很快支付该用户的局部网络建设投资。 这种确定的盈利模式可以简单地大规模复制,狭义网络经济总量"面积"稳步增加。 随着网络结构向"广度"平移,建网成本降低,根据 Metcalfe 定律,用户价值递增,导致后继发展越来越强劲。

当然,在大一统互联网平台上,搜索引擎、电子商务、社交网站以及时尚终端,都将获得更加广阔的发展空间。 根据计算公式,大一统网络能够有力地推动狭义网络经济总量。

8.2.2　广义网络经济总量

广义网络经济总量(面积)＝用户群体(深度)×行业辐射面(广度)

互联网开创了人类进入信息社会的新时代,没有人否认这是一项伟大的进步。但是,从资源、需求和工具的角度分析互联网经济,当前的网络经济是失败的。

1．当前网络经济现状

上述结论的依据主要有以下几点:

(1)爆炸性扩展的光纤带宽资源没有找到相匹配的需求。 实际上,当前互联网业务主要属于窄带应用范畴。 另外,资本市场对光纤带宽资源的投入陷入基本停顿状态。

(2)在 PC 时代,代表资源的 Intel 和代表需求的 Microsoft 占据了行业的大部分利益,但在网络时代,能够生产最大带宽的厂商和拥有最多带宽的运营商都曾遭遇灭顶之灾。

(3)具备宽带能力的电信固网遭遇到只有窄带能力的无线网络的封杀。

(4)电信公司大部分广域带宽资源烂在地里,但同时开出难以接受的高价阻拦消费。

(5)互联网运营商的头等舱(优先品质＋大带宽的视频应用)价格远低于经济舱(低品质＋小带宽的信息服务)。

那么,如何解释上述反常现象? 如何评价网络经济?

本书认为,所有的误解都来自对网络经济定义的偏差。

2．当前网络经济真相

实际上,今天所谓的网络经济,严格说应该是广义网络经济,由三部分组成:

(1)PC 经济的延伸:由计算机信息交流构成的窄带网络。

(2)新媒体经济:创新的定向广告业务和电子商务都属于窄带网络。

(3)狭义网络经济:由光纤带宽资源推动的宽带网络,包括视频、音频通信和影视内容消费。

不难发现,今天一切有经济价值的网络业务都属于窄带范畴,其中包括搜索引擎、电子邮件、门户网站和定向广告等。 今天所有的宽带网络业务都是在窄带业务的补贴下持续亏损,其中包括 IPTV、YouTube 和其他网络视频。

我们还可以推断,所谓成功的网络业务其实属于 PC 经济和新媒体经济。 如果关闭那些没有经济价值的视频宽带业务,剩下的窄带信息业务根本不需要今天的光纤带宽资源,这样的网络只要在三十年前的电信网络上增加一个高品质 Modem 就可实现。

综上所述，我们可以得出结论：今天的广义网络经济可以分成两大部分，其中包括成功的 PC 经济和新媒体经济，以及失败的狭义网络经济。

3．IP 互联网技术的缺陷

面对宽带网络业务新需求，IP 互联网技术的致命缺陷主要表现如下：

(1) 网络传输品质不能满足观赏过程的体验；

(2) 网络下载方式不能满足同步交流的体验；

(3) 网络安全和管理不能满足视频通信内容消费产业的商业环境和计费模式；

(4) 更有甚者，在可预见的将来，上述问题在 IP 网络中解决无望。

IP 互联网技术曾经在 PC 经济和新媒体经济中发挥了重大作用，以至于今天的通信和网络界盲目地追随 IP 技术，企图将它延伸到未来网络。 但是，他们看不到未来网络的目标早已变了，IP 技术充其量只适用于不足未来网络总流量 1% 的窄带信息服务。 因此，代表 PC 经济的 IP 互联网技术不可能推动狭义网络经济。 令人震惊的是，自从 2002 年互联网和电信泡沫破灭以来，我们的狭义网络经济从来就没有成功过。 十多年的教训足以证明，如果没有一种类似大一统网络的创新理论和技术出现，狭义网络经济今后也永远不会成功。

我们可以想象，如果没有现代交通工具，人类还处在马车时代。 当然，对于人力来说，马车是一个划时代的进步，但是，现代交通工具带来更大的繁荣。

同样道理，在 PC 经济发展过程中，如果操作系统停留在 DOS 时代，尽管 DOS 已经是一个划时代的进步，但是，Windows 带来更大、更广、更持续的繁荣。

再次推广到网络经济发展过程中，如果停留在 IP 互联网时代，尽管 IP 互联网也已经是一个划时代的进步，但是，仔细分析大一统互联网的市场影响力，不难看出，大一统互联网能够降低使用门槛，扩大用户群体，形成网络经济的"**深度**"。 同时，大一统互联网能够加强安全管理和人性化，扩大行业辐射面，形成网络经济的"**广度**"。 由于深度和广度同步扩展，大一统互联网形成一个明显的"**面积**"，这将有力推动广义网络经济总量。

我们得出结论：为了使网络经济更大、更广、更持续地繁荣，只有赶快建设大一统互联网，别无他途。

8.3　探讨大一统互联网的商业模式

商业模式不用凭空想象，日常生活中随处可见，典型例子如下：

(1) 跳蚤市场(Flea Market)：识货的人在地摊里寻宝，碰运气，自有乐趣。

（2）自助餐：一次付费，吃饱为止。

（3）百货商场：有可控制的进货渠道，明码标价，大小买卖都可开发票。

（4）航空公司：只要上了飞机，不论哪一等级的票价，乘客都同时到达目的地。

本书认为，以上每种商业模式都是合理的，都有存在的价值。但是，从商品交易总量上看，百货商场模式占据主要市场。

当前 IP 互联网由无数个来源提供免费、尽力而为、品质不保证的信息查询。信息的价值体现在最终的理解，一条商业机密对某个人可能价值连城，对其他人可能分文不值。而且，信息与其表现形式关系不大，因此，不具备商品价格元素，互联网免费服务缺乏价值认同。

视频娱乐讲究观赏"过程"舒服，尤其必须考虑观赏者付出的时间代价。引述苹果公司乔布斯的两句话，认清互联网免费和盗版的本质："盗版下载视音产品，你赚得比最低时薪还要低。""用 iTunes 下载歌曲，不再偷盗。你种下的是善因。"

由此可见，娱乐导向的视频通信网络与信息导向的计算机文件网络，遵循不同的商业模式，并且反映在不同的收费结构上。本书提出判断和评估网络可经营性的几条准则。

1．明确定义职责和权利

交易参与者各方都有明确的盈利模式，以及通过网络结构及技术手段（不能依赖用户的道德水平）确保各参与方共同遵守的商业规则：

（1）运营商的收入应与所提供的价值挂钩（而不是简单的点击率和流量）；

（2）内容供货商的版权必须得到保障；

（3）零售商必须提供信用保证；

（4）消费者有义务为获取的商品支付合理费用。

2．明确定义交易标的物

可经营的网络必须建立在品质保证的基础上，即在任何时候，只有商品的使用效果一致，才能合理定价。自由定价，按次计费。大一统互联网计费模式的最大特点是从按户计费，细化成按次计费（Per Call Based），每次服务通过统一流程订立一份独立合同。

3．明确定义交易环境

商业场所总会招徕小偷、强盗的光顾，网络上的非法活动比现实生活中更加隐蔽、更加易于复制。因此，面对损害他方利益的投机行为，可经营的网络必须具备主动有效杜绝盗版、黑客和病毒攻击的措施（不是消极防范），确保平和的商业氛围。

在可管理的网络上，可以开辟出一块"自由区"，或者说，"无管理"本身就是一种管理模式。但是，在不可管理的网络上，如 IP 互联网，一旦有人能够践踏规则而不受限制，那么必然会出现大量的效仿者，管理就形同虚设。要让一个市场有序发展，必须遵循最起码的人所共知的市场规律。在现实社会中，市场有司法和强制性可执行的机制保障。也就是说，网络离不开可管理，其重要性不亚于道路上的交通规则。

4. 明确定义管理机制

可经营的网络还必须具备可控制和管理的机制：

（1）可监督服务的性质和内容，防止违反地方法规的不当媒体内容的传播，即保证进货渠道合法化；

（2）可审计每次服务的收费凭证，确保规范、公平、竞争、合理的市场价格；

（3）可采集、统计、分析、公布客户消费习惯的信息，通过反馈环路，具备不断促进改善服务品质的机制。

5. 理顺三组关系

商业模式是网络可持续发展必备的保证。所谓商业模式，其实就是理顺三组关系：

1）价值-计费关系

消费者使用某项服务，愿意付多少钱，取决于该服务在消费者心中的价值，而与消耗多少资源无关。

2）消费-买单关系

确保可执行的收费体系，只要服务定价公平，消费者就会像在商场购物一样自觉买单。

3）投资-收益关系

在管理部门监管下，投资建网者制定网络使用规则，确保收益回报。

6. 关于定向广告

在商品丰富的社会中，广告是一块大生意。互联网的定向广告（窄告）模式大大提升了广告效率，降低进入门槛，直接冲击了传统无目标的广告模式。传统媒体（如报纸和电视）依据内容区分客户，锁定广告收益。互联网搜索引擎能够跨越网站的边界，免费借用别人制作的内容，为自己招揽广告生意。事实上，先进的搜索技术能够从竞争对手那里赢得较大的广告份额，但是，随着 Facebook 和 Twitter 之类的公司进来争抢同一块广告市场，互联网与传统媒体分享的广告总量增长趋于饱和。因此，过分依赖广告的生存策略，具有潜在的危险。

随着个性化电视的普及，消费者逐渐有了观看节目的主动权。这将对传统广告产业带来新的挑战，消费品厂商必然会寻求多种方式使用广告经费。其中，定向广告、电视导购、商品介绍以及更加贴近消费者的操作和维护指南等纷纷涌现，电视广告将向多样化发展。对于大一统互联网而言，无疑是一项实在的收入来源。

8.4　云时代的发展方向是产业融合

互联网承载了人类许多美好的愿望，但是今天的 IP 互联网还是一块贫瘠的土地。从投资回报角度看，除了少数几家网站，大量的资源投入没有产出，或者说是在负债经营。花费股票市场的资金"向所有人提供免费服务"终究是个乌托邦式的梦想。大部分企业只是推出新奇的业务吸引眼球，从传统市场中夺取广告份额，缺乏值得消费者掏钱的创新服务。

大一统互联网是对网络环境的长效投资，立足于把互联网改造成肥沃的良田，能够培育出丰硕的果实。信息搜索和传递只能代表大一统网络服务的一小部分，广告和电子商务只是大一统网络的副业。体现网络主营业务价值的新一代可收费服务，必然以"感性内容"为核心，或者说，围绕消费者的体验中心。

大一统互联网从协议结构上确保"依内容，定价钱；谁消费，谁买单；谁投资，谁收益"的游戏规则。将上述可经营性贯穿于整个网络的定义和规划过程，将现实生活中长期以来行之有效的商业模式移植到网络环境中，确保网络业务的可持续发展。

如图 8-2 所示，我们看到，数字电子高科技原本有多条独立的发展路线。

1．在电视媒体领域

继广播电视(CATV 和 DTV)、互动电视(IPTV)和时移电视(网络 TiVo)之后，将进入电视媒体的最高境界：对称电视。

2．在电信网络领域

继电报网络、电话网络和计算机网络(Internet)之后，将进入第四里程碑，即通信网络的最高境界：视频网络。

3．在移动通信领域

继传呼机、语音手机(2G)和多媒体手机(3G 和 4G)之后，将进入移动通信的最高境界：高速移动条件下的高品质视频通信。

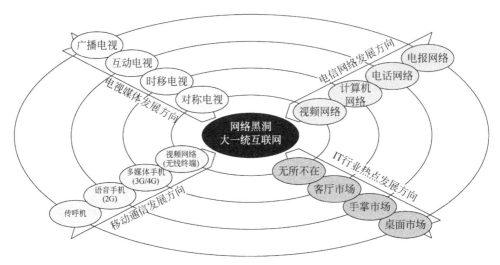

图 8-2　云时代信息产业发展方向是大融合

4. 在 IT 应用领域

继桌面市场(PC＋互联网)、手掌市场(手机＋无线 PDA)之后,将进入客厅体验市场(大电视、沙发和遥控器),竞争的战火即将蔓延到普通老百姓私人财产价值的第一领地:客厅。 实际上,也是进入无所不在的最高境界。

站在传统行业以及当前技术角度,总能得出狭隘的结论,这就是独立的网络,如下一代互联网(NGI)、下一代通信网络(NGN)、下一代电视网络(NGB)和下一代移动通信(3G、4G、WiMAX),或者独立的应用,如网站、邮箱、IP 电话和 IPTV 等。 这些观点及其计划的原则性错误就是孤立地看待产业融合,试图被动地守住原有领地。

其实,上述产业发展和竞争向着同一个焦点(见图 8-2),这是在另一个层面上网络架构的单一化,这一趋同现象称为网络黑洞效应,同样将伴随网络应用大发展。实际上,未来网络发展的最高境界是单一化,是简单,而不是复杂,或者根据热力学原理,是低熵。

传统思维模式总是希望在现有基础上追求更好,这些不断改进的任务好像永无止境,大一统理论与众不同之处在于直接谋求终极目标。 由于人类通信需求极限不会改变,不可能再长出一个消耗带宽比眼睛更大的器官,也就是说,未来信息产业建设就像筑路造桥,技术有进步,但是,基本架构长期稳定。

5. 未来网络归于大道至简

产业融合带来的后果就是通信网络只剩下一种服务,即单一化产业的单一化服务。 简单地说,就是视频通信(占据 99％流量);严格地说,就是能够承载视频通信的透明带宽按需随点(占据100％流量)。 也就是说,只要能够承载高品质视频通信,就意味着覆盖了所有的多媒体、单向传输和内容下载,即永久满足人类的全部通信需求。

人类对于衣食住行需求受到自然资源的限制,所谓豪华与小康的差别至多几倍而已。 但是对视频带宽的需求再增加一千倍也不嫌多(非视频的其他信息带宽不值得提及),而且这种需求不受自然资源限制。 在提升人类生活品质方面,视频带宽的发展空间几乎无限,未来视频通信网络上人类的视频交流将跨越空间限制(网络交换能力)、时间限制(网络存储能力)和表现形式限制(网络运算能力),实际上就是依托了地球上取之不尽用之不竭的信息资源——带宽、存储和芯片。

站在大一统的通信王国往回看,看不到传统网络分类的痕迹,通向终极目标只有一条独木桥。 未来网络上丰富多彩的业务仅仅发生在内容层面,与网络本身无关。网络应用或者说用户内容将进入一个有序和充分竞争的环境,在信息中枢和大一统互联网平台上,任何个人创意都可向全网展示。

PC时代过去了,电信泡沫破灭了。 今天互联网除了几项窄带应用之外,乏善可陈。 根据本书所描述的四类重大理论和技术创新,建设超大规模信息中枢和大一统互联网(包括无线通信)的办法不可思议地简单。 任何创新都会遭遇传统的阻力,但是,云时代的信息技术变革发生在云计算中心。 也就是说,通过“云”的屏蔽,消费者根本不知道云端用了什么技术,如同普通市民不必关心发电厂使用什么能源。这就生动地说明云计算开启了一个新时代。 燃料火箭能够飞离地球,但是,在新的起点上,开始新一轮信息技术发展,就像星系外旅行需要完全不同的发动机。

当前,信息产业普遍处于产能过剩的低谷状态,与全球经济低迷存在某种内在联系。 显然,新能源、环保、生物工程都属于独立产业,见效周期长,推广成本高,短期内难以拉动世界经济。 唯有信息产业本质上绿色,对于改善人类生活品质效果显著。 历史作证,信息产业的重大进步能够迅速辐射到其他产业,缩小地区差异,促进全球一体化。 因此,网络经济井喷将带领世界经济走出困境。

第二篇

Non-Neumann Architecture for Network Computing

非冯诺依曼网络计算

——人工智能环境下的计算和网络新体系

第9章
系统理念和进化

本书明确提出七十年信息产业的最大题目，**扬弃 CPU 和相关软件体系**，至少在云端。 从此以后，信息产业将沿着一条新路发展。 当然，这不是耸人听闻的标题，而是首次发表可行理论和可操作实践。 这项极具市场价值的成果将直接推动人工智能的发展，直接开辟更大的实时互动感观网络市场。 更确切地说，信息网络将转变为感观网络。

本书提出 Rabbit 系统的目标就是**取代当前的计算机和互联网**。这个取代的理由就如同当年互联网取代电话网，就如同当年电话网取代电报网，参见 9.1.2 节。

本书从前后百年的历史跨度，以人性和基础资源为核心，解读当前计算和网络技术的发展方向，并提出两者终将归于一体。 想要了解一个创新系统，尤其是像本书提出的如此标新立异的创新系统，深入了解其系统理念至关重要。

2012 年，我们发表了非冯诺依曼计算和感观网络理论，围绕传统 CPU 计算和互联网通信模式，转变成路径可编程的流水线，将宽带网络直通到底层计算资源。

2018 年，我们再次提出非冯诺依曼计算和感官网络体系，取名为 Rabbit，包括硬件结构、操作系统、应用开发和编程平台。 事实证明，颠覆冯·诺依曼在七十年前设计的计算机结构模型，突破 CPU，可以获得**百倍以上**的效率提升。 然后，通过标准化的无边界计算网络结构，再次扩大算力规模**百倍以上**。 也就是说，在相同芯片工艺条件下，百倍效率乘以百倍规模，Rabbit 比传统 CPU 解决方案**提升总算力万倍以上**。

这就是本篇的由来。

注意，与 OpenCL(一个面向异构系统、通用目标的开放式、统一并行编程环境的开放运算语言，由苹果公司创立于 2008 年，多家企业参与)改善 CPU 的异化结构不同，Rabbit 的目标是扬弃 CPU。 Rabbit 的贡献是建立在非冯诺依曼计算基础上，设计一套有效的规则和工具，包括颠覆性的**新概念软件工程**。 当然，只有先确定统一网络拓扑结构，才能设计标准化的硬件设备。 只有在标准设备基础上，才有可能建立统一的管理体系。 只有在统一结构和管理体系的基础上，才能实现应用软件的广泛使用，并建立和积累有价值的软件资料库。进一步说，在前述的基础上，还必须找到没有 CPU 的系统编程方法。所有这些因素合起来，最终建立继 Wintel 之后又一个**完整的生态系统**。

本篇从充分资源的角度，揭示信息产业未来与现在的不同，找出下一代信息技术发展的必然道路。在高性价比的推动下，开启人工智能辅助的感观网络巨大市场。

本篇描述的 Rabbit 系统技术可能还有不够完善的地方。但是，两个百倍提升的事实，足以证明本系统具备多个数量级的优势，以及创新的巨大市场。因此，不妨碍建立一个跨企业的 **Rabbit 联盟**，调动全行业的力量，共同实践宏大的目标。

本篇首先提出四个问题，在本篇第 14 章中将概括回答这些问题。

第一，Rabbit 是什么？

答：这是一个系统平台，上面承载着感官网络＋人工智能＋镜像空间。

第二，Rabbit 的目标是什么？

答：不用 CPU 的无边界计算和网络，新概念软件编程。具体包括：

（1）用一套理论和一个系统，整合并取代现有的**互联网**、**计算机**和**软件系统**。

（2）重构移动通信。

（3）兼容现有的 PC、手机和广义的终端设备。

第三，如何建设 Rabbit？

答：**建立生态系统**。容纳和推广理论创新，详见第 10～13 章。

建议：如果您没有足够时间读完全篇，只需阅读 9.5 节、13.1 节，以及后记描述的商业计划，即可了解大意。

第四，如何实现和推广 Rabbit？

答：**建立产业联盟**。平稳过渡到价值驱动的新体系，详见 13.5 节。

如图 9-1 所示，在摩尔定律制约下，相同芯片工艺条件，百倍效率乘以百倍规模，总共扩大系统算力万倍以上。同时大幅提升能源效率，相当于计算机领域实现数十年的跳跃进步。具体而言，Rabbit 是一种非传统计算和网络的联合体系，能够把基础资源（**带宽**、**算力**、**存储**）到大规模网络应用之间的距离拉到最小。

本篇详细分析了非冯诺依曼计算机的原理，制定了具体的商业计划和应用推广方案。通过**资源第一性原理**（元问题）来思考，即从资源和能量角度看未来计算网络，得到清晰的景象。具体而言，Rabbit 系统充分整合多种资源，依靠人工智能实现辅助编程，创立了**无边界超级计算和低延时感观网络的联合体**。显然，Rabbit 本身是平台，只定规则，不提供服务细节。因此，Rabbit 的直接用户不是普通消费者，而是各类网站。

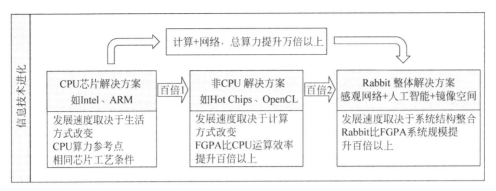

图 9-1　在相同芯片工艺条件下 Rabbit 提升总算力万倍以上

基于非冯诺依曼计算的 Rabbit 系统是一条单行道，中间过程不重要。 在推广前期，**谁先用 Rabbit**，谁就掌握竞争优势。 在后期，**谁不用 Rabbit**，就会被淘汰出局。

9.1　下一代计算机、互联网和移动通信

我们已经看到信息产业的两个大趋势：

（1）**供给侧**：按摩尔定律获取算力资源的 CPU 发展道路已经难以为继。

（2）**需求侧**：人工智能对算力资源的需求暴增。

更加严重的是，行业内缺乏有效的应对之道。

IT 行业的有识之士早已看到了当前信息产业的三大支柱——计算机、互联网和移动通信技术面临的困境。

但是，解决问题可行的出路在哪里？

多年来，由于传统束缚、惯性思维、既得利益、资源垄断、"近亲繁殖"等各种原因，IT 产业过多地专注于微观层面竞争和快餐式应用，鲜有人敢于直面宏观问题的根源。 其实，人类信息时代归根到底只有两种基本技术：通信和计算。 从最初 AT&T(American Telephone & Telegraph，美国电话电报公司，1877 年由电话发明人 Bell 创建，曾经长期垄断美国长途和本地电话市场）电话和 IBM（International Business Machines Corporation，国际商业机器公司，1911 年由 Watson 创建，从办公机器转向电子计算机，曾经领导 PC 市场）电脑，到未来感官网络和人工智能，都没有超越这两种技术范畴。 可以预见，未来不会偏离这两项核心技术。 这两项技术的演进，谱写了丰富多彩的信息时代。

纵观历史，计算机和网络发展过程中有许多关键的节点，串起这些节点可以清晰地看到信息技术的进化轨迹。 在当年相对资源匮乏的环境下，这些选择都是合理正

确的。 但是，今天的资源环境发生了翻天覆地的变化。 在新环境下，如果我们退回到某些关键节点，重新审视当初的决定，调整方向，执行更佳选择，将会取得创造性的跨越式发展机遇。 实际上，正是我们在资源贫乏时代采取的某些短视选择，造成了长期发展的瓶颈。 后来采取的一系列肤浅、治标不治本的补救措施，终至如今难以自拔的境地。 预见未来，敢于后退，从而开始全新的未来发展空间，这正是颠覆性历史创新的思想纲领和跨越性发展思路的哲学本源。

笔者认为，只要转换到资源充分富裕的思维模式，解决当前计算机和网络难题的途径不可思议的简单。 答案就是**大道至简**。

本章先提出当前计算机、互联网和移动通信产业面临的问题，解决这些问题的基本方向和策略，以及可能取得的成果。 本篇后续四章将进一步叙述详细的原理和实施计划。 您只需仔细阅读本书内容。 如果您急于知道这个秘密，那么，可以概括为一句话：舍得扬弃过去许多年积累的传统理论和技术思路。

9.1.1 颠覆 CPU 和传统软件

今天，计算机行业内竞争的焦点还停留在 CPU 上，例如相争发展 4nm 以下的芯片技术和 64b CPU。 实际上，不管何种 CPU 技术，在开发海量算力的大趋势中，只有一点短期效果。 基本上，所谓的每一代新技术只能维持两年左右。 沿着比较式思维小步叠加，不能解决根本问题。 未来的目标不是加强 CPU，而相反是扬弃 CPU。由于 CPU 制造了计算机的边界，一旦扬弃 CPU，采用 Rabbit 定义的硬件和软件，可以组织起无边的算力和带宽资源。

整个数据中心，甚至许多个联网的数据中心，合起来只是一台计算机而已，并接受同一套系统软件的管理。 其实解除了传统 CPU 以后，Rabbit 就是一台巨大的计算和网络资源集合体，由此引申出巨大计算机的非冯诺依曼结构。 当然，这种不同寻常的计算机必须有相应的操作系统和应用软件，以及编写新一代软件的新方法。

可以想象，用户会发现这台无边界的计算机易操作，易管理，具备极其强大的人工智能和感观网络服务能力。

很简单，不用 CPU，当然也就没有传统软件的概念。

这里所说的是另类软件，就是把资源以可管控、可用的形式呈现给用户。 所谓**另类**，其实与创新是同一概念。 实际上，Rabbit 系统比冯·诺依曼结构更向人类大脑跨进一步，或者说**更像大脑**。 再或者说，比现在流行的计算机**更有资格称作计算机**。 因为人类大脑中根本没有类似 CPU 和软件的东西。 Rabbit 软件就是规划算法模块在神经网络中的路径。 与传统软件本质不同的地方是，一旦规划好路径，基本上不再需要能源去维护路径。 当然，我们可以尽量利用传统计算机辅助规划路径（相当于一次性编程）。 Rabbit 系统最大的优势体现在**新概念软件**，包括路径规划、插座插件结构。 由于没有 CPU，也就是说，扬弃了冯·诺依曼结构围着 CPU 和软件提供服务的模式，Rabbit 由无数个专用运算单元同时参与工作，各自执行不同的任务，导致运算能力和能耗得到百倍以上的改善。

我们的目标是在大幅提升计算效率的同时，大幅降低软件复杂度，提升算法易实现性。 这一思路将引导建立 Rabbit 系统全过程，可能引发云端冯·诺依曼体系崩溃。 必须强调软件开发与算法研究是两个不同的领域，需要不同的专家。

从另一个角度，计算机的进步远快于人类认知的发展。 近百年来，人类只不过发展出几十种有价值的算法和商业流程。 如果我们独立开发和积累许多基本算法模块和算法引擎（多个算法的组合），应用开发者就可以轻松调用，无须费心于编写和调试复杂的软件。 假以时日，这一单向发展过程的积累效应定然会逐渐显现。 不出几年，新一代的算法模块可能主导未来的云计算市场。

因此，Rabbit 使命和价值就是在计算机历史上，**首次免除困扰大系统效率的障碍：CPU 和传统软件**。

9.1.2 扬弃路由器和 TCP/IP

什么是互联网？

答：泛指路由器和 TCP/IP（Transmission Control Protocol/Internet Protocol，传输控制协议/因特网互联协议，始于美国国防部高级研究计划局 ARPAnet），网站和浏览器定义的网络。

什么是互联网之后的网络？

答：回答这一问题，让我们回顾一段真实的历史。 1844 年，莫尔斯（Morse，1937 年发明电报，早期的电报代码也被称为莫尔斯）建立第一条电报线路。 1876 年，贝尔（Alex Bell，美国发明家，于 1876 年发明电话机，创立 AT&T 公司）取得电话技术专利。 注意，两者之间有一个三十多年的时间差，在这个时间段内，关于福尔摩斯（Sherlock Holmes，英国小说家柯南道尔笔下才华横溢的虚构侦探）探案的小说生动地描述了当时电报的普及程度。 但是，电话发明以后，电报被逐渐边缘化。AT&T 和 IBM 分别掌控电话和计算机工业长达一百多年，期间没有重大进步。 直到 1981 年，自从 Intel（英特尔公司，由 Moore 和 Noyce 创立于 1968 年，主要产品为计算机 CPU 芯片，成为 PC 的标准）制造出单芯片 CPU（Central Processing Unit，中央处理机，是计算机的运算和控制核心）、苹果（Apple，苹果电脑公司和品牌名称，由

Steve Jobs 于 1976 年创立)、微软（Microsoft，由 Bill Gates 创立于 1975 年，主要产品为操作系统和办公软件，成为 PC 操作系统和办公软件的领导者）和 IBM 成功开发出 PC。必须指出，倘若没有发明 PC，AT&T 和 IBM 还会继续把持电话和计算机产业。但是，PC 的出现打破了前述的平衡。事实是，**计算机技术与电报技术结合**，造就了如今的互联网。我们自然要问，如果**计算机技术与电话技术结合**，会产生什么样的网络？

现在我们回到前面的议题，能够与今天互联网划清界限，独树一帜，短期可以实现，并且取得巨大经济效益的，只有流媒体网络。有人说，流媒体是多媒体的一种，或者，只是之一而已，早已不是什么新鲜玩意。此种肤浅的认知忽略了一个基本事实：一项实时互动高品质视频流媒体服务所占用的数据量大概是一项传统多媒体业务数据量的一万倍。比如说，一部高清电影的数据量是该电影剧本（包括文字和照片）数据量的万倍以上。所谓的量变可能会引发质变。可以看出，即使大部分用户使用多媒体服务的次数可能是使用流媒体服务次数的一百倍，但是，简单计算得知，少数流媒体数据总量仍然是多数多媒体数据总量的一百倍。

单凭感觉，看起来一百倍不是一个大数，但是，如果事实证明，网络中一百个非视频业务总流量占据不足单个视频流的 1%。非视频流量可以忽略了，不是吗？

注意，今天互联网上的 YouTube（视频网站，由 Steve Chen 创立于 2005 年，后被 Google 收购）和电影下载，只是视频文件，不是所说的**实时互动流媒体**。互联网的本质是一种大规模电报网络，这是知道互联网起源的人所共知的事实，有兴趣者可以自行上网查阅。当前互联网早就可以承载视频流媒体，但是，这是一种头重脚轻的错误结构。据预测在这种结构下，大规模流媒体业务永远无法实现。有人说，这是因为没有市场需求。其实，当年电报已经非常发达和普及，小说中的福尔摩斯每到一处，必用先用电报联络。然而，贝尔发明了电话，尽管初期只能为盲人小众服务。十多年后，电话超越电报成为全世界的主要通信手段。传统电报只能退化成电话网承载的小流量业务。今天，网上充斥着各种智者的市场分析。其实，在高品质互动视频具备一定的知晓度之前，关于此类服务的市场调查都是无效的。好比在马车时代，市场调查不会告诉你汽车的需求。不要忘记，互联网初期就是寄生在电话网上发展起来的。可以想象，未来的流媒体网络，或者称感官网络，可以借助互联网基础设施发展起来，这就是通过外骨骼网络（借用外骨骼机器人引申出的一种网络概念，建立与互联网平行的网络结构，使用不兼容的技术制式，并具备更好的性能，服务于感官网络应用）的发展思路。高品质实时流媒体网络应用还远远没有普及，根据人性特点，这项业务迟早会爆发。

信息产业有以下三次重大变革。

人类通信网络历史上,已经发生过两次重大飞跃,或称变革,必将发生第三次变革。 其共同特点是在前一个网络的鼎盛时期,新应用和新技术驱动的后一个网络远超传统,反过来把前一个网络吸纳成附带的小流量服务。

第一次变革,在电报网鼎盛时期,电话(语音)超越电报(文字)。

这次变革发生在一百多年前,时代久远,当事人都已作古,人们的记忆逐渐淡薄。 但是,我们有幸从福尔摩斯侦探小说中领略到当时电报技术的成熟和普及。 生活在 20 世纪 80 年代以前的人都离不开 AT&T 的电话,那时你拆开家里的电话机是属于犯法行为。 当然,Chandler 的著作提供了人类通信网络历史上第一次重大变革的详细史料,记录了一百年前电话击败电报时的激烈过程。

第二次变革,在电话网鼎盛时期,互联网(多媒体+CPU)超越电话网。

推动这次时代变革的主要人物大都还在世。 作为标志物,我们今天生活中离不开的互联网、PC 和手机都是拜这个时代所赐。

第三次变革,在互联网鼎盛时期,Rabbit(流媒体+人工智能+镜像空间)超越互联网。

这是今天正在经历或即将经历的变革年代。 如同电话取代电报,历史将重演,这次变迁将从信息网络转变为感观网络。 技术和需求变迁导致信息时代变革必然发生。 满足高品质实时互动视频,标志着网络所要提供的最高性能指标超过了其他所有网络应用的总和。 把多媒体改为流媒体,网络只管数据传输,终端只管内容解释。 感官网络看起来很单纯,但是,对于带宽的总需求是现有互联网的百倍以上。或者说,今天的互联网多媒体流量只相当于未来 Rabbit 感观网络的百分之一,而且,这仅仅是开始。

9.1.3 超越无线蜂窝网络

为了提升无线带宽,目前有两种可行的途径:

第一种方法,沿着习惯的方法,主要依赖使用更多频谱资源,包括 4G 和 5G 无线通信规范。 但是,由于频谱资源有限,迫使使用丰富的更高频率的频谱。 众所周知,微波穿透能力与频率有关。 1GHz 频率的穿透能力远优于 5GHz,具体表现在穿透多层墙壁、衣服和人体。 显然,这种对穿透能力的限制,影响了这条道路的可行性。

第二种方法,就是 Rabbit 系统的设计目标,主要依赖提高频谱复用率,解决最后几十米的连接。 这种方法是在 WiFi(又称无线以太网,一种常见的无线通信技术,用于局域网系统)系统基础上,增加快速漫游能力。 假设每个基站都拥有差不多的带宽资源,缩小基站覆盖范围,等效于每个用户都分享到更多带宽。 实际上,灵活调整基站覆盖范围,等效于按需调整用户实际使用的带宽。 Rabbit 追求的目标是把频谱复用发挥到极致,只需占用有限的低频段频谱。 通过密集复用,可以获得几乎无限的带宽能力。 Rabbit 微基站甚至可与 WiFi 分享 ISM 频段的免申请资源。 当然,微基站也不排除使用高频率资源,在缩小基站半径的同时,提高穿越障碍物的可能性。 只要反复使用有限的低频段频谱,就可以获取充分的带宽资源。 因此,采用微基站网络结构是未来移动通信的最佳出路。

1. 从网络结构突破蜂窝瓶颈

Rabbit 的无线网络策略可以概括成一句话:**突破蜂窝,让 WiFi 移动**。

未来感观网络业务一定需要更多的带宽资源。 然而,现在的移动通信行业存在一种理论误解,在传输效率接近极限的情况下,好像只能向频谱资源索取带宽。 从表面看,提高通信频率似乎有用不完的带宽。 实际上,高频信号传输接近光的特性,不具备穿透能力。 其实,只要换一个突破方向,还有充分富裕的穿透能力等待我们去开发。

Rabbit 微基站与传统蜂窝网的差别,如图 9-2 所示。

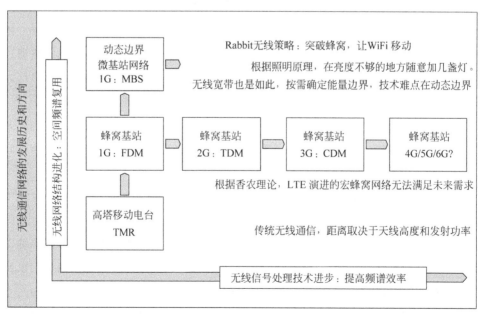

图 9-2 Rabbit 微基站与传统蜂窝网的差别

Rabbit 微基站无线网络解决方案，**代号 RabbitX**，具备以下特征：

（1）如果把基站覆盖范围从 1km 缩小到 20m，相当于增加带宽复用 7500 倍。 只要放弃使用远方的频谱，提升 WiFi 效率，共享频谱，我们身边的**带宽资源充分富裕**。

（2）终端与基站距离缩短，意味着中间的障碍物减少，**有利于微波信号的穿越**。

（3）为了应对终端**跨越多基站**移动，**每数据包独立路由**，并保持终端的动态连接。

（4）为了**消除基站覆盖边界**，实现**同频通信**、**发射功率快速自适应**和恒定信噪比。

（5）为适应微波带宽和穿透力的矛盾，采用大范围无遮挡的移动微基站，与小范围复杂环境的用户终端配合，覆盖远程移动和边远区域的高带宽。

（6）Rabbit 微基站的成本相当于一个无线路由器，远低于智能手机。

2．多环境的无缝穿越

简单说，就是基站覆盖范围动态可变，甚至采用移动微基站模式。

根据用户密度，可以小到数十平方米，大到数平方公里。 假设单个基站占用相同的频谱资源，调整无线发射功率，基站覆盖面积与其半径成平方关系。 大幅度缩小基站覆盖半径，意味着减少单个基站服务的用户数，等效于大幅度增加每个用户的可用带宽。 通过这一频谱复用途径，在限定资源内，充分满足多样化无线通信的带宽需求。 当然，这个看似简单的边界自适应方法会遇到许多复杂问题。

在城市人流密集的热点区域，如校园、咖啡馆、茶室、商场、运动场、车站、候机楼等，移动终端密度大，带宽需求将远远超过传统基站的能力。 微基站网络通过集中管理的高度密集基站群，在三维空间上分割人群，充分降低每个微基站服务区内的终端数量。 如果基站间距缩小到 10m 以下，系统带宽增益可达万倍以上。

在高密度居民区，无线信号完全重叠，边界自适应的微基站网络从结构上确保无线频谱的管理能力。 无线网络的动态时隙和发帧权中心控制机制，能够消除信号间互相干扰，同时，严格防止侵占他人的网络资源。

在乡村地区，无线基站能够自动放大覆盖半径达 1km 以上，兼顾用户大量集中和少量分散的分布状态。 如果发现某一区域带宽不够，只需在那里加装基站，如同照明不够的角落增加几盏路灯。 Rabbit 系统管理能力确保像增加路灯一样简单地安装廉价的无线微基站。 边界自适应的微基站网络多向发射功率和天线波束控制以及基站即插即用机制，能够自动缩小周边基站的覆盖范围，提升局部区域带宽能力。

在铁路和隧道沿线，微基站单方向排列，无线网络能够实现高速车载移动通信。当无线终端以数百公里时速穿越无数个微基站时，可能每个基站只收发几个数据包，甚至一个数据包都来不及发送。 边界自适应微基站网络的高速无损切换机制，保证足够低的丢包率，提供实时互动高清视频流。

在流量不大的公路、铁路、遥远的旅游热点和人群稀少的地区，可以采用移动微基站的方式。 也就是说，微基站跟着手机走，通过无遮挡高频微波连接后端网络服务，再通过低频微波连接复杂环境下的前端手机用户。

实际上，无线网络不再需要"规划"，只要随时增设基站，就能按需获得无限制带宽的能力。 根据边界自适应微基站原理，未来的基站数量可能比终端多，基站价格远比终端便宜。 在不远的将来，我们可以在超市里购买太阳能供电的无线微基站，回家自行安装在屋顶或后院，对准高空的中转无人机，不需要任何连线，不需要任何参数和密码设置，比安装一盏电灯还要容易。 当然，也不排除通过光纤连接的无线微基站。

综上所述，Rabbit 无线网络归根结底就是一句话，我们身边的频谱已经足够丰富，因此，没有必要使用远方的带宽。

9.1.4　Rabbit 重新定义信息产业

Rabbit 创造性地把下一代计算、网络和无线通信统一到单一的新系统中。 同时，它将具备无与伦比的性价比。 实际上，Rabbit 的目标不是某项特定技术，而是完整的下一代信息产业。 所以，Rabbit 不需要遵循传统，而是要树立一套全新的产业标准。

新秩序总是建立在颠覆旧体系的基础上，这是大规模释放资源、开拓新市场的基本规律。 历史上，电话与电报是不兼容的，互联网与电话网也是不兼容的。 这就是产业进化中改善和换代的区别。 可以想象，下一代感观网络不会与现有的信息网络兼容。 当然，这种不兼容仅仅体现在通信协议和网络结构上。 应用市场继承和发展了传统网络，最重要的是释放了新的用户体验。

1. 重新定义计算产业

扬弃 CPU，建立新概念编程系统。

事实上，过去七十多年 CPU（冯·诺依曼体系）的存在，主要因为 CPU 是可编程软件的唯一载体。 然而，Rabbit 突破了这个条件，实现了资源与应用程序之间的最小距离。 这就激发了下一波反应，传统计算机堆积到云端以后，导致 CPU"退居二线"甚至完全被取代的必然趋势。

2. 重新定义网络产业

突破传统互联网的原因在于开放了实时性和交互性的终极网络特征。

在实时互动智能的基础上，Rabbit 网络可以很容易地适应传统的互联网和非实时的人工智能应用。 其中，当然包含那些移动应用、物联网、区块链之类的重要应用。 尤其是，Rabbit 从系统结构上奠定了创新的网络运行和商业模式，把传统 App-Store 推进到更加精确和灵活的 Cell-Store 环境。 Rabbit 模糊了应用开发和网络消费的界限。

3. 重新定义移动通信产业

Rabbit 独立于移动通信和无线局域网两大阵营。 突破蜂窝结构，让 WiFi 具备移动能力。 实际上，Rabbit 同时覆盖两大无线产业，成本比移动通信低，能力比 WiFi 强。 Rabbit 后台骨干可以连接地面光纤、地面微波和卫星系统，如 SpaceX。

Rabbit 网络体系同时管理和协调全网所有的微基站，实现任意穿越 WiFi 微基站边界的移动通信。 通过恒定信噪比的发射功率控制等一系列措施，在充分使用珍贵的低频段资源前提下，满足移动通信需求。 Rabbit 微基站网络具备两项独有的商业模式，鼓励用户共享无线频谱。 并且，Rabbit 系统内置平灾兼容的工作模式，可望成为首个在巨大灾难时保持畅通的通信系统。

9.2 大数据触及冯·诺依曼瓶颈

1945 年，冯·诺依曼首次提出可行的计算机结构。 遵循这一结构，计算机产业经历了大型机、PC、计算网络，到今天的云计算。 七十余年过去了，尤其是 1971 年 Intel 发布单芯片处理器以来，计算机的进步主要依赖芯片工艺技术改进，即按摩尔定律中的速率发展，冯·诺依曼的主体架构基本未变。 如今，大数据算力需求的突变导致传统发展路径遭遇瓶颈，规模巨大的云计算中心和高速攀升的能源消耗，面对许多核心算力力不从心。 下面仅以 MapReduce(由 Google 公司研究提出的一种面向大规模数据处理并行计算模型和方法)为例，分析这一算法推广到云端计算遇到的普遍现象。

Google 公司成立于 1998 年，早期致力搜索引擎。 在大规模搜索引擎开发过程中，逐步发展完善了 MapReduce 算法，并于 2003 年公开发表。 如今，Google 内部有超过一万个不同项目采用 MapReduce 来实现，包括大规模图形处理、数据挖掘、机器学习、统计翻译等领域。 2004 年，Doug Cutting 基于 Java 语言重新开发 Google 的开源分布式算法，定名 Hadoop(受到 MapReduce 和 Google File System 的启发，由

Apache 基金会开发的分布式系统基础架构，用于海量数据处理）。 由于 Hadoop 用的是与 MapReduce 类似的硬件平台，其效率差别不大。 十多年来，MapReduce 和 Hadoop 成为最流行的应用算法，并在不断的改进中。 当前主要网站大都用 Hadoop 分析数据。 然而这么多年来，好像没有人更新技术手段来开发类似平台。 因为相对于开源的 Hadoop，在使用类似硬件的条件下，已经没有了进一步提升效率的空间。 从 MapReduce 到 Hadoop 是一项了不起的任务，而从 Hadoop 到 Rabbit 将是更具创新的挑战。 因为我们看到，如果效率提高 10 倍，相当于成本降至 10%，同时，耗电和机房面积同步大幅下降。 实际上，突破传统冯·诺依曼计算机架构，提升 10 倍效率是很保守的估计，还有很大潜力可挖。 另外，在实现 Hadoop 算法的基础上，还将获益于其他更多的算法。

实际上，更严重的情况正在向冯·诺依曼模型袭来。 正当冯·诺依曼结构在大数据面前露出疲态时，关于比特币挖矿的故事戏剧化地暴露了冯·诺依曼结构更深层的危机。 2009 年开始有人用 PC 挖掘根据密码定义的比特币，至今已过去十年。 完全定制 ASIC(Application Specific Integrated Circuit，一种专门用途的集成电路）的矿机技术飞速登顶。 其中经历了六代挖矿手段：CPU（20MB）、DSP(100MB)、GPU（400MB）、FPGA(25GB)、ASIC(3.5TB) 和集群(3.5TB×N)。 挖矿速度 8 年约提升 2 亿倍，远超摩尔定律关于 8 年约提升 64 倍的参考估算值。 挖矿的故事看起来不可思议，当前最强大的超级计算机占据巨大机房，但是在矿机面前效率差了好几个数量级。 显然，这里隐藏着惊人的事实。

事实证明，固化流程的大规模算法机，比传统计算机的**效率提高千倍以上**。 还可以再加一个事实，用 FPGA(Field Programmable Gate Array，现场可编程门阵列）取代 ASIC 则流程可以不固化，甚至**远程可编程**。

有人可能会说，那不是计算机，只是一种特殊的算法机。 说对了。 比特币矿机挖出的不仅是比特币，矿机事件唤醒了创新意识。 因为有特殊算法机就一定能开发出通用算法机。 按不同程序指挥运算单元完成复杂可改变的算法，就是通用计算机。 当然，这不是传统的冯·诺依曼计算机，正是我们要谋求的新一代计算机。 实际上，只要 FPGA 远程下载不同程序，就可以改变挖矿机流程，当然也可以完成其他计算任务。

Rabbit 的目标是把实现专用矿机的思路推广到其他众多更普遍的算法上，如 MapReduce 等，以求实现通用的可编程硬件模式。

9.3　计算机的源头和归宿

实际上，有许多方法可以实现，或部分实现计算机功能，本书专注于电子计算机。 11.5.2 节涉及的量子计算，作为异构计算的一种情况融入 Rabbit。

9.3.1　计算机历史博物馆

在加利福尼亚州 Mountain View 位于 Intel 总部的计算机历史博物馆，我们可以从 2000 多年的历史长河中追溯到现代计算机的源头。

但是，沿着冯·诺依曼结构的计算机道路将通向何方？

问题是，计算机有归宿吗？

回顾历史，从三位先驱追溯计算机的思想源头。

第一位先驱：图灵。 最早提出数据流和程序概念的计算机模型。

第二位先驱：冯·诺依曼。 首先用五部分**结构**模型实现图灵机：运算器、存储器、控制器、输入和输出设备。 重要的是，冯·诺依曼计算机比图灵机增加一个程序流的概念，并演化成今天的软件体系。 后面我们会解释这类程序流最终成为后期发展的障碍。

第三位先驱：亨利·福特。 1903 年创立福特汽车公司，1913 年创立汽车装配流水线，大幅提高装配速度，最终达到每隔 10s 就有一台 T 型车驶下生产线。 福特最早提出一种创新概念，由此创建基于独立的多工位、半成品(或数据)围绕工位的高效汽车生产流水线。 可惜，福特的贡献没有收录在计算机博物馆中。

总之，这三位先驱的贡献可分别归结为：图灵创建了程序操作的**理论模型**，冯·诺依曼创建了**实用的可编程计算机**，福特创建了适合大规模算法处理的**高效率流水线**。

本书从不同角度，即站在**资源**的基础上，提出自冯·诺依曼结构到可预见的将来，构成计算机的资源永远只有算力、带宽和存储。 注意，Rabbit 提出与冯·诺依曼相反的**去结构化**概念。 可以大胆预测，面对未来人工智能和大数据，冯·诺依曼计算机可以当作试管和白鼠。 一旦算法确定，大规模计算要靠福特流水线。

在冯·诺依曼计算机结构模型中：CPU 好像是位老师傅，所有数据都要排队到老师傅的摊位接受不同处理。 当然，尽管这位老师傅必须是样样精通的多面手，不过他每次也只能使用一种处理手段。 可以想象，面对无穷尽的大数据任务，这位老师傅一定忙不过来。 实际上，根据福特计算机模型，用熟练工代替老师傅，流水线上每一位熟练工手艺都比通用 CPU 简单：面对每位客户只需做单一动作；面对下一个客户，只要重复同样的工作；客户自己走到下一个摊位，再找下一位熟练工，直至走完整条流水线。 显然，冯·诺依曼结构效率远不如福特流水线。 Google 等公司创造的对策是雇用一排熟练工（多 CPU），再为每位熟练工配几个学徒（硬件加速器）。尽管 MapReduce 和 Hadoop 还在不断进步中，Google 方法的效率还在不断提高。 但是，实现高水平人工智能所需的算力还差许多个数量级，相当于再等待几十年时间。显然，今天的算力水平严重制约了 Google 的远大目标。 Google 面对算力不足，能做的事只有继续弥补 CPU 的低效率，如发展 TPU（Tensor Processing Unit，Google 开发的可编程神经网络芯片），建设更大规模的数据中心，等待更高密度的芯片技术，甚至寄希望于量子计算机。

很多人曾描述过计算机的源头，但是，极少有人提及计算机的归宿。

计算机的归宿在哪里？

我们研究的结论是，计算机的归宿将脱离冯·诺依曼结构发展轨道，尽量拆除附加结构，包括最关键的 CPU。 从结构化到**去结构化**，消除 CPU 边界以后，回归到基本资源。

9.3.2　独立计算机的隐退

未来的计算机不会独立存在，或者说，没有一个设备称作计算机。 对于任何一个巨大系统，我们只能说系统中除了含有计算元素，还有其他元素，如带宽和存储。因为，计算是功能而不是设备，计算功能与网络功能密不可分。 实际上，Rabbit 把计算和网络功能整合到单个模块，并且在单块电路板上整合许多模块。 这就是运算交换一体机。

如同市场创新，开创者难以用技术词汇描述新系统，只能用 Apple、Yahoo、Watson、Google、AlphaGo 之类便于记忆的非技术词汇命名。 类似地，我们的系统命名为 Rabbit。 下面从三方面评估 Rabbit 与传统计算机的衔接：

1. 突破冯·诺依曼结构

突破冯·诺依曼结构，可以带来计算机结构大幅简化，成本降低。 比特币矿机和其他许多专用算法机，已证实非冯诺依曼计算具备百倍以上的效率提升。 另外，通过 Rabbit 硬件和软件设计，构成无边界计算机，再次叠加百倍规模。 综上所述，受到百倍效率和百倍规模的联合作用下，Rabbit 就是一条万倍增益的单行道，再没有回头的可能。 因此，我们已经有充足的理由认定**扬弃冯·诺依曼结构就是计算机的归宿**，至于其他或好或坏的因素，包括不够成熟的瑕疵，都不再重要。 因为这是每一种创新体系都会面临的现象。 显然，数据中心将成为淘汰冯·诺依曼体系的前沿。

2. Rabbit 应用范围

从资源角度（**算力、带宽、存储**），Rabbit 与传统计算机没有区别。 从功能上看，Rabbit 与传统 PC 有明显相似的地方。 例如：PC 使用 Intel 的 CPU 相当于 Rabbit 机房设备的标准设计。 PC 的 Windows 操作系统（Microsoft 的 PC 操作系统）相当于 Rabbit 的系统管理程序。 PC 的 Office 应用软件（Microsoft 的办公软件）相当于 Rabbit 的应用开发程序。 此外，Rabbit 借鉴了 Wintel（Microsoft 和 Intel 的合作导致双寡头垄断局面）的发展道路。 两者功能都具备相同的叠加和分层依附关系，即硬件设备、操作系统和应用软件。 因此，根据原理分析和逻辑推理，两者所用的基本器件和应用范围差别不会很大。 但是，两者潜在规模和效率相差巨大。 其实，**算力决定了算法的智能程度**。Rabbit 不但覆盖大部分传统计算机市场，还将开辟下一代人工智能和复杂系统市场。

3. Rabbit 编程难度

在没有 CPU 的情况下，如何适应软件编程难题？

这一点看起来尚不清楚，难以评估。 实际上，这就是 Rabbit 重点关注的领域。

尽管冯·诺依曼计算已有几十年历史，有无数人参与其中。 但是，Rabbit 运行原理更接近人脑，理论上应该更加简单。 因为人类大脑中没有 CPU 和软件，直觉告诉我们经过熟悉和经验积累，Rabbit 编程难度不会大于冯·诺依曼结构。

实际上，冯·诺依曼计算机花费大量资源在于管理复杂的层叠结构，然而，Rabbit 完全不需要浪费这些无用功。 回顾计算机软件发展历史，人们首先使用计算机解读人类的编程意图，然后用机器编写自身的机器语言，最后指挥机器运行。Rabbit 不仅大幅**提升算力资源**，还从根本上**改变了计算结构**。

取消 CPU 边界，将导致当前 CPU 领域的两大阵营——Intel 和 ARM（Advanced RISC Machines，全球领先的半导体知识产权提供商）在巨大算力需求面前失去价值。实际上，面对无架构约束的统一资源，显然，将有利于引入自动化编程，以及适应人工智能的无中心算法。 例如，Rabbit 可以轻松实现大规模神经元的并行计算。 在执行过程中 Rabbit 不是像冯·诺依曼计算机那样读取程序指令，而是像福特流水线那样规划路径。 通过多种方法联合使用鸡尾酒方案，实际上，Rabbit 新概念软件编程一点都不难。

另外，强化使用人工智能手段，充分发挥到开发人工智能软件的过程中。 我们将推出类似Scratch(一种图形化的简易编程工具，由麻省理工学院创建，并由麻省理工学院和谷歌共同管理)的图形化编程语言，适合算法模块的嵌套和组合，有利于扩大和普及系统应用，详见第13章应用和开发环境。

最后我们还须指出，编程难度是短时因素，而运行效率是长期优势，两者不能相提并论。 当然，Rabbit不会等工具完备以后再推广，Rabbit可以先从几个常用算法开始，逐步改善。 对于个人终端，Rabbit优势暂时不明显，不过相信编程习惯以后，也没有明显劣势。

9.3.3 计算机的三种传承关系

分析Rabbit的传承关系，有助于理解其来龙去脉。 图9-3展示传统冯·诺依曼计算结构与Rabbit的不同点，冯·诺依曼计算机依赖存储程序，Rabbit计算机基于路径设计。

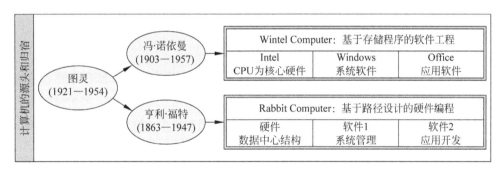

图9-3 计算机的归宿将脱离冯·诺依曼计算结构的轨道

1. 冯·诺依曼与图灵

图灵首先提出程序计算概念。 冯·诺依曼创造性地发展了图灵机，主要是可变的存储程序替代图灵固定算法纸带。 显然，在计算机前期发展过程中这项创新起到重要的推动作用。 但是，冯·诺依曼同时又把计算机发展牢牢地绑定在CPU和串行软件之上，形成今天难以化解的计算机瓶颈。 也就是说，冯·诺依曼创造了CPU，但是，他的计算机却被CPU和程序软件拖累，暴露出冯·诺依曼结构难以克服的先天缺陷。

2. Rabbit与冯·诺依曼

冯·诺依曼定义了一种计算机结构。 几十年来，Intel据此结构发展出许多实用设计，创立了庞大的计算机工业。 但是 Rabbit 研究发现，发展下一代计算机不能建立在冯·诺依曼基础上。 因为冯·诺依曼可编程模型人为地设置了 CPU 的边界，导致今天的低效率瓶颈。 因此，计算机发展的归宿是消除 CPU 瓶颈，而不是沿着冯·诺依曼的道路继续前行。

3. Rabbit 与图灵

进一步研究发现福特与图灵所描述的模型本质上是一致的。 在此基础上，Rabbit 决定偏离冯·诺依曼结构的轨道，参考福特汽车流水线原理。 突破 CPU，同时，进一步发展图灵机结构，使用多个状态机和多线程操作。

9.4 即将发生的大事

Rabbit 系统建立在历史比较和从上到下的推理之上。 近年来计算机行业注定有四件前后关联的大事，其中，一件已经发生，由此，必然引发第二件，然后，凭逻辑推理还会发生后面两件。

9.4.1 云端数据中心的兴起

第一件大事是大家有目共睹的**云端数据中心**。 数据中心掌握社会命脉已成定局。 海量用户终端离了数据中心价值渐失。 反之，依附于数据中心，廉价终端可获得无比强大的实际效果。 在云端/网络/终端的系统架构中，数据中心代表了云端，有至关重要的地位。

9.4.2 无边的非冯诺依曼计算

大量计算机集中在一个地方，必然导致新结构的诞生。 计算机行业的第二件大事是突然冒出**非冯诺依曼计算**。 比特币矿机已证明非冯诺依曼计算拥有百倍效率提升的事实。 并且，由此衍生出许多独角兽，泛指不用 CPU 而用 FPGA 或 ASIC 的专用设备。 其中，FPGA 可以提供远程下载程序，ASIC 可以提供强大的执行效率。 当然，这些独角兽很快会遭遇资源瓶颈，导致业务难以扩展。 这就为 Rabbit 奠定了发展空间。

有鉴于此，七十多年历史的冯·诺依曼结构退出云端舞台已经不可避免。 至于具体细节，各种顾虑、说不清道不明的得失和困难，业界宁可视而不见。 可以想象七十多年根深蒂固的习惯难以在顷刻间灰飞烟灭，巨大的软件王国短期内崩溃。 但是，在源源不断的百倍效率面前，这些因素统统变得不值一谈。 不管你喜不喜欢，非冯诺依曼计算都会来。

9.4.3　重新定义系统软件

前面得知，市场需求引发数据中心，资源瓶颈引发非冯诺依曼计算。 两个独立的原因，引发两种独立的技术。 两者联合作用，必然引发创新的系统软件和硬件。

第三件大事是非冯诺依曼计算世界必然需要重新寻找系统软件。 冯·诺依曼以后的系统处于混沌之中，类似当年盖茨放弃哈佛大学时看到的情况。

常识告诉我们，面对这堆杂乱无章的资源，不管理何成系统？

问题是，谁来制定云端非冯诺依曼系统的管理规则？

如何为这个尚未诞生的体系开发操作系统？

面对这些问题，那是思想的较量。 在 PC 诞生前，盖茨曾经做出最好的回答。

如今，Rabbit 有幸在 PC 时代参照物的指引下，率先提出新概念软件：谋求资源可管理和资源易使用，建立无边界计算网络的操作和应用系统。

9.4.4　重新定义系统硬件

第四件大事是非冯诺依曼计算需要重新定义**系统硬件**。 我们知道，Wintel 模式主导了 PC 发展的全过程，只有 Intel 的 CPU 能够平稳承载微软开发的软件。 事实证明，没有标准化的硬件，就不可能发展可持续的软件。 这条规则必然会延续到冯·诺依曼以后的计算机世界。 我们可以把未来的数据中心看作一台无边的计算机，Rabbit 非冯诺依曼计算机硬件结构是，最少内部分界，最强对外效率。 我们知道，软件承载的各种应用是无数人智慧的结晶，可以推理，如同 Wintel，未来非冯诺依曼数据中心会收敛到单一的硬件设计，目标是承载最合理的软件，比如 Rabbit。

什么是 Rabbit 数据中心？

答：Wintel 不仅定义了计算机结构，更重要的是定义了信息时代普遍的系统模型。 这个原则延伸到 Rabbit，这就是，未来数据中心将收敛到一硬二软的标准结构。

9.4.5　Rabbit 系统三要素

Rabbit 目标是建立类似 Wintel 的标准化体系，包括结构、管理和应用。

1. 硬件网络结构

建立一个多层嵌套的网络拓扑结构。 把松散的基础资源编织成结构单一、规模无限可扩展、具备容错和自我修复能力、可管理的资源海洋。 这样的网络在某个角度可能不是最优的。 但是,我们的最高准则是使用一套简单的软件,分层定义和管理整个网络。 在此基础上,任意虚拟切割成可独立操控和管理的区块,从这些底层的小颗粒资源直接通过光纤连接到区域中心,再通过地面、海底和太空网络形成无边界的网络结构。

2. 软件系统管理

建立一个友好的、可交流的、可积累的运营环境。 管理好数据中心的设备资源,以及建立在这些资源上的客户群、无形资产和事实标准。 授权 Rabbit Inside 认证和登记,包括每台设备和每款软件。 在 Rabbit 所达之处,任意终端在系统授权下,可以通过标准化指令管理、操作和监控全系统任意一个细小的资源颗粒。 重要的是,网络管理将承担安全责任,阻断可能的黑客攻击,详见 12.4 节安全管理流程。

3. 软件应用开发平台

建立一个友好的开发环境。 Word(微软公司的文字处理软件)软件不会自动写文章,Rabbit 也不会自动产生应用软件。 但是,Rabbit 环境能帮助用户加快 FPGA 软件开发,包括创建、组合、分割、调用、删除、运行、维护、积累任意开发中的算法模块。 好比用 Word 可以帮助写出一部旷世大作,Rabbit 帮助网络智能服务,放飞想象力的空间。

现在几乎每家公司都建有数据中心。 然而,非冯诺依曼计算技术很快会以不到十分之一的价格参与竞争,横扫现有市场只是迟早的事。 令人吃惊的是,仅凭省下的电费就可以购买同等运算能力的非冯诺依曼系统设备。

但是,具体如何建设这一套谁也没见过的非冯诺依曼系统?

如何在非冯诺依曼中心开展各种可能想象到的人工智能服务?

搜遍已发表的论文,还没有人认真想过冯·诺依曼以后的数据中心长什么样,更谈不上非冯诺依曼数据中心的结构和管理细节。 然而,这里就是解决方案,取名为 Rabbit。

尽管 Rabbit 的计算模型扬弃了 CPU,但是,计算机的基本功能和应用没有变。在 PC 时代,微软主宰 PC 工业就凭两个软件:Windows(实现了资源可管理)和 Office(实现了资源易使用)。 尽管我们用 CPU 硬件结构和两组系统软件作类比,但是除了经营理念相近,**Rabbit 的工作原理和技术与 Wintel 毫无相似之处**。 打破旧的冯·诺依曼资源边界,即 CPU 和软件的边界。 通过分布式计算,分割计算资源,重新组合成福特流水线形式，大幅拓宽数据通路，再配以新陈代谢的管理能力，成为新的非冯诺依曼无边界可编程计算机。 Rabbit 的目标当然也要开发一套非冯诺依曼计算机的事实标准，高效使用丰富的基本资源，解决当前的社会痛点。 Rabbit 走非冯诺依曼的道路，核心就是扬弃 CPU 和相关软件，拆除 CPU 带来的结构限制。 实际上，Rabbit 是一个计算和网络的联合体，包含无边界的超级计算机，以及有效承载人工智能的超级网络。

图 9-4 概括了本篇的核心内容，从基础资源到 Rabbit 生态环境。 在算力是瓶颈的情况下，运算效率决定了服务品质，或者说，**算力决定算法**。 我们相信，Rabbit 将在冯·诺依曼以后计算机系统的市场博弈中赢得全面胜利。 同时，我们也相信，凭借其卓越的安全性和传输品质，Rabbit 将在任何应用场合取代和超越现有的互联网。

理念（Rabbit 非冯诺依曼计算机系统理念和结构要素）				
结构设计 网络 算力、带宽、存储	承载	硬件设计 设备 非冯诺依曼 时代的Intel	承载 软件设计1 管理 非冯诺依曼 时代Windows	承载 软件设计2 应用 非冯诺依曼 时代的Office

Rabbit新概念的硬件和软件与传统Wintel 系统的类比				
	器件和结构	硬件设备	系统软件	应用软件
Wintel 生态系统	CPU + 外围设备	服务器+路由器	Windows，或其他	Office，各类网站
Rabbit 生态系统	FPGA + 存储硬盘	算力/带宽+存储/带宽	Rabbit系统管理	Rabbit应用开发

尽管经营理念相近，但是面向不同市场，Rabbit 的工作原理和技术与Wintel 毫无相似之处

图 9-4　Wintel 和 Rabbit：从基础资源到生态环境

最后，从短期必要性角度看。 鉴于 Rabbit 与传统 Wintel 系统的巨大差异，如果没有大规模人工智能业务，就不值得大动干戈发展 Rabbit 系统。 但是，从长远看，如果要发展大规模人工智能业务，那么 Rabbit 就是最佳的也是唯一的途径。 我们还预测，人工智能必将颠覆未来计算与网络，颠覆冯·诺依曼的 CPU，这意味着裁减传统软件工程师。 其形势相当于缝纫机时代过后，大量的裁缝消失，取而代之的是少量时尚设计师，而且，对于裁缝手艺要求不高。 类似地，传统编程可能比裁缝消失快很多，年轻的软件工程师们应该认真思考未来出路，研究和学习人工智能算法，积极求变和转型，不失为未雨绸缪之计。

在 Intel 计算机博物馆里，CPU 之后的计算机还是一片空白。 这里就是 Rabbit 的价值、定位和聚焦。

9.5 信息时代的三个阶段：过去、现在和未来

如何评估信息时代的发展阶段？

实际上，这是一项断代工程。 通过深入比较分析信息时代的过去和现在，能够清晰地预测未来。

人类有目的远程通信**起源于**烽火台。 大胆预测，信息时代将**稳定于**虚实对应的镜像时空。 因为，根据亿万年进化的人体生理极限、眼睛和其他感观，大脑逻辑思维和记忆将确立人类信息工程在物理空间、想象力空间和历史空间的边界。

类似于 19 世纪机械电力相关技术发展、20 世纪信息相关技术发展、21 世纪人工智能相关技术发展，人类科技发展都有萌芽期、发展期和稳定期。 另外，人类信息产业不外乎使用三种基本资源：带宽、算力和存储，最终必然落实到感官网络、人工智能和镜像空间三大终极应用的稳定期。 在此之后，信息技术将不会有称得上更新阶段的进步，至少在相当长历史时期内不会有。 许多人把一些小进步称为"新一代"，忽略了真正意义上的代差。 在作者看来，所谓新一代技术的定义应该是与前一代有本质上的非传承关系，例如，从电报到电话，从电话到互联网，再从互联网到Rabbit。

综观人类信息时代，从古到今，再到可预见的未来，可划分为三个程度不同的应用阶段，如图 9-5 所示。 第二阶段的触发条件是第一个 CPU 的诞生，有趣的是，第三阶段的触发条件却是 CPU 遭遇的瓶颈，以及人工智能导致的资源需求爆发。 因此，进入这个新阶段是历史发展的结果。 为了对信息时代有一个清楚的认识，从时间轴和产业覆盖面来描述这个立体的全景图。

	第一阶段:过去	第二阶段:现在	第三阶段:未来
信息时代的三个阶段	1837—1970 年	1971—2020 年	2021 年及以后
	电话网络＋计算机文字和数据	多媒体网络＋计算机信息处理	感观网络＋人工智能＋镜像空间
	AT&T(电话)＋IBM(计算机)	PC＋互联网＋移动通信	Rabbit(强云端＋弱终端)
	两家公司,两种独立业务	多种产业＋细化服务	产业联盟＋统一通信和计算服务
	独立设备＝硬件＋软件		基本资源＝带宽＋算力＋存储
	注:* 这本书的出版时间正好在这个关键的触发点上		

图 9-5　信息时代在时间轴上的三个阶段：过去、现在和未来

9.5.1 第一阶段：过去=电话网络+计算机文字和数据

现代通信起源于莫尔斯沿铁路建设的电报网络。 从福尔摩斯侦探小说，我们有幸了解到当时电报已经发展到普及、便利，甚至依赖的程度。 值得注意的是，这是一段描述电报已经普及、电话尚未发明时代的珍贵史料。 把这几十年福尔摩斯时期比作当今互联网时代，并把紧接电报之后的百余年电话稳定时期比作互联网之后的人工智能时代。

电报发明短暂的三十多年后，贝尔发明了电话。 在管理人贝尔的策划推动下，创立了 AT&T。 消费者青睐的电话迅速流行开来，最终把商人们推崇的电报赶出主流市场。

略晚于电话，沃森的 IBM 依靠人口普查机器发展起来，奠定主流的计算机市场。 当然，那时计算机与老百姓的日常生活关系不大。

随后的一百多年内，通信和计算成为历史悠久的存在，老牌的巨无霸 AT&T 公司和 IBM 公司统领了这个漫长的时代，期间没有重大的技术进步和应用创新。

注意，信息时代的第一阶段开始奠定了通信和计算两大领域。

9.5.2 第二阶段：现在=多媒体网络+计算机信息处理

随着集成电路的发展，Intel 开发出单芯片运算器。 这预示着神奇的硅资源将以指数规律(摩尔定律)催生一个令人眼花缭乱的信息时代第二阶段。

值得注意的是，信息时代第二阶段中的通信市场细分出移动通信，计算机市场细分出独立的网络存储。

1. PC

乔布斯和盖茨是 PC 的代表人物。 但是，什么是 PC？ 当时市场完全没有概念，向老百姓解释 PC 是个难题。 乔布斯把公司定名为苹果，后来有人说是乔布斯为了纪念图灵，但是，他至死也没有解释原因。 类似地，盖茨创造了"软件(Software，指挥计算机设备运行的符号语言，程序设计的最终结果)"一词，那时没有人理解其含义，只有专业人士会使用计算机。 稚嫩的大学生盖茨靠墙坐在地上，憨厚地抱着一个印着键盘的枕头，突出了一个"软"字，这就是 Microsoft 最初登在 *Byte* 杂志上的广告。 谁能料到，人们普遍视为免费的"计算机使用说明书"被盖茨称为软件，开启了人类信息时代一个重要里程碑，促使计算机成为普通人使用的工具。 历史发展出人意料，PC 快速渗透到人们生活的每一方面，老牌 AT&T 和 IBM 被迅速边缘化，Windows＋Intel 的标准化体系，使 Wintel 成了难以超越的存在。

2. 互联网

有了 PC，就需要一个叫 Modem(调制解调器的简称，实现模拟信号与数字信号之间的转换)的设备，通过电话线路，实现计算机之间的数据传输。 很快借用军方的高容错自动电报技术，建立起民用的互联网数据交换和查询系统。 杨致远又一次用了富有惊奇色彩的名字命名他的搜索引擎 Yahoo(美国著名的互联网门户网站，由杨致远创立于 1994 年，服务包括搜索引擎、电子邮件、新闻等)，突显了互联网的使用效果，成就了互联网第一个高峰。 过去寻找信息很难，但是，Yahoo 以后信息泛滥，抓不住重点。 这时还在读书的佩奇和布林创立了 Google 公司，通过关键词频度查询新算法超越 Yahoo，证明寻找信息比信息本身还重要，实现了 PC 从文字处理过渡到信息查询的华丽转身，开启了无所不在的互联网时代。

3. 移动通信

互联网的发展似乎没有平台期，互联网应用继续向更大的人群，甚至向人类生活的各方面扩展。 乔布斯回归苹果公司以后，又一次震惊世界。 iPhone(2007 年，苹果计算机创始人乔布斯返回苹果公司后，整合电话、计算机、照相机、播放器和电子书等常用电子产品于一体的新一代手持终端)首次把电话和计算机整合到一部手机。也就是说，把昔日的巨人 AT&T 和 IBM 装进了口袋，甚至还包括了照相机和收音机等大部分家用智能设备。 Google 迅速跟进，建立第二套系统占领了苹果以外的智能手机市场。 个人终端的竞争继续向穿戴式计算机延伸，市场不断扩大。 老霸主Microsoft 试图挤进手机市场无功而返，凭借其掌握的计算机技术，成功转型到云计算市场。 值得一提，Google 成立 Alphabat(Google 重组后成立的新公司，把旗下大部分业务归入云计算体系)也进入云计算，还有其他的强手如 Amazon、IBM、BAT(中国三家最大的互联网服务公司百度、阿里巴巴、腾讯的合称)等。 云端技术反过来大大增强了手持设备功能。 今天，云端/网络/终端奠定了信息时代第二阶段的系统结构模式。 但是，在这个变化的舞台上，你方唱罢我登场，看不到类似 AT&T 或IBM 那样的长期领袖级公司。

9.5.3　第三阶段：未来＝感官网络＋人工智能＋镜像空间

前面提炼出了过去和现在的发展脉络，我们的真正目标是预测未来，并且，定义未来的蓝图。 前面第一阶段提及从电报到电话发明，期间有一个三十多年的电报繁荣期。 如果我们把互联网看作是电报加计算机，互联网初期文本证明事实确实如此。 那么，有理由推理在互联网繁荣期过后，还会有一个以电话加计算机为基础的网络。 显然，电报传递信息，电话传递感觉。 或者说，电报传递明确可追溯的信息只需寥寥数语，电话表达的难以捉摸的感情交流所用数据量百倍于电报。 在电报繁荣期，大家一致认同电报已经完美，没人看好贝尔的电话。 但是，真正的市场需求是挡不住的，最终，电话打败了电报，并且，奠定了一个更长的百年稳定期。 可以推测，要是当初没有苹果和 Wintel 的 PC，这个百年电话稳定期还将长期继续下去。2012 年，作者出版的书中提出大胆推测，信息处理以后必然迎来更深层次的感官网络和人工智能。

回顾过去，信息时代第二阶段的市场彻底颠覆了第一阶段，新市场催生出全新技术。 由此推理，面对下一阶段全新的感官网络和人工智能市场，如果还以为老药方可以解决新问题，第二阶段的技术思路还能够满足未来市场的需求，这是不够成熟的想法。

我们预告信息时代第三阶段的结论：**下一代信息产业规模远大于今天，下一代系统远非今天的计算机、互联网和蜂窝移动通信**。为了更大规模挖掘第三阶段所需的**带宽、算力和存储资源**，必须发明一把新的铲子。 这将完全颠覆第二阶段的理论和技术以及基础设施和市场。 这个趋势将持续推动信息产业的更新换代。 如前所述，信息时代第二阶段起始于 Intel 发明了 CPU 芯片。 令人惊讶的是，作为信息时代第三阶段的起始却以 CPU 被淘汰为标志，至少在云端如此。 在这个阶段，人工智能应用将淹没传统信息处理，感官交流将淹没传统互联网，统一地面和太空网络将渗透到人类活动的每一个方面。

1. 感观网络＝充裕的带宽

把手机功能移到云端，潜在的障碍是包括 5G 网络在内的蜂窝结构。 为了大规模开发无线带宽资源，有必要先补习一点无线电频谱的基本常识。 我们已知，低频（长波长）信号穿透性能好，但是频谱资源稀缺；高频（短波长）信号频谱资源丰富，但是穿透能力差。 无线电从接近声音的低频端到接近光的高频端，包含极丰富的带宽资源，如果再考虑相同的无线频谱可以重复使用，实际上，地球上无线带宽资源是无穷的。

那么，如何像自由呼吸空气一样，满足**充分富裕的带宽需求**？

所谓的蜂窝网，恰如蜂巢，存在着坚硬的壁垒，导致边缘的困境。 缩小蜂窝覆盖，边界效应益发突出。 唯有突破蜂窝网络的僵硬结构，采用柔性的模糊边界。 未来发展有三个方向：充分缩小微基站覆盖范围、充分复用珍贵的低端频谱，以及充分开发丰富的高端频谱。 因此，简单有效的方法是实行两端式分频无线连接，详见

11.3节。 许多类似廉价无线路由器的微基站,后台共享空旷的高端频谱直接连接至高空悬停无人机。 我们预测今后大部分网络用户的流量发生在这些富裕带宽的无人机之间。

我们以微基站为中心,向两边展示网络结构和服务内容。

首先,看向用户一边(数十米范围),采用低端频谱(800MHz)。 在这个环境中,低频无线电波能够绕过障碍物,穿过墙壁、人体和衣服等,确保室内和多房间的超宽带需求。 当然,我们也不排斥3GHz附近的中端频谱,向环境较好的区域补充更多带宽。 通过调整发射功率,可以调整微基站边界,进一步控制用户数量。 微基站通过低端和中端频谱连接用户,小范围覆盖,确保相同频谱可以无限复用。 同时,微基站通过频分模式接通巨大的后台资源,利用带宽富裕但穿透能力不佳的高频端频谱。 实际上,微基站只是一个频率转换器,通过低频连接少量复杂环境的用户,包括无人设备。 同时,通过高频连接大量直线空间的静止无人机网络。 如果有一个局部区域检测到带宽不足,只要在该区域投放自动入网的微基站。 周边的其他微基站就会自动调整覆盖范围至最佳状态,这就好比发现某个角落照明不够,只要添加一盏路灯即可。

其次,看向服务器一边(数十千米范围),可以通过光纤网络,也可以通过24GHz以上微波,连接到静止无人机中继站。 再通过更高频率、带宽更加富裕的其他卫星系统,传回地面基站。 注意,高空无人机可以避免地表气候影响,保持地面相对位置不变,太阳能供电,或者,无人加油机自动补充能量。 微基站位于屋顶或地面空旷处,无遮挡直线对准无人机,自动算法调整小型天线的方位角度不变,类似家用卫星电视。

2. 人工智能=充裕的算力

本书认为,摩尔定律的瓶颈不代表大规模计算市场放慢。 因为更大的需求还在,芯片资源供给几乎无限。 摩尔定律失效只代表信息时代的第二阶段已近尾声。 我们发现,第二阶段的需求是几条直线(新应用)的叠加,所以这架摩尔定律定义的发动机可以轻松应对。 问题是,现在这架运作了五十多年的老发动机已经面临熄火,未来发展必须改换路径。 在第三阶段,扬弃CPU以后,不存在传统计算机的概念。 本书认为,**替代摩尔定律的引擎是云计算**,通过千倍以上算力资源,把信息时代推向更高等级。 从资源角度看未来应用,不论是人工智能,还是虚拟现实,完全不是传统多媒体和信息处理的同类。 另外,当前的大数据算法受制于CPU的字长精度,大量的数据计算过程中,魔鬼隐藏在数据细节中。 所谓可计算和真实的计算机是两回事。 消除CPU限制,通过并行计算流水线,配合传统算法积累,最终解开人工智能的秘密。 关键是，类似于上一次跨阶段发展，我们面临全面颠覆传统计算架构的需求和机会。

尤其在芯片密度接近饱和的前提下，把信息时代的竞争归结为芯片制造工艺，显然不是长久之计。 值得注意的是，这一阶段芯片密度将不再是产业发展的关键因素。 在荒漠中，篮球场的占地成本与足球场没有显著差别。 实际上，摩尔定律限制了芯片变小，但是，云计算放开了芯片群体变大的限制。 在芯片密度上退后一代，资本投入将大大减少。 由此可见，**领先芯片工艺有益于市场**，但是，**决胜之道在于系统架构**。 在与高手的竞争中，关键的不是与对方的长处拼实力，而是找到对方的短处进攻。 那么，如何扬长避短，对方怎么会听你指挥？ 唯一的可能是开辟必争的新战场。 在未来的计算和网络领域，这个新战场就是人工智能，要准备好在这个新战场长期竞争。 这就是 Rabbit 平台的重要性。 因为工具和平台有长期积累性优势，最终成为决定性因素。

与此同时，人工智能和镜像空间对于计算资源的需求也将是呈指数级增长。 当前神经网络不成熟的原因在于理论上有缺陷：忽视了神经元形态各异，忽视了生物与生俱来的本能，忽视了生物抵御外来侵扰的免疫和自愈能力。 这些能力与大脑的关系尚不清楚，研究神经网络不应局限于大脑，还应该看到整个生物体。 另外，探究生物奥秘的路程尚远，我们不能等待所有谜底都揭开之后再来模仿。 本书第一篇中阐述了关于神经网络四要素的新理论，包括神经元结构和传导协议、先天本能、免疫和自愈以及自学习能力。 沿着这一新理论，从根本上创立非冯诺依曼计算新体系。

过去几十年的发展，仅仅凭借芯片密度的提高。 然而，未来解决困境的办法是消除资源边界，即 CPU 边界和设备边界，更加接近人体生理结构。 实际上，把手机主要功能转到云端，手机自然实现轻量化。 另外，未来数据中心的占地和耗电规模将有百倍以上的增长。 可能在荒漠里建设城市规模的数据中心和太阳能发电储电站，只需少量维护人员。 消除冯·诺依曼设立的 CPU 边界，可以在不增加芯片密度的前提下，提升算力资源百倍以上，这就是非冯诺依曼计算的价值。 单凭扩大数据中心和非冯诺依曼计算这两项，就可以在没有物理理论突破的前提下提升算力资源万倍以上。 如果再通过精心设计，合理布局，我们的地球可以为人工智能和镜像空间提供几乎无限的算力资源。 实际上，算力资源等效于想象力空间。 根据以上结论，资源与需求失衡将导致时代的变迁。 正当行业资源遇到 CPU 瓶颈，偏偏行业需求迎来新一轮人工智能应用的爆发。 根据上述推理，在充分了解和评估感官网络和人工智能的资源需求以后，将指导我们设计和建设信息时代第三阶段的基础设施。

3. 镜像空间＝充裕的存储

镜像空间是一个宽泛的定义，主要指时间同步、地点锁定、不可更改的存储记录。 并且，整合 CPS(Cyber-Physical Systems，综合计算、网络、物理环境的多维系统，National Science Foundation，NSF 19-553)和 Blockchain(区块链，是去中心化的数据库、共识机制、加密算法等计算机技术的应用模式)。 通过带宽资源，可实现异地协同和操作，开拓**地理空间**。 通过算力资源，可以实现各种人工智能业务，开拓**思维空间**，或者是开拓**想象力空间**。 本节讨论使用存储资源、记录、保存和重现被控实体，例如人类行为或其他设备的变化趋势和时间。 确保实体活动与记录内容的同步，这种内容同步称为**镜像空间**，类似于古代国君的随身史官。 这种关系必然建立在存储资源之上。 当然，存储资源还能记录其他传统内容，这些不在本书讨论之列。 需要指出的是，带宽和算力资源仅在使用时短暂占用，因此，平时可供许多人复用。 但是，存储资源最大的特殊性是不可复用。 而且，需要长期记录和保存历史发展过程，才能建立时空关联性。 也就是说，在存储器中，通过滑动时间坐标和指针，实现类似电影播放过程中的快慢进退操作。 如果用于检视人生，或者研究其他实体的发展过程，将有特殊价值。

幸运的是，完成上述任务的基础资源，包括芯片和带宽，在地球上的储量几乎是无限的。 只有在资源充分的前提下，才能托起信息产业第三阶段的巨大市场。 我们认定，进入信息时代的第三阶段，新的业务模式是把无处不在的感知信息纳入同步变化中的数据仓库，并且，长期记录变化过程。 也就是说，未来人类将全方位融入环境，同时生活在两个世界，这就是现实空间和虚拟空间。 并且，在两者之间可以有条件的映射。 例如，可以在虚拟世界里查询过去的事，可以指导在现实世界的行为，也可以预测尚未发生的事。 通过计算进程和物理世界进行相互影响、循环反馈，实现深度融合和实时互动。 如何构建这两个空间、如何确定其映射关系，Rabbit 提供了这些环境、规则和基本工具，余下的就凭想象力。 或者说，人类活动一定会在镜像空间留下痕迹。 其中包括眼睛、大脑逻辑思维和大脑记忆力等，这些能力将确立人类信息工程在物理空间、想象力空间和历史空间的边界。 也就是说，比牛顿的绝对时空观(Absolute Time and Space，牛顿提出了时空独立于物质而存在的绝对时空观，由此确立了经典物理学的时空架构)还多了一个想象力空间。

4. Rabbit 系统的来龙去脉

Rabbit 强化网络互动能力，突破算力瓶颈，开拓镜像空间提升管理能力，全面展示这个过渡中的信息产业。 从早期的电报到科幻电影中的未来世界，信息产业自始至终建立在三种独立的物质资源基础上，即带宽、算力和存储。反复强调这一基本事实是为了提醒读者放弃经验论，不要在乱象中迷失方向，始终坚持资源第一性，丢掉多余的附加体。Musk(Elon Musk，马斯克，推崇第一性原理的思维模式，创办多家公司，包括 Tesla 电动车和 SpaceX 太空探索技术公司，因涉足领域之宽而著名)强调第一性原理，其实就是将复杂系统解耦至最基本的维度，Rabbit 系统四大内容包括功能、市场、资源和技术。

1) 功能和市场

Rabbit 所具备的功能，分别来自突破三项熟透的技术(互联网、计算机和软件工程)，并且，拓展了一些新兴技术，具体包括以下三项消耗大量资源的应用：

(1) **人工智能**：突破算力资源的规模瓶颈，突破 CPU 结构限制，颠覆传统计算机和软件工程。

人工智能需要大量的计算资源。然而，人工智能的算法还在演进过程中。Rabbit 本身不是人工智能算法，但是，Rabbit 系统是建立大规模人工智能算法的平台。除了具备 FPGA 的灵活性，还可以使用任意的异构模块，甚至包括量子计算，详见第 13 章。

(2) **感观网络**：增强实时互动能力，包括有线和无线通信，颠覆传统互联网。

互联网曾经被称作信息高速公路，但是，人性决定了网络发展方向，未来网络压倒性的内容以视频为主。内容变了，网络性质由信息网络变为感观网络。电影《汽车总动员》中描述，随着大量汽车的兴起，昔日风景优美的 66 号洲际公路日益败落。路边的加油站、汽车旅馆，甚至居民小镇风光不再。同理，随着 Rabbit 的崛起，昔日的互联网将退化成透明的光纤网络。这里再次强调一个一百多年前的历史事实，贝尔发明的电话耗费几百倍的带宽，击败了曾经人类通信皇冠上的明珠，即雄霸世界几十年的电报网络。取胜的原因只是在通话过程中多了一点笑声和哭声而已。今天的科技又要耗费几百倍的算力、带宽和存储资源，不就是比那些笑声和哭声又多了一点五颜六色的图像吗？

(3) **镜像空间**：建立虚拟与现实的对应空间，全面改善系统的反应能力、并发能力、反馈能力、实时性和安全性。

颠覆传统商业模式和生活环境。借用 CPS 理念，包含传感器、执行器、记忆体、带反馈功能的设备。借用 Blockchain 理念，不可更改地记录活动过程。镜像空间的目标就是利用充分富裕的网络和智能资源，把这些理念引入更广泛的人际社会。

以上三大领域看似独立，各自都是超大规模，但是，Rabbit 把这些领域整合到一个不可分的系统。其效果显然大于三个独立系统之和。凭借三方面的能力，这个单一新系统能够管理整个网络，也能够管理全产业链，甚至能够高效管理全社会。 事实上，Rabbit 不限于硬件和软件的创新，更重要的是整合和承载下一代网络应用的平台。 在强手林立的环境下，这种异乎寻常的整合能力，造就了 Rabbit 脱颖而出的机会。

2）资源和技术

我们知道，信息时代第二阶段的互联网和 PC，已经远超过第一阶段的 AT&T 电话网和 IBM 大型计算机。 进入第三阶段，同样的带宽、算力、存储资源，将借助 Rabbit 系统创新，远超第二阶段，把信息产业的应用充填到牛顿时空和想象力空间。

Rabbit 起源于传统技术，并由三部分组成：

（1）**保留 1/3 基本元器件**。 如基础芯片、内存芯片、硬盘、光口、接插件之类。

（2）**改造 1/3 现有 IT 技术**。 重点是保留可用的技术原理，将现有 IT 技术全部打散后重建。 因为传统技术来源复杂，没有统一格式，而且大都有改进的必要。 所以，必须重新梳理，去繁就简。 采用统一格式，纳入统一流程，便于统一调度。

（3）**创造 1/3 新需求**。 创新业务模式，为改写老技术提供了必要性。 反过来，为开发新技术提供了合理性。 其实，所谓的 1/3 新市场，实际规模将是今天的百倍以上，或者说，今天的互联网和计算机只占未来信息产业的不足 1%。 就像过去 AT&T 的电话和 IBM 的大型计算机，只占今天信息产业的不足 1%。

显然，在今天技术的基础上，必须重新建立明天的硬件和软件标准。

因此，我们必须重新定义，Rabbit 系统平台包括：

（1）**硬件标准**：定义两类基本电路板，覆盖三类基本资源。 创立灵活多样的结构组合，能够承载系统协议和标准化管理。 满足建立无边界的超大系统。

（2）**软件标准**：定义统一的数据包、信息表和协议流程，构成数据结构和运行规则。 并且，能够下载到标准设备。 这些规则看似简单，关键是普遍适用于任何项目，而且其规模没有边界。 Rabbit 新概念软件与传统本质不同，实际上属于协议流程。

（3）**异构系统**：必须说明的是，从今天熟悉的互联网加计算机，过渡到下一代的信息产业，当然不可能一步跨越。 其间的桥梁就是异构网络设备。 系统中某一部分的某一局部功能，可以用不同的功能模块、不同厂商的方案（包括量子计算机），甚至在不同地点混合；为了统一的目标，完成相同的任务。 这样，在 Rabbit 系统能够很快进入实用的同时，异构设备逐步被更高效的技术替代，也就是说，通过自然法则逐步优胜劣汰。

上述三项看似简单的开发和策略，代表了未来信息产业的一半，或者说，未来网络体系的全部。 那么，信息产业剩下的另一半是什么？ 那是充满想象力的网络应用。

我们还要定义 Rabbit 系统平台不包括的内容。

（1）**用户终端**：Rabbit 奉行强云弱端的策略。 终端是体现 Rabbit 强大功能和多样化应用的载体，终端设计可以任意的多样性。 只要下载符合标准的管理协议，互联网终端都可以参与 Rabbit 云端提供的丰富服务。 当然，未来终端不必局限于传统的互联网应用，其主要方向是开辟感观网络和人工智能新应用。

（2）**智能算法**：Rabbit 是承载任意复杂算法的平台，遵循协议规则，但本身不是算法。 就好像 Word 是写作工具，是实践想象力的平台，但本身不是文章。

5. 网络内容频谱分析

把 Rabbit 系统落到实处，看看网络中传输的内容是什么。

有人说，物联网兴起后，我们每个人都会淹没在无数个传感器之类的装置中。这里要提醒大家，即使真有那一天，从资源角度，物联网带来的网络流量是微不足道的。

在图灵、香农、冯·诺依曼之前，还有一位信息论的先驱奈奎斯特（Nyquist，信息论先驱，1927 年创立采样定理），他提出了采样定理。 这个理论告诉我们，为了完整地保留原始信息，在模拟信号中提取数字信息的次数必须是该信号最高变化频率的两倍以上。 现在回到物联网，由于物理环境的巨大惯性，那些小装置，包括声、光、温度、风、质量、位移，甚至地震波等，都是相对缓慢变化的物理量。 根据采样定理，所需的数据量都可忽略。 也就是说，不管有多少物联网器件，全部加在一起不构成有分量的网络流量，也不构成有分量的网络计算量。

那么，什么是网络流量和计算量的主体？

只要看人类大脑皮层结构就知道，管理指甲盖大小的视网膜部分，比管理全身皮肤感觉部分还要大很多。 实际上，人类感受外界的信息大致有三个维度：物理量的变化速度、分辨率和信息分布范围。 因为光子没有重量，所以也就没有惯性。 光影变化速度最快（可达每秒感知几十幅图像）、视觉分辨率最高（电视屏幕达百万像素以上）、分布最广（除了细微的亮度，还有很宽的色谱）。 然而，对于其他感觉，如温度和触感度等，变化缓慢（以分、秒论）、分辨率粗糙（无法分辨靠近的两个触点）、感觉单调（只有冷热、痛痒等的粗略标量）。 这个现象经过百万年的进化，已经固化到人类生理功能中。

由此可以得出结论：一万个物联网小装置能够产生的信息总量，抵不上几分钟的高清视频。 进一步分析得出普遍结论：任意纷乱复杂的网络内容，都可以映射到知性和感性两个极端。 如图 9-6 所示，无论网络包含多少种服务，未来网络流量只能聚焦到单一的视频通信业务。 实际上，信息产业的历史就是网络内容从知性端向感性端过渡的历史。

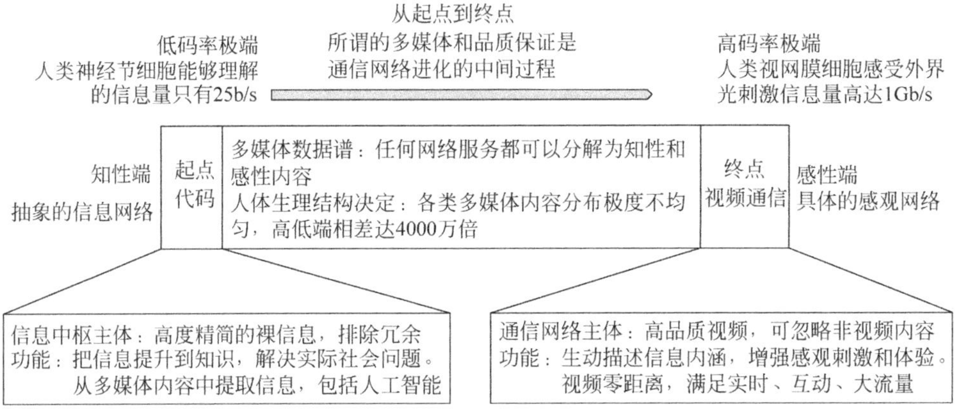

图 9-6　任何网络内容都可以映射到知性和感性两个极端

其实，网络内容必然反映出人体生理结构的两项特征：

(1) 任何多媒体可以分解成知性和感性内容的组合，代表人类的思维和感观。

(2) 未来网络传输中，知性内容可以忽略，99％以上都是视频通信内容，或者为视频通信服务的中间内容。 注意，不是说不要视频通信以外的业务，而是说非视频通信内容不值一谈。

我们进一步确立新时代的网络世界观，丰盛的网络资源最终落实到流媒体，而且，是高清的实时流媒体，不是互联网时代的多媒体。 探究背后的道理，图 9-7 告诉我们，主导人类网络内容的只有简单视频。 那些所谓无处不在的物联网小装置，不论有多少，合起来只能算一个小流量业务。 这就是 Rabbit 网络的理论依据。

(1) 已知不同媒体形式的流量需求比例大致表述为：简单文字＝1，图音文多媒体＝100，高品质视频通信＝10 000。

(2) 在视频通信流量中，不同业务形式的比例大致表述为：广播电视＝1，个性化视频点播＝100，个人视频通信交流、人工智能和游戏＝10 000。

6. 大道至简

为什么今天的网站那么复杂？

因为加入了太多人为的结构，有人发明了 CPU，发明了复杂的软件，发明了各种高级语言和编译器，发明了各种数据库，发明了 XaaS［包含 SaaS(Software as a Service)、PaaS(Platform as a Service)、IaaS(Infrastructure as a Service)］，以及各种

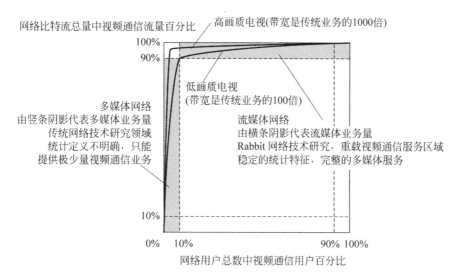

图 9-7　只要 5％用户使用视频通信服务导致网络流量中 95％为视频通信

看似奇妙的虚拟结构。 我们看到，每当有人在这个复杂结构上添加一层阁楼或夹层，必然引来大片喝彩声和金币的叮当响。 请注意，所有这一切都与系统的终极目标毫无关系。 或者说，都是因为 CPU 带来的副产品，同时还导致由此产生无数的硬件工程师、软件工程师和系统工程师。 并且，进一步产生了无数的项目经理、工程经理和系统经理。 可悲的是，这些聪明的结构无比复杂，一个人难以理解，每个人只能了解其中一小块，导致盲人摸象的结局。

如果我们重新梳理一下这个无比复杂的系统，真实情况出乎大家想象。

首先，我们用 PC 发明之前的技术，实现道路上的交通信号灯管理。 其实，这套系统包含了三个独立技术维度。

（1）**数量和规则**。 管理多少个交通灯，以及内在逻辑。

（2）**查表和表达**。 提取数据文本和多媒体表达。 除了红绿灯，还有语音提示。

（3）**智能化管理**。 分析多个交通灯与周边环境的关联性。 当然，智能管理的效果与其复杂度有关。

其次，我们从小到大分析上述交通管理系统。 对于几条马路的小系统，一个简单状态机就足以完成任务。 随着系统规模扩大到超级大都市，还是在上述三个维度展开：

（1）**数量和规则**。 只要增加地址位数，规则不变，加快计算，可容纳任意多交通灯。

（2）**查表和表达**。 只要增加独立的多媒体设备，就可以实现任意复杂的表达方式。

(3) **智能化管理**。 如果把智能功能局限在独立设备，可供调遣，就可以实现任意复杂的智慧能力。 关键是，前述基本的应用流程没有改变，基本的状态机原理没有改变。 或者说，只是规模变大，处理速度加快，多用几台独立设备而已。

最后，我们把上述系统扩展到不同的应用领域，用相同的原理分析其他网站，例如电子商务网站、个人信息交流、信息查询网站等。 实际上，还是不超出前述的三个技术维度，无非就是业务流程略有不同。 结论是，任何网络服务，从2000多年前的古罗马奴隶拍卖，到未来的科幻电影场景，同样可以归入早前定义的三个独立方面。

(1) **数量和规则**。 只是业务流程的逻辑关系比交通灯复杂，换几台单板状态机而已。

(2) **查表和表达**。 由代码寻址的独立多媒体文件库，用于解释和渲染某个逻辑选项的细节变了，但是，数据仓库只是变大，没有增加复杂度。

(3) **智能化管理**。 用于分析用户心理，帮助用户选择，或者，向用户推荐某些选项。 在这个过程中，独立设备的复杂度增加。 但是，独立 Rabbit 算法引擎是一个插件，遵循某种算法，不论复杂程度，与系统规模没有关系。

事实上，Rabbit 的原则是促使系统三要素（**逻辑规则**、**多媒体表达**、**智能判断**）脱离关系。 也就是说，把一个复杂问题分解为多个独立的简单问题。

上述分析得出惊人的结论：实现任意大规模网络服务，没有必要使用 CPU。 进一步分析得出更加惊人的结论：CPU 所带来的局限和附加结构，是未来信息时代发展的最大障碍。 我们的任务无非是设计一个图灵所定义的状态机，并不需要复杂的逻辑流程，只是规模大一点而已。 实际上，人类大脑逻辑能力进步不大，凡是人脑能够处理的几类流程，一台状态机足以应对。 人类感观认知能力进步也不大，先进的技术成果只不过在时间和空间上延展了我们的感觉器官，快速实时反应能力提供了身临其境的感觉。 所谓的人工智能，无非是十几种算法，而不是程序。 其实，分析数据，为的是挖掘各种表象背后的与人类生活相关的规律。 结论是，CPU 只是人类漫长信息时代中的一个过客，扬弃冯·诺依曼的 CPU，以及与之相随的软件工程，将大大促进我们解决实际问题的能力。

我们大可放心，原先已经有的服务一点也不会少，重要的是我们将迎来前所未有、丰富多彩的新服务。 回顾缝纫机发明之后，专业和家庭裁缝曾经遍布整个社会。 因为当规模小的时候，在家庭内部，我们看到每个成员的需求不断变化，都有不同的身材和喜好。 后来发展起成衣业，原来每家必备的缝纫机变成了博物馆的藏品，裁缝被时尚设计师所取代。 关键的原因是，在社会上，当规模变大后需求趋同，我们看到人类服装只存在有限多的尺码和款式。

无独有偶，CPU 发明之后，各类软件工程师应运而生，充满了每个使用计算机的领域。 我们预测，随着计算机应用的日益普及，网络服务将向电子商务、个人信息交换、信息查询等较少的服务类别汇聚。 也许再加几个，例如，各行业流程的分化，多用几台单板状态机而已。 坏消息是，随着 CPU 面临的瓶颈，非冯诺依曼计算架构崛起，传统计算机注定要隐退。 今天社会上热门的软件工程师将被少数算法设计师所取代。 实际上，裁缝和软件工程师都属于个性化的重复劳动，一旦形成规模，行为和需求分类趋同合并。 最终，不可避免让位于少数时尚设计师和算法设计师。 因此，信息时代第三阶段的发展，将伴随 CPU 和软件工程师退出历史舞台。

最后提醒读者，由于根深蒂固的惯性思维，Rabbit 理论初期看来不容易被人接受。 如同在马车盛行时代，很难说清楚汽车的优势。 无论从速度、载重量、舒适度、外观等，汽车似乎都不如马车。 唯一能说一件事，那就是 Rabbit 没有那匹叫作 CPU 的马。

今天，互联网已经拥挤不堪，**Rabbit 推出全新基于感观的网络服务，奠定互联网之后的下一代信息产业**。 Rabbit 行为准则可以概括为：凡是有利于"实时、互动、大流量"的事就要积极做。 凡是以"非实时、非互动、非大流量"为目标的事就不要碰。 原因是：一旦有了前者，后者自然多余，遭淘汰是迟早的事。

Rabbit 系统中，三种资源分布在两类电路板，并实现协议兼容。 实际上，在基本资源之上的结构尽可能减到最低。 任何 CPU、软件以及其他复杂的附加机构，都可以被简单状态机加多媒体存储所替代。 与此同时，对资源的束缚和扭曲自然也降到最低。

Rabbit 系统是一个强云弱端结构。 云和端之间只有单纯的高速光纤连接。

Rabbit 在云里。 一套规则（第 12 章），两种电路板（第 11 章）和三大基本资源（带宽、算力、存储）。 我们将证明，在此之上的任何添加物都是画蛇添足。

Rabbit 在云外。 两种接入网（光纤＋以太网＋WiFi，室外微基站＋以太网＋WiFi）和多种无智能终端（显示屏、桌面计算机、平板计算机、手机、机器人、体内嵌入设备）。

本书全面论述了 Rabbit 系统的必要性和可行性，以及潜力巨大的经济利益。

大道至简，Rabbit 要把简约进行到底。

7. 再论下一代计算机、互联网和移动通信

Rabbit 为什么要拆掉当今信息产业主要的三根台柱？ 见图 9-8。

	计算机产业	互联网产业	移动通信产业
同时颠覆三大产业	扬弃 CPU 和传统软件	扬弃路由器＋TCP/IP＋浏览器	扬弃现有的蜂窝网络结构
	建立非冯诺依曼流水线＋新概念软件 状态机＋多媒体库＋人工智能算法 图形化编程语言＋算法模块库 异构算法引擎＋整合量子计算	建立高带宽实时互动网络 统一 1KB 数据包＋网络协议服务管理、内容管理、网络管理、安全管理和操作界面	微基站＝WiFi＋异地漫游＋功率控制与 WiFi 共享 ISM 频段，无须申请执照先设计分立器件 PCB，后设计 ASIC WiFi 联盟修改规范，并入 Rabbit 系统
	三种基本资源融合＝算力＋带宽＋存储 只有两种硬件类型＝运算交换机＋存储交换机		后台＝光纤＋静止无人机/加油机分享空域，空中防撞系统(TCAS)

图 9-8　Rabbit 系统业务覆盖面：计算机、互联网和移动通信

因为，正是这三大障碍，挡住了我们迈向一个比现在好很多的信息时代。

沿着 Rabbit 的道路，我们对信息时代期望的效果是什么？

(1) **计算机**：起源于图灵状态机。 经过一段眼花缭乱的发展，Rabbit 将理清这团乱麻，回归到没有规模限制的状态机。 突破 CPU 及其导致的瓶颈，无边界地扩展算力资源。 减少对软件工程师的依赖，全面开启大规模人工智能算法的应用和研究。

(2) **互联网**：保留传统信息交换。 扬弃路由器和 TCP/IP。 通过计算和通信能力在底层的融合，建立实时互动的感观网络。 建立实时存储能力、镜像空间和虚拟现实的广泛应用。 因为通信功能已经与计算合并，所以互联网退化成透明的光纤。

(3) **移动通信**：按需带宽，充分利用低频端带宽在复杂环境的穿透力优势。 微基站理论追求的目标是把频谱复用发挥到极致，只要基站足够小，与 WiFi 共享频谱，或者，直接将 WiFi 改造成移动通信。 能够释放足够带宽满足 Rabbit 所定义的感观网络和人工智能的市场需求。 实际上，移动通信的用户与 WiFi 高度重合。 当然，无线频谱丰富以后，自然淘汰现在的移动通信网络，详见 11.3 节。

回顾前述图 9-5，在时间轴上描述了信息时代的三个阶段。 本小节的图 9-8，描述了当前时代的三个产业。 两图对照可以看到信息产业的时空全景。

8. Rabbit 新概念软件

我们已经看到信息产业的两个大趋势：

(1) **供给侧**：按摩尔定律获取算力资源的 CPU 发展道路已经难以为继。

(2) **需求侧**：人工智能对算力资源的需求暴增。

更加严重的是，行业内缺乏有效的应对之道。

对此，Rabbit 不但提出一整套可行的技术方案，同时，还提出一个更加宏大的目标。这就是感观网络。这一目标对于算力、带宽和存储资源的需求，比目前看到的人工智能又要推高多个数量级。

为什么敢于如此大胆地设定 Rabbit 的目标？因为两条事实已经从理论层面证明了 Rabbit 目标的优势和可行性：

（1）**BitCoin 证明了**取消 CPU，可以提高计算效率百倍以上。

（2）**使用 FPGA 技术**，可以实现远程改变计算流程，奠定无边界计算网络体系。

当然，从理论证明到实际可行，中间还有一段路。第 13 章专门论述如何扫清这最后道路上的障碍。

为了适应不确定的未来，在没有 CPU 的前提下如何实现可编程？

在本书中，笔者通过鸡尾酒方案，多层次解耦合，建立 **Rabbit 新概念体系**。

（1）**流程类和算法类**：Rabbit 把现在和未来网络的业务分解为两大体系。

（2）**模块化的正交结构**：解除网络模块的内在联系。在逻辑思维的框架内，插入独立的多媒体引擎和独立的算法引擎。这些独立模块都以标准插件的形式存在。配合商业环境和技术环境的动态变化，实现独立模块的频繁和远程更换。

（3）**产业化的模块插件**：完整的定义，标准化接口，远程分散设计和制造，统一认证，现场组装，持续独立进化。采用鸡尾酒方式统一面对不同类型的客户和供应商。

首先，Rabbit 把一切网络活动都归入两大业务体系。

（1）**流程类，建立正交坐标系**。全部网络服务都可映射到三个独立维度：逻辑流程、多媒体插件和智能算法模块。其中，**逻辑流程**是网络插座，**多媒体插件**和**智能算法模块**可以远程替换和启动。实际上，Rabbit 网络取消 CPU，采用模块结构，实现大规模实时互动能力，直接升级替换传统互联网。

（2）**算法类，建立标准化体系**。把进化过程中算法模块的研究、制作、使用三者分开。独立设计标准界面、可随时替换的算法模块。只有标准化才能实现**研究设计**、**远程定制**和**现场使用**。现在和未来的人工智能，无非是在传统网络服务流程中加入各种算法类功能模块。Rabbit 为了适应不确定性，建立灵活插入智能模块的可进化环境。

其次，庞大的 Rabbit 系统实现**全部服务和管理**。只有**两类电路板**，即运算交换机和存储交换机，见 11.5 节。

下面概括介绍 Rabbit 系统的模块化结构。所谓正交就是去关联的独立功能。所谓插座和插件就是通过标准接口，细化功能模块。插件中还可以有插件，如此不断地套接。 可以把任意复杂的系统，分解成简单的、可远程制作的模块。 这个新概念软件彻底解决了 Rabbit 系统的编程难题。

（1）**逻辑流程**。 由于执行逻辑流程所需的状态机与强大的运算交换机相比是微不足道的，因此只需极少数运算交换板即可满足全部用户的全部需求。 引导每个用户进入不同的逻辑流程，提供不同服务的状态机。 在执行过程中，逻辑流程调用独立的多媒体插件和独立的算法插件，实现任意多媒体内容和任意智能算法功能。

显然，逻辑流程就像墙壁上的电源插座，功能插件就像各种不同的电器设备，网络数据流就像电力公司提供的服务，合在一起就为我们营造一个温馨的家庭氛围。 注意，这里强调独立的标准化插件，好比不同工厂生产的各种电器。 这些插件之间没有互相关联。 成为远程工厂化制作的标准件，必须通过 UL 认证。

（2）**多媒体插件**。 由大量的存储交换机和少量的运算交换机组成。 实际上，互联网发展几十年的成果，主要就是在几种基本逻辑流程上，加入各种多媒体内容。 当然，电子商务网站由商家提供多媒体插件，个人信息交流由个人提供多媒体插件。 两者各自建立在不同的固化逻辑流程上，这就是简单的状态机。

（3）**智能算法模块**。 由大量的运算交换机和少量的存储交换机组成。 13.1 节提出了流程和算法同源的理论，两者都来自人类社会活动的经验。 由于人工智能尚处于进化之中，Rabbit 的价值不是实现某种算法功能，而是建立实现任意算法的公共平台。 而且，提供任意一种算法不断进化和竞争的环境，这种环境不依赖某个公司的服务。

最后，Rabbit 强大的网络管理能力与网络服务相比，也是微不足道的。 因此，只需极少数存储交换板完成。 通过灵活的插件替换能力，Rabbit 随时适应系统调整、服务和用户改变，以及故障处理。 也就是说，Rabbit 的系统、流程、内容、算法，始终处于**新陈代谢**的状态中。 Rabbit 的强大功能和规模，建立在灵活和严格管理的环境中。

实际上，采用去关联模块、标准件库、供应链、流水线架构，开发算法模块插件就像上传照片一样方便，激活社会创造力；替代传统作坊式软件编程，大幅降低创新门槛；完成软件编程产业化布局，推动人工智能市场大发展。

综上所述，Rabbit 的目标就是用最基本的算力、带宽和存储资源，实现最强大的流程和算法服务。 Rabbit 扬弃了包括 CPU 在内几乎所有的传统结构，**把基本资源到强大服务的中间距离拉到最小**。 实际上，任何阻力和困难都不能抗拒 Rabbit 的崛起。

因为，Rabbit 的通行证＝百倍效率＋十倍新市场。

9. 探索信息产业的极限

在定义 Rabbit 的过程中，一直有个问题挥之不去。

Rabbit 以后是什么？ 人类总是有探究未知的愿望，比如，我们想知道宇宙外面是什么。 显然，要回答这些问题，必然要进入高维度空间。

回到信息产业，必须在五维空间考虑问题。 我们生活在三维空间，加上生活和记载的经历构成时间维度。 还有人类特有的联想能力，可以讲鬼神故事，可以根据已知条件推测和描述从未涉足的外星球环境，甚至可以推理太阳的起源与终结。 这就是第五维度，称为想象力空间。 如果把想象力发挥到极致，就可以看到一条边界。

那么，信息产业的边界在哪里？

如同探索外太空，探索信息产业必须建立在已知的知识基础上。 这些知识包括从古代历史到好莱坞科幻电影的故事。 让我们抛开商业竞争，通过三个独立的维度，每个维度从三个独立的要素来观察信息产业。

（1）**自然资源**。 信息产业所需的基本自然资源永恒存在，地球上储量无限，取决于开采。 自有工业以来，信息产业只有三种可量化的基础资源，即**算力**、**带宽**和**存储**。 展望未来，我们没有发现第四种信息资源。

（2）**人体生理**。 经过万年以上的进化，人体生理结构在我们的观察范围内不变。 从大脑活动能力来看，人类有三种能力，即**逻辑思维**能力、**感知**能力和**联想**能力。 其中，逻辑思维能力主要是对因果和时序的判断；人类感知外界的能力主要是视觉，有少量听觉，微量的其他感知能力；联想能力是对未来的预测和创新发明。 因此，从资源角度，人类通信网络以传输视频信号为主，详见 9.5.3 节。

（3）**认知模式**。 信息产业代表人类社会性的认知层面。 其中，**空间交换**体现在异地通信**带宽能力**。 **时间交换**体现在数据**存储能力**。 **形态交换**体现在逻辑变换**计算能力**。 这种人类独有的智能计算表现为从剧本到演绎（熵增），从现象到本质的归纳（熵减）。

在满足人类生理需求的前提下，可以归纳出信息产业的三大基础应用与三类基本资源之间构成的对应关系。 这是信息产业的边界，也就是锁住 IT 怪兽的笼子。

（1）**视频通信＝网络带宽**。 只需一项低延迟的透明传输资源，支持会议和广播。 注意，从资源占用角度强调视频内容。 根据人体生理，人类感知能力对视频以上信息没需求，对视频以下信息可忽略。 或者从另一个角度看，任何非视频内容均在终端解读，转换为视频数据格式。 因此，在网络看来传输内容全部是视频，形成网络内容格式单一化，提升网络传输效率。

（2）**视频点播＝网络带宽＋网络存储**。典型的存储和播放，主要使用两项资源。

（3）**智能互动＝网络带宽＋网络存储＋网络算力**。全面使用三项基本资源。若将资源换成应用，Rabbit 可以表达为三大基础应用：**Rabbit＝实时网络＋镜像空间＋人工智能＝感观网络＋虚拟空间**。

综上所述，通信、点播、智能是未来网络核心。Rabbit 建立在这三大基础应用之上，优化于实时互动，包含了未来信息产业的全部市场。由此看来，Rabbit 没有以后。

10. Rabbit 网络和信息安全

人们享受网络带来的好处，同时也对陌生事物产生不适应，甚至恐惧。网络安全是一个古老的问题。在电话问世之初，人们普遍认为电报已经足够好，电话只是个多余的玩具。美国有的州甚至立法禁止电话，指责其为通奸的罪魁祸首。互联网普及之初，随即暴露严重的安全问题。由于历史原因，互联网是个不设防的城堡，今天，单凭数据加密，后患无穷。在当前的网络环境中，消费者被迫承担网络安全责任，要求用户计算机频繁查毒杀毒。然而，网络安全还是令人担忧，给消费者带来极大的精神负担和潜在灾难的威胁。其实，以消费内容为主的商业环境一定会有"小偷"和"强盗"，他们在网络中更加隐蔽，易于复制，危害扩展快。因此，安全性是互联网发展的第一要务。

我们知道，信息安全（Information Security）和网络安全（Network Security）是两个不同的概念。IP 互联网安全概念不能推衍到其他网络，包括 Rabbit。网络的安全性与网络规模和复杂度没有内在关联。因此，必须重新考虑网络结构设计，确保网络和信息安全。大部分人没有意识到，高等级的网络安全并不一定复杂，网络安全要靠架构设计，而不是昂贵的装置和多变的软件，如病毒库之类。

今天，在网络安全领域存在着太多需要澄清的误区，丰富多彩的业务能力与安全性没有必然联系。Rabbit 的目标是恰到好处地解决网络和信息安全问题。

我们的目标是建设本质上安全的下一代网络和系统，个人隐私可以比银行资金更加安全。只有看清事物的本质，对症下药，才能消除对新事物的担心，化解新事物带来的新问题。12.4 节将深入论证 Rabbit 系统中关于网络和信息安全的原理。

11. 乔布斯的未竟事业

在整个信息时代第二阶段，最耀眼的人物莫过于乔布斯。他有两项了不起的贡献：

（1）**创造**了 PC。

（2）把许多常用的功能**组合**到一部手机，包括电话、计算机、照相机、计算器、电子书等，以及鼠标、手写笔、图形界面、触摸显示屏等。 当大家关注于手机功能时，他创造了 App Store，大大扩展了手机的应用范围。 乔布斯的与众不同还表现在他把独特建筑风格的苹果店开到闹市，让普通民众大开眼界。

如果乔布斯还在，他会做什么？

沿着乔布斯的思路进一步打开脑洞。 他可能会超越手机的业务组合模式。 反过来，创造一个新环境，把人类**融入**其中。 也就是说，超越手机的连接维度，颠覆传统商业模式，融入新的生活环境，我们都在云中。 具体表现在建立虚拟与现实的镜像空间、改变人类生存方式。 同时，人类活动一定会在镜像空间留下痕迹。

普通人去世以后，把他的镜像文件打包下架封存。 而名人可能在虚拟空间永生。 普通人可以身临其境地体验已故名人的生活环境，甚至在虚拟空间与乔布斯交流聊天。 好莱坞电影把人体冷冻进入休眠状态，然后搭乘飞船到外星旅行。 其实，碳基生命体本质上不适合外星旅行，硅基信息体的星际旅行效果远超碳基生命体。人类实现光速穿越的星际旅行，只要把虚拟空间的信息打包发送。 到了外星，通过比特原子打印机，再注入能量，即可还原到实体空间，不一定具备人的形状。 然后，利用这些还原的实体，移动到不同区域。 发出主动行为，采集环境资料，整个过程不需要氧化能量。 经过现场处理，提炼有用数据。 最后，把外星感受到的数据发回地球，注入大脑变成记忆，就可以向别人讲述外星旅游的所见所闻。 重要的是，旅行者自己深信不疑这样的外星经历。

如果乔布斯还在，他会做什么？

我们猜不出乔布斯所想。 但是，从他致力于技术与艺术融合的一生，可以从好莱坞电影中找出一点线索。 乔布斯大概会投入人工智能，把电影中的虚构变成现实。

《谁陷害了罗杰》（*Who Framed Roger Rabbit*），1988 年，导演 Robert Zemeckis。

《侏罗纪公园》（*Jurassic Park*），1993，导演 Steven Spielberg。

《玩具总动员》（*Toy Story*），1995，导演 John Lasseter。

《黑客帝国》（*The Matrix*），1999 年，导演 Lilly Wachowski。

《人工智能》（*AI*，*Artificial Intelligence*），2001 年，导演 Steven Spielberg。

《汽车总动员》（*Cars*），2006 年，导演 John Lasseter。

《机器人总动员》（*Wall.E*），2008 年，导演 Andrew Stanton。

《阿凡达》（*Avatar*），2009 年，导演 James Cameron。

《圆梦巨人》(*The BFG*)，2016 年，导演 Steven Spielberg。

《头号玩家》(*Ready Player One*)，2018 年，导演 Steven Spielberg。

类似的电影场景还有很多。 要解放思想的束缚，可以多看电影，能帮助我们开阔视野。

人工智能的市场在哪里？

不要人云亦云。 说什么大数据分析，说什么屏幕上的手指操作，这些只是冰山一角。 人性和人体生理特征告诉我们，如同**网络传输的最大流量是视频内容**，那么**人工智能的最大市场是前述电影里身临其境的虚拟世界**。 这是一场比拼计算和网络体系能力的较量，Rabbit 就是演绎这个虚拟世界的平台。

借用苹果广告，那些疯狂到以为自己能够改变世界的人，才能真正改变世界(苹果公司广告词，1997 年)。

最后，希望乔布斯的精神永存，请记住他的话：至繁归于至简。

Focus and simplicity. Simplicity is the ultimate sophistication.

第10章
网络资源和结构

人工智能的发展离不开两个关键因素，那就是**算力**和**算法**。

Rabbit 的显著优势就是远超同类技术的大规模算力资源平台，能够适应任何算法实践，可以把任何算法直接插入应用流程，并提供大规模网络服务。 作者预测 Rabbit 取代互联网的理由是，Rabbit 的流程类服务能够涵盖全部传统互联网业务，而算法类服务能够提供互联网无法企及的实时感观互动网络、人工智能和大规模虚拟现实服务。 展望未来，今天互联网的全部服务能力不足未来网络业务的 10%，详见第 13 章。 任何算法都可能在 Rabbit 网络上获取任意规模和任意计算精度的实践。如果某个特定算法流程充分成熟，从提升性价比的角度，可以在 Rabbit 网络框架内转换到任意结构更高效的专用算法引擎。 这种异构的算法引擎同样可以成为整合量子计算的最佳平台。

本章描述了**计算机领域有史以来最大的改革，即扬弃 CPU**。

首先，再次回顾 Rabbit 与冯·诺依曼计算机的共同点和差别。 我们知道，冯·诺依曼定义了一种具体的**计算机结构**，Rabbit 则定义了普遍的**计算资源组合**。 重要的是，Rabbit 还定义了一套可扩展的标准化**网络计算流程**，通过资源管理创造出无边界的非冯诺依曼计算机体系，显然，这是一种新概念的通用计算机和网络。 我们知道，系统是资源的集合，资源只有通过管理，才能体现功能。 功能只有易用，才能体现价值。 因此，**管理**和**易用**是 Rabbit 两大系统要素。 长期以来，人们已经习惯于冯·诺依曼 CPU 和其串行软件模式，但是开发人工智能让我们很快遇到算力需求的瓶颈。 我们发现，基于福特流水线模式的计算系统，在摩尔定律相同阶段，有望提高计算效率百倍以上。 此外，另一项芯片行业的 FPGA 技术，克服了远程可编程硬件的难题。 这就使我们提出突破 70 年冯·诺依曼结构束缚的 Rabbit 目标变得触手可及。 传统冯·诺依曼计算机只能通过固定的指令集操作单一的 CPU。 而 Rabbit 可以通过可编程的路径有序操作一大片无固定设计（或者许多种不同设计）的计算资源。 如果把 Rabbit 管理下的资源比作一台计算机，这台计算机的规模可以大到没有边界，而且，其内部也看不到限制局部功能模块的边界。 Rabbit 将突破当代计算和网络的资源瓶颈，实现冯·诺依曼结构出现以来最大的资源爆发。

Rabbit 系统关注三项资源（**带宽**、**算力**、**存储**），将其融合成规模可伸缩的颗粒，而不再是传统设备领域中封闭的计算机和路由器之类。 在这个系统中，将看不到现在熟悉的设备形态，不再区分计算和网络，而是把计算和存储融化到网络之中。 我们知道，人类大脑大约消耗 20％的身体能量，随着全面开发机器脑力，云端计算将占据地球上最大的单体能源消耗。 这就是我们的大舞台，显然，**算力**和**能耗**注定会被聚焦。 应遵循生物进化的最简单原理，发展出丰富多彩的应用，并实施有效的管理。

10.1　走向资源的海洋

在冯·诺依曼之前，我们对计算机一无所知，当然，也不知道组成计算机的基本资源。 冯·诺依曼之后，我们不但认识了计算机的基本资源，而且，幸运地知道这些资源在地球上的储量是穷无尽的。 我们曾经肆无忌惮地挥霍和浪费这些得来容易的资源，如同那些早期费油的汽车。 尽管基本资源是无限的，但是，开拓人工智能和复杂系统的算力需求，遭遇到了**能源和芯片工艺结构的瓶颈**。 如何更加有效地使用这些资源，制造更加强大的计算机，降低能源消耗，这就是本书追求的目标。我们发现，现在计算机的结构（主要指 CPU）阻碍我们有效使用计算资源。 本书提出扬弃 CPU 以后的一整套替代的硬件和软件方案。 历史事实告诉我们，自从 70 年前图灵提出人工智能概念以来，已经经历了多个发展阶段。 尽管许多人曾经提出乐观的预测，但是，努力尝试都无疾而终。 其根本原因是当时的计算资源不能满足需求。 今天，我们好像在人工智能领域取得了前所未有的进步。 但是，没有人告诉我们距离深度掌握并全面造福人类还有多远。

实际上，人工智能还没有公认可量化的目标。

9.5.3 节从自然资源、人体生理和商业应用角度，首次提出探索信息产业的极限。 并且，13.1.5 节将进一步提出信息产业的五维度空间，以及 Rabbit 的终极目标。 本书的结论是，人性和人体生理结构告诉我们，如同网络传输的最大流量是视频内容，人工智能的最大市场就是电影里身临其境的虚拟世界。 这是一场比拼计算和网络体系能力的较量，Rabbit 就是演绎这个虚拟世界的平台。

本书认为，只有重新梳理计算机资源，突破冯·诺依曼结构，释放多个数量级的增量资源，消除计算瓶颈，有效提升计算机规模，才能应付真正的人工智能时代。

10.1.1　开发结构化资源

其实，**芯片资源**无处不在，就看如何使用。　受到手机等设备限制，芯片被限制在狭小的空间，只能不断提高密度，最终必然遭遇瓶颈。　如果我们把终端的主要功能移到沙漠里去，还会愁芯片资源不够吗？　因为**这不是资源瓶颈，而是 CPU 瓶颈**，最好的 CPU 就是不用 CPU。　也就是说，扬弃 CPU，走向结构化资源的海洋。　当然，扬弃 CPU 结构，把终端功能移到沙漠，必然对通信带宽提出更高要求。　幸运的是，地球上的**带宽资源**同样是无限丰富的。　我们今天用笨办法挥霍带宽资源，使用远方的电磁波(基站覆盖范围远大于个人周边环境)。　直觉告诉我们，这是错误的方向。　其实，只要调整资源策略，我们可以通过微基站结构，开发地球上无穷无尽的带宽资源。　当然，改变过去的网络拓扑，一定有困难。　但是，过去的道路越走越窄。　在日益凸显的供需矛盾下，还有其他办法吗？　我们的出路只能是面对困难，接受挑战，寻找一条新出路。

Rabbit 就是把海量资源重新组织成可统一使用和容易使用的格式。

(1)**从规划角度**。　全网统一拓扑结构，统一资源定位，由此统一路由规则。

(2)**从执行角度**。　统一通信和存储数据包，统一数据管理结构。

(3)**从应用角度**。　统一计算和网络应用业务。　在统一结构基础上，建立新一代软件基础，不断积累，形成可持续的发展。　对于每一个模块，定出规矩，由外向内逐步细化。

把三类无限量的基础资源按照固定规律量化融合到一体，化整为零，消除资源边界，拆除叠床架屋的结构，细分成可控单元。　根据全部细化资源，聚沙成塔，组成三种通用数据结构，即**通信数据包**、**存储内容信息表**、**管理协议流程**，详见 10.4.2 节。　总之，使资源具备按需调用的能力，实现供无限用户共享的、不断新陈代谢中的超级计算网络。

10.1.2　探索互联网以后

互联网以后的世界将会涌现什么可行的新服务？

作者认为，Rabbit 提出的必经之路主要体现在**轻量终端**、**实时互动**和**镜像空间**。或者说，这是推广互动人工智能的必要条件。　Rabbit 的设计理念聚焦在从突破资源束缚中寻找未来，包括计算机、互联网和移动通信能力的制约。

1. 强云弱端

鉴于 CPU 的发展遭遇瓶颈，同时，未来人工智能对于计算能力的需求大增。　为了应对这一供需失衡的趋势，迫使我们把更多功能，或者说，把尽可能多的计算能力移到云端，同时成就了低成本终端具备高智能。在这种发展趋势下，网络业务的聪明程度主要取决于云端，与终端本身关系不大。通过低功耗、轻量、廉价、更加贴身的终端，可以提供前所未有的人工智能和超宽带网络服务能力。当每项业务都必须连接云端和终端共同完成时，两者之间的通信必然成为关键。不难想象，在芯片密度受限的前提下，弱化终端的趋势将导致未来的云端数据中心扩展到整座城市的规模。

2. 普遍的实时互动

我们把常见的互联网业务统称为多媒体，却忽略一个事实，多媒体内容中视频流媒体一家独大。另外，与抽象的文字内容不同，人类对具象的视频内容能够做出瞬时反应。已经面世的 5G 移动网络只要几秒就可以下载一部电影。但是，未来无线通信不仅要下载电影，还要实现视频互动，或者，人与智能机器的实时互动。我们知道，实时互动所需要的不是下载有多快，关键是每一帧画面的发送时间刚刚好，不快也不慢。重要的是，收到一帧画面，解读以后才能决定下一帧发送什么，从而实时回应。或者说，未来的目标是实时互动，反过来，有了实时互动，所谓几秒下载一部事先拍摄好的电影将沦为多此一举。其实，我们真正需要的不是瞬间的快速下载，而是适配人类的最高信息接受能力，即视觉感官，恰到好处的实时互动。

3. 建立镜像空间

一旦建立了镜像数据库，观察点可以在不同尺度的时间轴来回移动。实现过去、现在、将来反复和多维度观察，研究某一个体完整的发展过程。当然，数据积累是建立在前期自动收集和存储的基础上的。当网络能力延伸到具有自主意识和行为能力的设备，如传感器、执行器、智能环境和机器人之类时，可以实现工程系统的实时感知、动态控制和建模能力，用户可能无法辨识网络的另一端是人还是机器。显而易见，类似 CPS 和区块链等应用技术，必须建立在强大的实时数据能力基础之上，包括采控、传输、交换、存储、计算、管理。当前，这些能力不足，互联网和计算机实时处理性能欠佳，导致新技术只能用于高附加值的复杂系统。Rabbit 将打破这一局限，如同早期的移动通信，一旦证明价值，迅速从高端人士普及到一般民众。

10.2 创新无 CPU 和无边界的计算系统

如何把三类无限的基础资源融合成一个可运行的系统？

所谓扬弃 CPU，其实就是分解 CPU 的功能，无限扩展计算系统的寻址空间和并发流程，并与传统技术无缝衔接。 另外，还要按需调整资源配置，执行不同的应用流程。 也就是说，满足可编程计算流程的要求。

无边界系统很难吗？ 恰恰相反。 无边界系统大幅简化了传统 CPU 和计算机的复杂度，甚至把计算与通信融合到一体，全部操作扁平化，逻辑一目了然。 在过渡期，凡是暂时不确定或者复杂的操作可以打包成单一任务。 通过独立的异构方式，把任意复杂度限制在有限范围内，一旦条件成熟，或者需要扩大规模，可以随时替换。 平时我们觉得那些不起的大系统好像复杂无比，其实，都可以化解成扁平结构。 整个系统只是大而已，或者说，只是系统地址长一点而已。

10.2.1 消除 CPU 边界

CPU 边界直接导致系统的规模和效率受损，扬弃 CPU，自然就消除系统瓶颈。

通过扁平的状态机结构和流式计算，执行有限多的流程。 通过流水线结构把 CPU 的环形流程拉直，大幅提升运算速度，消除**速度瓶颈**。 另外，通过快速和多级数据查表，扩大地址长度，消除 CPU 寻址瓶颈，就是消除了计算机的**规模瓶颈**。

消除 CPU 边界可实现几乎无限的寻址空间、无限大数据映射、无限多的流程选择。

10.2.2 无 CPU 的计算机结构和任务

如前所述，扬弃 CPU 以后的直接好处是消除了计算机固有的速度和规模瓶颈。

扬弃 CPU 以后的计算机结构可以概括为：回归状态机，转向流水线结构。 实际上，CPU 是根据状态机原理产生的。 经过几十年的发展，CPU 结构越来越复杂，伴随着各类局部补救措施，最终导致难以逾越的硬件和软件瓶颈。 CPU 的出路就是回到状态机原理，突破速度和寻址瓶颈。 大流量的多媒体数据必须主动与服务逻辑脱离连接。 通过主观意愿、外部条件，或者运算结果，执行开关功能，改变流程走向，获得大范围分析能力，揭露和落实因果关系。

扬弃 CPU 以后，Rabbit 系统直接聚焦在网络资源，具体表现在三个方面：

（1）**逻辑思维**：人类大脑的逻辑能力仅能处理少量知性内容，其中包括电子商务、个人信息交流、信息查询等。 实际上，逻辑思维仅占用极少量网络资源。

（2）**感观网络**：远程传递人类感观，以视觉为主，形体和声音的表达占用了大部分网络流量。

（3）**人工智能**：人际交往过程中，有许多难以确定的因素。 如何理解别人的表达，分析人群的意图和习惯，提取大量人群的行为规律，这就导致了人工智能的产生和崛起。 一方表达出的多媒体信息可能有许多不同的解读，如何理解对方的真实意图？ 从另一个角度，为了让对方更好地理解，如何发出有效而简短的信息，防止产生歧见？

显然，人工智能的复杂度在于解读，这将占用大部分网络运算量。

10.3　创新统一的网络结构

Rabbit 网络建设包括三项策略，形成立体结构。 这是一个小到芯片内部，大到区域数据中心的统一结构。 在单一资源域中整体考虑传统互联网，以及新兴的人工智能和感观网络业务。 并且，通过有线电缆和光缆、地面无线、静止悬停无人机和卫星，全方位地接入网，渗透到人类活动的每一个区域。

首先，系统内在结构是统一的多层串联的分层环路容错网络。 这种结构的最大好处是整个网络可以用统一的策略和协议来管理。 其次，为了不与现有互联网冲突，建立与现有骨干网平行的外骨骼网络，平稳引入创新业务。 当然，创新业务有很多，但是，对于网络来说，**唯一有大规模流量需求的就是感观网络**。 对于计算来说，**唯一有大规模运算需求的就是人工智能**。 Rabbit 在系统底层把感观网络和人工智能融为一体，突显大规模实时互动能力。 最后，通过多种途径，向最终用户渗透。

10.3.1　分层环路拓扑结构

本节描述 Rabbit 核心网络结构和设计，由此实现硬件能力可无限扩展、软件和协议流程可重复使用、同类结构可多层套接。 分层环路拓扑结构如同构成身体的细胞结构，每一层都重复相同的组合方式，每一层都使用环路拓扑，层间垂直跨接。这种相同的硬件设备、相同结构的重复叠加，配合相同的软件管理，逐步扩大资源聚集度，完成面向应用的超级网络整体工程。 本系统的目标就是实现**一台计算机、一张网络、一类结构、一套管理和一种流程**的无边界结构。

1. 单层环路网络

如图 10-1 所示，单层环路网络至多包含 256 个节点，8b 地址定位。 环内有不同间隔的跨接，确保环内任意节点出现故障，环路不会中断，保持正常连接。

2. 区域网络

如图 10-2 所示，区域网络由 4 层同构环路组成，层间结构与图 10-1 的单层环路

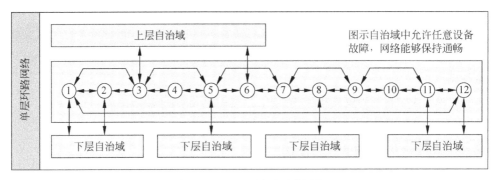

图 10-1 Rabbit 单层环路网络

网络相同。 独立管理的自治域分为 4 层，由 4 组单层环路共计 32b 地址定位。 区域网络包含 4 层同构自治域。 每个自治域保持独立的管理、策略、隐私和习惯。 当然，多个自治域可以共享用户群，单个自治域可由不同机构管理。

3. 全球统一网络

全球统一网络也分为 4 层，每层区域网络内部由 4 组 8b 共 32b 地址定位。 可以容纳 40 亿个独立寻址的实体，包括用户或媒体内容。 全球网上任意一个资源由 4 层 32b，即 128b 地址唯一定位。 这是一个有 1600 亿亿地址、几乎无限的寻址空间。图 10-3 展示了 Rabbit 网络分为 4 大层和 4 小层，共计 16 层的拓扑结构。 本结构不具备跨两层以上的连接，简化了软件和系统管理。 在全球范围内可以独立查询和管理任一台设备，或者任意一片 FPGA、一块硬盘中的数据和工作状态。 在实际运行中，99％以上的网络业务或者网络数据交换发生在 32b 定义的自治域中，只有不到1％的业务跨越自治域边界。 第 12 章将详细介绍此项自治域结构的管理原则。

4. 无限扩展的网络结构

Rabbit 网络设计可以在未来相当长的时期内满足需求。 如果将来某一天，某种难以预测的大需求导致网络规模不足，本结构很容易在顶层数据中心上增加更多层网络结构。 另外，如果将来超级芯片可服务的独立对象大幅增加，导致网络地址不够分配，很容易在底层芯片下扩展，甚至定位到更小的细胞级别。 由此可见，Rabbit 网络结构规模可以向两端无限伸缩，满足未来可能的扩展需求。

另外，改变网络结构势必要改变网络地址，可能会给用户带来极大的不便。 为了应对此类问题，Rabbit 系统创立了双地址结构，详见 10.4.3 节统一资源定位。 网络结构改变，意味着网络地址必须跟着改变。 但是，用户业务使用的逻辑地址不必改变，只需统一修改地址映射表即可。 而且，这项修改可以由系统软件自动完成。Rabbit 网络遵循一套简单的管理协议流程能够自动检测网络动态拓扑结构，包括每一

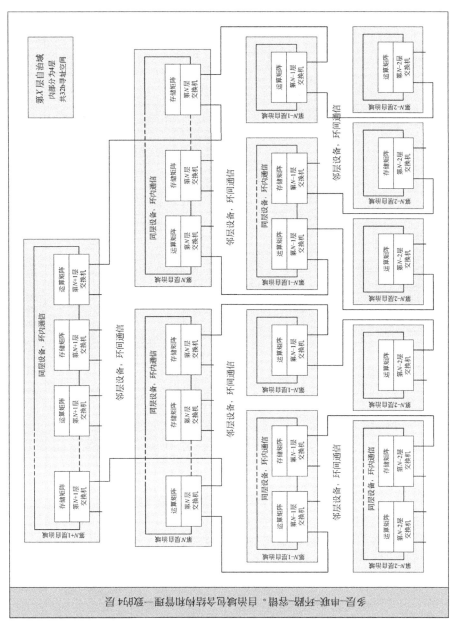

图 10-2 区域网络

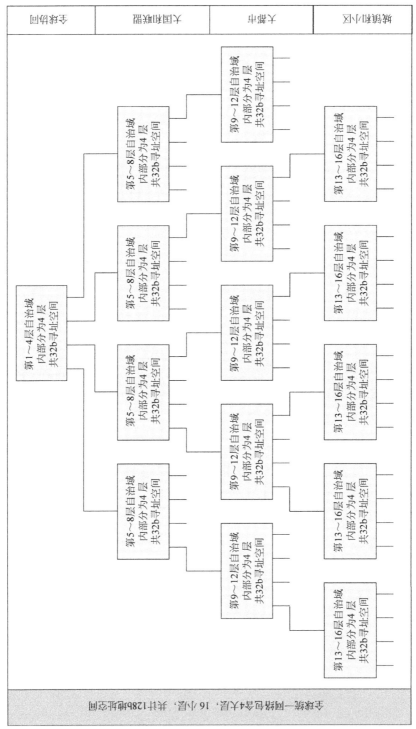

图 10-3　全球统一网络

台设备的健康状态,详见 12.3 节 Rabbit 网络管理流程。

10.3.2　外骨骼引入创新业务

我们知道,早期互联网通过 Modem(调制解调器),寄生在全盛时期的电话网中发展起来。

类似地,早期的 Rabbit 通过外骨骼结构,将在互联网全盛时期平稳超越互联网。

互联网起源于尽力而为的信息网络,结构优化于无连接的电报短数据,凭借这一简化优势,在计算机网络初期胜过传统电信网络。　显然,多少年来,网络资源充分供应,这一优势早已不复存在。　互联网架构已经严重僵化,就连类似 IPv6 之类的小改变,都必须进行伤筋动骨的重建。　互联网已经建立起的业务模式和基本架构不可能在不影响当前服务的前提下丢弃。　我们必须尽可能保留现有互联网,保护已有的业务和投资。

然而,未来创新业务主要是感观网络和人工智能应用。　显然,这些创新应用对网络资源的需求将远大于传统互联网。　如何将实时网络融入传统互联网是最大的挑战。　本书提出一套简单可行的临时方案,通过外骨骼网络迅速引入大规模高品质媒体服务,与传统互联网共享用户终端、接入网、信令通道、骨干光纤和机房设施。然后,按需分段升级更换局部网络。　由于外骨骼网络不涉及兼容性,就无须通过低效的互联网社群制约,例如 RFC 标准化流程。　回顾历史,早期互联网并没有采用与电话网兼容的方式,而是通过 Modem 策略,先寄生于电话网络,之后逐渐独立成网。

1. 互联网颠覆式革新的中间过程

我们已经锁定了未来发展的目标是实时互动网络和非冯诺依曼人工智能服务。

面对这一需求,建设外骨骼网络将成为大规模扩展互联网不兼容新业务的最佳途径。　立足于事实,把超过互联网能力的业务全部移到外骨骼。　通过外骨骼网络补充流媒体能力,光路隔离,接入网整合,全部投资与原有互联网不重复。　外骨骼网络方案能够实现视频与非视频不同优先模式:视频取消检错重发,保证低延迟;非视频允许重发延迟,保证无错码。　通过外骨骼网络,可以大幅降低建网成本,总体效率和规模将远超传统互联网。　外骨骼网络避开现有互联网兼容难题,提供了一个大幅更改互联网原理的机会。　这是 Rabbit 主导互联网业务的第一步,**用简单的外加结构占领未来网络流量的主体**。　在此基础上,当前互联网上已有的非实时视频应用可以在提升品质和实时性的前提下平移到外骨骼网络。 根据保守估计，互联网总流量至少可以降低一半以上。

实际上，这种超越互联网的业务远不如想象中复杂，只有一项单纯的实时视频而已。 但是，这单一业务的数据远大于互联网，初期阶段可能是互联网总流量的百倍，以后发展可达万倍以上。 同时，大幅简化互联网路由器结构和提升设备密度。 在此基础上，Rabbit 提出强云端弱终端的整体解决方案，改变了网络的生态环境。

我们可以分阶段实施外骨骼网络：外骨骼网络建设初期，不改变现有互联网架构，保留已有的全部业务。 外骨骼网络与互联网并列运行，由互联网发送操作指令，管理和调用外骨骼网络资源。 在全功能视频业务占网络总流量 90% 以上的路段，通过外骨骼网络提供新增大流量、高透明、低延时、恒流控制，发展专业的高品质实时互动业务。 在现有互联网接入网中，透明插入实时媒体数据流，流量可配置，实现双流并存。 在用户终端下载新的应用软件。 现有的多媒体内容（统称为非视频内容）保持原有运行模式。

如果 Rabbit 部署在单独机房、多个透明光纤连接的机房或者整个云端系统，甚至 Rabbit 规模超过互联网，仍然可以看作一个超级局域网。 内部使用更加安全有效的通信方式，无须遵守传统互联网协议，只需在与互联网连接的进出端口安装几台格式转换设备，将 Rabbit 指令转换成互联网的 TCP/IP 格式，即可与现有互联网兼容。 Rabbit 通过外骨骼网络方式与现有互联网共享广域光纤资源。 Rabbit 网络可以部署在多个独立的区域，穿过公共网络，通过住宅区接入网，连接无线网络等。

我们知道，互联网的推出过程，依托了前一代电话网络作为过渡。 Rabbit 网络当然可以参考这一模式，利用互联网平台作为过渡。 图 10-4 展示了外骨骼网络结构，这是互联网颠覆式革新的中间过程。 注意，图 10-4 中信令通道和格式转换的详细结构见 12.1.3 节。 也就是说，先通过外骨骼网络实现单纯的实时互动视频业务，还可以包括传统的非实时视频内容下载。 根据网络内容特征，视频内容将主导网络总流量。

2. 实现全功能统一网络

实现全功能统一网络就是 Rabbit 网络。

当双网共存网络中专业高品质实时互动业务推广到一定程度，或者说，在 Rabbit 视频业务占网络总流量 95% 左右的路段，取消外骨骼网络结构模式。 整合传统互联网业务，此时非视频内容仅占网络总流量的 5%，由下述全功能视频网络轻松承载：将传统多媒体数据从并列关系改变为主从关系，从结构上完成全面的过渡。 在商业

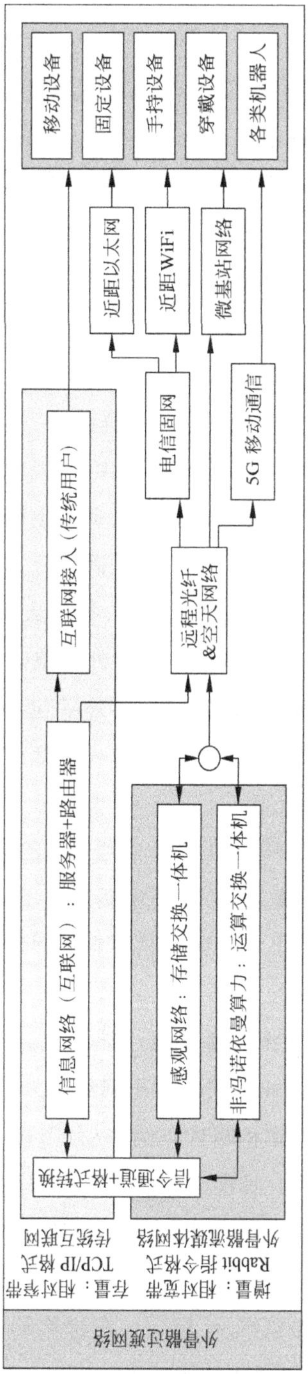

图 10-4 外骨骼网络结构

上，提供全民统一高品质服务，例如高级视频会议功能、全息人工智能服务，普及到全民。

注意，以上通过外骨骼网络改造网络的过渡方案，可按需在局部地区实现，并逐步推广。实际上，我们经历过的互联网发展也是采用了类似模式。最初，互联网先通过拨号 Modem 寄生在传统电话网上。然后，通过 ADSL 技术在局部地区改造电话网，利用电话网线路，发展自成一体的宽带网络。最后，通过全光纤和无线宽带形成今天的互联网骨干架构。历史经常会在不同阶段重复类似的事件。

外骨骼网络只是本书所述 Rabbit 项目发展过程中的一个副产品，当 Rabbit 系统足够大时，传统互联网就自然被边缘化了。我们知道，在马车时代，如果没有颠覆性创新，尽管能制造出豪华舒适的马车，但是，永远也不会进入汽车时代。

传统思维模式认为，网络传输内容是多样化的，包括文字、声音、图片和视频。其中"文字"包含人类文字和各类计算机程序，"视频"可以表现为照片或视频等。上述内容统称为多媒体内容。但是，根据人类的生理特征，上述多媒体内容分布极不均匀。实际上，网络传输内容应该更加准确地分为主要的视频流媒体，以及小量的非视频内容。对人体生理的研究表明，人类最大的感觉器官是眼睛。从资源角度，视频内容是人类通信网络的终极。通过外骨骼网络改造互联网的目标是实现全功能网络服务。本书再次强调，任何网络不外乎包含以下三种独立的基本资源，即带宽、存储和算力。Rabbit 通过网络协议统一调度这些基本资源，可以随心所欲地调配出人类世界的任意网络应用。

全功能网络三大基础应用与三类基本资源之间的对应关系：

（1）**视频通信＝网络带宽**。只需一项低延迟的透明传输资源，支持会议和广播。注意，这里从资源占用角度强调视频内容，因为与视频相比，其他内容均可忽略不计。

（2）**视频点播＝网络带宽＋网络存储**。典型的存储播放，主要使用两项资源。

（3）**智能互动＝网络带宽＋网络存储＋网络算力**。全面使用三项基本资源。

今天地球上网络资源(带宽和芯片)已经充分富裕，等待开发。我们不能为了资源限制而拖累网络经济发展。其实，网络存储和网络算力属于终端和云端的任务，与网络本身无关。当前互联网缺乏低延迟的网络带宽，无法兑现全功能视频。因此，首先必须满足实时视频资源能力，网络资源不涉及具体应用。我们必须脚踏实地，结合分布式存储和算力资源。切记，在松软的土地上，不可能建立坚固的大厦。最终，互联网将退化到类似电报的记忆。

10.4　创新资源管理体系

今天，人们普遍认为先进的技术和系统变得越来越复杂，创新好像只有大公司才能问津。 但是，有必要强调另外一个事实，当年乔布斯和沃兹在车库里创造出苹果计算机，打败了行业里的巨无霸 IBM 公司。 由此可见，创新不一定复杂，甚至一定不复杂。 相反，不创新一定会复杂。 成功系统的价值一定体现在**创新**或者**复杂**，两者必居其一。 极少见到既创新又复杂的系统。 所谓复杂，实际上就是成熟产品的组合。

如同其他创新，Rabbit 的价值在于**创造未来社会的必需品**，这里表达了两层意思：**未来**指的是现在还没有的东西，这就是创新。 **必需**指的是符合人性，不可避免的大市场。 当然，创新必然符合物理学原理，并且，可以在现有资源和加工条件下实现。 另外，Rabbit 是一项资源重组工程。 在基础资源层面，把通信和计算融合成不可分割的系统。 同时，在应用层面，把纷繁复杂的细节归属到两个互相独立的部分：云端和终端。 并且，大幅度简化系统结构，强化执行效率和普遍性。 其实，管理无所谓好与坏，只有适合与否。 根据 Rabbit 业务目标，选择合适的管理体系。Rabbit 的资源管理可以概括为四项基本策略：驱动创新的引擎、统一数据结构、统一资源定位和统一路由规则。

10.4.1　驱动创新的引擎

我们知道，要证明一件事正确，你需要从各方面提供严密的依据。 但是，要证明一件事错误，只要一条致命的证据就足够了。 实时视频通信业务的低能，就是否定互联网论据的基础。 不管互联网的成就有多大，那是过去的事，已经是历史。 请注意，一旦互联网失守感观网络，其他业务也会跟着大面积流失。 这就是网络黑洞效应。

我们必须清醒地认识到，无所不在的网络基础设施(资源)和令人眼花缭乱的网络业务(需求)是真正的主人，网络技术(工具)只是一个经纪人而已。 主人雇用经纪人为其服务，而不是任由经纪人当家做主，听其摆布。 许多年前，互联网技术为老主人(计算机文件)服务还算舒服。 如今，新主人(实时互动媒体)品味不同了，换个经纪人是理所当然的事。 根据网络二元论，以文件传输为基础的互联网和以实时互动为基础的 Rabbit 网络这两类网络的差异是原理性的，两种思路南辕北辙，不具备改良的可能。 因此，必须扬弃互联网理论和技术。 这里说的是扬弃，就像互联网曾经扬弃了具有百年历史的传统电话网络理论一样。 今天，随便拿一本介绍互联网技术的教科书，从第一页翻到最后，40 多年来以电报为基础的 IP 互联网全部理论和几乎全部技术，都不会延续到未来以感观流媒体为基础的 Rabbit 网络，就好比制造马车的书不能用来设计汽车。

比较互联网和 Rabbit 网络，查看其是否有足够的创新，以凸显不同的市场需求。

1. 网络协议的不同

什么是互联网？

答：①TCP/IP 和路由器。 ②服务器，包括计算和存储。

什么是 Rabbit 网络？

答：①网络协议，包括一种数据包、6 组信息表和 6 组协议流程。 ②网络设备，包括运算交换一体机和存储交换一体机。

2. 网络策略的不同

什么是互联网的策略？

答：互联网的核心策略是尽力而为、存储转发和永远在线。 实际上，互联网可以下载视频文件，但是，无法有效解决视频内容的实时互动。

什么是 Rabbit 网络的策略？

答：Rabbit 网络的核心策略是均流、透明和准入。 这就是实时互动媒体、内置商业模式。 Rabbit 化解品质保证的简单途径是创造高品质不如排除低品质。 只要突破互联网的尽力而为，恢复电话网的有序规则，即均流策略，就没有了那些坏品质，剩下的就自然回归到本来的好品质。

3. 网络内容的不同

什么是互联网的内容？

答：多媒体内容，包括数据、文字、声音、图片、视频。 互联网核心是信息网络。

什么是 Rabbit 网络的内容？

答：视频流媒体，即实时互动视频内容。 多媒体等其他非视频内容处理归入终端。 从人性角度估计，Rabbit 网络的流量和运算量规模将达到互联网的百倍以上。 根据这一推理，未来互联网将蜕变成为 Rabbit 网络上附带的一项小流量业务。

10.4.2　统一数据结构：采控、传输、交换、存储、计算、管理

根据系统定义，Rabbit 网络在一个超级资源池中，按需分配不同的任务。 我们可以把 Rabbit 系统简单地类比于单一硬盘的读写过程。 每次新建文件写入硬盘，占据一部分硬盘资源。 每次删除文件时，释放所占用的资源。 由于每个文件大小不一，多次写入和删除后，留下许多零碎的存储资源碎片。 为了不浪费这些碎片资源，要求系统调度能够充分利用这些碎片，有能力管理硬盘中任意一个数据片。 同理，如果把一个传统硬盘操作放大到整个系统，Rabbit 也会遇到类似情况，要求系统能够在全域内统一调度全系统中任意一粒微小资源。 所不同的是，Rabbit 需要独立精细调度，采控、传输、交换、存储、计算、管理多种资源。 这就是前面定义的128b 资源地址空间。 以上全部资源统一结构，可执行单一任务，也可分散指定各地的资源，同时执行无数个独立任务。

实际上，如果没有发明计算机，人类网络可能至今还是 AT&T 的设计。 今天，我们只知道三种独立的系统资源：带宽、存储、算力。 关于人工智能，或其他任何未知的网络应用，都是终端的任务，与 Rabbit 网络彻底脱离关系。 举例来说，Rabbit 网络好比是一个超级管道系统，管道粗细可设定，管道与管道之间有遥控阀门。 每根管道除了连接内部管道系统，还可以连接外部终端，包括用户终端或数据中心。 只有终端才可能决定或产生管道输送的内容，如水、酒或油。 当然，还有一种智能终端能够把水变成酒，再发送到其他终端。 尽管终端的种类千变万化，甚至包括未知世界，关键是不论何种终端都与管道系统无关。

确切地说，Rabbit 追求的是一个愚蠢网络和聪明终端的系统。

1. Rabbit 数据环境

在 Rabbit 资源环境下，管理远超万台计算机的大系统，只需定义几个简单的规则，并由简单 MCU 执行，高效并且成本极低。 如果放开我们的想象力，Rabbit 系统还包含多项互联网尚未涉及的服务内容：高品质大流量的感观网络、多种类个性化虚拟人物、实时按需改变影视内容的互动人工智能、无数传感器和执行器组成的实时环境操控。

注意，授予 Rabbit 系统全部复杂能力的只是三种简单的数据结构。

(1) **唯一格式的数据包**(1KB)：所有用户数据和网络信息都通过此数据包传递。

(2) **6 种统一格式信息表**(1KB 的整数倍)：系统存放在遍及全网的无数块存储交换机的电路板中，并由统一 128b 地址定位。 所谓网络服务无非就是用户终端、无人

装置、存储交换机、运算交换机之间的数据流动。

（3）**6 种管理协议流程**：这些数据的流动遵循，并重复现实物理世界中的商业模式。

实际上，Rabbit 按规则逐步完成某一个指定的流程，可以看作赋予 Rabbit 的生命活力，详见第 12 章系统管理和服务流程。

2. 单一数据颗粒度和安全措施

Rabbit 系统能够满足不同应用，以及各种要求的附加内容。 Rabbit 统一数据包格式如图 10-5 所示。 数据包定义具备特征三要素：①固定格式。 ②无限定义。③唯一解读。

标准数据包定义

字段号	长度	长度代码:1b	分类代码:7b	细分代码:8b	说　　明
0	1W	组合数据包	系统功能定义	运营商定义	分类代码:0～1=长度,00～7F=协议指令,00～FF=媒体数据
1	1W				组分定义:HB=协议代码、媒体类型、LB=版权、差错控制
2～511	510W				承载连续数据,根据媒体类型,可能进一步包含数据结构

特定数据包举例

字段号	长度	长度代码:1b	分类代码:7b	细分代码:8b	说　　明
0	1W	LC=0h	HB=40h	LB=01h	数据包长度＝1,数据包代码＝4001,多媒体数据
1	1W				细分定义:HB=媒体类型,LB=差错控制
2	1W				本 PDU 有效数据长度 0～1020B,余下部分为空白
3～4	2W				总文件有效 PDU 包数（最长 64MB,全 1 表示不定长）
5	1W				PDU 序号（从 1 开始,最长可达 4TB）
6	1W				发包间隔(1μs～64ms)
7～9	3W				创建时间,或实时时钟（年、月、日、时、分、秒）
10～511	500W				承载连续数据,根据媒体类型,可能进一步包含数据结构

图 10-5　Rabbit 统一数据包格式

Rabbit 全系统的资源以 1KB 为标称管理颗粒度。 也就是说，在网络传输、网络交换、网络存储、网络计算、网络管理中，全部以 1KB 数据包的整数倍为单位。 选取 1KB 固定数据长度大大简化了硬件操作，兼顾用户数据和指令，同时可直接使用市场上销售的各类硬盘和网络驱动芯片。 更重要的是，把整个系统分解成 1KB 数据传输和 1KB 数据智能解读两个独立部分。 也就是说，可以把系统结构永久固化，如同电话网络，保持 Rabbit 网络结构长期不变。

简单调整 1KB 的数值定义，充分保证了千变万化的网络流程和信息格式。 这部分内容的细节将在系统实践过程中调整。 实际上，固定长度的 1KB 可以表达为一条管理指令、一条短消息，也可以按需扩展成无数数据包组成的视频文件。 Rabbit 定义了一组不同类别的数据包赋予不同代码，定义不同的内容格式，包括运营商自定义格式。 与此同时，在数据传输和存储过程中，有时为了数据完整性和其他临时功能，还须在 1KB 带内信息之外加入辅助信息，称为带外信息。

与传统计算机各类复杂的总线结构显著不同，Rabbit 工作模块间的距离可能只有几厘米，也可能相隔几千公里。 模块间的通信媒介不论是 PCB 上内部布线、板间铜线、远程光纤，还是地面无线、无人机和通信卫星，全部采用固定长度 1KB 为基本单位的统一数据包格式。

另外，与互联网通信规则显著不同，Rabbit 全系统区分带内和带外信息，这种数据结构的优点体现在安全、高效和稳健性，尤其杜绝黑客入侵。 当前，各种通过加密算法的信息安全方法在量子计算面前都存在严重弊端，Rabbit 系统所提出的带内和带外信息分离可以实现前所未有的网络和数据安全。

1）带内信息

在 Rabbit 系统中，带内信息是指 1KB 用户数据和独立定义的说明性参数。 实际上，在硬盘内保存的就是带内信息，包括内容数据和少量辅助管理数据（不包含敏感的路由信息）。 带内信息就是用户和管理者看得见的信息，但是，单凭带内信息无法恢复完整的数据链。

2）带外信息

在传输过程中，为确保数据完整性，系统还会增加临时的辅助信息，如路由、地址、排队、纠错等，统称为带外信息。 本次服务完成后，系统不保留这些带外信息。 或者说，只保留小部分事后的统计信息，用于系统运行管理。 重要的是，不论是用户、管理者，还是黑客，都只能看到带内信息，而看不到实时的带外信息。 这就意味着除非黑客与两端用户都在相同节点上，否则无法获取用户信息。 这种结构无须付出额外的资源开销，就能够排除黑客介入，大幅提升网络和信息安全。

3．六种格式的资源信息表

Rabbit 网络是复杂的流程和算法、无数内容、多样化人群和虚拟人物的组合，所有这些内容全部包含在六种格式的信息表中，包括：

（1）**用户信息表**：详见工程设计手册。

（2）**设备信息表**：详见工程设计手册。

（3）**商品信息表**：详见工程设计手册。

（4）**媒体插件表**：详见工程设计手册。

（5）**算法模块信息表**：详见工程设计手册。

（6）**系统软件信息表**：详见工程设计手册。

这些信息表散布在全网无数块存储交换电路板上。 Rabbit 全网只有两种电路板，可能有不同的物理结构，可以随意插入任何一个机箱的任意插槽。 系统管理流程能够自动识别和整理所有的电路板，并实现入网运行。

4．六种格式的管理协议流程

所有 Rabbit 的网络服务、管理和收费等都由六种格式的协议流程实现，其中包括：

（1）**服务管理流程**：详见工程设计手册。

（2）**文件管理流程**：详见工程设计手册。

（3）**网络管理流程**：详见工程设计手册。

（4）**应用软件管理流程**：详见工程设计手册。

（5）**系统软件管理流程**：详见工程设计手册。

（6）**安全管理流程**：详见工程设计手册。

所谓的网络服务，无非就是按照某项协议流程，依据指定的信息表内容，针对某组终端，启动流程指挥，实现数据交换。 当然，这些数据交换必须通过统一载体，即唯一的通信数据包来实现。 Rabbit 系统每一块存储交换机，或者运算交换机电路板，都配置了专用的 MCU 执行这些协议流程。 一般情况下，协议流程包含多方参与，包括多种类型的终端，而且，参与方不在同一地点，所以，每一块 Rabbit 系统的电路板都必须具备覆盖全球的远程通信能力。 如果管理大范围内的巨量资源，显然将超出专用 MCU 的能力。 此时，由系统指定某些运算交换，或存储交换电路板，专门实施管理功能。

10.4.3　统一资源定位

为了管理和使用 Rabbit 资源，首先必须量化和定位每个独立的资源颗粒，在此基础上逐步建立起 Rabbit 实体，包括芯片、PCB 卡、设备，直至数据中心。 实际上，资源定位还延伸到一些局部零件，如 FPGA 芯片所包含的通信端口等。

1. 地址格式

图 10-6 代表了 Rabbit 系统的资源地址，其特征是由 16 段 8b 组成，共计 128b。该系统中，每一段 8b 地址段代表了该实体在系统中的位置，包括层级和同层编号。另外，为了简化数据包交换，每 4 段合计 32b 地址区域定义为 1 个区域。 4 个区域共计 128b 代表了全域，即全网络范围。 由此形成区域内和跨区域信息交换。

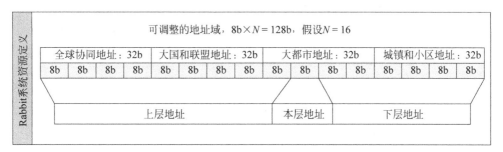

图 10-6　Rabbit 统一浮动三段地址硬件资源定位

1）小颗粒资源

小颗粒资源泛指不可分割的资源模块，主要指完整功能的芯片内部资源和 PCB 卡内部资源。 在上述地址结构中，预留某几个分散的地址位，定义不同种的结构属性。 考虑到不同的资源，其中某一地址分两部分：6b 芯片地址和 2b 预留属性，用以代表纯交换、存储交换、运算交换、存储运算交换。

2）本地资源

本地资源泛指单一设备，或多设备资源组合。 本地资源包括系统管理，并能够独立提供某项服务。

3）广域资源

广域资源泛指由独立板卡组装的多卡集成资源，包括各种机柜和机房的组合。注意，上层地址包含了下属低层地址，表示一片指定区域。 下层地址独立于上层地址，表示多个不连通的块。 完整的 16 段 128b 地址代表了网络上唯一点的位置。 另外，考虑到不同的用户群，在广域地址段中各取 1b 作为标识，代表该段地址余下 7b 采用英语名称定义，群名取字母与数字的组合，映射到唯一的数字地址格式。

2. 网络地址和逻辑地址

为了满足系统建设、运营和服务，Rabbit 定义两套格式相同的地址系统，均由 16 段 128b 地址表示，并分别称为网络地址和逻辑地址。

1）网络地址

在网络建设过程中，随着新设备入网和老设备退网，还包括设备故障维护，Rabbit 网络管理流程（详见 12.3 节）自动为每一台设备分配网络地址。 实际上，网络地址代表该设备在网络中的地理位置。 这一过程称为**入网**，实现了将设备相关的信息与网络地址两者绑定，同时将此信息保存到**设备信息表**。

2）逻辑地址

设备开通过程，即分配该设备的逻辑地址。 首先必须经历**开通**过程，即将设备信息与用户账号绑定，登记用户号码或呼叫代号。 也就是说，开通过程实现了用户信息、设备信息、用户逻辑号码的三者绑定，同时将此信息保存到**用户信息表**。

3．服务过程和地址映射

在用户服务过程中，将用户设备的逻辑地址与系统设备的网络地址临时绑定，这就可以满足呼叫、个性化服务和计费过程。 问题是，用户不知道自己所处的网络位置，这就需要通过查询地址映射表，实现设备逻辑地址和网络地址之间的映射关系。 为了限制系统地址映射表的规模，在绝大部分情况下，这种映射仅限于 32b 地址空间。

10.4.4　统一路由规则

根据前面所述的网络层次结构，Rabbit 网络的特征是密切融合运算、交换和存储三大资源。 为了以最短距离访问计算和存储资源，数据交换并无独立的执行设备，而是依附于存储和运算资源中，这就引出了存储交换机和运算交换机的概念。

Rabbit 网络定义了 16 层环状网络结构，每层环网可能有多达 256 个节点。 所谓通信过程，就是在已知数据包的原点和终点之间定义一条路径。 数据包从网络原点，沿网络拓扑结构，分段移动到指定的网络终点。 从宏观上，给定网络上任意两点（原点和终点），Rabbit 定义了一条路径。 显然，每次服务都会依据用户终端在网络中的不同位置，指定一条不同的路径。 在正常情况下的同一次服务，无论包含多少个数据包，都会走相同的路径。 寻找上述路径的过程称为路由。 在 Rabbit 网络中，不论起始和终止节点的位置，都尽量使用一套相同路由规则。

1．分段动态地址

Rabbit 网络路径规则是，首先判断原点与终点是否在同一网络层次。 如果在同一层次，则沿着环路执行同层转发。 如果不在同一层次，则通过层间垂直跨接，向上层或下层转发。 如图 10-6 所示，数据包所在的参考位置称为本层地址，在不同位置，本层地址的区间并不固定。 数据包每经过一层，本层地址向下移一段。 交换逻辑按上层、本层、下层分三段比较数据包的目标地址与本地端口地址，由此决定统一的路由规则。

2. 分段路由规则

下面详细介绍数据包在 Rabbit 网络中的移动规则。

1）三段相等地址

如果三段地址全部相等，表示数据包已到达目的地，交换功能结束，交换机接纳该数据包，并且执行存储或运算两种可能的操作，或者说，从网络角度消化掉此数据包。 如果三段地址不全等，则需进一步分析。

2）上层地址不等

若两者上层地址不等，则通过层间跨接，向上层网络转发。 进一步说，如果该节点不与上层直连，则数据包沿平级环网转发，直到找到上层网络的连接点。

3）本层地址不等

如果数据包的目标地址与本地端口的上层地址相等，但本层地址不等，即 8b 局部地址，根据随机标记，沿本层地址增加或减少方向发送，直到找到本地匹配。

4）下层地址不等

如果数据包的上层和本层地址都与本地端口相等，但下层地址不等，则通过跨接转发至下层网络。 如果该节点不与下层直连，则沿平级环网转发（选择顺时针或逆时针），直至找到下层网络的连接点。

由此可见，Rabbit 全部网络交换机就执行一条简单的路由规则，完全不需要互联网复杂低效的路由器和路由表。 因此，Rabbit 效率远高于互联网。 另外，当网络拓扑改变时，Rabbit 网络路由规则保持不变。

5）路由轨迹

由于上述路由规则不是唯一的，Rabbit 允许数据包在服务过程中，通过反馈信息调整路由路径。 在数据包的带外信息中保留路由轨迹，供后续路径参考。 每个数据包到达传输终点后，根据其路由轨迹加权平均后，可能修改下一次的路由走向。

10.5 下一代计算和网络的联合体

计算和网络原本为一家。 早期互联网起始于 PC 的外围接口，并通过传统电话线和 Modem 实现低速远程连接。 互联网具备数据送达能力，因此，传统互联网属于一种公共服务。 然而，计算机功能不断多媒体化，不同人有不同的需求和性能指标。 计算机是一种个性化资产，显然，服务与资产具备不同的价值取向，导致计算机和互联网发展成两个独立系统。

随着互联网上的流媒体业务逐渐上升，流媒体数据总量迅速占据网络主导。 相对地，互联网上的传统内容占比越来越小。 根据人体生理特征，感观网络的数据量远大于信息网络，几乎涵盖信息网络的全部功能。 Rabbit 系统提供大规模网络算力和算法，通过渗透其中的带宽能力，需要在不同层次提供大规模网络算力和网络存储，执行强大的网络算法，并与感观网络无缝连接。 随着我们对于云端的依赖程度越来越大，相应地，个人终端离开网络支撑就会变得没有价值。 也就是说，终端的资产属性减少，而其服务属性增加。 上述网络价值迁徙必然导致终端变得越来越无足轻重，云端服务价值越来越高，这种趋势将引导和促使下一代计算和网络再次合为一体。

Rabbit 可以从现有广域网络基础开始，逐步向全功能感观网络过渡。 这一过程中每一步改进都是以更丰富的服务作为引导，由此作为动力，促使整个网络系统达到一个前所未有的新高度。 将来有一天，人工智能和连续实时的感观网络可能直接与人体神经网络连接。 而且，这种连接可能发生在计算架构的任一层次，人体感官系统只能响应连续稳定的信息流。 随着人体神经接口技术的进步，好莱坞电影中不可思议的场景可能成为现实。 Rabbit 反复强调规则和资源的融合，就是根据计算和网络在云端联合体的统一支撑下，下一代服务直接送达人体接口。 这个接口可以称作用户终端，或其他名称。

实际上，Rabbit 同时颠覆计算机和互联网基础结构，将迎来巨大的人工智能和感观网络统一的新时代。 Rabbit 系统可以归结为**一台计算机**（见第 9 章）、**一张网络**（见第 10 章）、**一类结构**（见第 11 章）、**一套管理**（见第 12 章）和**一种流程**（见第 13 章）。

10.5.1　突破互联网惯性思维

经过 40 多年的发展，计算机和互联网这两个密切相关的产业面临基础架构严重僵化，许多明显缺陷无法弥补。 70 多年前，Claude Shannon 提出通信理论，那时计算和带宽资源极端稀缺。 今天芯片、光纤、无线技术的进步，地球上计算和带宽资源已经取之不尽。 注意，今天计算机工业遇到的困难不是芯片资源缺乏，而是 CPU 制造瓶颈所致。 也就是说，突破 CPU 瓶颈不是发明新的 CPU 或者采用多个 CPU 可以解决的。 实际上，只要扬弃 CPU 结构，计算芯片的资源将充分富裕。 计算机的发展远未达到极限，地球上云计算中心可以发展到整个城市的规模。 类似地，今天通信工业遇到的带宽瓶颈，只需加强频谱复用或者移向频谱高端。 实际上，通信资源同样充分富裕。 与香农时代追求带宽效率的诉求不同，现在的挑战是如何大规模使用地球上充分丰裕的资源，改善人类生活品质。 长期以来，我们局限于芯片带宽资源稀缺的错误理论，由此得出网络经济模型。 再根据这个稀缺模型，错误规划网络应用和商业模式。 显然，这是一个阻碍信息社会发展的思维模式。

今天，大部分人消极地适应互联网的各种缺陷，形成了一套根深蒂固的**互联网思维**。 再用这种僵化的思维模式，把互联网局限在一片贫瘠的土地上。 其实，通信资源的发展远远超过了香农时代的稀缺，已经进入带宽资源过剩的时代。 根据本书定下的目标，发展千倍以上流量的视频业务，何必把自己限制在只占1%流量规模的非视频应用中？ 如果我们换一种思路，互联网是人创造的，当然有能力主动改变互联网。 今天，我们的资源已经充分丰富，应该根据人类生理结构和人性需求重新思考互联网，随心所欲地设计人工智能的互动网络新应用。 也就是说，设定视频目标：规模千倍以上、性能实时透明、单位成本远低于传统互联网。 然后，通过外骨骼网络方式无缝整合到现有互联网。 这个思路极大地扩展了网络空间，带来空前的经济效益，把计算和网络推到崭新高度。

根据不可改变的人体生理结构，我们得出结论：互动视频与互动文字必须是两种完全不同的网络应用，而且，两者单次业务数据量差异达万倍以上。 因此，即使抽象互动文字应用频繁程度高百倍，实际网络流量中具象互动视频总量仍高出文字内容总量的百倍以上。 可以预见，未来网络空间中，不论多少人使用文字业务，互动文字的数据总量可以忽略不计。 但是，由于历史原因，互联网的设计优化于互动文字。 从用户角度，我们希望从早期互联网互动文字平稳过渡到互动视频。 面对人工智能应用，互联网的技术短板愈加凸显，严重阻碍了人类对高品质实时媒体需求的发展。 当然，我们必须使用与传统互联网不同的技术，在提高品质和可靠性的同时，大幅度降低设备成本。

今天，我们应该冷静和严谨地检讨过去的失误，从中找到解决未来难题的思路。如果一个人自称精通互联网，而只懂互联网，那么，他的思维模式不可能脱离现有互联网框架，也就谈不上创新。 互联网未来的出路一定不在此类专家们的想象之中，这是浅显的道理，或者称跨界思维。 我们常常听到有人用互联网思维，跨界颠覆传统产业。 实际上，互联网本身也会成为传统，也可能被颠覆。 尤其依据人类网络发展的必由之路，当网络传输内容从知性文件向感性流媒体过渡时，会导致互联网基本架构严重不适应。 今天的互联网对此大方向举步维艰，显然，**寻找跨互联网之界的入口，必须走到互联网之外**。

10.5.2　未来网络功能单一化

本书认为，未来网络功能并不是大家想当然的**多样化**，反而收缩为**单一化**。 因为一旦高品质视频和人工智能应用普及开来，网络总体流量将迅速向单纯视频靠拢。 简单计算即可证明，传统网络内容不论有多普及，也不论还有多大发展空间，相对于视频，只能算作微量元素。 多年来，人们思维已被多媒体固化。 实际上，未来网络发展的新思路是**扬弃多媒体框架，走向流媒体内涵**。 网络内容只分为主体的视频和微量的非视频两种。 或者说，网络传输 100％关注视频内容，非视频内容全部由终端处理，并转换为视频格式的流量。 但是，当前互联网的传输原理是在文件为基础的网络上承载视频应用，是一种头重脚轻的畸形结构。 对于大视频流量，必然要求网络透明和低延迟，显然应该留在网络结构的底层。 任何微量非视频内容，包括要求检错重发等文件内容和管理数据，全部移到终端处理，与网络功能无关。 并且，归入应用范畴、允许延迟、确保内容正确和应用不确定，这些策略均划归终端软件处理。

未来的计算和网络应用充满各种想象，将千倍于今天互联网各类应用的总和。 在网络流量是视频的前提下，极丰富的应用场景包括：本人、远程人、虚拟人和动物；在本地、远地、移动环境和各类虚拟场合；无数种富于想象的实时感官互动；多场景、多时段、多角色混合加工，再次编码分送到多地。 为达此目标，现有互联网远远不能满足带宽和实时性需求，现有计算机结构也远远不能满足人工智能应用所需的实时计算能力。 我们的突破口在于从结构上开发地球上充分富裕的实时带宽和计算资源。

根据大历史观，通信网络的最高诉求是实时视频服务，这是人性所致，历来如此，将来也不会变。 在后互联网时代，我们必须充分把握机会，用流式计算实现人工智能算法，建立千倍于互联网的全功能网络。 所谓的全功能，其实恰恰是网络内容单一化，主要体现在视频内容在哪些终端之间切换等。 实际上，就是统一到单纯网络结构和固定格式的数据包。 至于说这些数据包代表什么信息，这是收发数据包的终端设备该关心的事，与网络无关。 我们大胆提出终极网络概念，**基于人体生理结构，在视频之后没有比人类视觉感官更大的网络需求**。

10.5.3　整合两大应用体系

信息系统的应用可以归纳为两大类：

第一，从独立的个人角度：表现为针对个人在群体之间的供需关系和信息服务，包括电子商务和社交网络。

第二，从普遍的人性角度：表现为针对群体信息，或者，将个体信息归入某类群体，从群体信息中提取普遍信息；泛指人工智能预测和指导人类行为的能力，这种能力附属于前面的信息服务。

上述两类看似独立的应用体系，终将合并为一体。人类思维模式必然发展出多种智能算法，这些算法最终会融入各类应用网站，使得人类信息系统从**文字模式**到**多媒体模式**，再次过渡到**智能化模式**。或者说，为人类信息系统添加一点色彩。未来网络系统有许多设想，但是，最后胜出的必然最贴近基础资源。由此得出，在持续基础资源优势作用下，终将导致类似 Rabbit 的综合解决方案取代传统互联网和计算机。

1. 全面改造传统网站

Rabbit 的应用之一是通过单一系统整合全部应用网站，其中包括电子商务、个人信息交流，以及信息查询。这些基本服务还将延伸到不同领域的人群，如 B2C、C2B 之类。这些网站的流程都是公开的，实现这些流程的方法都可以概括为状态机加上数据存储。网站所含内容和商品的所有权属于各自的供应商，网站的价值仅在于聚拢大量客户。如果某种基础技术有足够的优势，只要更换软件，就可以实现整体平台的迁徙。用户下载一款软件，即可进入不同平台。或者说，人类活动可以归入有限多种流程之中。重要的是，服务网站内部、网络和用户以及用户之间，运行在统一的协议格式下，而与传统软件无关。鉴于 Rabbit 系统不可比拟的无边界规模，当前的各种网站全部都可以成为单一 Rabbit 系统中独立管理的局部。只要邀请各类网站加入，就可以用 Rabbit 网络彻底取代互联网。当然，促进这项替代的背后是价值驱动。实际上，除非有人能够发明比 Rabbit 更简单、更高效的系统，这项由 Rabbit 同时替代当代计算机和互联网两大产业的必然性，可以类似于当年的电话取代电报，成为延续百多年的网络主流。

2. 人工智能引发感观网络

没有互联网，人工智能将无处落脚。然而，通过人工智能元素，必将促进互联网更新换代，引发感观网络兴起，Rabbit 无边界系统是整合全部互联网站的驱动力。

人工智能主要体现在两个方面：

第一，大数据分析：属于知性范畴。精确分析供需匹配，发掘和满足个性化需求。

第二，**实时互动**：属于感性范畴。 有了在知性层面的应用，从逻辑推理，必然会扩散到感性层面，也就是个性化层面。 远程交流从多媒体到智能化，类似动画电影实时分拆和组合虚拟场景，满足人类交流以及人与环境的实时互动。 还可应用于快速应对路况的自动驾驶、混合不同人和物的神奇穿衣镜之类。 最终，成为普通的家用电器。

从规模上看，感性的实时互动业务将压倒性超越知性的大数据分析，如同当年的多媒体曾经压倒性超越传统文字网站。 不难看出，人工智能将消耗海量的信息资源，大幅度提升人类的生活品质。 幸运的是，以带宽、算力、存储为代表的信息资源在地球上像阳光、空气和水一样取之不尽。 Rabbit 系统平台突破传统 CPU 和庞大的附加体系，整合信息产业三大基础资源，专门为人工智能量身定制。

第11章
硬件设备和无线连接

面对可无限扩展的 Rabbit 结构，本章先解答五个问题。

第一，没有 CPU 和传统软件，那么，Rabbit 的硬件和软件分别是什么？

答：Rabbit 硬件是一个**通信网络**，Rabbit 软件是一组**通信协议**。 通信网络只关心接口机电定义，与网络内部结构无关。 通信协议只关心网络功能定义，与所用的语言和软件无关。 在此基础上，Rabbit 不但定义了自身的结构和标准设计，还能够通过简单接口，融合 Rabbit 之外的任意异构数据中心和相关技术。

第二，如何建设和推广 Rabbit 系统？

答：首先，Rabbit 在当前已有成熟技术之外叠加一层标准化网络和管理外壳。然后，不断消化和替代外壳里的内容。 也就是说，逐步用本章描述的两类电路板替代已有的异构设备。 最后，转变成统一的 Rabbit 结构。 这是一种由外及里、从上到下的转变过程。 这个转变的驱动力是**不断提高的性能价格比**（即性价比）。 当然，最终完成上述转变的充分和必要条件是 Rabbit 提供**互联网无法企及的网络品质和服务能力**。

第三，Rabbit 能够提供什么服务？

答：鉴于用通信网络整合异构引擎的结构特征，Rabbit 不受传统 CPU 限制，整合无限大资源，包括把当前各类单机设备的局部能力整合在一个系统中。 随着系统规模的不断扩展，Rabbit 将**全面承载当前互联网服务，以及未来人工智能和感观网络**。

第四，Rabbit 与传统冯·诺依曼计算机差别在哪里？

答：冯·诺依曼的贡献是定义了一种称为 CPU 的计算机结构。 实际上，CPU 建立了**结构化**资源的基石。 从原理上看，传统 CPU 是一个结构中心，在周围软件的指挥下，执行既定的数据处理任务。 几十年来，Intel 就是遵循这种结构发展出许多种不同的设计，但是基本结构没有变。 相应地，Rabbit 的贡献是一种**去结构**的资源组合。 在三种基本资源（算力、带宽、存储）维度上，进一步定义两种组合，即运算交换机和存储交换机。 实际上，通过两种电路板结构满足任意规模的通信和计算需求。

第五，Rabbit 是什么？ 用简洁语言说明。

答：Rabbit 是一个超级网络，具备统一的资源定义、统一的数据结构、统一的硬件设计，包括统一接口的异构引擎。 从芯片内部开始，多次叠加，形成大覆盖，一直扩展到全球的大网。 确保全程使用一套管理规则、一套软件流程和一套协议语言。 非冯诺依曼结构设计围绕一个目标：承载 Rabbit 操作系统和应用软件。 首先，把数据中心做强（百倍效率），然后，做大（没有边界），最后，面向大市场（人工智能和感观网络）。 归根到底，**Rabbit 就是下一代可编程计算加网络的联合体**。

11.1　直奔计算机的终极目标

本节讨论计算机发展道路上遇到的问题，以及解决方案。

11.1.1　70 多年的老问题

过去 70 多年，冯·诺依曼计算机的发展总是面临同一个问题，就是如何把 CPU 做得更强大。 习惯上，衡量一台计算机的好坏，首当其冲是看 CPU 的能力。 过去 10 多年，提高 CPU 时钟的办法好像走到了尽头。 但是，算力需求有增无减。 现在，剩下的办法只有多 CPU 芯片和多服务器集群。 实际上，所有方法都是给冯·诺依曼模式加一个补丁，或者多加一个结构层次。 其后果是，不但效率越来越低下，还只能暂时缓解困境，不触及本质。 问题是，我们何必要采用这种改良方案，而且，明知其只有短期效果。 就算 CPU 再强大，外围设备边界的壁垒和内耗，难以突破计算机系统的局限，导致总体规模难以做大。 如今，这个难题还将继续限制人工智能的发展。

11.1.2　解决难题的新思路

其实问题的症结很明朗，计算机遭遇扩容难题是受到冯·诺依曼串行结构的限制。 因此，从根本上解决问题的办法，**不是加强 CPU，而是扬弃 CPU**。 也就是说，第一，扬弃 CPU 以及它所造成的计算机边界。 不难理解，一旦取消 CPU 边界，从此再没有计算机扩容的问题。 第二，消除计算机边界后，必然趋向全面云计算。 显然，云计算的目标不是把大量的传统计算机堆积在一起。 不断扩大算力需求，意味着计算机体积越来越大和耗电越来越多。 最终只能脱离个人用户的掌控范围，集中在远方，这就是云计算。

既然已经找到问题所在，我们的逻辑对策变得很清晰：走非冯诺依曼的路，消除结构约束，永久解放算力的途径就是突破传统冯·诺依曼模式，而不是在其基础上补救。

11.1.3 扩大万倍算力

我们发现**两条路径**：第一，事实已经证明非冯诺依曼计算能够提高效率百倍以上。 第二，Rabbit 提出非冯诺依曼数据中心的完整方案，包括硬件结构、操作系统和应用软件，能够面向大规模服务和海量消费者，再次扩大非冯诺依曼计算规模百倍以上。 也就是说，两条措施合在一起可以轻松**扩大总算力万倍以上**。 而且，这个算力扩展不受摩尔定律的限制，一劳永逸地为下一代计算机提供了几乎无限的低能耗算力资源。

事实上，从冯·诺依曼到非冯诺依曼计算不是跳跃式，而是一个逐步弱化 CPU 角色的过程。 这个总趋势已经很明显，目标就是扬弃 CPU。 事实证明了这是一条可编程计算的单行道：从起点全 CPU，到 GPU，到单 FPGA 协调多 CPU/GPU，到单 CPU 管理多 GPU/FPGA，再到全 FPGA，直到终点 FPGA 加异构方案。

Rabbit 选择的道路是直奔计算机的终极目标，就是打破冯·诺依曼设定的限制，扬弃 CPU，扬弃业界推崇的多核 CPU 和多服务器结构。 根据这个终极目标，还必然扬弃了传统操作系统、集群和虚拟软件、各类中间件和数据库软件。 实际上，从总体上扬弃 CPU 和传统软件，取而代之的是一片广阔的新天地和多项基础理论和技术创新，包括神经网络四要素(神经元结构、先天本能、免疫和自愈、自学习能力)、神经元传导协议、信息处理流水线、极多线程状态机、异构算法引擎、跨平台数据结构等。 实际上，扬弃 CPU，使得非冯诺依曼系统结构大大简化。 当然，Rabbit 注定不会是一条平坦的路，一定会遇到各种困难。 但是，一旦 Rabbit 跨出这一步，从此计算机世界再也不会回到冯·诺依曼模式。 我们还要预测，在占领数据中心之后，非冯诺依曼计算结构在成熟规则的推动下，还会继续扩展到用户终端。

11.2 Rabbit 流水线结构

我们提出了没有 CPU 的计算机大目标，显然，大规模没有边界的计算机，唯一可能是采用无限扩展的**网络结构**，或者在局部区域形成信息处理**流水线模式**。 我们知道，计算机主要面对两大类应用：流程和算法。 严格地说，算法也是一种流程。

未来计算机从简单的记账流程到复杂的智能应用算法，Rabbit 在资源底层的变革，势必将无限扩展的计算能力和通信带宽融为一体。 实际上，流水线就是网络的初级状态。

11.2.1　从 CPU 到流水线

流水线这个名称，今天已经不陌生。 100 年前，美国汽车大王亨利·福特为了应付日益增长的 T 型车市场需求，对汽车生产流程进行了彻底的分解和优化，创造了前所未有的流水线生产模式。 这一颠覆性变革，直接导致汽车从富人的象征转变为大众交通工具。 实际上，流水线模式对机械生产和信息处理都能带来类似的好处。

这些好处可以归结为以下两点：

第一，降低每个工位的技术要求。 汽车装配从高技能机械师转变为普通工人，甚至雇用了大量的残障人士。 这项优势同样适用于信息处理领域，计算流水线将成为超越传统 CPU 结构的自然选择。

第二，效率提高，品质有保证。 汽车装配品质稳定，人均产量大幅提高，生产周期大幅缩短，带来巨大的经济效益。 同样在计算领域，这种效率和品质的联合优势，将促进大规模人工智能和感观网络的发展，开辟全新的时代。

今天，制造业流水线生产模式早已是理所当然。 但是，令人费解的是，在高科技的计算机领域，居然还在延续原始的低效行为模式。 图 11-1 上半部揭开了当前计算机的面纱，我们看到建立在 PC 模式上像洋葱一样层叠堆积的软件结构。 这种冯·诺依曼系统结构制造了许多内部边界，严重束缚系统扩展，导致效率极低，注定成为云时代的发展瓶颈。 用一款软件把持计算应用全过程，这与 100 多年前由手艺精湛的师傅制造整台汽车何等相似。 由冯·诺依曼计算机进化而来的洋葱结构的出发点是为了迁就僵化的应用软件，因此不得不在硬件资源和应用软件之间插入许多与应用不相干的中间层。 实际上，这是典型的舍本求末，作茧自缚。 事态还在继续恶化，这些脱离应用的中间层越来越复杂，演变成令人生畏的软件工程。 复杂的软件工程浪费大量资源，无助于实际应用。 因此，只要不放弃僵化的应用软件结构，就注定了洋葱模式愈演愈烈，最终不可避免地引发恐龙式的巨大数据中心和难以治愈的软件危机，成为云时代的应用瓶颈。

我们有必要保护既有的**应用软件**吗？ 错了。 真正的价值在于应用，而不是软件。

我们有必要适应未来**更加复杂的应用**吗？ 又错了。 人类本性决定应用流程不会复杂，今天的复杂软件几乎都不是聚焦在应用之上。

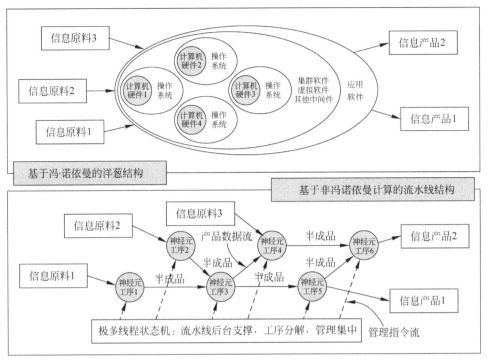

图 11-1 基于冯·诺依曼的洋葱结构与非冯诺依曼计算结构比较

11.2.2 算法不是软件

所谓的信息处理,无非是用计算机执行人为制定的流程。 流程就是我们的行事规则,人类的生物性决定了流程永远不会复杂,而且进化极为缓慢。 君不见,30 多年前,IBM 最早的 PC 已经具备今天办公软件的基本功能。 50 多年前,美国航空公司的订票流程与今天最新的大规模火车票售票流程相差无几。 再看几千年前的古罗马奴隶拍卖,到 250 多年前的苏富比和佳士得拍卖行,再到今天的 eBay,常用拍卖流程至今未变。 同样,电子商务流程无非是模拟人们司空见惯的购物行为。 我们看到,当用户群体巨大时,其需求会出现很大的趋同性,也就是说,网络普及必然促进资源按价值最大化方向重新排列。 实际上,人群越大,应用越少。 今天互联网的热门应用不过屈指可数。

另外,今天计算机已经能识别人脸,但解读表情的能力还不如一个新生婴儿。展望未来,算法还有很大的发展空间。 但是,算法不是软件,复杂算法不代表需要复杂的软件,复杂算法可以由专用的简单软件或者不用软件,直接用硬件实现。 我们认为,云计算时代应该重新定义网络应用,重新规划应用软件,抛开既有复杂软件的禁锢，包括操作系统、集群软件、虚拟软件、各类中间件、数据库软件等。我们看到，这些洋葱结构的软件系统与真正的应用毫无关系，因此，在某种意义上可以断定，未来的云计算中心，复杂软件一定不是好软件。

为什么今天的软件工程如此复杂，还要陷入所谓的软件危机？实际上，软件危机是计算机工业误入歧途所致。出路其实很简单，我们只需借鉴亨利·福特的智慧，对计算机应用流程进行彻底分解和优化，不难得到图 11-1 下半部分的信息处理流水线，或者说，神经网络。如同汽车制造流水线，由熟练装配工取代手艺高超的师傅，显然，流水线中每道神经元工序的设计，不需要前述的复杂软件。从表面上看，流水线由许多简单工序组成，仔细分析福特流水线，它的关键是强大的后台支撑体系。未来计算网络的关键，不需要洋葱式的复杂软件，而是依赖网络协议实现超强的管理和协同能力。这种网络协议可以由多种方式实现，因地制宜，工序分解，管理集中。幸运的是，网络协议不需要复杂软件，或者，可以轻松实现不同软件系统的互通。

11.2.3 从试管和白鼠探索软件硬化之路

自从有了 PC 和互联网，各种高级编程语言把注意力集中在人性化的软件设计过程上，却忽视了随之而来的低效率执行的结果。从传统 PC 到所谓的超级计算机群，其共同点是由独立的硬件和软件组成。也就是说，在经典冯·诺依曼结构基础上，分别发展出越来越复杂的硬件和软件，形成超级细胞。但是，造物主设计生物体的时候并没有分成 CPU 和软件两步走，没听说下载一对眼睛软件或者下载一个心脏软件。每个器官都是从细胞发育时就确定功能，例如，视觉细胞和心脏细胞，跟随个体发育的成长，细胞数量增加，器官功能完善，但是，细胞结构和复杂度不变。人类发明 CPU 和软件，成为探索新领域一种快速见效的工具，或者说，CPU 加软件可以当作实验用的试管和白鼠。这种工具本质上是串行操作模式，先天注定了效率瓶颈。受人工智能和云计算推动，同样的芯片资源为非传统计算技术开辟了广阔的发展空间。如第 9 章所述的 Bitcoin 就是一个完胜传统计算机的典型案例。当然，取消 CPU 以后的硬件设计，还是要根据需求改变业务流程，这样就引出可编程硬件的概念，如 FPGA 就是一个案例。Rabbit 就是在这种背景下产生和发展的。

11.2.4 异构算法引擎

异构泛指某个功能模块，实现方法可以从传统 CPU、DSP、GPU、TPU(谷歌)、

FPGA、ASIC，甚至特殊功能黑盒子。 Rabbit 系统的特征是依赖规则、不拘泥结构；定义完整的协议，整合任意有效结构，不指定某种具体语言或软件。 **算法引擎**泛指大运算量的专用处理设备，聚焦高效率，包括各类算法，如实时识别、语义理解、深度学习、在线规划、训练、推理等。 算法引擎由其传递函数所定义，与使用何种软件无关。

根据**算法不是软件**这个命题，自然引申出异构的算法引擎。 在统一协议的基础上，最大程度包容异构引擎，实现大规模远程协同工作。

显然，未来最大的不确定因素是算法，我们很难预测什么技术是实现某种算法的最佳选择。 算法千变万化，例如，高智能家用机器人或机器宠物，通过无线网络连接云端巨大和日益更新的智能库，能够自动感知周边环境，识别主人行为、手势、表情等，具备个性化和自学习能力。

用一个形象的比喻来理清软件和算法的定位。 缝纫机发明后一百多年，大部分家庭都有缝纫机，那时，大街小巷中裁缝店林立。 如果比作 PC 时代，缝纫机就是PC，裁缝就是软件工程师。 后来随着成衣业的发展，家用缝纫机成了古董，传统裁缝师傅不见了，取而代之的是时尚设计师。 显然，时尚设计相当于算法，不再需要精湛的裁缝手艺。 未来计算机世界里还有太多的未解之谜，**我们需要发明新的算法，而不是结构复杂的软件。** 今天，由于 IT 行业发展长期近亲繁殖，思维模式局限在 CPU 加软件的计算机理论、TCP/IP 和蜂窝式移动通信的桎梏中，在宏观上迷失了方向。 进入云时代，CPU 加上传统软件只是实现算法的手段之一，而且，不是重要的手段。

11.2.5 FPGA 功能进化

如何提高 FPGA 的效率？

我们被告知，FPGA 的效率远不如 ASIC。 实际上，FPGA 还有改进的潜力。 本书提出下一代 FPGA 芯片，不是按传统思路，发掘芯片制造的工艺性潜力，而是指芯片逻辑设计，在不改变芯片密度和面积前提下提升芯片效率。 根据常用算法，设计多种高效的专用算法模块，例如，AI 项目中用得最多的 MAC 单元。 再根据需要，动态激活其功能。 尽管这些专用处理器占用芯片面积，但是分别激活可以降低总耗电量。 也就是说，FPGA 沿着 ASIC 的方向发展，切实提高单芯片的效率。 从长远看，纯 FPGA 系统在云端动态分配和混合多种应用的环境下，将充分发挥系统优势，抓住人工智能时代主流计算架构的机会。

根据 Xilinx 产品手册，现场可编程门阵列的原理是通过芯片上的可编程连线连接预先设计好的固定资源。 这些固定单元包括各种门逻辑、触发器、存储单元、收发模块、数值处理单元等。 显然，这些资源过于简单，构成实际算法模块还需要聚合更多资源，导致效率瓶颈。 我们可以从 Bitcoin 矿机中看到，ASIC 的效率比 FPGA 提高十倍以上。 通过改变 FPGA 结构，向 Bitcoin 设计方式靠拢，多定义几种常用的算法模块，甚至包括简单时序功能。 充分保留可编程特点，灵活连接较大的功能模块，在通用性和效率之间谋求平衡点。 根据常用算法，提取部分应用最广的局部算法模块，尽量避免使用低效的可编程连线，通过 FPGA 编程直接插入到任意算法流程。 充分挖掘 FPGA 的结构性潜力，在相同芯片制造成本的前提下，有望进一步提升 FPGA 效率。

11.3 Rabbit 无线网络

10.3 节介绍了 Rabbit 网络，主要立足于设计可管理的拓扑结构。 但是，这里完全没有涉及 Rabbit 硬件设计。 11.5 节将介绍 Rabbit 系统硬件，主要包含运算交换和存储交换两种设备。 如前所述，Rabbit 是计算和网络的联合体。 也就是说，巨大的、无边界的 Rabbit 系统没有专门的网络交换机或者路由器之类。 除了无智能的远程光缆之外，一切网络功能全部涵盖在两种电路板之内。

但是，Rabbit 系统的一部分可能没有光缆联通，这时，必然涉及无线通信技术。因此，本节单独讨论无线网络专题内容，作为 Rabbit 硬件设计的补充。 本节以香农理论为基调，探讨 Rabbit 无线网络中**代号为 RabbitX** 的特殊性，以及无线资源、结构和应用。

回顾 20 世纪 70 年代以前，无线通信主要是建一个高塔电台，供警察和出租车调度。 Motorola 首先提出蜂窝网络概念，逐步建立起移动通信产业。 过去几十年，移动通信保持蜂窝网络结构，沿着两项技术发展。 但是，今天这两条路都已经遭遇瓶颈。

（1）**提高频谱效率**：如 TDM、FDM、CDM 等。 但是，**这一方法已经逼近香农极限**。

（2）**提高通信频率**，可以取得更大频谱。 但是，**这一方法受到电磁波穿透力限制**。

今天的无线蜂窝网络已经发展到 5G，不知道以后还有没有 6G。 作者认为，无线蜂窝网络结构已经走到尽头，下一步将突破蜂窝结构，转向无线微基站的方向。

Rabbit 的无线网络策略可以概括成一句话：**突破蜂窝网络，让 WiFi 移动**，详见

9.1.3 节。 Rabbit 的目标就是通过两项技术，动态调整漫游，根据周边噪声环境动态调整发射功率，提升 WiFi 频谱使用密度，把 WiFi 局域网转变为微基站移动通信。

换言之，微基站的原理是把传统无线连接分成前后两段：

（1）**前端**：赋予 WiFi 发射功率控制和敏捷漫游，确保微基站高带宽渗透到人群。

（2）**后端**：数以百计固定位置微基站，通过光纤或无遮挡无线汇集到高流量网络。

Rabbit 微基站后端结构如图 11-2 所示。 通过改变网络结构和复用原理，在不增加频谱资源的前提下，获得近万倍的无线总带宽。 显然，这里还有**一大片尚未开发的富矿**。 Rabbit 微基站网络与传统蜂窝网结构有本质不同。 蜂窝网是把无线网络覆盖范围分成蜂窝结构，相邻蜂窝之间使用不同频率或调制方法，以示区分。 Rabbit 微基站没有结构边界，通过动态调整发射功率，把发射功率降低到恰好维持通信，同时对邻近用户的干扰小到成为噪声。 显然，在这样的条件下，相同的频谱可以重复使用。 通俗地说，就是在人声鼎沸的大厅内，可以同时允许许多人凑在耳边讲悄悄话。

当然，本节所述的无线网络，不论是地面无线、高塔、悬空无人机，还是卫星通信网络，全部纳入 Rabbit 系统的统一管理。 这些管理功能统一使用 Rabbit 的标准电路板，即运算交换机和存储交换机。 这些设备可能位于 Rabbit 数据中心，或者位于天空、无人机和卫星。

11.3.1　换一个角度解读香农理论

香农理论是指导**窄带通信**网络发展的纲领。 注意，这里特别说窄带通信，为了强调带宽是无线通信网络的首要资源。 对于窄带通信网络来说，香农理论告诉我们，在有噪声的环境下，信道容量的极限（C）取决于两个主要参数，频谱宽度（W）和信号噪声比（S/N）。 其简单关系如下：$C = W\log(1 + S/N)$，或者简化为 $C = W(S/N)$。

当前无线通信领域，多种技术激烈竞争，在行业内吸引了不少人的注意。 但是，今天这种竞争已经演变成比谁跑得更快，或者说，是一场比谁能更加逼近香农理论极限的竞技表演，竞争者们似乎忘记了最终的使命是什么。

在移动通信市场，消费者不会花钱买技术，而是买服务。 我们重点讨论在资源丰富的**宽带通信**世界里，从另一个角度来解读香农理论。 或者说，在香农理论的指导下，我们的目标是用户体验，而不是去追求逼近香农理论极限。

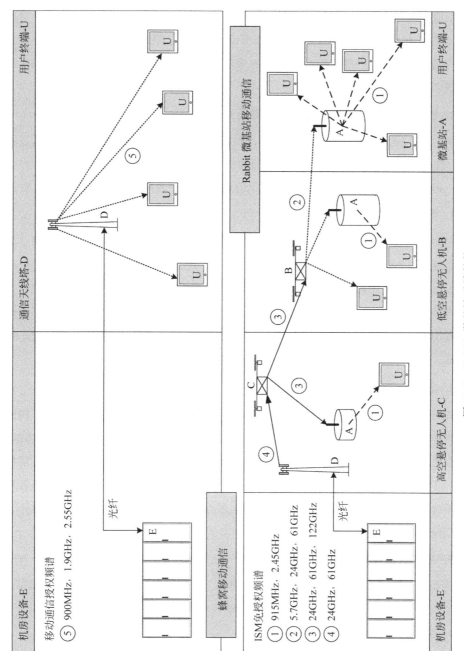

图 11-2 Rabbit 微基站后端结构

1. 香农理论只告诉我们一个带宽的极限值

问题是达到这个极限就够了吗？ 根据感观网络业务需求，当前网络结构所代表的极限值与实际需求相去甚远。 也就是说，就算达到了这个极限值，还是不能解决问题，那么，为了逼近极限煞费苦心岂非多余？ 香农极限理论明确指出，无线带宽与芯片运算力不同，不遵循指数式增长的摩尔定律。 因此，无线网络不能走芯片发展的道路。

2. 香农极限是一个收益递减的对数函数

事实是，log函数的特征是越往高走，收获增益越小。 也就是说，不论多么好的技术，在极限值附近花力气，提高频谱的效率一定事倍功半。 按照每赫兹频谱产生多少位带宽来看，挖尽无线工业15年潜力，所提升频谱效率的总和只有10倍左右。

3. 第一个关键参数是频谱宽度

受到电磁波传播本质限制，适合人类活动环境的无线通信频谱只有一小段，因此，这段频谱是极为宝贵的公共资源。 曾有人向美国FCC（Federal Communications Commission，美国联邦通信委员会）建议，把广播电视频段改用于移动通信。 但是，由于低端频谱的总资源稀缺，天线体积过大，此类提议效果不佳。 另外，高频端频谱资源很丰富，但是，只能直线传播，易受墙壁、物体，甚至衣服的阻挡。 Rabbit采用高、低两端频谱结合，可以满足未来网络的带宽需求。

4. 第二个关键参数是信噪比

如果假设其中地表噪声恒定。 电磁学原理告诉我们，不同的天线结构和无线频率，信号强度随发射天线距离的平方至四次方迅速衰减。 也就是说，无线通信的"黄金地段"只是在天线附近而已。 换个角度，只要在满足香农极限并留适当富裕的前提下，确保任何一台设备的发射能量处于最低状态。 由此，对其他终端而言可能的干扰衰减到足够小，淹没成为噪声。 也就是说，保持恒定信噪比，这是Rabbit相同频谱可以复用的基础。

5. 从网络结构实践香农的结论

香农提出了伟大的理论。 但是，如何理解、如何应用这一理论是另外一回事。面向未来无线网络环境，我们从不同角度解读香农理论指向的三条路：

1）改善频谱效率

香农理论告诉我们，通过几十年努力，改善对数函数的频谱效率已经少有潜力。另外，改善频谱效率的大部分效果都聚焦在蜂窝边缘区域。 实际上，在信号较强的蜂窝中间地带，这些努力都是不重要的。 当蜂窝范围不断缩小时，这个矛盾更加凸显。

2）使用更多频段

我们知道，低端频谱能够通过绕射和穿透，但频谱资源稀缺。 尽管高端频谱资源丰富，但是穿透能力差。 显然，通过使用更多频谱，以求通信带宽已经难以为继。

3）提高频谱复用率

作者认为，下一代移动通信（如 Rabbit）的核心应该在提高复用率上下工夫。也就是说，通过调整通信距离和发射功率，使得周边无关的信号降低到噪声的水平。从高塔电台、蜂窝网，到微基站，主要是用了提高频谱复用率的手段。 简单计算得出结论，覆盖半径从 2km 缩小到 20m，相当于可有效复用的频谱资源放大 30 000倍。 不断缩小覆盖半径，导致无线通信退化成近距离微基站的连接手段。 只需一个多频段无线芯片，同时满足微基站和终端的需求，穿行于各种环境，得到不间断服务。

这里的结论是，前两种方法已经少有潜力，**提高频谱复用率是未来的出路**。

其实电磁波弥漫在空中，在我们每个人周围的短距离内，电磁波传输环境良好，与个人需求相比，电磁波带宽充分丰盛。 但是，如果是数千人的群体，需求总量扩大千倍，中间一定有许多墙体遮挡。 另外，分布环境复杂，电磁波传输受阻，带宽必然成为一个稀缺资源。

香农理论告诉我们，当前移动通信阵营违背了上述基本常识，其演进方向可以概括为：在理论极限附近，狭隘地改善无线频谱效率。 这是在戈壁滩上种庄稼的策略，努力耕作流尽汗水，永远改变不了带宽饥饿的命运。 强迫用户去使用远方的电波是个不够聪明的主意，人为地将简单问题复杂化。

香农理论还告诉我们，增加频谱复用率，采用低功率无线微基站结构，通过空间隔离，无数次重复使用相同的频谱资源。 不论用户密度有多高，只要适当调整发射功率，总是能够部署足够多的无线基站，将用户从信号干扰中区隔开。 因此，无线微基站就像电灯一样，天黑了，我们只需照亮个人的周边活动环境，而不是复制一个人造太阳。 同样道理，只要限定在人体周围，无线频谱资源充分富裕。 因此，不必使用远距离的电波，违背常理，舍近求远。 另外，由于用户周围平均电磁辐射量大幅降低，微基站显然是个健康的方案。 这就是土地不够就加高楼层，把房子全部盖在黄金地段的策略。

11.3.2　前端追求低频密集复用

前端指的是从 Rabbit 微基站到用户终端这一段，这里主要面对复杂的环境因素。

我们知道，低频信号具有绕射和穿透能力。 高频信号只能走直线，一张纸就能挡住。 中频信号介于两者之间。 关于这些物理特征，互联网上可以查到。 另外，网络只要保障最高标准的连接畅通，例如，提供标准以太网接口。 至于提供什么服务，那是终端的事，不在此讨论。 简言之，无线电波的穿透能力受电波频率的限制，不幸的是，适合在高密度区域使用的频谱只有极小部分。 人性化通信的特点之一是通信设备贴近人体，发展方向自然是可穿戴的终端，甚至植入体内的终端。

为了让无线通信深入人们密集的生活环境和贴身应用，我们难以使用高频段资源。 幸运的是，只要充分复用少量低频段频谱，就可以满足我们的任何通信需求。 传统蜂窝网络结构已经暴露出致命的缺陷，这就是频谱的复用能力受限。 蜂窝网络结构迫使我们使用远方基站的频谱资源。 可见，建设未来无线网络的核心是发掘技术上的复用能力，换取理论上无法逾越的穿透能力。 或者说，主要出路在于宏观上选择正确的拓扑结构，而不是在微观上强化传输技术。

为增加每用户可用的无线带宽，寻求解决方案。

（1）**提高基站总带宽**：也就是，使用更高的无线频率，那里有丰富的带宽资源。 这种方法的局限在于，当通信频率移向高频端，尽管频谱资源丰富，但穿透能力下降，无法在人群密集处推广。 目前的5G网络主要建立在此方法的基础上。

（2）**缩小基站覆盖面积**：这使得每基站用户数减少，相当于每户带宽增大。 这种方法的局限在于，当基站覆盖范围减小，基站边界效应突出。 而且，每基站用户数量波动变大，难以管控用户的可用带宽。 这就是Rabbit无线网络的关注点。

（3）**发射功率动态控制**：满足香农信噪比条件，同时保持对周边最小干扰。

1. 中心控制时密集分多址技术

首先复习无线通信领域的重要概念。

无线通信领域面临的最基本问题是许多用户如何共享公共的频谱资源。 其中，向多用户发送混合数据，称为"复用"。 占用公共资源发布个人数据，称为"多址"。 迄今为止，无线复用和多址技术分为频分、时分和码分三大类。 另外，传统无线通信沿用了所谓的蜂窝网络结构。 也就是说，无线网络以基站和小区为中心实行独立管理，最多增加一些基站间的协调。 具体表现在蜂窝内部，即一个无线基站的覆盖小区内，采用一种复用和多址技术。 但是，在蜂窝之间，采用另外一层独立的技术，或者说，存在着明显的蜂窝边界。 对于高密度微基站的特殊网络环境，有必要重新评估无线复用和多址的基本技术。 分析得知，在频道和基站切换过程中，频分和码分技术必须事先知道新信道的接收机参数（如频率和编码）。 只有时分技术，配合智能动态发射功率控制，能够在不预设任何参数的前提下，忽略基站边界，无缝地穿行于高密度的基站群。

由于边界自适应微基站网络采用全网同质通信方法，区隔不同用户终端和基站之间的传输通道只依赖每台设备发射功率和发送时间的差异。 就发射功率来说，增加信号强度有利于提高传输品质，但同时也增加了对其他设备的干扰。 因此，设计无线网络中每台终端和基站的发射功率都必须随时调整到恰到好处的水平。 当然，相邻的用户之间通过时分隔离。 要在数十毫秒时间内，分析计算数千台无线收发设备的信号关联和干扰，找出可能互不干扰的同时通信的终端和基站，其运算工作量大大超过低成本微型设备的能力。 采用模板近似算法，极大地简化了基站运算工作量。 首先通过人工设计经验模板，包含全网每个基站的初始工作参数，在实际运行中不断调整优化模板，逐步逼近最佳值。 与传统移动通信相比，CTDMA 技术局部带宽增长潜力无限制。 因此，只要有需要，不必担心带宽不足。

2. 有效使用良好穿透能力的低频段频谱

充分利用低频段频谱的良好穿透和绕射能力，如低于 1GHz。 在低频段资源有限的前提下，为了增加每个用户的带宽能力，微基站覆盖人数减少。 这将导致基站总带宽需求波动性大，由此，引申出动态边界的构想。 微基站突破传统蜂窝网架构，采用中央密集时分和精确功率控制，将频谱复用优势发挥到极致。 在多个基站边缘交错渗透环境下，这种时分复用技术最简单实用。 至于连接微基站的后端网络，可用地面光纤整合多个微基站，或通过高频微波连接固定位置高空无人机，再经卫星组成天网。

3. 微基站的关键是提高频谱复用率

微基站网络增加整体无线带宽的主要手段是牺牲单个基站的空间覆盖范围，换取增加全系统的带宽容量，即大幅度提高频谱复用率。 由于空间面积与基站覆盖半径之间存在平方关系，从宏蜂窝到微基站，系统局部提升带宽的潜力可达万倍以上。

在扬弃传统蜂窝网络结构的基础上，既然微基站带来的潜在带宽资源充分，那么，只需使用天线附近的优质带宽，配合防止信号干扰的措施，满足系统高品质的传输要求。 采用多基站深度交叉覆盖，放弃基站边缘区域的弱信号，换取实时无线传输的高品质。 微基站放松对频谱效率的追求，扩大基站数量，同时大幅降低基站成本。

4. 动态调整微基站覆盖范围

由于使用大量微基站，或者说，基站密切贴近用户，那么，自然采用不均匀的基站安装位置和动态基站边界调整手段，使资源配置跟踪需求分布的变化。 实际上，通过精确的管理方法，突破传统蜂窝网络系统架构，按需、动态地调整基站覆盖范围。 边界自适应微基站网络是用工程上的复杂度（即大幅度增加基站数量），换取理论上的不可能（即在频段使用和频谱效率上不可逾越的瓶颈），实现传统技术不可比拟的无线环境。 令人惊奇的是，根据网络技术的优化方法，微基站无线网络在工程上既不复杂价格也不贵。

5．微基站网络支持移动通信

通过前面论述，我们提出建设下一代微基站移动通信的必要性和可行性、网络结构优势和理论依据，并且探索了微基站网络与 Rabbit 系统的整合方案。

在现阶段，我们主要提出微基站移动通信网络的实施的指导性意见。

（1）**统一管理**。 建立微基站的统一管理机制，包含在 Rabbit 网络管理流程中。设立专门的微基站信息表，并与用户信息表建立临时关联。 微基站网络的硬件结构简单，成本低廉。 但是，其后台管理远远超过当前的蜂窝移动通信网络。 当然，这种管理无非是制定一套合适的规则，占用网络资源，自动化管理的成本可以忽略不计。

（2）**多重连接**。 任意一个终端同时与多个微基站保持入网状态。 即便该终端没有通信需求，必须保持连接状态，并发送短暂的信标。 同时，保证其他方呼叫此终端。 所谓保持连接状态，取决于终端的动态环境。 根据经验数据，每终端同时动态连接 2～5 个微基站，每基站同时动态连接 5～50 个终端。

（3）**动态选择**。 前面我们提出在终端、基站之间保持多重连接，实际上，就是提供了动态选择的机会。 而且，由于终端的移动性，这种多重选择是不固定的。 我们可以测定每组终端与基站之间的连接信号强度，以及其他干扰信号的强度，从而选择最佳的终端、基站作为潜在的通信连接。 这种动态连接取决于终端的移动速度。 假设终端以 100km/h 穿过一个半径 10m 的微基站，相当于以 30m/s 的速度在微基站停留 300ms。 显然，在这段时间之内，完成终端、基站的动态选择并无难度。 如果用户终端移动缓慢，甚至不移动，微基站则自动降低呼叫频度。

（4）**快速切换**。 前面描述了 Rabbit 微基站选定移动用户终端。 无论网络端或者用户端都可能发起服务申请。 Rabbit 的数据包采用固定长度 1KB 或者 8Kb。 显然发包的频度决定通信带宽，或者说，通信带宽取决于发包频度。 如果，每毫秒发送 1个数据包，相当于 8Mb/s 流量。 再如果，每 0.3ms 发送 1 个数据包，那么，相当于 25Mb/s 流量。 看上去微基站的工作环境不断变化，实际上，通过发帧权的动态分配，系统有条不紊地工作。

通过 Rabbit 微基站边界动态发射功率调整，其实就是没有边界。 由于任何时候系统在保持通信连接的同时，总是保证次优通路的存在，确保跨越微基站的高速无损切换。 Rabbit 系统反应速度足够敏捷，每发射一个数据包，都经过独立判断，动态选择。

11.3.3 后端追求高频无限带宽

后端指的是从 Rabbit 微基站到云端服务中心这一段，这里有丰富的无线带宽。

11.3.2 节讨论了微基站与用户终端之间的通信连接，或称前端网络。 本节接着讨论微基站与高空无人机之间的通信连接，或称后端网络。 当然，微基站之间的后端网络也可以通过光纤连接，这里不再讨论。 本节讨论采用 24GHz 以上频谱的微波空天网络。 我们知道，微波是一种超高频电磁波，频率为 300MHz～3THz，或者波长为 0.1mm～1m。 微波符合光学传输特征，包括穿透、反射和吸收。 微波频谱充分富裕，但是，受到直线无遮挡传输、大气吸收的限制，可实用的通信频谱大致局限于多个窗口。 即便如此，可用的微波频谱还是充分富裕的。

根据 Rabbit 后端网络设计，每个家庭或者几个家庭共享一个微基站。 上百个微基站共享一台无人机。 微基站使用 24GHz 以上频谱，不具备穿透和绕射能力，只要定向连接超高空静止接力无人机。 可以设想，只要在室外空地放置茶杯大小的廉价接力终端，可以独立使用，也可以方便地转发至室内口袋中的 1GHz 以下的终端。这种网络结构专注于互联网百倍以上带宽的高品质实时视频应用，并与互联网划清界限。 因此，完全不必顾及互联网的清规戒律和各类标准；关键是做到低成本高品质带宽，只需提供一个标准以太网接口，让各类网络业务接入；同时，可以在视频网络上面承载传统互联网服务。

11.3.4 兼职无线运营商

由于无线通信带来用户便利，Rabbit 将无线连接看作一种固网的增值业务，即在原来固网服务费用上叠加无线收费。 根据这样的安排，Rabbit 甚至可以使用类似WiFi 的开放 ISM(工业、科学、医疗)频段。 基于这些技术的运营商主要提供公共区域的服务。 通过 Rabbit 网络连接大量廉价微基站，覆盖城市人流密集的公共区域和道路，以及居民住宅区。 Rabbit 边界自适应微基站网络设计了一套独特的商业模式，任意用户都可以向网络运营商申请，在自己管辖区域内安装自动入网的无线基站，由此成为兼职无线运营商，与固网分享无线接入部分的经营收入。 这类情况如同人们在屋顶上安装太阳能发电板，把多余的电力卖给电力公司。

Rabbit 网络同时对基站和终端实施严格的管理和计费，自动记录和切断任意不遵守约定的基站连接。 任意用户在任意地点的无线连接费用，被精确记录到用户的服务账单，同时，提供该无线连接的基站将获得相应收益。

沿用 Rabbit 即插即用的网络管理特征，从技术上简化了微基站网络大规模推广的操作流程。 实际上，如果依赖传统运营商部署和维护大规模无线基站，将是一项旷日持久的工程。 但是，Rabbit 兼职无线运营商低成本和利益驱动的商业模式，成为微基站网络的强大推动力，迅速将其覆盖到每一个有潜在用户的角落。

11.3.5　灾难时的不间断应急通信

我们知道，无线通信具备天然的便利性，尤其是在遭遇重大灾难时，更是关系生死的救命线。 针对无线网络的容灾能力，前人开发出多种网络架构，例如 Mesh 和 Ad Hoc 等网络，还有多种卫星通信技术。 但是，建设具备容灾能力的商用无线通信网络成本极高，尤其要求消费者的手持终端具备容灾通信。 普通消费者不可能为长期不遇的事件买单。 因此，迄今为止没有一种无线通信技术能够提供平灾兼容的解决方案，Rabbit 微基站网络是破解这个难题的有效方法。

由于多台设备同时发生故障的概率几乎为零，传统通信网络一般只要求系统具备单点故障处理和恢复能力。 但是，如果遭遇重大灾难，如地震海啸，此时，可能出现电力系统、地面固网和大量无线基站同时损毁。 边界自适应微基站网络的每一个基站和终端都能够连续感知即时网络状态，一旦检测到网络连接异常，能够立即向上级网络管理部门报告。 另外，由于无线基站的分布深度交叉覆盖，基站间可能具备多条潜在的无线通路。 一旦基站的光纤通信中断，残存的基站和终端自动切换到无差别的 Ad Hoc 通信模式。 并且，能够降低调制带宽，自动提高发射功率，最大化地扩展通信距离，维持残存基站和终端剥离多媒体内容的短信息服务。 当然，如果残存的带宽资源允许，网络管理可以准许使用部分应急的多媒体业务。

如果有多个设备感知到类似的异常情况，可能是人为事故或者发生重大灾难。由于网络管理中心保留事故发生前的网络拓扑结构和全部设备工作状态记录，只要将这些数据与事故发生后收集到的网络状态信息比较，几分钟内就能清楚地判定事故性质，并且界定事故范围。 根据事先准备好的预案规则，系统自动划分成多个不同受灾等级的局部区域，执行不同等级的故障处理流程。 实际上，随着事态的发展，以及网络修复行动的进展，网络状态随时有变化。 边界自适应微基站网络管理流程具备了动态应对故障的能力，或者说，应对重大灾难只是平时故障处理流程的一部分。 如果灾难发生后，系统产生通信覆盖盲区，则可以向盲区位置远程投放免安装的临时中继站。 根据投放方式，如无人机、直升机空投，甚至火炮发射，增加部署临时的廉价中继站，只要少数中继站投放成功，就能快速恢复盲区的通信连接。

很明显，Rabbit 是商业网络，平时通过精确管理的地面固网连接和协调大量的无线基站，同时向移动和固定终端提供高品质服务。 一旦发生重大灾难，受灾的局部网络有选择地限制宽带服务，降格为救灾通信。 面对无法预测的灾难地点和时间，充分利用民众手中的大量通信终端，自动启动中继站功能，这是平灾兼容的理想选择。 重要的是，对于 Rabbit 网络来说，**实现上述全部功能的成本几乎为零**。

11.4　Rabbit 终端设备

如前所述，Rabbit 是强云弱端的系统。 为了兼顾消费市场的平稳过渡，Rabbit 终端的进化过程比云端缓慢。

11.4.1　借用互联网现有资源

Rabbit 制定了网络终端发展四部曲：

（1）**双网共存**。 使用 Rabbit 终端，运行 Rabbit 网络协议，通过协议转换器（见 12.1.3 节），进入传统互联网站，获得传统互联网服务。

类似地，使用互联网常规终端，包括计算机和手机，通过协议转换器，进入 Rabbit 网站，获得部分 Rabbit 服务。

（2）**传统网络服务**。 在 Rabbit 网络上，使用 Rabbit 终端或者使用传统手机和 PC（下载适合软件），全面演示互联网传统服务，完成必要的软件（全套管理协议）和硬件（两块电路板，包括板上的软件）安装。

在上述基础上，邀请和帮助主要互联网站把全部服务平移到 Rabbit 网络，并且，所有服务经由简单的无智能（或者低智能）终端实现。 我们提议服务平移的理由是，Rabbit 网络将通过廉价终端，提供远比互联网强大的网络性能和服务能力。

（3）**全面 Rabbit 服务**。 引入全面的 Rabbit 网络服务，在传统互联网业务的基础上，增加感观网络和人工智能服务。 当然，同时还可以保留原有的传统互联网站服务。

（4）**Rabbit 无线网络**。 首先使用传统接入网，即光纤和传统 WiFi 网络，在时机成熟的前提下，独立推出 Rabbit 无线网络（详见 11.3 节）。

11.4.2　智能手机退出舞台

作者认为，发展人工智能业务的最终途径是采用无智能终端。 因为仅仅依靠手机里可怜的资源，面对人工智能业务，只是杯水车薪。 智能手机面临的是一条死路。 更何况在无数场合，人工智能还需依赖其他场景的素材协同参与。 这就是人工智能业务势必在云端执行，那里有用不完的资源和协作伙伴。 既然最复杂的人工智能业务搬到云里，其他功能自然也尽可能移到云里。 手机仅剩下显示屏和外壳之类，实际上，通过云端智能，一部廉价手机可以展现比顶级智能手机更强的功能。

11.4.3　Rabbit 广义终端

一旦把智能移到云端，廉价终端能够拥有强大无比的人工智能效果。 Rabbit 进一步把终端延伸到传感器和执行器、机器人、体内植入设备等广义终端的概念。

11.5　Rabbit 云端设备

站在资源角度，从冯·诺依曼创造的计算机直到未来的终极目标，不外乎由三项基本资源组成（算力、带宽、存储），或者说，有三个资源维度。 Rabbit 的贡献是突破附加在三项基本资源上的额外结构 CPU，以及围绕 CPU 之上的寄生结构。 沿着这个方向，经过资源的组合，还可以再降低一个维度。 也就是说，未来计算机只需要两个资源维度，或者，全系统仅需两个可无限扩展的独立模块：**云计算**（运算＋交换带宽），和**云存储**（存储＋交换带宽）。 我们可以大胆预测，从 Rabbit 推出第一天起，直至计算机的终极目标，未来计算和网络的结构设计不外乎这两种电路板，或者其变种，甚至只需两颗芯片的任意组合。 本节将详细介绍这两种标准电路板的参考设计，全部采用市场上丰富的器件，**获得 10～100 倍的性能提升**；根据这两种电路板发展出巨大无比的非冯诺依曼数据中心的整体方案。 这就是**计算和网络的归宿**。

11.5.1　Rabbit 云端基本元素

本节介绍一种设计方案，代表云端设备的基本结构、承载标准和远程管理协议。 所谓云端基本元素，实际上，就是可以远程界定云端资源的任务。 我们预测，云端资源不但日益强大，还将抽干云端以外的资源。 也就是说，云端以外仅留下非智能的人机界面，如显示屏和摄像机之类；仅留下非智能机器与环境的界面，如传感器和执行器之类。 有人说未来发展方向是量子计算（Quantum Computation，这是一种遵循量子力学规律调控量子信息单元进行计算的新型计算模式）。 作者认为，量子计算只能解决极少部分应用问题。 退一万步说，量子计算不可能放在终端，也难以融入传统计算机中。 即使有那么一天，量子计算最多成为 Rabbit 云端的异构引擎之一。

Rabbit 具体设计会不断进步，但是，非冯诺依曼计算事实标准将永远包含以下元素：

1. 两种基本电路板

Rabbit 云端硬件只需要两种电路板：运算交换一体机和存储交换一体机。 遵循这两种电路板的设计原则，调整参数，可以组合成无数种不同的配置。 注意，这里一块运算交换机电路板的运算能力相当于 100 台高等级 CPU 服务器组成的系统。

我们预测，随着芯片工艺趋近极限，单块电路板的能力也趋近饱和。 幸运的是，在云中，电路板的数量没有限制，因为地球上制造这些电路板的原材料没有极限。

2. 两套核心管理流程

Rabbit 系统管理核心是网络管理（资源可管理）和应用管理（资源易使用）。

网络管理主要管理 Rabbit 系统的全部资源。 也就是说，只要没有发现新资源，网络管理趋于稳定。 系统管理（详见第 12 章）包括系统管理界面，类似 PC 图形界面，解决人性化系统管理。 注意，这套迭代式管理流程可管理的规模没有极限。

应用管理主要管理 Rabbit 系统的全部网络应用服务。 也就是说，只要没有开发出针对人性的重大新服务，应用管理也会趋于稳定。 应用开发（详见第 13 章）界面类似 Scratch 图形编程，解决人性化应用开发。

Rabbit 应用系统的核心任务之一是人工智能辅助下的**编程工具**。 实际上，程序编制就是告诉一组资源如何执行某种任务，而与这组资源是否以 CPU 的表现形式无关。 为适应应用开发的变化环境，以及算法的不确定性，在 Rabbit 架构下，建立一套可复用的算法模块库。 在大学由下而上积累已知算法，在企业由上而下积累实用案例。 用户可以直接调用算法模块库，加速应用开发。

3. 云端资源的集中与分散

一切资源在云里，但是，在无边无际的云中如何分布，需要考虑以下问题。

（1）**管理因素，安全因素。** 只要光纤连接，办公地点与设备机房可以相距几千公里，云外管理终端必然设在离客户近的地方。

（2）**流量因素，时延因素。** 考虑把最常用的功能放在离密集用户近的大城市边缘，减少数据传输的时间延迟。

（3）**土地因素，能源因素。** 把数据中心建在荒漠地带，或者大型电厂附近。土地和能源成本低，只要连接光纤，设备在哪里不重要。

11.5.2　运算交换一体机

Rabbit 两种云端设备之一是运算交换一体机，它承担网络计算和交换功能。Rabbit 运算交换机的结构主要由尽量多的 FPGA 芯片阵列组成。图 11-3 所示的设计图包含 8 片 FPGA，共享 8 路 10Gb/s 光接口组成的交换机。一个服务流程可由单片或多片 FPGA 执行，其中，每个流程可同时处理无数个独立的用户应用任务。这里每片 FPGA 的处理能力都是当前最强 CPU 的几十倍。也就是说，这里所说的运算交换一体机至少相当于几百片顶级的传统服务器。当然，可以使用任意多运算交换电路板和存储交换电路板拼成一个任意大的系统。整个组合系统不需要任何附加的硬件和软件。

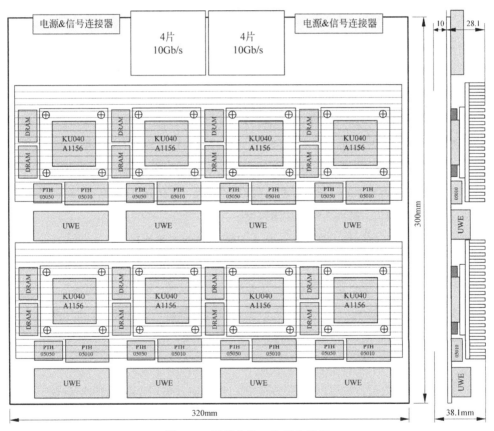

图 11-3　运算交换一体机电路板

上面是运算交换机的参考设计。另外，该电路板保留一个单片机 MCU，执行板上的网络管理和开机时的程序下载任务。

1. 异构运算交换一体机

Rabbit 系统设计能够包容任意流程类和算法类业务，同时实现系统的开发和运行。 当然，Rabbit 系统也能够包容客户已有的任何解决方案。

如果用户的算法大致确定，为了进一步提高运算效率，图 11-3 中所示运算交换一体机的部分 FPGA 可以替换成效率更高的 ASIC 芯片，同时保留部分 FPGA，维持系统管理流程，以及结构可变性，构成一个 FPGA 与 ASIC 或其他技术的混合系统。实际上，我们有两种方法将 FPGA 转换成 ASIC：一种是适合大量生产的完全芯片设计；另一种是使用 Xilinx 整体性价比较高的 EasyPath 服务，在 FPGA 基础上得到固定连线的 ASIC 芯片，其性价比介于 FPGA 和 ASIC 之间，生产时间和一次性投入比 ASIC 大幅降低。

2. 异构数据中心

假设把异构理念推到更广的数据中心层次。 当前，各大公司都建立了自己的数据中心，看来在未来相当长的一段时期内，这种情况不会改变。 但是，Rabbit 网络将打破这种结构限制，不同功能、软件、算法、品牌等可实现统一接口，由通信网络(光纤)和通信协议(软件)的基本单元在底层重新组合。 根据底层技术模块实现自由组合、自由交换使用。 通过整合这种能力和数据，同时任意调用和共享别人的能力和资源，配合客户已有的设计，展开任意服务。 随时修改，或增加新功能，全凭想象力。

3. 整合量子计算

量子计算的并行运算能力，没有其他技术可以于其匹敌。 但是，量子计算这种神奇效率仅限于同类同步计算。 在实际应用中，这种限制导致应用范围大幅缩小，只能用于特定场合。 由于量子计算解决实际问题的能力狭窄，适合作为一个专用插件，实现某个专用算法中的一部分。 或者说，只能作为传统计算技术的补充，而不是替代。

鉴于 Rabbit 资源到应用的最短距离，以及异构模块的插件式系统整合能力，Rabbit 整合计算和通信的能力同样无可匹敌。 因此，Rabbit 与量子计算可以自然结合，取长补短，构成一个完美组合。

11.5.3 存储交换一体机

另一个 Rabbit 云端设备是存储交换一体机，承担网络存储和交换功能。 本设计的电路板大小与运算交换一体机相同，能够共享机架。 实际上，在同一个机架上，混合插入不同功能组件。 在使用过程中，随时调整两种电路板的比例。 首先，确定机房中使用的主要元器件，由此决定机械结构。

在可预见的将来，还会使用 3.5in（1in＝0.0254m）硬盘，2.5in 硬盘，1in 硬盘，以及各种大尺寸的 FPGA 芯片。 根据这个假设条件，PCB 尺寸适配该设计统一机箱。 存储交换一体机承担网络存储和交换功能，主要由尽量多独立读写的硬盘组成。 Rabbit 存储交换机是典型的高密度资源集合。 如图 11-4 所示的参考设计，在一块大约 300mm×300mm 的电路板上，双面放置 12 片 2.5in 标准 SSD 硬盘。 并且，配置 8 路 10Gb/s 光口交换机。 全部硬盘都可以同时执行全速读写操作。 如果 12 片硬盘资源不够，可以扩展到任意多块同类电路板，不需要任何附加的硬件和软件。

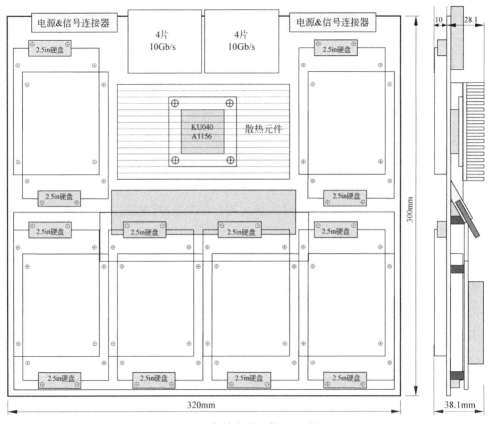

图 11-4　存储交换一体机电路板

1. 存储交换机参数设计

存储交换机的工作原理分为存盘和读盘两种操作。 实际上，由于硬盘读写流量远大于单个用户所能承受的，在网络与硬盘之间必须配置数据缓存器。 其中，存盘操作是从网络上混合无数用户的数据流中，挑出指定用户的 1KB 数据包，暂时引导到临时缓存器。 根据特定设计，当积累满 1024 个数据包，即 1MB 后，启动存盘操作。 由于可能有许多用户同时申请写盘，导致硬盘数据通路短时堵塞，因此，临时缓存器的容量加倍，即2MB。 这样在申请写盘到硬盘允许写盘操作的这段时间内，用户数据继续积累，缓存不至于溢出。 类似地，读盘操作一次读出1MB数据，暂存于2MB缓存器。 然后，根据用户流量缓慢释放到网络。 并且，由用户终端发回流量控制指令，调节读盘速度。 一旦缓存器数据低于1MB，或者说，缓存器闲置空间大于1MB，再次向硬盘申请读盘。 由此连续操作，实现远程均流读写硬盘操作，参见12.2.2节。

以本设计为例，分析存储交换机的服务能力如下：

(1) 网络峰值流量：$10Gb/s \times 8 = 80Gb/s$，可用 80% 峰值 $= 64Gb/s$ 双向。

(2) 硬盘峰值流量：$4Gb/s \times 12 = 48Gb/s$，可用 80% 峰值 $\approx 38Gb/s$。

(3) 缓存峰值流量：$2.4Gb/s \times 64 \approx 153Gb/s$，可用 70% 峰值 $\approx 107Gb/s$。

(4) 缓存器容量：总容量 $= 64GB$，单路缓存 $= 2MB$，可支持 32K 用户流。

根据用户服务能力最大化的目标，本设计的瓶颈在于硬盘流量。 由此得出，平均每路用户流量 $= 38Gb/s / 32K \approx 1.2Mb/s$。 如果用户流量大于 $1.2Mb/s$，则可同时服务的总用户数少于 32K。

若用户平均码流为 $5Mb/s$，允许 $(38Gb/s)/(5Mb/s) = 7600$ 路用户数据流。

根据以上计算，Rabbit 存储交换机电路板的性能远高于传统互联网和计算机。

如果上述存储交换机换用 2.5in 机械硬盘，则存储容量大幅增加，当然，数据并发能力不如电子硬盘。

2. 大容量硬盘存储交换一体机

大容量硬盘存储交换一体机主要用于数据备份。 为了承担大容量网络存储和交换功能，采用传统 3.5in 硬盘。 使用相同的 FPGA，每块 PCB 支持 16 个硬盘和 4 个 10Gb/s 光口。 由于数据备份不需要大量运算能力，由此，这是一个高密度低成本的独立机箱设计。

11.5.4 两种电路板随机分布的机箱设计

本机箱设计能够与前述大容量存储机箱叠加安装。 实际上，这一机箱设计整合了三种主要资源模块，包括 Rabbit 两大基本功能模块和大量 3.5in 硬盘用于大数据存储和备份。 这是一个无中心、无边界、内含管理、超大通信带宽、全交换能力的模块化设计。 也就是说，只要简单叠加，任意电路板可插入任意机箱、任意插槽，网管系统自动识别电路板的配置规格和型号；堆满整个数据中心，不需其他辅助设备。

两种电路板高密度随机分布的 Rabbit 机箱和机房的参考设计如图 11-5 所示。

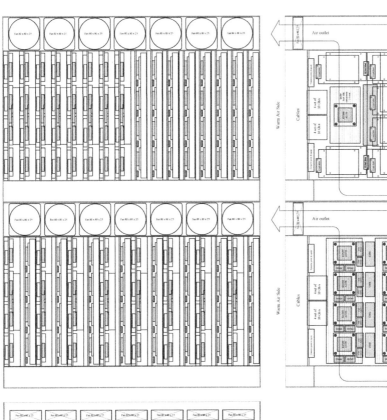

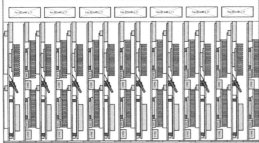

图 11-5　通用一体机的标准机箱设计

在一个大型机房中，由成排的机架构成整面设备隔离墙。这些设备隔离墙把整个空间隔成为墙体和走廊，这些走廊自然形成通风道。另外，设备正面是高气压的冷风走廊，设备背面是低气压的热风走廊。每个设备机框架正面下方设有进风通路，冷风从下方通过板卡表面的散热片，再从设备机框架上方背面的出风通路释放到低气压的热风走廊。

由 Rabbit 两种电路板可以构建任意规模的数据中心，可能容纳几百万片 FPGA 和各类硬盘。

第12章
系统管理和服务流程

Rabbit 软件是一组通信协议，指挥和管理两种电路板，提供全部网络服务。

这组协议是构建 Rabbit 系统的关键一步，原则上相当于 PC 工业的 Windows。我们看到，Wintel 和 Rabbit 的功能结构相近。 Wintel 的成功经验告诉我们，Rabbit 无边界数据中心建设方案同样需要一套有效的规则和工具。 从传统终端向云端迁徙的过程中，巨大的市场期待一个类似 Windows 的系统管理，以及一个类似 Office 的应用软件。 当然，还期待一个类似 Intel 的数据中心硬件标准设计。 实际上，**Rabbit 就是新概念的 Wintel**。 在这个务实的基础上，才有可能问鼎 Rabbit 的最终目标。

Rabbit 系统服务包括一组逻辑插座和三类插件，即熵增插件（媒体类）、熵减插件（智能类）和商品插件（实体类）。

Rabbit 服务的目标是人类想象力所达的感观网络和虚拟空间。

Rabbit 系统是一个强云弱端结构，云和端之间只有单纯的高速光纤连接。

Rabbit 在云里：一套规则，两种电路板，三大基本资源（带宽、算力、存储）。 我们将证明，在此之上的任何添加物都是画蛇添足。

Rabbit 在云外：两种接入网（光纤＋以太网＋WiFi，室外微基站＋以太网＋WiFi）及多种终端（电视屏、桌面计算机、平板计算机、手机、机器人、体内嵌入设备等）。

Rabbit 赋予海量松散的资源结构化，开发出强大的服务能力。 具体表现在，任意多人、任意地点、任意时间连线，搭配和调用任意资源，瞬时反应，安全可靠，杜绝黑客。 由此，把超大规模的资源透过一套协议规则分解成无数可独立操作的小块，分配给无数服务供应商和无数消费用户，同时执行无数不同的任务。

本章前三节遵循三条独立主线（服务、内容、网络），构成完整的 Rabbit 编程和服务体系，后两节补充系统安全，和操作界面：

（1）**服务管理**：Rabbit 围绕**用户信息表**，把一切网络服务纳入状态机流程，并且，归纳为普遍服务、常用服务、人工智能辅助的服务和终极服务四个方面。 从信息角度，服务管理包含了用户在网络空间的主动和互动行为。 当然，服务管理在单一核心流程之外，还附带一些辅助管理流程，例如用户管理、账户管理、商品管理等。

（2）**内容管理**：Rabbit 内容围绕**媒体插件表**、**商品插件表**、**算法模块表和系统软件表**四个信息表。 用户服务分解为逻辑流程和插件。 Rabbit 建立了多媒体内容的映射关系，包括属性、存储和复制，以及网络定位。 Rabbit 服务流程可以直接指挥数据存储，插入或生成任意内容和算法模块。 这个服务流程还覆盖实体空间的电子商务。

（3）**网络管理**：Rabbit 围绕**设备信息表**实现网络精细管理，建立承载全部服务的单一平台，包括动态适应网络内在结构和外在需求的变化，并且自动修复故障。

（4）**安全管理**：作为一个侧面，网络安全和信息安全不应该看作是给用户的额外服务，而是提供服务的必要条件。 Rabbit 依靠用户感觉不到的规则，实现网络和信息安全。

（5）**操作界面**：Rabbit 通过统一界面管理本系统全部服务和资源。 任何人经由普通终端，如平板计算机、桌面计算机、壁挂式显示屏等，连接到全网任意节点，经过不同层次和领域的认证，就可以分析、操作、管理全系统中任意一个细微颗粒的工作状态。

Rabbit 管理对象随着时间和网络环境变化，会发生淘汰和更新。 因此，有限范围的地址或号码必须具备复用能力。 Rabbit 系统全部管理任务由以下数据结构界定：

（1）**六类原理型管理流程**：服务管理流程、媒体管理流程、网络管理流程、安全管理流程、算法管理流程和软件管理流程。 注意，管理流程与信息表之间存在互相渗透的对应关系。

（2）**六类参数型信息表**：用户信息表、媒体插件表、设备信息表、商品插件表、智能插件表和系统软件表。 其中，用户信息表、设备信息表、商品信息表具备有选择的新陈代谢能力。

（3）**唯一定义的数据包**：标准 1KB 数据包依据流程规则，在信息表之间流动，不断积累和细化数据，完成 Rabbit 管理过程，同时承载大量的多媒体和短信息内容。

如图 12-1 所示，Rabbit 管理规则融入整个网络，达到这一管理高度的成本几乎可以忽略。 Rabbit 系统管理与传统的电话网管理、互联网管理、数据中心管理有本质不同，创新结构当然伴随着创新管理。 Rabbit 瞄准一个可管理的超大型网络系统，硬件结构设计就是为了迎合软件管理理念。 Rabbit 系统只有存储交换和运算交换两种基本设备。 网络管理就是把这些结构化资源组合成可用的系统。 也就是说，通过仅有的两种基本模块无限组合，无须借助其他设备，管理千倍于互联网规模的网络系统绰绰有余。

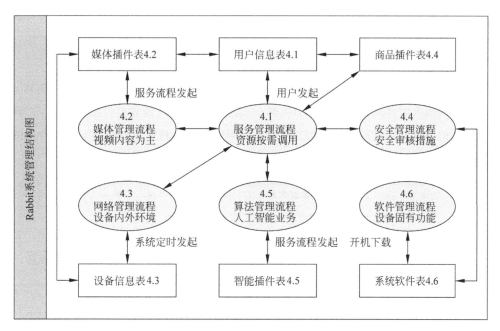

图 12-1　Rabbit 系统管理的六类流程和六类信息表

Rabbit 系统管理工具主要分成两种类型：

（1）**属于原理型**：包括六类流程。多种定义的 1KB 数据包实现不同表格间的数据交换，只要设计好一种算法，一套流程就能包管适应所有情况。

（2）**属于参数型**：包含六类信息表。配合流程原理，针对各类管理对象划分成许多独立的数据块，块内定义个性化内容和参数，每个信息表都需要区别细化对待。

为了在短期内把 Rabbit 建设成一个可用系统，读者可以自行分析本章所描述的管理措施。对比当前的 Windows、互联网和传统电信的管理体系，体会到前所未有的强大功能和商业模式。从管理角度，Rabbit 系统可容纳无限设备、无限媒体内容和商品、无限算法模块、无限企业和个人用户。

12.1　Rabbit 服务管理流程

Rabbit 提供少数**服务模板**，即状态机，构成服务流程。通过更换插件，修改流程细节。在此基础上，按需调用带宽、算力、存储三大资源。加上商家提供的内容、商品、算法和各类特殊服务（如机器人、CPS、区块链等），并记账到用户信息表。

这种服务模板围绕每个用户专属的**用户信息表**（见图 12-2）化成无数个性化服

务，面向无数种不同特征的消费者。 用户发起服务流程，例如购买某种商品，与其他用户交流个人信息和物品，或者查询某项公共信息。 服务管理详细记录上述过程。 并且，计算和记录本次服务占用的资源，包括带宽、算力（用户可自备算法）和存储（用户可自备内容）。 网络的价值在于保存和交换内容，包括用户个人内容、所关注的他人内容以及公共服务的内容。 这些内容本身可能需要付费，另外，在网上流动时占有网络资源，这些临时和长期占用资源的收费过程，都属于服务管理的范畴。

字段号	长度	参数名称	说　　明
0	1KB	账户信息	1KB 账户信息
1024	1KB	个人信息	1KB 个人信息
2048	1KB	可用资源	1KB 资源地址。包括通信资源池、算法模块池、长/短数据池
3072	9KB	备用	—
12 288	500KB	服务记录	每条服务记录 64B,可扩展至 500KB,含 8000 条信息
524 288	512KB	文件属性表	每文件 128B,可扩展文件信息共计 512KB,含 4000 个文件

（左侧纵排：用户信息表（1MB））

图 12-2　Rabbit 系统的用户信息表

Rabbit 是全新开发的网络协议，能够把复杂细化的服务合同直接融入用户接触不到的底层通信协议之中。 保障服务品质和安全的程度是传统互联网和电信网络无论怎样发展都达不到的目标。 当然，不管网络服务收钱或不收钱，服务管理流程记录了详细的网络资源使用情况，可用于研究用户的行为模式。

用户选定商品或服务内容后，服务流程取得各方信息表内容，然后执行以下操作：确定商品和服务价格、网络带宽按需调节、算力资源按需共享、存储空间按需租用、资源定价根据服务类别决定、消费者业务按次审核和精确计费，每次服务必须通过安全审核（详见安全管理流程）。 注意，计费数值可以设为零（免费）或负数（奖励使用），以适应各种可能的商业模式。 一句话，**这是互联网不可比拟的系统能力**。

12.1.1　统一四步服务合约

Rabbit 系统的任何业务都经由状态机建立统一的流程插座。 遵循古老的公平交易规则，明确定义参与各方的行为规则、权利和义务。 根据不同的服务内容，决定流程细节，执行一项四步合约，如图 12-3 所示。 四步流程的核心是可以独立更换其中任意一步。 插座和插件匹配满足多种选择，执行不同的子流程，构成许多独特的服务细节。 这些插件涵盖多样化的服务流程、商业模式、媒体内容、商品交易和智能模块等。 只要改变上述插件，可以灵活定义任意形式的服务流程。 甚至在服务过程中，可以随时调整服务细节。 任何用户只要从插件库中选择一组插件，就可以自定义一组业务流程，具备了服务提供能力。 当然，实际用户数量必然远大于能够在市场上站稳的服务数量。 因此，无论有多少流程变化，在巨大的 Rabbit 网络资源面前都可以忽略不计。

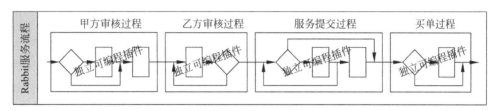

图 12-3　Rabbit 任意服务的逻辑流程插座

Rabbit 平台把过去、现在和未来的服务概括如下：

（1）**插座和插件结构**。 扬弃传统 CPU 和软件，创立新概念编程和新陈代谢机制。

（2）**任意流程类服务**。 互联网服务包括通用服务、典型服务和未来服务。

（3）**任意算法类服务**。 整合现有人工智能服务，创立未来人工智能开发平台。

（4）**系统结构保障大规模实时互动**。 这是网络固有的性能，包括感观网络和虚拟空间。

1. 建立普遍服务流程

Rabbit 提供一个通用平台，任何人可以凭借想象力，根据四步流程建立网络服务：

（1）**甲方审核过程**。 甲方（或者主叫方）提出服务申请后，合约流程审核账户状态、细分权限、登记用户申请信息等。

（2）**乙方审核过程**。 乙方（包括被叫方、被点节目或者商家）根据服务对象或内容，审核账户状态、服务提供能力、提供建议、细化服务、确认成交价格、登记服务内容信息等。 甲乙双方经过多次反复协商或者选择商品，逐步确定合同细节。

（3）**服务提交过程**。 根据甲乙双方商定的服务项目、商定的商品或服务交货条件，估算出系统资源需求（算力、传输、存储）配置资源。 然后，建立甲乙双方间直接连通，包括短信和多媒体连接。 完成线下交易，并且记录服务过程参数。

（4）**买单过程**。 如果服务正常结束，则获得资源使用的实际数值，按合同登记结账，并提出对本次服务满意度评估。 完整的服务过程记入各自的用户信息表和服务流水信息表。 如果是非用户原因造成服务流产，则不提交账单，只提交故障分析报告。

2. 建立特殊服务流程

Rabbit **任何服务**都涵盖在插座和插件的四步合约框架内。 所谓**个性化服务**，就是加强或简化标准流程的某些插件，针对特定人群，或者特定服务领域。 所谓**常用服务**，就是某项个性化服务获得大量用户的青睐。 所谓**长尾服务**(Chris Anderson，The Long Tail，长尾理论，2008)，往往是可收费的小众服务。 尽管用户数量少，但是，服务门类众多，总体价值不低。

对于 Rabbit 网络来说，可以在服务流程中反复执行某些过程。 插入多媒体模块，插入人工智能模块，插入实时视音对话模块，插入实物商品和服务等。 充分理解和协调各方的意图，完善所需的信息。 另外，每项服务性质决定了服务审核的内容和严格执行的程度。 Rabbit 不限制服务流程，只是提供一个发挥想象力的平台。 任意服务提供方可以设计任意复杂的商业模式，通过灵活的插座和插件组合，自行决定流程细节。 根据 Rabbit 服务流程，帮助用户找出可能优化的方向和具体优化的方法。

下面列举三种常见的商业网站，它们都属于 Rabbit 服务流程的范畴。

(1) **电子商务网站**。 此类应用建立在**人与社会供需关系**的基础上，离开了物资供应，现代人难以生存。 此类网站都在四步流程中反复循环比较，满足和帮助消费者选择商品，还要扩展到线下交易、配送和支付方式等。

在电子商务的全过程中，都有可能加入人工智能插件，协助和促使交易更加顺畅。 由于电子商务涉及实物买卖，经济价值较高，通过智能元素增加客户附着力是商家的重要考量之处。

(2) **个人信息交流网站**。 此类应用建立在**人与人，尤其是熟人**之间信息交流的基础上，充分表达和强化了人类的社会性。 此类网站预先通过一次锁定甲方和乙方的审核过程，然后保持长期开放的连接。

实际上，建立熟人关系之后，简化流程，长期处于服务提交过程，留下最后的买单一步，长期不关闭。 显然，建立的许多这样的连接称为微信群和朋友圈。 这也是一种成功的商业模式。 其中，服务提交过程中的内容可以小到短信，大到电影，甚至大规模实时互动。 类似地，Twitter(推特，这是一个社交和微博服务网站，有互联网短信之称)也是在熟人短信的基础上，附加其他多媒体文件，提供多种智能元素收集的趋势信息。 事实上，这类新媒体已经导致传统的大众媒体走向衰落。

(3) **公共信息查询网站**。 此类应用建立在**人与社会资讯**的基础上。 实际上，这是互联网上最早出现的服务网站。 自从 Google 推出免费的搜索引擎以后，没有看到有人继续深挖这块宝藏。 大部分公共信息无秘密可言，因此免去用户确认，以求最大限度降低用户门槛。 但是，由于粗糙的业务流程，导致后续发展动力不足。

其实，公共信息查询网站还是一块尚未深耕的土地，现代人一定离不开社会资讯。 只要进一步向四步流程细节挖掘用户需求，还将大有可为。 通过甲方和乙方资格核对，精准了解客户的需求，就能开展许多内容收费服务，包括 VIP 服务。 网站能够主动帮助客人匹配各种个性化的服务，建立长期关系，成为客人忠实的私人助理。

3. 插入任意人工智能

互联网服务看似已近饱和，商业地盘好像瓜分完毕。 实际上，只要加入一点人工智能元素以后，可以重燃战火，引发调整网络服务格局的动荡。

许多情况下，人工智能不是一项独立的服务，必然寄生在传统网络服务的框架中。 目前，人工智能处于早期阶段，很难预测在哪里开花结果。 通过 Rabbit 网络插座和插件结构，在没有 CPU 的前提下，没有算力资源和算法细节限制的前提下，通过持续不断的摸索、试探，最终逼近高峰。 由此看来，在何时何处添加何种人工智能元素将主导未来网络服务的发展。 对人工智能的把握程度，取决于使用什么工具，以及占用多少资源。 人工智能对性能的挑战表明，资源无限，市场前景巨大。因此，通过创新工具，大幅提高资源性能价格比，可以从老业务中开辟新市场，展开新一轮角逐。

4. 发展感观网络和虚拟空间

未来网络和计算服务如何发展，难以预测。 因此，Rabbit 暂时不关心人工智能的市场在哪里，而是率先探索信息产业的极限在哪里。 在极限范围内，可以看到市场在哪里。 当然，更重要的是指导设计进入这个市场的有效工具，以及把握发展的度。 这个度，就是避免提出违背现实资源的奢望，也不要无知地徘徊在探索的半路上。

如果从终极目标往回看，可以找出通向远大目标的路径。 在这条路径上，存在许多热点和风景，这些都是短期的驿站，或者称为应用。 所谓人脸识别、自动驾驶之类，都是路边的风景。 只要视野开阔，还能看到更多风景。 因此，确立终极目标是 Rabbit 的首要任务，寻找信息产业的极限，探索边缘，释放无限资源。

9.5.1 节曾提到，100 多年前，信息产业的起点是通信和计算两大领域。 9.5.3节进一步从资源和人体生理结构阐述，**通信的终极目标**是高品质实时视频互动。 **计**

算的**终极目标**是熵减过程，或者说，无所不在的人工智能。 **两者共同的终极目标**就是感观网络和虚拟空间。 当然，锁定目标之后，要有马力强劲的车，这就是 Rabbit 系统，还要有充足的油料，这就是带宽、算力和存储资源。

12.1.2 用户注册和入网

所谓注册，就是创建独立专属的用户信息表。 Rabbit 网络可能有五类用户：浏览者、消费者、店家、业务开发商、系统管理者。 当然，某个用户可以同时注册成为不同的角色。 但是，从状态机角度，这些不同角色只是流程略有不同而已，永远跳不出状态机的功能范围。 纯浏览者无须注册，可以随时匿名查询某些免费信息。实际上，网络地址已经透露出部分信息，内容管理可能据此提供一些引导，增加客户对网络的黏度。

如果用户浏览某些高附加价值的信息，包括收费信息，则需要事先注册和入网。除浏览者外的其他用户有消费者、店家、开发商和管理者，他们都必须实名注册。当然，用户可以用其他名称在网上发声，但必须将真实名称告诉网络管理者，以便支付等。

网络管理者根据用户的身份，设立对应的用户信息表。 用户提供相关信息，系统还会自动收集和记录业务过程的信息。 除非用户通过其他网络登录网站，一般情况下网络会记住用户，随时调出相关信息。

系统对于每类用户设立不同等级的权限和认证条件，每类用户还有细分的小类。用户信息和网络管理者权限之间的关系通过一个多维度矩阵来表达和控制。 例如，消费者只能管理其自身的数据，以及有限的系统信息。 网络管理者可能了解许多服务信息，但是，不能接触消费者的私人信息，包括消费者姓名等。

12.1.3 与互联网共存和竞争

为实现与互联网共存，共享用户，我们必须开发合适的协议转换器。 这种转换器能够自动识别用户协议格式，并实现源数据和目标数据格式之间的匹配，引导我们从互联网为主的网络环境到双网共存，最后过渡到以 Rabbit 为主，详见 10.3.2 节。

Rabbit 协议转换器原理示意如图 12-4 所示。

(1) 互联网终端(I)连接互联网站。 这时传统应用无须任何改变，协议转换器只需透明传递即可。 也就是说，此时的协议转换器不承担业务流量。

(2) 互联网终端(I)连接 Rabbit 网站。 此时需要将用户终端的 TCP/IP 转换为

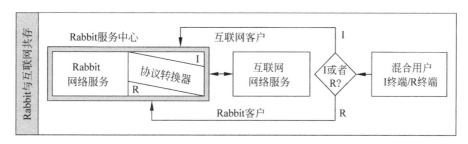

图 12-4　Rabbit 协议转换器原理示意图

Rabbit 协议，再将网站端的 Rabbit 协议转换回 TCP/IP 完成选定的服务。

（3）Rabbit 终端（R）连接互联网站。此时需要将用户终端的 Rabbit 协议转换为 TCP/IP，再将网站端的 TCP/IP 转换回 Rabbit 完成选定的服务。

（4）Rabbit 终端（R）连接 Rabbit 网站。这种纯 Rabbit 服务无须任何改变，或者说，协议转换器只需透明传递，直接把流量导向 Rabbit 的后续服务。

注意，图 12-4 中的互联网终端（I）和 Rabbit 终端（R）可能只是同一个 PC 或手机，下载不同的软件而已。类似地，上述协议转换器还可以用于其他网络协议。关键是后续发展取决于 Rabbit 与互联网服务的竞争。Rabbit 将全面开展基于人工智能的实时互动服务，逐渐推出 Rabbit 专用终端，全面追逐互联网不可及的服务。这是一场固化在网络基因里不可逆转的竞争，**核心就是大规模实时互动**，而不是那种图文信息传输和物联网之类的小体量服务，这是一场考验计算和网络体系能力的竞争。

实际上，上述协议转换器只需占用很少的 FPGA 资源。我们估计上述双网共存状态可能延续十年以上，互联网还不会很快消亡。因此，可以把协议转换器直接整合和固化在 Rabbit 的状态机逻辑中。由于大规模的多媒体数据流不经过 Rabbit 状态机，一片运算交换机板卡可以同时服务百万量级的用户数。

回顾历史，这种网络体系能力的竞争以前就发生过，Chandler 的书中有详细的描述。尽管经过一百多年的历史尘封，当时竞争的惨烈可见一斑。那时，电报网络已经取得企业用户的充分肯定，牢牢地占据市场。但是，Bell 的电话铃响时，电报开始在消费群体中遭冷遇。民众更喜欢电话的实时通信能力。今天看来，电话胜过电报的核心原因只是**实时互动**。我们预测，这场竞争还会重演，Rabbit 全面胜过互联网的关键还是在于大规模的实时互动能力。背后的深层原因是一百多年来，人性没有变。

一件商品的名称、功能、性能、价格等信息用一条短信足以概括，企业采购主要看这些简洁的指标。但是，在消费领域，人类的感性超过理性，网上购物一定要加上图片才能招揽顾客。如果有实时互动，消费者的感觉必然胜过简单的图片，市场的选择将是最终的裁判。

当然，互联网上经常会出现一些新的应用、新的商业模式或新的安全措施，吸引市场注意。这些因素同样适用于 Rabbit 网络，或者说，中立于两种网络的竞争。

Rabbit 系统通过计算和网络深度融合，在大数据环境下具备实时互动的网络能力，这是互联网结构所不可比拟的。事实上，颠覆性的技术出现之前，传统市场相对平静。例如，在 PC 出现之前，IBM 计算机和 AT&T 电话已经占据市场一百多年。历史证明，在没有比较的情况下，互联网已经能够满足各方的需求。但是，一旦出现更加人性化的实时互动网络，普通消费者就会率先尝试新系统。而且，在人工智能的助推下，Rabbit 网络已经胜券在握。如果失去消费市场，互联网不论在其他方面还有多少忠实用户，终将步电报后尘，因为，**这是一条单行道**。

12.2　Rabbit 内容管理流程

本节主要介绍网络传输内容，这也是服务流程和网络载体存在的理由。

什么是 Rabbit 的传输内容？

在扬弃 CPU 以后，Rabbit 提出一套远比传统冯·诺依曼强大的**新概念编程**。也就是说，整个传统计算机体系可以进化成可循环嵌套和链接的插座和插件系统。实际上，Rabbit 的传输内容包括媒体、智能和商品，以及流程本身，它们都以插件形式存在。

（1）**媒体插件**或称**熵增模块**。只要在 Rabbit 服务流程中插入一条精简指令，就可以调动任意大的多媒体内容文件，包括实时互动交流。甚至，多个多媒体文件可以组合成一个宏观的文件结构。这些多媒体内容跨越空间和时间，为的是在某个逻辑流程中插入远程感观体验。注意，多媒体内容可能占据网络总流量的 99%以上。

（2）**智能插件**或称**熵减模块**。只要在 Rabbit 服务流程中插入一条精简指令，就可以通过计算工具，扩展人的归纳和联想能力。实际上，媒体插件和智能插件的作用都是为了帮助和提高人类的逻辑判断能力，而人类逻辑思维传播所占用的数据量可以忽略不计，或者概括在一条短信息之中。注意，智能插件将占据未来大部分的网络算力。

（3）**商品插件**或称**实体模块**。只要在 Rabbit 服务流程中插入一条精简指令，就可以把网络空间延伸到实体空间，例如电子商务。根据 Rabbit 的理念，商品买卖和交换也属于内容管理范畴。电子商务最后大都会落实到商品或线下服务。Rabbit 把实物商品整合到服务流程，为未来延伸到虚拟镜像空间打下基础。

（4）**系统流程**或称**逻辑模块**。 我们先看一个事实，自古以来人性所代表的逻辑思维变化极小，两千年前智者的逻辑不比现代人差。 他们的思想继续指导现代人的行为，只是现代人多了一点通信和计算的工具而已。 因此，信息产业的历史就是一部工具的进化史。 实际上，信息产业只有熵增和熵减两种工具。 在这段历史中，CPU 只是一个过客。

Rabbit 把人类在网络空间的活动定义为四步流程，当然这个流程古代就已经成熟。 最早的通信网络、电报，已经完美解决了人际信息沟通。 接下来全部的发展（参考图 9-6），无非是从知性端向感性端，不断补充细节。 令人难以置信的是，通信网络的终点就是把人类自古以来最原始的面对面视觉交流延伸到远程而已。

Rabbit 的贡献就是定义了一组插座和插件结构，取代传统 CPU 和相关软件。 这是一种特殊意义上的数据结构，连接这些数据结构的是由逻辑电路组成的状态机。 从理论上说，凡是 CPU 能做的事，Rabbit 都能做。 反过来，Rabbit 能够实现的系统广度和深度，CPU 望尘莫及。 而且，Rabbit 的性价比提升百倍以上。

具体来说，Rabbit 定义的插座是包含地址码的 32B 数据格式。 插件是 1024B 数据结构，包含与插座配合的数据接口、文件指针，还包含短信内容或者文字简介。这个结构最多提供了一个 1∶32 的选择性扩展，能够满足大部分实用需求。 当然，Rabbit 数据结构还能轻易实现多层次的链接，达到无限大可能的选择。 在这个选择的任意节点，能够链接任意规模的多媒体内容。 显然，在 Rabbit 网络上，每一个用户都可能面向无限多的选择。

关于插座和插件格式细节尚待定义，但是，基本结构如下：

第一层：这是从最底层算起。 由 Rabbit 系统定义的四步服务合约，实际上就是四个基本插座，以及插座连接号码。 这一层的逻辑操作和插座号码固定不变，在这一层以上，一切都是开放的。 所谓不同的网络服务，无非就是把不同的服务插件号码映射到指定的网络插座号码。 任何服务流程变化都是通过修改局部的映射关系来实现的。

第二层：由网络服务商提供基本插件，确定服务的基本流程。 实际上，今天互联网上的热门服务，例如电子商务，个人信息交流、公共信息查询，还包括无数种其他服务，都起始于最底层网络的一组特殊插件。

第三层及以上：逐步增加服务和商品的细节。 当然，根据 Rabbit 插件 1024B 的数据结构，可以提供许多个 32B 的插座。 根据状态机用户的反馈信息，进而循环扩展至无比复杂的网络服务能力。 在同层插座之间，形成一个流程。 在流程的任意节点，可以添加插座。 随着状态机指针的跳动，进而引申出下一层的数据结构，实现任意服务流程。 这是一个可无限扩展的系统结构，预示着没有边界的服务能力。 每个插座和插件的连接都是极简单的逻辑和数据结构，简单到不需要 CPU 就能轻易实现。

从系统角度，所谓网络服务，就是由服务提供方向 Rabbit 管理机构提交一个服务申请。 管理机构分配并且激活一个映射号码。 显然，没有 Rabbit 授权，任何人都无法提供网络服务。 同样道理，任何消费者必须获得 Rabbit 授权的个人连接号码，才能插入某个网络插座，使用对应的网络服务。 这些号码直接对应网络地址，因此，没有任何人能够仿冒连接，除非仿冒者与注册用户连在同一个交换机的端口上。

13.4 节将定义 Rabbit 人工智能业务，或者是插座和插件的开发环境。

12.2.1　媒体插件管理

本节的核心就是建立**多媒体**内容的**实时互动**表达方式：

（1）事先制作，临时调用。 这是电子商务和视频网站的传统方法。

（2）实时产生，现场记录，现场合成。 这是互动讨论和人工智能应用的重要市场。

（3）上面两种模式的组合。 多个内容播放，现场场景智能加工和合成，再次录制。

在用户服务过程中，随时有多媒体文件的产生、播放、复制、删除和调用的需求。 文件是一种独立定义的数据结构，通常通过头文件和其他关联文件定义后续格式，并且，可以存储在硬盘内。 文件管理的核心是建立**媒体插件表**。 但是，文件管理受到三个独立方面的制约：文件创造者、文件使用者、文件管理者。 也就是说，用户创立新文件，必须同时分配三个独立地址：文件属性地址（用户创立文件）、文件逻辑地址（存储设备）、文件网络地址（设备入网时用）。 建立三者的索引关系，映射到 Rabbit 系统的三个关键信息表：用户信息表、媒体插件表、设备信息表。 定义 Rabbit 系统的数据结构。 根据三大索引，确立媒体管理的细节，如图 12-5 所示。

	文件地址	信　息　表	用户和地址结构
文件管理	文件属性地址	用户信息表：本用户管理的文件	文件创造者：用户逻辑地址＋复制和文件类别＋用户文件索引号
	文件逻辑地址	媒体插件表：本硬盘所存的文件	文件使用者：存储交换机逻辑地址＋硬盘编号＋硬盘文件索引号
	文件网络地址	设备信息表：本运营商硬盘集合	文件管理者：存储交换机网络地址＋硬盘编号＋硬盘文件索引号

图 12-5　Rabbit 媒体管理原理

1. 文件属性地址和用户信息表

文件属性地址由用户创造新文件时确定。 文件属性地址的构成是由用户逻辑地址(128B),代表该用户在全网唯一性。 加上该用户附加类别(复制编号4B,文件类别4B)和文件索引号(每组24B代表16MB文件,可以有许多组),共计160B。 用户逻辑地址之后部分,即类别和索引,仅在本用户内部唯一,如图12-6所示。

	字段号	长度	参数名称	说 明
单文件属性表(128B)	0	64B	文件名称	0x/62 位西文字母,1x/31 个中文,首 B 文字类,次 B 名长度
	64	6B	创建时间	年年/年年/月月/日日/时时/分分
	70	6B	写盘时间	年年/年年/月月/日日/时时/分分
	76	1B	文件种类	16 进制/00:数据,10:文字,20:音频,30:图像,40:视频
	77	3B	文字大小	千百/十个/单位
	80	20B	文字逻辑地址	存储交换机逻辑地址:16B,附属类别:1B,文件索引:3B
	100	20B	文件网络地址	存储交换机网络地址:16B,硬盘编号:1B,文件索引:3B
	120	8B	备用	每文件128B,每千兆代表8B文件,每兆代表8K文件

图 12-6 寄生于用户信息表:文件属性表

根据用户名索引,用户可以管理自己的**用户信息表**,其中包括寄生的**文件属性表**,每个用户可以管理自己属性表内的文件,并且,查询到该文件的逻辑地址和网络地址。 文件属性表中含有该文件名称、创建时间和写盘时间、文件种类、文件大小、文件逻辑地址和文件网络地址。 网络的任务之一在于保存和交换内容,用户关心的是内容。 内容可能属于某个用户或者属于公众和供应商所有。 有了内容的属性,自然就引申出内容的价值和收费。

用户信息表(1MB)存储空间中文件属性表占据一半,可扩展。

2. 文件逻辑地址和媒体插件表

Rabbit 网络管理建立两套寻址体系,并落实到存储交换机的管理。 **文件逻辑地址**由用户创造或更新文件、执行写盘操作时确定。 文件逻辑地址代表了文件所在的存储交换机的逻辑地址(128B),加上该硬盘在存储交换机内的编号(8B),再加上文件在硬盘中的索引号(24B),共计 160B。 其中,硬盘编号和文件索引号(8B+24B=32B)仅与某个硬盘相关,可以独立于存储交换机的逻辑地址。

已知文件逻辑地址,可以查到该文件的属性地址和网络地址,如图12-7所示。

Rabbit 系统的全部文件内容和相关信息统一存储于**媒体插件表**。 并且,直接分布在无数个存储交换机。 单个文件的所有信息都以同一个硬盘单独记录,或者说,任何一个硬盘可以独立恢复存储的文件。 当存储交换机转移到不同的网络位置,或

	字段号	长度	存储内容	说明
硬盘头文件（128B）	0	2B	有效硬盘	链接标志＝0：无链接，链接标志＝255：有链接
	2	6B	创建时间	年年/年年/月月/日日/时时/分分
	8	6B	最近操作时间	年年/年年/月月/日日/时时/分分
	14	20B	文件逻辑地址	存储交换机逻辑地址：16B,附属类别：1B,文件索引：3B
	34	20B	文件网络地址	存储交换机网络地址：16B,硬盘编号：1B,文件索引：3B
	54	6B	文件链接表	起始数据块硬盘地址：6B,可寻址 4KTB 数据块
	60	68B	备用数据块	

	字段号	长度	存储内容	说明
单文件逻辑存储链接表（128B）	0	44B	短文件名称	0x/42 位西文字母,1x/21 个中文,首 B 文字类,次 B 名长度
	44	6B	创建时间	年年/年年/月月/日日/时时/分分
	50	6B	写盘时间	年年/年年/月月/日日/时时/分分
	56	1B	文件种类	16 进制/00：数据,10：文字,20：音频,30：图像,40：视频
	57	3B	文字大小	千百/十个/乘数单位
	60	20B	文字逻辑地址	存储交换机逻辑地址：16B,附属类别：1B,文件索引：3B
	80	20B	文件网络地址	存储交换机网络地址：16B,硬盘编号：1B,文件索引：3B
	100	20B	文件属性地址	用户逻辑地址：16B,信息表编号：1B,文件索引：3B
	120	2B	链接表地址	可寻址 64K 个链接表
	122	6B	文件链接地址	起始数据块硬盘地址：6B,可寻址 4KTB 数据块

	字段号	长度	参数名称	说明
链接表（1KB）	0	2B	链接表状态	链接表状态：0＝空,1＝正常
	2	2B	有效数据块	有效链接表号码
	4	6B	指针 46b	B46～B47：00＝空/01＝坏/10＝无/11＝满。B0～B45：64TB 空间
	10	1014B	重复链接指针	重复 169 个指针。B0～B45：全 0＝文件最后一个数据包

图 12-7　内置于存储交换机：媒体插件表

者说，对应到不同的文件网络地址时，代表存储交换机的逻辑地址（128B）和代表硬盘在板上的编号（8B），可能需要独立映射。

另外，文件在硬盘的起始扇区号，代表了文件内容就存放在这个硬盘的后续扇区内。如果全部文件内容放不进硬盘剩余的空间，那么网管系统就会分配另外一个硬盘。

3. 文件网络地址和设备信息表

本小节从网络全局角度管理每台网络设备，这样必然涉及每个硬盘，最后落实到每个文件。文件存储于存储交换机，其管理信息记录在独立的**设备信息表**，集中管理所有存储资源。其中包括存储交换机和运算交换机两种类型，如图 12-8 所示。

	字段号	长度	存储内容	说明：存储交换机电路板信息 64B
存储交换机信息表（1KB）	0	4B	设备类型规格	未定
	4	4B	硬盘数量规格	未定
	8	4B	备用	—
	12	6B	出厂时间	年年/年年/月月/日日/时时/分分
	18	6B	最近入网时间	年年/年年/月月/日日/时时/分分
	24	20B	设备逻辑地址	存储交换机逻辑地址：16B,附属类别：1B,备用：3B
	44	20B	设备网络地址	存储交换机网络地址：16B,附属类别：1B,备用：3B
	字段号	长度	存储内容	说明：硬盘信息 32B×30
	64	960B	硬盘类型规格	未定
运算交换机信息表（1KB）	字段号	长度	存储内容	说明：运算交换机电路板信息 64B
	0	4B	设备类型规格	未定
	4	4B	FPGA 数量规格	未定
	8	4B	异构模块规格	未定
	12	6B	出厂时间	年年/年年/月月/日日/时时/分分
	18	6B	最近入网时间	年年/年年/月月/日日/时时/分分
	24	20B	设备逻辑地址	存储交换机逻辑地址：16B,附属类别：1B,备用：3B
	44	20B	设备网络地址	存储交换机网络地址：16B,附属类别：1B,备用：3B
	字段号	长度	存储内容	说明：模块信息 32B×30
	64	960B	模块类型规格	未定

图 12-8　内置于设备电路板：设备信息表

文件网络地址代表全系统每个文件在网络中的位置。实际上，指定了存储文件的存储交换机的网络地址(128B)，加上该硬盘在存储交换机内的编号(8B)，再加上文件在硬盘中的索引号(24B)，共计 160B。关于文件逻辑地址与文件网络地址之间的映射在创建或更新文件时确立，这是在设备已入网的前提下。

注意，文件内容与设备信息表不在同一个存储交换机中，属于网络管理的范畴。已知文件的网络地址，可以查到该文件的逻辑地址和属性地址。内容以文件形式存在，内容必须存放在存储设备中，因此，内容管理也成为设备管理的一部分。

12.2.2　设备端读写和文件调度

从存储硬盘设备端看用户创建文档过程：

（1）确定文件属性地址。系统流程从用户文件属性表中取一个空白的用户文件索引号，填入适当信息。并将可用索引号放入 FIFO，已备后续调用。

（2）确定文件网络地址。匹配用户地址，网络管理根据网络资源分布情况，选择就近、合适的存储交换机设备。

（3）确定文件逻辑地址。用户申请分配有空闲的硬盘网络地址，即本用户可写硬盘。网络管理提供可用存储交换机的逻辑地址、硬盘号、文件号。用户申请占用该地址，并锁定媒体文件。

确定文件属性地址＝用户逻辑地址＋文件类别＋文件索引号。

根据索引号映射到一个空白存储区，启动写盘操作。写盘完成后，更新相关信息。

1. 硬盘入网管理

文件可以存放在多种不同存储介质的硬盘之内，包括传统机械磁盘和电子硬盘。

硬盘出库时，必须分配逻辑地址，并执行格式化流程。硬盘入网时，逻辑地址自动映射到网络地址，并执行入网流程。硬盘根据空闲率，显示可用空闲。自动弹出可用文件网络地址，此地址可接受文件的写入操作。

每块存储板都有独立流程控制，板上自带独立管理流程。

1）存储交换机出库流程

全新的或者返修以后的硬盘在入网使用前，必须经过格式化操作：

（1）区别不同的硬盘特征，分配全网唯一的逻辑地址。

（2）确认存储介质有效，并划出头文件区和存储区。

（3）建立存储设备信息表（主要内容是文件），复制到所在硬盘，分开各自硬盘的 ID，可互换，入网过程就是正式绑定。

2）存储交换机入网流程

硬盘安装到存储交换机，独立格式化。然后，随存储交换机参与入网流程：

（1）检测逻辑地址合理性。

（2）执行网管入网流程。

（3）报告网络地址，启动新盘入网流程。入网完成后，报告网络管理。

2. 硬盘内容管理

Rabbit 内容管理包含四个层次，以文件名为索引，执行任意内容的远程读写、单点传输、组播和广播、备份复制、恒流控制和损毁恢复等。 媒体插件表的操作，即读写硬盘内存储的文件，由用户服务发起的协议流程完成，并由文件所在的存储交换机电路板上的 FPGA 逻辑电路执行。

1）数据包层

文件在网络传输过程中，每个存储数据块加上传输地址和带外信息，封装于 1KB 数据包（PDU）。 传输过程实施安全审核，包括判断丢包、防止乱序、填充空闲数据等。 Rabbit 数据包层直接作用在传输网络，有两种工作模式：第一种，为了确保文件内容的完整性，如果发现有数据包丢失，则自动申请补发，替代烦琐的 TCP；第二种，对于流媒体，通过微调收发数据的速率，保持恒流特征，不执行错包重发流程。

2）数据块层

文件创建过程中，直接启动硬盘存储，文件库管理器实际执行多媒体文件的读写操作，定义一个频道，解析收发地址。 然后将文件分解成多个标准的 1KB 存储数据包（占据两个硬盘扇区），数据块含有头部信息。 最后按序逐块发送、确认和重发。

数据块指的是每次硬盘操作读写的数据量，假设某个硬盘在入网时设定数据块大小等于 1MB。 存储交换机的文件管理流程中，设立两倍于数据块即 2MB 的临时缓存器，积累和存放数据流。 实际上，Rabbit 系统还定义了其他不同长度的数据块。

当网络数据连续缓慢写盘时，临时缓存器一旦积满 1MB 数据，将自动申请写盘操作。 每次写盘操作都将 1MB 数据写入硬盘，同时清空缓存器至 1MB 以下。 当网络从临时缓存器缓慢连续读取数据时，一旦缓存器数据少于 1MB，为了防止缓存器读空，必须读取 1MB 硬盘数据补充缓存器。 在写盘或读盘等待和操作过程中，网络数据继续填入或取出临时缓存器。 这个过程如果等待时间过长，可能导致临时缓存器溢出或读空。 避免这种情况发生的措施是限制网络流量超过硬盘的吞吐量。

3）文件层

一般文件由多个数据块组成。 用户创建文件，必须设定文件名称等管理信息，确保用户可以远程调用。 系统分配硬盘空间，存放软件和多媒体内容，并保持文件目录。 如果需要读写用户的多媒体文件，只要向文件库管理器发出单个读写盘指令。 操作完成后，文件库发回结束确认指令。

4）系统资源层

系统管理确定数据存储设备和内容文件的属性，也就是说，构成多对多的绑定和映射，即用户（文件属性地址）、文件（文件逻辑地址）、设备（文件网络地址）三方关系。 通过多个格式化指针索引，实现文件创建、调用、复制和删除。

从管理角度，根据用户信息表独立搜索文件和存储设备，根据媒体插件表独立搜索存储设备和用户，根据设备信息表独立搜索文件和用户。

5）动态文件

所谓的动态文件，其实指的是用户创建一个文件，但是持续保持文件的开放状态。 也就是说，先建立文件名称等管理信息，形成一个开放长度的文件，系统可以在任何时间停止继续写入。 操作完成后，文件库发回结束确认指令（成功或失败）。

12.2.3　智能插件管理

Rabbit 系统按服务指令提供算法和算力，下载、启动、运行、删除应用程序。

面向用户的应用程序软件存放在**算法模块信息表**中，如图 12-9 所示。 应用软件运行在云端，服务供应商向 Rabbit 官方提交软件申请，经审核后，获得认证号码，分配网络资源，认证后的应用软件上传至算法模块信息表备案。 然后，服务供应商可以与其他批发商共享客户，或独立发展客户。 要运行某个算法引擎，服务商必须先向管理方申请算力和存储资源，例如：多少块运算器板卡等。 根据网络总体结构，系统统筹分配资源地址。 Rabbit 系统管理颗粒度以电路板卡为单位，或者单颗FPGA，甚至多任务共享一颗 FPGA。 通过系统分配算力资源，可以按需分配，或者用户买断方式。

	字段号	长度	存储内容	说明：算法模块信息 256B
算法插件信息表（1KB）	0	4B	设备类型规格	未定，可扩展
	4	8B	FPGA 模块规格	未定
	12	6B	出厂时间	年年/年年/月月/日日/时时/分分
	18	6B	最近入网时间	年年/年年/月月/日日/时时/分分
	24	20B	设备逻辑地址	存储交换机逻辑地址：16B,附属类别：1B,备用：3B
	44	20B	设备网络地址	存储交换机网络地址：16B,附属类别：1B,备用：3B
	64	192B	模块说明	—
	字段号	长度	存储内容	说明：下载目标模块信息 64B×12
	256	768B	下载目标地址	

图 12-9　算法模块信息表

12.2.4　商品插件管理

在 Rabbit 网络上实现商品交易也是属于内容交换的一种特殊情况，具备线下对应关系，类似媒体插件的管理。

网上交易的商品信息存放在**商品信息表**中，尚未定义。 市场上已经有多种商品信息的国际标准代码，主要有一维码和二维码，如 PDF、UPC、EAN、QRC 等。 正是因为种类繁多，Rabbit 自定义一种代码，并且，与其他代码建立起映射关系。

12.2.5　系统流程管理

系统软件是指网络设备上运行的专用软件。 Rabbit 系统只有存储交换机和运算交换机两类设备（板卡加机箱），可由不同的设备厂商提供，包括硬件和软件。 但是，必须确保管理协议兼容，允许部分参数不同设置。

1. 系统设备信息表

由系统软件信息表记录软件版本和适配硬件，并由管理流程实现软件远程下载。

2. 系统软件信息表

系统软件管理流程是指有多种型号的硬件板卡，其软件统一存放在网络上的某些指定区域（多个复制件互为备份），有专门的**系统软件信息表**（见图 12-10），系统操作员只要把板卡插入任意机框，系统就会自动适配下载合适的软件。 同时，系统记录和展示所有硬件设备所需的全部软件版本，以及所有软件实际安装的硬件和数量。

	字段号	长度	存储内容	说明：系统软件信息 256B
系统软件信息表（1KB）	0	4B	设备类型规格	未定,可扩展
	4	8B	FPGA 模块规格	未定
	12	6B	出厂时间	年年/年年/月月/日日/时时/分分
	18	6B	最近入网时间	年年/年年/月月/日日/时时/分分
	24	20B	设备逻辑地址	存储交换机逻辑地址：16B,附属类别：1B,备用：3B
	44	20B	设备网络地址	存储交换机网络地址：16B,附属类别：1B,备用：3B
	64	192B	模块说明	—
	字段号	长度	存储内容	说明：下载目标模块信息 64B×12
	256	768B	下载目标地址	

图 12-10　系统软件信息表

目前，Rabbit 系统没有考虑第三方设备，不过未来可能有不同规格，包括第三方设计的设备。 为配合这种可能，Rabbit 系统采用软件和硬件分离的方式，或者说，软件和硬件可以从不同厂商采购。 软件开发者只需买一块硬件板卡即可开发新软件。 同理，硬件开发者只需借用任意软件（非源代码），获得临时许可，就可以开发和调试其硬件设备。 最后申请入网认证，并获得认证号码。 为了安全起见，软件认证提交系统以后，不能修改，除非再次认证。 另外，系统软件信息表只需占用少量系统资源，由任意一块存储交换机板卡内置的 MCU 执行文件下载。 同时保有在多地的资源，并由系统软件流程统一管理。

12.3　Rabbit 网络管理流程

Rabbit 服务管理和内容管理，均落实到一个公共载体，即网络管理。

（1）网络管理的首要任务是建立和维护 Rabbit 网络的寻址体系，确保应用流程能够指向任意一个网络用户、设备、算法和文件等实体。

（2）通过网络协议和可编程硬件，将异构资源整合到一个自动管理的系统。 全系统只有两种功能单元(运算交换机和存储交换机)，分布距离为 0.1m～1000km，无须附加设备。 当然，网络设备与相对低带宽的用户之间可能通过光纤和无线连接。

（3）Rabbit 网络管理软件分为主动和被动两种行为角色，网络设备的每个端口同时保有两组流程。 根据设备在网络中的拓扑位置和入网顺序，自行决定执行网络端(主动)或设备端(被动)协议流程。

（4）Rabbit 结构确保建立任意规模的网络，除了两类电路板，不需任何外加的管理软件和硬件。 Rabbit 系统能够支持任意多种类任务，任意多用户在任意地方接入网络，实现全网资源共享。

网络管理是一项古老的系统任务。 实际上，本系统管理无数台设备，很难保证每台设备都能保持完美的健康状态。 另外，不可能预测哪台设备什么时候出现故障，但是，系统可以检测到任何一个没有响应状态查询指令的设备。 也就是说，Rabbit 网络管理的理念不是确保每一台设备都正常工作，而是确保在系统层面永远处于健康状态。 如果发现故障，系统自动用异地健康设备替换故障设备。 Rabbit 网络所有设备的健康信息，统一存放在**设备信息表**。 除了自动发现和处理故障设备，网络管理要自动确认每台设备的可用性，甚至局部可用性。 网络管理还要自动发现新加入的设备，自动扩张网络的疆域，并保证网络连通。

本系统改变传统网络管理的思路，通过动态的软启动和软复位，具备了快速适应设备环境和拓扑结构调整的自学习能力。 网络管理将传统网络中的配置、性能、故障和安全等功能融合到一组协议流程中，并针对每台设备建立管理数据库，实现全网设备的**即插即用**(Plug & Play)自动入网。

Rabbit 是超级规模的系统，与传统系统和设备不同，Rabbit 的常态就是**带"病"工**

作，即允许部分设备存在故障。 在网络拓扑不断更新的情况下，整体系统能够通过自学习维持正常工作。 当网络探测到任意设备故障，首先自动脱离该设备，故障设备承担的业务自动导向其他设备，然后通知网络管理人员有空的时候更换故障设备。实际上，在处理故障设备过程中，用户完全感觉不到任何异常，网络永远处于新陈代谢之中。

维系 Rabbit 网络运作是系统的"心脏跳动"，向全网络发出端口查询指令。 也就是说，Rabbit 网络端自行向所有可能连接其他设备的端口发出指令。 根据网络结构可以认定设备之间的主从关系。 首先在最高层，指定该层设备的功能和等级。 接下来逐层往下推，靠近上层的设备称为网络端，为主动设备。 靠近底层的设备称为设备端，为被动设备。

可根据收到的反馈信息决定该端口所在设备的状态。

（1）**超时无反应**：代表空接口。

（2）**反应数据不合规定**：潜在的连接设备不具备唯一有效的注册信息。 如果查不到注册信息，表明该设备没有入网许可。 如果查到注册信息，并且已经有设备注册在案，但是注册信息有误或者重复，表明有人仿冒 Rabbit 的合法设备。

（3）**反应数据符合规定**：表示发现新设备连接，并继续判断是同层还是下层设备，再选择执行相应的入网流程。

12.3.1　独立设备管理流程

设备板卡执行所示的 Rabbit 网络管理流程，如图 12-11 所示。 注意，每台设备都有多个通信连接端口，每个端口都可能独立执行网络端或者设备端的管理流程。网络结构进一步规定了每个端口的主动或被动属性。

1. 网络管理指令集

Rabbit 系统专门定义一种用于网络管理的指令格式，只在两个设备直接相连的端口之间交换数据。 因此，不需要赋予网络地址，也不需要存储到硬盘。 这是一种特殊的 64B 短数据包。

下面列出网络管理中的过程(P)、状态(S)、指令(I, R)的名称和缩写：

（1）软启动过程：Soft Start Procedure(SSP)。

（2）软复位过程：Soft Reset Procedure(SRP)。

（3）入网过程：In Network Procedure(INP)。

（4）脱网过程：Off Network Procedure(ONP)。

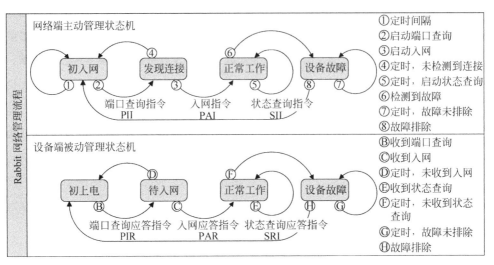

图 12-11　Rabbit 网络管理流程

（5）入网状态：In-network State(IS)。

（6）待入网状态：Waiting-for-network State(WS)。

（7）脱网状态：Off-network State(OS)。

（8）发现连接状态：Discover-connection State(DS)。

（9）正常工作状态：Normal-working State(NS)。

（10）设备故障状态：Fault State(FS)。

（11）端口查询指令：Port Inquiry Instruction(PII)。

（12）端口查询应答指令：Port Inquiry Response instruction(PIR)。

（13）入网指令：Port Access Instruction(PAI)。

（14）入网应答指令：Port Access Response instruction(PAR)。

（15）状态查询指令：State Inquiry Instruction(SII)。

（16）状态查询应答指令：State Inquiry Response instruction(SIR)。

2. 软启动过程

系统设备从脱网状态向入网状态转移的过程称为**软启动过程**。

（1）主动设备：处于入网状态时，向未连接的端口发送**端口查询指令**。

设备在入网前，并不知道自身在网络中所处的位置，同样，网络系统也完全不知道网络中任何未连接端口的情况。这时首先激活的设备定义为主动设备，与其端口连接的设备定义为被动设备。在此初始状态，主动设备（或称上级设备）只能试探性地向可能连接被动设备的地址，即正常工作交换机的未连接端口发出询问。将确切地址告诉可能存在的联网设备，或称下级设备，使得下级设备启动入网程序，进入待入网状态。

（2）被动设备：收到端口查询指令，发送**端口查询应答指令**。

如果被指定的设备已经入网，则返回状态查询指令，并中止继续端口查询流程。

如果被指定设备未入网，则从端口查询指令中学习得到其位置信息，如地址、层数、途经交换节点等。随即回复端口查询应答指令，并向主动设备报告关于本设备的固有信息，如标识、类型、掩码宽度等。

（3）主动设备：收到端口查询应答指令，发送**入网指令**。

主动设备收到端口查询应答指令，验证，信息同步以后，发送入网指令。

（4）被动设备：收到入网指令，发送**入网应答指令**。

被动设备收到入网指令，信息同步以后，回复入网应答指令。

新入网的设备改变内部状态为已入网。同时，上报服务器建立设备信息表。

若新入网的是交换机设备，根据学习到的信息，转变为主动设备，启动下一级的入网流程，即向其所连接的未入网设备发送下一级的端口查询指令。

（5）主动设备：定时发送**状态查询指令**。

在正常入网状态下，主动设备定时发送状态查询指令，等待状态查询应答指令。

（6）被动设备：收到状态查询指令，发送**状态查询应答指令**。

被动设备收到状态查询指令以后，回复状态查询应答指令，并启动定时。

以上状态查询指令/状态查询应答指令可以无限期持续，保证系统连续工作。

3. 软复位过程

系统设备从入网向脱网状态转移的过程称为**软复位过程**。

服务器定时向所有正常工作的网络设备发送**状态查询指令**，或者称为网络心跳（Heartbeat）。状态查询指令中包含了被查询设备的标识，因此，查询过程针对被查设备具有唯一性。

网络设备回应**状态查询应答指令**中，包含自身和周边环境的状态信息，由上级网络设备做出智能判断。

在局部系统中任一个正常工作的节点，可能有多种情况脱离系统：

（1）主动脱离系统：如果服务器连续几个周期停止向某设备发送**状态查询指令**，被动设备内部的看门狗（Watchdog）就会迫使该设备断开与上层网络的连接，但保持下层网络继续运行，成为一个独立的自治域。

（2）主动局部自治：为保持某设备正常运行，服务器必须定时向该设备发送**状态查询指令**。如果服务器在状态查询指令中插入主动退网信息，令该设备断开与上层网络的连接。 并且，根据指令要求，保持下层网络继续运行，或者要求下层网络也断开连接。

（3）被动脱离系统：如果现场设备停止发送**状态查询应答指令**，导致服务器几个周期内收不到该设备发回的应答指令，就会迫使该设备进入未连接状态。

（4）故障脱离系统：任何断网，如光纤或设备断电故障，都会导致不能按时发送或接受管理指令。 服务器收不到该设备发回的状态查询应答指令，就会迫使该设备进入未连接状态。 若现场设备检测到故障，进入故障状态，并根据设备的重要程度向网络管理员发出警告，或直接启动故障处理程序。

（5）故障恢复和记录：不论是上述四种情况中的哪一种，每次设备入网或退网都会被记录在**设备信息表**中备案，并按照故障恢复预案，执行相应流程。

12.3.2 设备内部健康管理

表面上，Rabbit 是一个包含无数设备、永远处于变化中的巨大系统。 实际上，总共只有两类设备：存储交换机和运算交换机。 Rabbit 采用动态分布联网式管理体系，并且化管理成本于无形。 系统除了强大的管理功能、不可摧毁的容错能力外，没有可能导致系统瘫痪的脆弱节点，同时没有昂贵的专用管理设备。 每块交换机和运算器电路板上的廉价 MCU 芯片都配合强大的 FPGA 处理能力，足以处理本板的其他软硬件监管功能。 至于汇集、保存和上传周边设备所需的存储和带宽，相比于板上丰富的硬盘和光纤资源，可以忽略不计。 一个机房可能容纳上万片 Rabbit 电路板，这些电路板必须时刻向网络管理报告工作状态。 前述流程描述了设备之间的管理信息传递和逻辑，其实，每个节点设备还须独立执行本身的以及周边设备的健康管理任务。 因为有时候设备故障可能导致该设备完全静默，此时只能依赖周边设备的互相探测。 因此这项管理功能除了处理和记录本电路板上所有部件的工作状态、故障处理和详细协议过程外，还需要进一步向周围连接的其他电路板报告工作状态。同时，采集同层电路板和直连下属节点的健康状态和主要协议过程。 实际上，整个Rabbit 网络的健康状态和业务承受量就是依赖这种自查和互查协议，得到动态感知和维持。

Rabbit 电路板管理功能可以定义为状态机流程。 这些多样化功能可以由板上附带的微处理机完成，有些操作频繁的功能也可以由 FPGA 逻辑电路组成的状态机实现。 实际上，不论用何种方式实现管理流程，最终的数据包必须经过 FPGA 通信端口收发。

12.3.3 网络管理的功能和性能

Rabbit 网络管理根据系统在网络中的拓扑位置和入网顺序，自行决定执行网络端(主动)或设备端(被动)协议流程。 当网络首次启动时，可借用 PC 充当网管主动方，激发网络流程。 Rabbit 系统的软启动和软复位程序看起来寥寥数语，其实代表了超大型宽带网络管理领域划时代的重大变革。 读者值得花时间去思考上述网络管理的基本思路。 因为篇幅有限，本书不打算在技术上过于深入。 结论是，配合其他技术手段，Rabbit 网络的软启动和软复位程序实现了网络平台和用户管理功能，管理一个无边的动态网络。

另外，Rabbit 网络管理还可以推延到微基站无线通信模式。 在无线模式下除了上述的软启动和软复位外，还包括网络容灾能力。 这一功能确保无线网络在重大灾难时大部分电力、光纤、基站等网络设备瘫痪的情况下，自动在受灾区域切换到容灾模式，并根据灾区现场变化，动态保持灾区通信畅通。

通过网络管理，展现出 Rabbit 网络的特殊功能：

1. 实时扩展网络疆域

Rabbit 系统能够从小到大自动建网；通过自学习过程扩展网络的疆域和拓扑结构；经人工随意调整设备连线和更换板卡，系统实时检测，并自动更新信息表；动态记录全网设备连接和工作状态，并显示在一张可局部放大的动态图上。

2. 实时调整服务能力

某些季节或特殊事件，网络服务负荷可能临时有变。 Rabbit 网络能够根据负荷变化，调整资源配置，实时界定，发现网络繁忙和空闲资源，引入不同的服务功能。

3. 局部网络独立运行和管理

Rabbit 网络可以分割成许多独立运行和管理的局部，实现不同区域信息隔离。

4. 全网设备即插即用

凡经过注册的设备，Rabbit 实现全网自动即插即用，无须任何现场参数设置。

5. 异地漫游和车载通信

如果沿路设置无线微基站，系统能够自动检测，并实现 Rabbit 网络的无线接入、异地漫游和车载通信。

6. 结构上网络安全

Rabbit 系统能够实现结构上网络安全，防止未经验证和登记的设备入网，未经许可不能窥视别人的隐私信息，避免 IP 网络上存在的重大漏洞。

7. 网络可用性保障

Rabbit 系统能够在一个网络管理流程中融合网络容错、故障排除、流量配置工程和传输品质保障。

8. 每次服务独立记账

注意，Rabbit 网络管理不包括传统的计费管理，因为 Rabbit 网络实行每次服务独立记账的商业模式，计费属于服务管理的范畴。

9. 无线网络容灾模式

Rabbit 网络管理流程能够无缝地把部分基站和终端切换到点对点的接力通信模式。 在重大灾区现场，即使全部微基站损毁，只要有少量手机幸存，也可保持应急通信畅通。

12.4 Rabbit 安全管理流程

互联网的一大败笔是没有在初期考虑网络安全，这导致成为一场噩梦。 网络安全是互联网发展被忽略的议题。 尤其是当时定义的所谓七层网络结构，如今遭遇最大隐患。 好在 Rabbit 在网络和内容安全领域有多项前所未有的突破。 实际上，所谓的信息安全和网络安全是**两个不同概念**，可以双管齐下联合使用。

信息安全应该在最高层实现，离信息源最近处采用高强度加密技术。 如果信息**只有自己人读得懂**，那么，根本不在乎网络是否安全，反正不怕被别人看到。 但是，鉴于 Rabbit 网络巨大的流量，有效加密技术成本太高，不适合消费用户。 实际上，信息加密技术是在战争中发展起来的，有很强的时效性。 在和平年代，任何加密技术都经不起时间的考验。 尤其是近年来破解密码的技术发展迅速，甚至用量子计算技术可以轻松破解任何传统的加密算法。 尽管 Rabbit 系统提供远高于互联网的安全保障。 但是，用户请仔细阅读本节内容，确定 Rabbit 网络安全标准是否满足自己的信息安全要求。 另外，如果**网络安全**有保障，**反正别人拿不到**，那么信息加密成为多余。 网络安全应该在最底层实现，离传输线路最近处。 作为商业应用的 Rabbit 网络安全不是一项可选择的服务，不是用复杂软件和设备来改善网络安全性，而是直接建立本质上安全可信赖的网络，把个人隐私做到银行资金的安全程度。 Rabbit 采用以下五大安全管理措施分散在系统中，不单独占用资源。 但是，这些措施结合在一起才能管好安全大门，能够从结构上确保网络不可被攻击，并确保用户遵守商业模式。

12.4.1 杜绝仿冒

根据 IP 通信协议,互联网的地址由用户设备告诉网络,即自报家门。 为了防范他人入侵,设置了烦琐的口令和密码来增加难度。 然而,很难保证这些 IP 地址和密码的真实性,这就是互联网至今无法克服的安全漏洞。

今天,编辑软件能力加强,导致仿冒伪造难以识别。 Rabbit 通过闭环验证,阻断网络传递的文件造假,包括文字、照片和视频内容。 实际上,Rabbit 解决这个问题的方法满足四个条件:**系统依赖**、**不可更改**、**永久有效**、**离线验证**。 这就是把通信源地址包含在路由条件中。 黑客或用户都不可能修改源地址,因为修改就意味着不能送达。 用户终端接收得到源地址,可任意时间去可信网站查询源地址与文件发布者的对应关系。

1. 锁定网络地址

Rabbit 网络地址结构上根治仿冒。 因为网络设备的地址是通过入网协议学来的,用户终端只能用这个学来的地址进入网络,因此,无须认证,确保不会错。 Rabbit 网络地址不仅具备唯一性、不可复制或仿冒,同时具备可定位和可定性功能。

2. 确认全网唯一的设备号码

每一台 Rabbit 网络设备都赋予全网唯一的设备号码。 在设备入网时,新设备必须通报设备号码。 如果该号码在数据库中查不到,说明此设备来源有问题。 如果该设备号码已经被注册,那么说明这台设备或者已经在使用中的那台设备,其中必有一假。 而且,鉴别设备来源不难。

3. 隐含用户身份信息

Rabbit 网络地址隐含了该用户端口地理位置、设备性质、服务权限等信息。 网络交换机根据这些信息规定数据包的行为规则,实现不同性质的数据分流。

12.4.2 杜绝黑客

用户只要连上互联网,就可以自由出入。 可是,通信协议在用户终端执行,可能被篡改。 路由信息在网上广播,可能被窃听。 网络中的地址欺骗、匿名攻击、邮件炸弹、隐蔽监听、端口扫描、涂改信息等形形色色的固有漏洞,为黑客提供了施展空间。 另外,互联网用户可以设定任意 IP 地址来冒充别人,可以向网上任何设备发出探针窥探别人的信息,也可以向网络发送任意干扰数据包。 尽管许多聪明人发明了各种防火墙，试图独善其身，但是安装防火墙是自愿的，防火墙的效果是暂时和相对的，互联网本身永远难免被污染。 这是互联网第二个收不了场的安全败笔。

用户加入 Rabbit 网络后，仅允许向节点服务器发出有限的服务申请指令，对其他数据包一律丢弃。 如果服务器批准用户申请，即向用户所在的交换机发出临时通行证，在服务过程中，用户终端发出的每个数据包若不符合通行证的审核条件，则被丢弃，由此杜绝黑客攻击。 每次服务结束，自动撤销通行证。

注意，临时通行证机制由网络设备执行，不在用户终端的可控范围内。 通行证的审核流程在不可能跨过的服务管理中执行，内容包括以下几方面。

1. 审核数据包的源地址

为了防止用户发送假冒数据包。 每次发送数据都必须遵循两点定路，包括源地址和目标地址的锁定。

2. 审核数据包的目标地址

用户只能发送数据包到服务申请时确定的地址。

3. 审核数据包流量

用户发送的数据包流量必须符合服务申请时的约定。

4. 审核内容的版权标识

防止用户转发从网上下载的版权内容(暂定，由内容供应商设定)。

12.4.3 隔离数据包

互联网设备可随意拆解用户数据包。 冯·诺依曼创造的计算机将程序指令和操作数据放在同一个存储地，也就是说，一段程序可以修改机器中的其他程序和数据。沿用至今的这一计算机模式，给木马、蠕虫、病毒、后门等留下了可乘之机。 随着病毒的高速积累，防毒软件和补丁永远慢一拍，处于被动状态。 互联网协议的技术核心是尽力而为、存储转发和检错重发。 为了实现互联网的使命，网络服务器和路由器必须具备解析用户数据包的能力，这就为黑客病毒留了活路，网络安全从此成了比谁聪明的角力，永无安宁。 这是互联网第三项遗传性缺陷。

1. 用户数据限制在带内

Rabbit 网络交换设备中的 CPU 不接触任何一个用户数据包。 也就是说，整个网络只是为业务提供方和接受方的终端设备之间，建立一条完全隔离和行为规范的透明管道。 用户终端不管收发什么数据，一概与网络无关。 由于网络设备与用户数据完全隔离，从结构上切断了病毒和木马扩散的生命线，因此 Rabbit 网络杜绝了网上的无关人员窃取用户数据的可能。同理，那些想当黑客或制造病毒的人根本就没有可供攻击的对象。

2. 网络设备隔离带外信息

Rabbit 传输和交换系统区分带内和带外信息，两者互相隔离。用户信息走带内通道，有可能被外人截获，但是，难以恢复出原始数据。带外通道包含数据包的路由信息，与用户端口隔离，无法被窃听或篡改。

12.4.4 切断自由连接

互联网是个缺乏管理的自由市场，任意用户之间都可以直接通信（P2P）。也就是说，要不要管理是用户说了算，要不要收费是单方大用户（供应商）说了算，要不要遵守法规也是单方大用户说了算。运营商至多收个入场券（接入收费），要想执行法律、道德、安全和商业规矩，现在和将来都不可能。这是互联网第四项结构性残疾。

Rabbit 网络创造了服务节点的概念，形成有管理的百货公司模式。用户之间或者消费者和供货商之间，严格限制自由接触，一切联系必须取得节点服务器（中间人）的许可。这是实现网络业务有效管理的必要条件。

12.4.5 通信协议中植入商业规则

互联网奉行先通信后管理的模式。网上散布的非法媒体内容，只有造成恶劣影响以后，才能在局部范围查封，而不能防患于未然。法律和道德不能防范有组织、有计划的职业攻击，只能对已造成危害的人实施处罚。互联网将管理定义成额外的附加服务，建立在应用层。管理自然成为一种可有可无的摆设。这是互联网第五项难移的本性。

Rabbit 网络用户终端只能在节点服务器许可范围内的指定业务中，选择申请其中之一。服务建立过程中的协议信令，由节点服务器执行（不经用户之手）。用户终端只是被动地回答服务器的提问，接受或拒绝服务，不能参与到协议过程中。一旦用户接受服务器提供的服务，只能按照通行证规定的方式发送数据包，任何偏离通行证规定的数据包只能预先在底层交换机中过滤。Rabbit 商业规则还能够只令中间节点自动生成、记录和分发数据块，实现多种区块链的底层结构。实际上，Rabbit 网络协议的基本思路是实现以服务内容为核心的商业模式，而不只是完成简单的数据交流。 在这一模式下，安全成为固有的属性，而不是附加在网络上的额外服务项目。 当然，业务权限审核、资源确认和计费手续等操作，均可轻易包含在管理合同之中。

12.5　Rabbit 云端操作界面

本章前面四节讨论了 Rabbit 系统相对独立的三大核心流程，总结如下：

12.1 节　Rabbit 服务管理流程。 Rabbit 明确提出用户服务的灵魂只是一台极简单的状态机，这个理论是艾伦·图灵于 1937 年提出，那时还没有发明计算机。 我们发现，Rabbit 只需用一台运算交换机就可以实现互联网上全部流程类服务，满足千万人的需求。

Rabbit **突破 CPU 的禁锢**，面临几乎无限大的状态机。 如果在基本信息上加入充分的算力、带宽和存储资源，这些资源可以在图灵状态机上叠加两项基本能力：

（1）通过海量多媒体帮助展示服务选项，其中，每项内容都是独立的文件。

（2）通过人工智能帮助消费者决策，无论看上去多么奇妙，背后只是少数算法。

12.2 节　Rabbit 内容管理流程。 互联网上的流程类服务不外乎电子商务、个人信息交流和信息查询。 其实，这些业务三十多年前的互联网萌芽期就有了，今天，无非是增加了多媒体内容。 可以预测，若干年后的网络，人性决定基本服务差别不会大。 无非是更加丰富的多媒体，尤其是高品质的流媒体。 Rabbit 只是把这些多媒体内容与原始状态机分离。 **扬弃 CPU 以后**，采用流水线方式实现任意大规模，并且，用一条精简指令调用任意一堆多媒体数据。 切记，多媒体都是独立存在的，这就是内容管理。

12.3 节　Rabbit 网络管理流程。 本节继续介绍如何**突破 CPU 的限制**。 在此基础上，首先，把三项基本资源（带宽、算力和存储），在底层组合成两种设备（运算交换机和存储交换机）。 然后，用一套通用和简约的协议规则，把任意多基础设备整合成一体，再分割成任意多独立管理的自治域。 这套无边的系统足以服务全人类。

重要的是，在**大规模实时互动**的前提下，重塑人工智能和感观网络。 这就是突破传统互联网的战略和决胜的法宝。 我们看到，上述三项管理互相独立，围绕在无CPU 这个核心点。 实际上，正是这个核心点，把一个复杂的全局网络结构成为三个简单的局部问题，极大地提高了 Rabbit 系统的有效性。 这是因为：

（1）从整体**服务管理**的角度，不需要关心海量的内容和巨大网络带来的挑战。

（2）从独立**内容管理**的角度，没有复杂的服务流程和网络结构的挑战。

（3）从单纯**网络管理**的角度，感觉不到业务流程的复杂性和海量内容的压力。

（4）在 Rabbit 基础上，服务全人类的巨大规模，只是网络地址加几位而已。

12.4 节　Rabbit 安全管理流程。　这里顺便提一下网络环境。　发明互联网的先辈们忽视了互联网是一个商业环境，必然引来道德不佳的宵小们图谋不轨。　所谓的赛博安全(Cyber Security)成了一个大问题。　Rabbit 借助重建网络的机会，略微采取几项小措施（详见 12.4 节），就可以把个人信息安全提高到银行存款的可靠程度。在用户没有任何不方便、网络建设不增加资源的前提下，一次性补全互联网先辈们欠下的网络安全缺陷。

本节为 Rabbit 云端操作界面。　有了上面内容的铺垫，在最后讨论关于 Rabbit 系统的操作之前，让我们再次回顾 Rabbit **强云和弱端**的架构。

Rabbit 在云里。　11.5 节介绍了 Rabbit 云里仅有两种电路板设备，不论是分散还是集中，连接这些电路板的只有单纯的光纤。　这些简单的电路板细胞下载不同软件，组成全部的 Rabbit 服务流程、多媒体内容和网络管理。　这些光纤接口的一部分已经用于电路板之间的互联，余下的许多光接口都可供任意连接到云外，即大量的用户。　注意，这些连接云内、云外的光纤，内部传输的只有格式单一的 1KB 数据包。

Rabbit 在云外。　主要包括：

（1）通过两种主要的接入方式把海量终端汇集到云端（光纤＋以太网＋WiFi，悬停的无人机＋室外微基站＋以太网＋WiFi）。

（2）通过多种终端（壁挂计算机屏、桌面计算机、平板计算机、手机、机器人，甚至体内嵌入设备）把全体用户（消费者、商品和服务提供者）纳入网络。

原则上，任意用户可以连接到任意空闲的云端接口，实现全部业务流程。　当然，合理规划用户接口与云内资源匹配，能够提高网络的运行效率。

Rabbit 网络管理人员是特殊用户。　这些网络管理人员可以在云外的任意地方，使用任意终端接入 Rabbit 网络。　首先，任意网络用户只要通过简单密码认证就可以登录和操作自己的个人账户。　其次，网络管理人员可以在任何地方，凭借特殊的密码 U 盘进入网络，执行其身份所认定的网络管理操作。　最后，对网络影响重大的关键操作，必须到网络指定的办公地点，因为只有连接到那里的光纤才可能允许某些关键数据包通过。　再配合 U 盘认证，实现与该管理员匹配的敏感操作。　当然，任何人在任何时间地点操作 Rabbit 网络都会留下记录，以备日后查询，甚至恢复操作前的状态。

PC 试图让计算机讲人话，因此，效率不高。　Rabbit 系统内使用高效机器语言实现各种功能。　只是在离开云端以后，通过边缘终端机把机器语言翻译成人性化语言，或图形界面。 Rabbit 开发和操作人员可以随时了解系统的工作情况。 实际上，Rabbit 云内保持精简有效的机器语言和代码，即唯一的 1KB 数据包。 所有信息纳入专门定义的各类信息表，并且通过单一的数据包与外界交流。 用户或者网络管理人员通过这些信息表管理各自的账户，调整和干预网络运行。 在系统内部光纤宽带网络上，这些管理界面的数据流量可以忽略不计。 开发和操作人员可以同时使用多台大屏幕台式计算机作为终端机，通过人性化的图形和语言翻译成机器使用的标准1KB 通信协议。

Rabbit 统一使用多窗口图形界面，五类常用图形可以混合在同一个界面。 这些表达方式各自优化于不同的应用，包括文字表格、几何图、矢量图、三维图、点阵图等。

12.5.1 多窗口操作管理界面

人机操作管理界面类软件可以在系统运行之前开发。 只要根据系统定义，指定信息表和数据包即可，用一台 PC 模拟修改信息表内容。 当然，实际开发过程中，信息表可能按需修改。 任何人可以在任何 Rabbit 网络通达的地方，通过有线或无线连接，在不同网络地点，不同级别操作员用不同方式接触网络信息，不同权限等级，通过不同区域、终端 ID、个人密码等手段接入 Rabbit 网络。 部分高级别的管理只允许在特定机房内部几个专门节点开放。 离开这些节点，任何人都无法与网络管理连通。 在许可范围内，只要一台 PC 或无线手机，即可了解网络工作状态。

Rabbit 管理界面可以用平板 Tablet、台式计算机和大型壁挂式显示屏上显示。Rabbit 多窗口管理界面如图 12-12 所示。

12.5.2 文字信息交互

Rabbit 系统管理通过五个文字信息表全面了解系统运行状态：

1. 用户信息表

进入**用户信息表**（见图 12-2），输入用户号码可以看到单用户的全部信息。 其中包括该用户所有服务记录，还可以进入该用户个人的媒体插件表，查询该用户所属的文件信息。 用各类对话框或表格，管理该用户信息。 注意，除了经认证的用户本人，网络管理员只能看到除去个人隐私的信息。

2. 媒体插件表

网络管理员可以进入全网络的**媒体插件表**（见图 12-7），根据文件号码，可以看

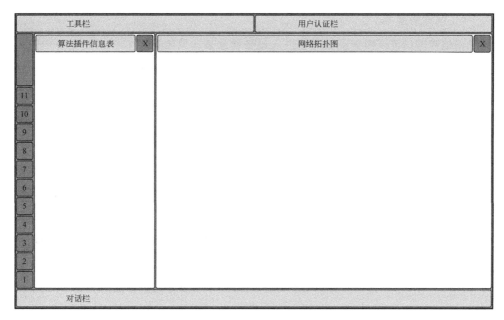

图 12-12　Rabbit 多窗口管理界面

到单个文件的全部信息，以及备份情况。 再跨接进入用户信息表，查询该文件实时调用信息。 用各类对话框或表格形式，管理或修改该文件信息，包括调整文件备份策略。

3. 商品插件表

网络管理员可以根据商品代号进入**商品插件表**（尚未定义）。

4. 算法模块信息表

算法模块信息表汇集系统中所用的全部算法模块，代表 Rabbit 所有类型的服务提供商定制的人工智能模块流程。 根据算法模块代号，进入**算法模块信息表**（见图 12-9）。 可以看到单个算法模块的全部信息。 查询该算法模块的实时调用信息。用各类对话框或表格形式管理或修改该算法模块信息，包括调整备份策略。

5. 系统软件表

系统软件代表 Rabbit 系统本身和各类服务的管理流程。 网络管理员可以根据软件代号进入**系统软件信息表**（见图 12-10），可以看到单个软件信息，包括该软件的实时调用信息。 用各类对话框或表格形式，管理或修改该系统软件信息，包括调整备份策略。 随着系统的发展，必然会有新加入的设备和新版软件。 软件和设备版本管理是一个表格，收录本系统所有已发布的软件，包含该软件所匹配的可用硬件版本。

6．设备信息表

网络管理员可以根据设备代号进入**设备信息表**（见图 12-8）。 任何设备申请入网，系统能够自动检测到该设备硬件的类型和版本，搜索并下载相应的软件版本，更新相关数据信息，完成入网流程。

12.5.3 几何图形语言开发工具

几何图形工具的优势充分体现在 Rabbit 软件开发的过程中，可以从一个大图看到整体结构，每个方块图可以放大、缩小，可以按需逐层深入细节。 通过该工具，开发者能够很好地把握整体和局部的关系。 与传统计算机软件开发不同，Rabbit 基本排除了传统的软件语言编程方式，更加趋向于可套接的模块化图形编程和专门存储模块参数的独立信息表。 Rabbit 系统设计了一种类似 Scratch 的开放式图形语言开发工具、框架和环境，从图形语言中提取 FPGA 表格语言，并存放到前述的算法模块信息表中。

12.5.4 拓扑矢量图

网络设备的物理位置和尺寸不重要，关键是按需显示其连接的关键和属性。 通过矢量图能够直观地开发和观察网络拓扑结构。

1．显示局部区域

网络管理员可以根据网络管理系统自动生成的设备信息表，显示网络设备的物理层结构，以及该设备的周边连接状态。 可以放大或缩小拓扑图，以显示全貌或局部细节。 指定显示某一设备，或某一区域。 根据显示的内容自动调整图形结构重心，动态保持图面总体匀称和整洁。 单击网络设备方块，自动弹出对话框，显示更多文字内容。

矢量图可以展示设备的实时工作状态，每个结构方块跟随对应设备的工作状态，自动实时改变颜色，以便网络管理员随时掌握网络运行状态。

2．显示连接状态

单击网络连线，弹出对话框，显示文字内容。 每条连线随工作状态的改变自动改变颜色。 对于屏幕上正在显示的设备和连线，PC 界面自动定时发出信息查询，调取设备信息表的内容，随时更改相关信息，包括版本管理。 也可以通过独立大屏幕，以某种格式连续实时显示某一局部的状态，若有异常情况，自动提供声光报警。

此外，为了更好地了解网络的整体结构，有时最好用三维图展示网络的立体结构。

为了插入直观的照片，Rabbit 操作界面可以直接贴图，包括不同大小的照片。

第13章
开发编程和应用环境

Rabbit 的核心是通过扬弃传统 CPU，获得多个数量级的性价比优势。 然而，**扬弃 CPU 的核心是如何解决编程难题**。 经过前三章的铺垫，在本章终于等来了最关心的开发编程和应用环境。 本章再次把 Rabbit 比作非冯诺依曼计算的 Office。 Rabbit 要实现的**编程自动化**，就像 Office 对于**办公自动化**一样重要。 我们知道，传统 CPU 编程是指挥一个固定结构按步完成指定任务。 但是，Rabbit 资源编程是指挥一堆无规则的资源协调执行指定任务。 幸运地，只要克服思维上的束缚，**Rabbit 编程远比传统 CPU 简单**。 在 Rabbit 大系统前提下，面向任意网站的能力，实现任意人工智能算法。

13.1　Rabbit 新概念体系

Rabbit 新概念体系主要由服务流程、编程策略和标准化原则三部分组成。

Rabbit 目标是扬弃七十多年历史的 CPU，开辟互联网之后巨大的新市场。 具体而言，Rabbit 依赖多种方法的联合作用，达到效果最大化。 通过去关联手段把一个复杂问题分解为多个简单问题。 也就是说，通过鸡尾酒方案降低编程难度。 最终，突破 CPU 和传统软件工程，迎接新一代信息产业的发展高潮。

本章所述的应用开发，涉及复杂的系统编程能力。 在没有标准 CPU、失去硬件参考点的前提下，关键是如何实现灵活改变系统应用流程的能力。 这就是非冯诺依曼计算的最大难点，解决这一难题的先决条件是可积累的知识和可持续发展的环境。 我们知道，凡是没有统一平台支撑的软件工具都难以推广，不会有长期价值。 因此，我们充分强调，建立 Rabbit 统一的硬件平台和系统管理软件至关重要，详见第 10～12 章。

13.1.1　新概念服务流程

为了使服务能力最大化，Rabbit 新概念服务重构网络流程。

1. 统一服务网站

本章提出一个重要概念：流程和算法本质上是人类社会进化过程中行为逻辑的不同表达阶段；流程属于已经成熟的算法，算法属于尚未成熟的流程。 按此定义，现有互联网业务属于流程范畴，未来的人工智能和虚拟现实网络属于算法范畴。 这一概念将过去、现在和未来的网络服务纳入统一的无缝平台，全程指导建立 Rabbit 系统的开发和应用环境。

2. 统一网络结构

在扬弃 CPU 以后，任何网络服务可以归入简单的三元素结构，这就是状态机插座、媒体插件（熵增）和智能插件（熵减）。 其中，状态机代表了网络服务的基本逻辑流程。 不论网络流程有多复杂，都属于精简信息范畴。 一块 Rabbit 电路板可能同时服务数百万用户，因此，资源消耗几乎为零。 网络插件代表个性化独立数据模块。 此类模块只有两种可能：媒体展示（熵增）或智能归纳（熵减）。

有没有熵不变的模块呢？

答案是：熵不变的模块就是透明的光纤。 举例说明，互联网只包含逻辑流程和多媒体两个模块，Rabbit 网络只是在互联网上增加一个智能插件而已。

13.1.2 新概念编程策略

为了使编程能力最大化，Rabbit 新概念编程启动三大策略。

1. 颠倒开发流程的顺序

从思维模式上颠覆传统软件工程，大幅缩短软件开发时间。 形象的比喻就是改变传统软件开发的量体裁衣模式，即采用事先制作的大量算法模块、商场选购的成衣模式。 其实，这是社会上行之有效的方法，只不过这次应用到 Rabbit 系统编程而已。

2. 颠覆以 CPU 为中心的结构

通过去中心化，改变为流水线结构，从另一个角度颠覆传统软件工程。 同理，自从福特创造汽车生产流水线以来，流水线方式早已深入各个领域，当然包括 Rabbit。

3. 建立图形化开发界面

图形化模块、插座和插件自动匹配，类似 Scratch 编程工具。 通过人工智能辅助设计，取消传统编程语言，通过图形精确匹配，自动检查程序语法错误和逻辑错误，提高程序开发效率。 通过反复嵌套，可以实现任意规模和复杂度。

13.1.3 新概念标准化原则

为了使执行效率最大化，Rabbit 新概念标准化提出三大原则。

1．Rabbit 设计标准化模块结构

没有 CPU，最大的挑战是扬弃传统软件思维和工程。 Rabbit **第一步是从结构上**解除功能模块内部的关联，把复杂问题化解为多个简单问题，建立独立结构。 将 1024B 数据结构分解为标准的 32B 插座，以及更细节的课程表格式。 所谓课程表格式，指的是数据在表格中的位置定义了数据的内容属性。 在此结构上可以再次加入 1024B 插件，由此构成可套接、可循环的流程结构。 这个数据结构还可以实现流程跳变、重复执行等功能。 Rabbit 模块结构打破了 CPU 局限，用代码系统替代传统编程语言。

通过模块化和产业化，分散研发、制造和应用。

2．Rabbit 建立标准化的模块库

没有 CPU，必然需要建立新的软件工程。 Rabbit **第二步是从底层资源向上**，通过预测需求，列出有限数量的基础算法。 在人工智能的辅助下，每种算法在不同环境穷举、扩展出数千种实施细节。 根据这样的架构，建立起数以百万计的标准模块库。 也就是说，面对具体项目，90%以上任务直接从模块库中调用。 面对实际，通过搜索引擎，实现快速匹配。 搜索结果标有符合程度，供用户参考。 并且，动态扩展模块库。

显然，设计齿轮和螺丝的人，不需要知道他的作品将会用到哪一台机器上。

3．Rabbit 通过标准化接口整合异构模块

没有 CPU，如何整合多样化资源和应用环境？ Rabbit **第三步是从高层应用往下**，通过网络协议连接异构功能模块，对外使用统一协议(兼容性)，对内使用不同技术(差异性)，这些技术可能由不同的团队创造。 Rabbit 能够率先把各种互不兼容的单机设备整合到一个系统中，充分利用传统技术，在使用过程中持续分解和消化，适者生存。

Rabbit 可以整合量子计算，当然能够整合其他任意结构的功能模块。

13.1.4 为什么 Rabbit 是最佳系统结构

什么是最佳的系统结构？

各家公司众说纷纭。当然，公平的标准应该站在同一个起点上。我们知道，拳击比赛的运动员按照体重分级。类似地，计算结构能力必须在同等芯片技术的条件下评估，即排除非结构性因素，例如，芯片工艺密度和生产量等。作者认为，评估系统结构优劣的一种简单方法是看做了多少无用功，因为同样资源下去掉无用功，剩下的才是有用功。也就是说，**把资源到应用的距离缩到最小**。实际上，**所谓资源**就是包含带宽、算力和存储能力的最基本器件。尽管这些基本资源不断进步，但此类非结构性因素必须排除在系统能力评估之外。**所谓应用**就是资源投射的广度和深度，或者说是直接映射到每个用户终端的资源量，实施传统互联网业务、人工智能和实时互动虚拟现实业务的能力。

Rabbit 把三种基本资源分配到两种电路板。其实，这是通过降维的方法，尽管增加一层结构没有增加复杂度。Rabbit 通过统一的网络结构，把资源能力直接传递到用户终端，尽可能地排除附加的硬件和软件中间环节。今天的 CPU 和各类变种，包括复杂软件以及后面多余的结构，都增加了资源与应用之间的距离，不可避免地导致熵增加。今天的 CPU 之所以能够延续七十多年，这是因为 CPU 是有效编程的唯一载体。然而，**Rabbit 新概念编程的诞生，使得这个理由不复存在**。

事实已经证明，最高效的系统结构是 ASIC。但是，今天能够用自由结构的 ASIC 成功实现大规模系统级应用，只有 Bitcoin 一个案例。如果在 ASIC 基础上充分整合可编程的灵活性，以及大流量的通信能力，这就是 Rabbit 倚重的 FPGA 结构。

实际上，Rabbit 是一个优化于 FPGA 的开发平台，能够实现任意硬件和软件结构。如果 FPGA 部分功能已经成熟定型，则可以轻易转换到更高效率的 ASIC。这就是说，在系统结构不确定的前提下，FPGA 总是有机会提高效率。另外，Rabbit 网络结构通过强大的系统级可管理性，能够整合任意异构引擎。Rabbit 可以将其他任何外来系统功能集成到大家族，并且，不限制异构的程度，甚至包括量子计算。当然，可能有某种 CPU 形式，对某种应用有历史积累优势，短期内还会继续存在。事实是，Rabbit 系统符合最小距离的原则，因此，随着时间的推移，一定会胜出。

13.1.5　Rabbit 定义的人工智能

什么是人工智能？

这里的定义是用工具把人的经验提升到可以指导行为的智慧。

人工智能好像是一个新鲜的概念。其实，这个概念古已有之。自有人类活动以来，凡是把人类行为总结成规律，反过来，再用这些规律来预测和指导行为，把高于普通人经验的能力总结成规律，这种可量化规律的能力就是智慧，有智慧的人称为智者。 如果使用某种工具加速从经验到智慧的转变过程，**这就是人工智能**。 显然，计算机是这种工具的代表。 先有了人工智能的愿望和需求，才发展出现在的计算机。实际上，首先提出计算机概念的图灵，就是为了人工智能才发明了计算机。

我们已经知道，经验到智慧转换的过程中，工具的作用极为关键。 这种工具的量化能力称为算力。 算力是一种物质资源，必然有其发展过程。 在不同算力局限下，人们发展出各种从经验到智慧的转换方法，称为算法。 当然，要使智慧能力有普遍的实用价值，必须依赖算力发展到某个阶段。 这就解释了自从图灵提出人工智能概念到实用化，已经经历了多个发展阶段，每阶段都采用了不同的技术路线。 计算机后来居上，先从简单的文字处理打开局面，不断走进我们的生活。

今天，计算机技术看似已经很强大，人工智能发展成熟了吗？

还差很远。 从图灵到现在，还不清楚人工智能需要多大的算力，也不清楚人工智能的市场在哪里。 所谓大数据分析只是人工智能的冰山一角。 笔者认为，成熟的人工智能应该是 9.5.3 节推荐的好莱坞电影中描述那种身临其境的虚拟世界。 仔细看那些电影，其中的情节都是我们平时可以想象的内容，只不过经过了导演的艺术加工。 重要的是，要实现电影场景中所需的基本资源没有超过算力、带宽和存储。 这些资源我们早就有了，只是不够多而已。 实际上，这些电影情节早就出现在我们的科幻小说，甚至古代的神话故事中。 可见，人工智能的发展瓶颈，是资源跟不上想象力。 或者说，还要大幅扩大算力资源。 事实是，本书反复强调的三项基本资源就在地球表面，存量无限，唾手可得。 真实原因只是工具不佳。 **Rabbit 就是一种挖掘算力、带宽和存储资源的新工具**。 我们期望能够提升挖掘效率多个数量级，满足人工智能的巨大需求。

我们知道，**经验到智慧是一个相对缓慢的过程**。 也就是说，必然有一部分经验已经转换为智慧，还有一部分经验尚未转换为智慧。 由此我们定义，从经验到智能的转换过程就是成熟过程。 已经充分转换的**称为流程**，尚未转换或正在转换的**称为算法**。

经过以上铺垫，落实到 Rabbit 系统结构，解开最后一个难题。 13.3 节主要实现当前网站上已经固化成型的流程。 13.4 节主要提供网络上正在演变中的算法开发平台。

1. 人工智能专用词汇

什么是人工智能？

笔者查阅了多个网站，没有满意的答案。 在笔者界定人工智能定义的过程中，又延伸出几个专用词汇。 这些词汇的解释与字典上略有不同，为了让读者更好地了解这些词汇在本书中的确切意义，特地在下方列出：

（1）**智慧**：源于经验，高于经验。 可以预测环境和指导行为的能力。

（2）**智能**：智慧的能力，可以被定性、被量化。 目前尚无统一的量化方法。

（3）**人工智能**：通过人造工具，主动或被动地获得智能。

（4）**流程**：已经成为常识的智慧，或者说，流程就是成熟的算法。

（5）**算法**：尚未普遍使用的流程，或者说，算法成熟后成为流程。 实际上，流程与算法同属智慧范畴，是人类认识世界过程中的两个阶段。 只要用好流程，互联网上已有的业务可以全部纳入其中。 建立一套开发算法的环境和工具，这就是培植人工智能的土壤。 把流程和算法的开发和应用环境整合到单一的平台，这就是Rabbit。

2．Rabbit 网站专用词汇

什么是网站？

根据前面关于流程和算法的定义，发展到两者合并以后的信息产业。 出于上述同样原因，互联网上找不到确切定义，作者对下列词汇赋予特殊意义：

（1）**网站**：人类在网络空间交流的场所。

（2）**Rabbit 网站**：由逻辑插座、媒体插件和智能插件三个要素组成。

（3）**逻辑插座**：代表人类活动的逻辑流程，这种流程几千年前就有，现在略有发展，即可实现任意的商业模式。 其实，只需在逻辑流程上插入媒体模块就可以获得任意复杂的互联网服务。 当然，逻辑插座本身也可以是一个复合结构，详见12.1.1 节。

（4）**媒体插件**：人类向外界表达自身意愿。 古代只能面对面表达，近代开始通过通信工具实现异地和异时沟通。 这种表达随着工具的发展，从文字、语音、图像，直至实时连续的视频。 人类大脑皮层结构表明，视觉感观是大脑的极限。 在这种表达过程中，总会使对方增加不确定因素。 因此，多媒体表达是一个熵增过程，相对容易实现。

（5）**智能插件**：人类理解外界信息，包括人际信息。 这是媒体插件的反作用。显然，从外界现象中理解别人意图比按自己的愿望表达信息，要困难许多。 因为这是一个持续排除不确定的过程，或者熵减过程。 形象地说，熵像个魔鬼。 媒体插件就像把魔鬼放出瓶子，很容易实现。 智能插件就像把魔鬼装回瓶子，难度远高于媒体插件。

（6）**标准模块**：在逻辑流程中灵活添加各种功能模块就是一种可行的办法。 人工智能还有相当长的发展过程。 我们已经知道，智能插件的难度远高于媒体插件，应对办法是，Rabbit 把智能插件分解成更小的组件，称为模块。 为了让许多人异地异时完成不同功能的模块，并且实现多层次整合，如果要更新某个智能插件，只需更换其中部分功能模块。 更重要的是，提出了模块标准化的概念，以及事先制作标准模块库的需求。

（7）**商品插件**：在网络业务流程中插入商品描述，并且直接对应线下交易。 通过精简指令，调用互动文字、图片、视频等商务展示以及比较、议价等功能。 如果客户下单，则进入指定的支付和配送流程。 其实，商品插件属于媒体插件的一种特殊形式。

3. 信息产业专用词汇

信息产业的终点是什么？

许多人将目光停留在小技术层面，看不到大格局。 信息产业的终点看似遥远，过去少有人谈及。 实际上，信息产业的终点早已清晰可见。

展望未来，特别定义如下：

（1）**新概念 Wintel**：当前信息产业公认的 Wintel 系统，即 Windows 和 Intel 的合作。 其实，Wintel 代表一个固定的硬件结构、系统软件和应用软件三者紧密配合的联合体，外界难以插足，因此，奠定了 PC 时代的标准。 Rabbit 的目标是为计算机和互联网以后的信息产业定下类似的标准。 这是由网络和设备硬件，以及系统和应用软件组成不可分割的联合体。 这种功能和组合形式类似 Wintel，故称为新概念 Wintel。

（2）**新概念软件**：传统软件是一种语法结构，局限于某种电路范围，例如，CPU 结构；通过软件形式描述该电路的行为，例如，实现某种流程或算法。 Rabbit 新概念软件把这一格局无限放大，成为无限资源组成的网络结构（替代 CPU）。 用通信协议（替代软件语言）管理结构化的无限资源，实现任意流程或算法。 显然，Rabbit 建立在新概念 Wintel 的基础上，定义互为关联的网络结构、设备、管理、应用和编程方法。 然后，通过新概念软件，Rabbit 把上述五大部分黏合到单一系统。

（3）**信息产业的终点**：所谓终点是指产业发展进入稳定期，不会再有本质的变化。 就像不知是谁发明轮子，奠定了车辆的基础，奔驰首次给车辆装上发动机，奠定了今天的汽车基础。 在汽车发展到不用轮子和发动机之前，汽车结构基本不变，这就是汽车的稳定期。

9.5.3 节从自然资源、人体生理和认知模式论述信息产业的极限。 从 Rabbit 系统涵盖的服务能力来看，到信息产业的极限之前，不会再有本质的变化，可以称为稳定期。 那么，这个稳定期不论延续多长，就是信息产业的终点。

（4）**感观网络**：根据 9.5.3 节的内容，人类通信网络的起点是以电报为代表的精简信息。 人体生理结构表明通信网络的终点是视频感观。 因为视频以上没需求，视频以下可忽略。 在视频通信所展示的三维几何空间里，通过网络存储加入了时间维度。 能够把某个时间的视频影像在另一个时间播放出来，这就是增加了时间维度，或称四维空间。

（5）**镜像空间**：如果按照感观网络的四维定义，把任意物体的空间位置与时间位置对应起来，这种带限制条件的有序四维空间定义为镜像空间。 镜像空间主要指时间同步、地点锁定、不可更改的存储记录。 人们将同时生活在现实空间和虚拟空间的两个世界中。 通过两者之间的映射可以在虚拟世界里查询过去的事，可以指导在现实世界的行为，甚至，可以预测尚未发生的事。 镜像空间与人脑接口将奠定未来硅基信息体外星旅行的基础。

（6）**Rabbit 五维空间**：四维时空以上的更高维度没有标准定义。 Rabbit 定义的第五维度独立于四维时空，是人类独有的想象力空间，如古代神话的传说、外星系旅行和黑洞虫洞之类的宇宙学说。 这些想象力超越真实世界，但是符合人类已有的逻辑知识。 不要被高深的五维空间所迷惑，Rabbit 只搜寻实用的市场目标：**人工智能最大的市场**，就是把好莱坞电影里身临其境的虚拟世界带到普通民众的日常生活中。

信息产业的市场在哪里？

通过市场调查，只能得到某种产品的改进意见。 要在市场中发现本质创新，好比是拉着自己的头发离开地面。 根据 9.5 节的三阶段理论，首先划定信息产业的存在空间，也就是说，把想象力延伸到五维空间。 未来的市场一定在这个空间里。

（7）**信息产业的存在空间**：信息产业不会无限发展，而是在自然资源、人体生理、认知模式的限度内，详见 9.5.3 节。 在当前阶段，受制于资源开采能力，信息供不应求。 随着产业的发展，资源逐渐充分，人们可以肆意挥霍自然资源。 在信息产业的基础资源带宽、算力和存储充分富裕以后，信息产业发展必然以满足人类感观诉求为目标。 然而，当人体生理需求充分满足以后，人体生理进化速度远低于技术进步。 因此，信息产业市场必然趋于饱和。 根据人体生理，不用多久，信息资源将像空气一样充分。 这就必然导致未来信息市场空间不断靠近想象力空间。

（8）**Rabbit 的终极目标**：我们知道，每个家庭必备的冰箱、空调、电话、电视在发明之前都是不可想象的。 今天，从 Rabbit 的视角，日常生活中全面融入虚拟场景，围绕这个市场而规划，已经触手可及，详见 13.4.5 节。

人性和人体生理结构告诉我们，如同**网络传输的最大流量是视频内容**，毫无疑问，**人工智能的最大市场就是电影里身临其境的虚拟世界**，详见 9.5.3 节。 这是一场比拼计算和网络体系能力的较量。

再问一次,什么是 Rabbit? 答:**Rabbit 就是演绎这个虚拟世界的平台。**

综上所述,以上 20 个词汇就是 Rabbit 定义的系统基础和应用范围。

13.1.6　Rabbit 生态系统

Rabbit 是在互联网之后,创立自成体系的网络和计算系统架构,是信息产业的延续。 有了前面定义的 Rabbit 系统有关的专用词汇,本节提供一个 Rabbit 系统的全景图。

1. Wintel 联盟

什么是 Wintel?

不应简单地看成两家公司的合作,Windows+Intel 的关键是其中的这一个加号。把多项功能加在一起,包括硬件、系统软件和应用软件,构成一个完整的生态系统。其实,如果把这个生态系统拆开,没有一件是最好的。 Intel 早期的 CPU 不如Motorola 和 Rockwell。 在 IBM-PC 以前,最流行的操作系统是 CP/M。 Office 中的软件都不是微软发明的。 但是,这些单项技术(CPU、操作系统、应用软件)关联在一起,缺一不可,互为依存,不断进化形成一个生态系统,最终无敌于天下。

2. Rabbit 系统结构

扬弃 CPU 以后,Rabbit 包含五个互为依存的部分,形成类似 Wintel 的生态。 这个 Rabbit 生态将覆盖互联网之后的大规模人工智能和感观网络市场,将伴随我们进入信息产业的终极状态。

(1) **拓扑结构**(硬件):Rabbit 单一的环状网络拓扑,可以在单一软件管理下无限扩展,详见 10.3 节。

(2) **网络设备**(硬件):Rabbit 云端只有运算交换机和存储交换机两种设备,不需要其他硬件和软件,可以组成任意大规模的网络,详见 11.5 节。 另外,有独立可选的无线连接,详见 11.3 节。

(3) **系统管理**(软件):Rabbit 系统包括服务管理、内容管理、网络管理和安全管理,详见第 12 章。

(4) **应用流程**(软件):Rabbit 网络应用分解为三个独立维度。

① 按服务:流程类代表成熟的互联网业务,算法类代表进化中的人工智能业务。

② 按数据传递:非实时业务和实时业务两类。

③ 按功能：流程模块、熵增模块和熵减模块三大独立模块。

（5）**编程策略（软件）**：Rabbit 的编程采用鸡尾酒方案，包括如下五种策略。

① 通过结构上去关联降低编程难度。

② 通过大量预制标准模块库，搜索引擎快速匹配，实现颠倒生产流程。

③ 通过流水线方法提高效率。

④ 通过插座和插件的循环嵌套，形成快速进化机制。

⑤ 通过类似 Scratch 的方法实现图形化编程。

13.2　Rabbit 系统的基本结构

我们讨论一个根本问题，为什么今天的网站那么复杂？

根据 9.5.3 节的内容，大道至简，得出一个结论：导致今天的计算机和互联网如此复杂的原因在于加入了太多人为的结构。自从有人发明了 CPU、发明了复杂的软件、发明了各种高级语言和编译器、发明了各种数据库、发明了 XaaS 和各种看似奇妙的虚拟化结构以后，今天，工业界还在无聊地争论哪一种 CPU 具备更高的效率。事实是，无论哪种 CPU 必然导致计算效率低下。因为**前面所有的努力都与计算系统的终极目标无关，都是因为 CPU 带来的副产品**。

实际上，基于 CPU 的庞大系统，还需要巨大的人力资源为其服务，由此产生了无数硬件工程师、软件工程师和系统工程师。为了管理庞大的人力资源，进一步产生了无数项目经理、工程经理和系统经理。这些聪明的结构无比复杂，一个人难以全面理解。每个人都只能懂得其中一小块，导致盲人摸象的结局。

我们不禁要问，上述一大堆累赘存在的价值和所有这些努力都有必要吗？

为什么不跨过 CPU，直接面对未来网络真正需要的**流程和算法**？

答案是，Rabbit 完全不需要基于 CPU 的庞大体系。而且，**Rabbit 系统编程远比今天的软件工程简单**。实践将证明，扬弃 CPU 以后，服务平台将建立更加丰富多彩的应用环境。Rabbit 的目标就是用最基本的算力、带宽和存储资源，实现最基本的流程和算法服务。Rabbit 是一种工具，把**资源到服务的距离**拉到最小。

本书依据第一性原理，直接提出网络服务的三大要素：

1）**逻辑思维**，泛指流程

早期网络服务成功地从复杂环境中提取出个人面对社会基本信息的需求，经过数十年市场的筛选，逐步聚焦在电子商务（包括商品和服务）个人信息交流以及信息查询方面。尽管这些元素有所进步和变迁，人类社会性决定了这些需求逐渐趋同和稳定。 我们发现数十年来，信息技术发展仅仅体现在对上述诉求的表达方式中，增加了多媒体内容。 近年来，不断增加的人工智能元素使得人们的选择方法更加精准。 但是，作为网络的核心流程没有变。 甚至，退回几千年，所有进步都局限在表达和理解能力上。

2）**人工智能**，泛指算法

多媒体促进了人们对信息表达的感受和理解。 如果再往前走一步，网站能够阅读人性，预知消费者的习惯和喜好，向消费者推荐最佳的选择。 人工智能就是帮助这种预知和选择的工具。 另外，通过身临其境的虚拟空间取代以前的文字和多媒体交流，这样就扩展了人工智能的威力。 显然，引进人工智能可以更加轻松地享受网络服务。

3）**感观网络**，泛指为流程和算法添加便于人类理解的辅助内容

随着前述信息和网络业务的发展，人们发现一旦在使用过程中加入多媒体和人工智能元素，将大大促进这些网络服务的效率和受欢迎程度。 而且，视觉舒适度伴随着理解和感知能力的提高而提高。 我们把这种依靠多媒体和人工智能增强的网络服务称为感观网络。 显然，感观网络，或者，更进一步的虚拟空间，都依赖巨量的算力资源堆积而成。 其中，一个基本事实就是，无论是人工智能还是感观网络，支撑整个系统的骨架还是依靠古老的逻辑思维。 感观网络的核心没有变，还是**逻辑流程＋大规模实时互动**。

我们还发现，人工智能、感观网络和虚拟空间中的那些辅助内容和能力都是独立地存在。 也就是说，这些内容之间，以及这些能力之间，没有复杂的粘连。 通过这一现象，我们有机会把一个复杂的系统分解成多个简单系统。 这就是 Rabbit 的关键点。

本节将通过三张简图，从上到下地细化 Rabbit 的系统结构：

（1）**Rabbit 结构简图**：这是从总体资源角度描述 Rabbit 系统，以及包容其他技术体系。 我们可以大致估计网络功能与占用网络资源的关系。 这个关系与人类大脑皮层结构基本吻合。

（2）**Rabbit 功能简图**：这是将 Rabbit 系统分解成多个简单而独立的功能模块。所谓正交坐标指的是模块中的各项变量之间互相独立。 网络端五大模块分别代表服务参与方的独立活动。

（3）**Rabbit 流程简图**：这是从流程角度描述 Rabbit 系统中逻辑思维、流程类和算法类模块的组合。 其中，流程类服务见 13.3 节，算法类服务见 13.4 节。

13.2.1 人工智能催生 Rabbit 系统

我们不难看出，占网络流量 90％以上的多媒体和人工智能，效果只是使得信息网站用起来舒服一点。 背后的核心逻辑没有变，或者说，网站的基本功能没有变。那些看似复杂的网络服务，背后却是极简单的逻辑、商业或信息交流，这是千百年缓慢变化的人性所决定的。 因此，有必要退回到基本人性，重新梳理各种网络和计算技术。

人类逻辑思维都可以概括为普遍的状态机模型，冯·诺依曼发明的 CPU 只是一种状态机的实现方法。 作者认为，CPU 试图把逻辑、表达和理解置于一个封闭框架内。 因此，不论 CPU 如何发展，先天就是大规模系统发展的制约。 大规模人工智能应用刚刚开始，以前赖以立足的基础，现在遭遇到计算机的资源瓶颈、结构瓶颈、工艺瓶颈，以及互联网实时互动能力的瓶颈。 这个大前提创造了 Rabbit 系统崛起的机遇。

再次引述 9.5.3 节的结论，实现任意大规模的网络服务，没有必要使用 CPU。进一步分析得出更加惊人的结论：CPU 所带来的局限和附加结构是未来信息时代发展的最大障碍。 我们需要的不是复杂的 CPU 结构，而是一个去结构化的网络。

我们无非是设计一台图灵所定义的状态机，不要复杂，只是规模大一点。 我们曾经看到，当初遍布社会的专业和家庭裁缝被时尚设计师所取代。 我们将会看到，今天社会上热门的软件工程师将被少数算法设计师所取代。 裁缝和软件工程师都属于个性化的重复劳动，一旦形成规模，行为和需求趋同合并。 实际上，人类大脑逻辑能力进步不大，人脑能够处理的几类流程，一台状态机足以应对。 人类感观认知能力进步也不大，先进技术成果只是在时间和空间上延展了我们的感觉器官，实时反应能力提供了身临其境的感觉。 所谓人工智能，无非是用几十种算法分析大数据，挖掘各种表象背后早已存在的规律。 也就是说，是发现规律，而不是发明规律。 结论是，CPU 只是人类漫长信息时代中的一个过客。 扬弃冯·诺依曼的 CPU，以及与之相随的软件工程，将是大势所趋。

13.2.2 Rabbit 结构简图

根据 Rabbit 提出的流程和算法同源理论，本节进一步提出网络服务普遍化的体系结构（见图 13-1）。 从功能角度，Rabbit 系统通过两种设备构成三个组件。

（1）**逻辑插座**：代表了全系统的业务流程，涵盖了巨大系统的复杂性和完整性。

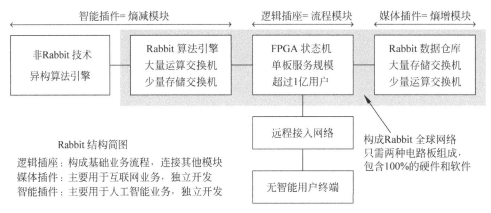

图 13-1 通用 Rabbit 的三要素——逻辑插座、媒体插件和智能插件

（2）**媒体插件**：代表某一局部细化的多媒体表达。 显然这种表达互相独立。

（3）**智能插件**：代表某类整体表达的概括、提炼和解释。 这种概括也是互相独立的。

下面从总体资源角度描述 Rabbit 系统。 需要特别指出的是，Rabbit 能够包容其他技术体系，包括已经在市场上立足的各类网站。 Rabbit 提供的价值在于效率，或者说性价比，与何种应用或算法无关。 Rabbit 系统的价值建立在对未来的预测之上。 如果未来人工智能和感观网络的市场规模大于传统互联网的十倍以上，Rabbit 就是必然的选择。 反之，如果达不到这个规模，只有少量人工智能业务，那么传统互联网还有延续的价值。 这个结论也完全印证了图 9-6 关于知性数据和感性数据两个极端的理论。

1. 逻辑插座

Rabbit 系统中，执行流程和参数分离的策略，其中，这个参数还可以进一步引申到复杂现象的表达和演绎。 在这个前提下，状态机的工作仅仅需要极少量数据，涵盖用户、商品、服务、支付、管理等，满足一切交易必需的全部信息。 实际上，用一条 1KB 的指针足以调用存储器中任意大小的文字、图片、声音、视频媒体数据，或者调用任意复杂的人工智能算法模块。 Rabbit 业务环境中，任何一个完整的、看似复杂的用户服务过程，都可以概括为四步标准合约，只需来回几条 1KB 数据包。 这是整个服务过程的骨架。 鉴于逻辑数据高度精简，估计系统中的此类逻辑数据加起来不超过网络总流量的 0.01%。 因此，无论是网络流量还是设备占用均可忽略不计。

2. 媒体插件

在上述逻辑思维流程中，插入各类独立的多媒体或者互动媒体模块插件，这就包含了今天互联网的全部功能。 或者说，把传统互联网移植到 Rabbit 平台，仅需调用 Rabbit 系统的两个部件，即逻辑插座和媒体插件。 当然，为了互联网存量内容平稳转移，或者自动化转移，需要开发一套高效的工具。

实际上，媒体插件的功能是为了进一步描述逻辑流程中内容的细节。 因此，这是一个熵增的过程，相对简单。 而且，媒体插件互相独立，在互联网发展过程中，已经积累了丰富的经验和配套工具，因此，容易实现新增内容的加入。

多媒体内容对数据量的需求至少比感观网络低两个数量级，今天我们在互联网上看到的全部业务流量不会超过 Rabbit 网络数据总量的 10%。

3. 智能插件

根据 Rabbit 理论，人类任何网络都由三个基本元素组成，即流程模块、熵增模块和熵减模块。 人工智能需要从大量复杂的表象中提取有用信息，甚至预测事物的发展趋势。 显然，这是一个熵减的过程，因此，其困难程度远大于多媒体内容插件。

另外，Rabbit 为了追求效率，扬弃了传统 CPU 和相关软件。 在这样的条件下，如何制作大量复杂的、变化中的智能插件是一个挑战。

Rabbit 采用多种手段的鸡尾酒解决方案，包括五种手段的组合：

(1) 通过正交化和去关联，定义独立的功能模块结构。

(2) 通过流水线和多层次套接，分散和化解模块功能的复杂度。

(3) 通过标准化和系列化，发明一次，扩展标准产品一系列，完成大量预制件。

(4) 通过远程分散制造、大规模现场组装，降低系统整合难度，加快工程进度。

(5) 通过随时接入局部标准接口，推动快速进化，实现解决方案持续的新陈代谢。

可以预见，一旦人工智能和感观网络业务开始普及，此类数据将迅速占据网络数据总量的 90% 以上。 更重要的是，此类数据还要求实时互动传输，并且，往往附带实时计算的需求。 显然，这些需求都超过了传统互联网的能力范围。

13.2.3 Rabbit 功能简图

本节讨论 Rabbit 设备软件操作。 如图 13-2 所示，整个 Rabbit 系统包括数据中心、用户终端，以及连接两者的网络。 Rabbit 的服务就是分别提取五大模块（用户模块、流程模块、参数模块、交易模块和界面模块）中的独立数据，拼接而成。 实际上，每次服务都是执行这五大模块的一种新组合，或者变化新参数。 所谓程序开发，其实只是一个类似试算表格的填写过程。 重要的是，执行这个过程完全不需要

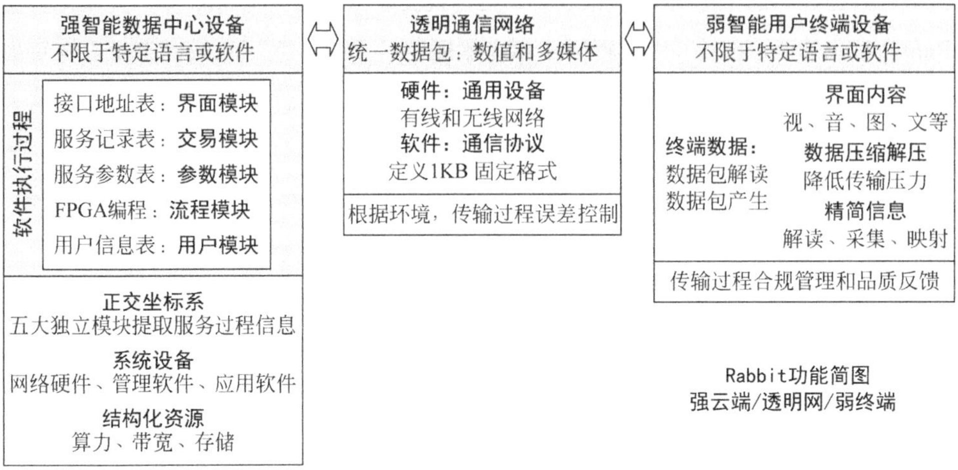

图 13-2　Rabbit 功能简图

传统 CPU 参与。

根据共享模式，Rabbit 定义统一的服务框架和流程，包括流程设计、服务细节提供、消费客户的三方资源共享。 从减轻编程难度出发，采用了业务流程和参数分离。 也就是说，细分为下层流程模块（覆盖各种不同类型的服务流程）以及上层参数模块、为满足多种商品应用、为每一种流程模块充填商品细节。 未来客户面对的每一个服务网站，实际上都只是在一个流程模块基础上添加具体的商品和交易细节而已。

注意，为了减少占用数据量，流程细节中的商品和多媒体内容都用代码表达。

1. 用户模块

任何人在使用 Rabbit 服务前，必须先注册。 也就是说，Rabbit 只服务于事先登记和完成注册的用户。 不同网站各自定义不同特征的用户群，所有用户群共享一组用户数据集，或称**用户模块**。 用户可发起服务申请，定义为主叫用户。 或者，接受其他人邀请，定义为被叫用户。 为了兼顾用户隐私，由服务商决定采集多少用户数据或者激活用户模块中的某些选项。

2. 流程模块

商业流程有很多普遍性，不论是卖车还是卖鞋，基本流程都一样。 无非是商品展示、用户选择、付费、交货等一系列流程。 Rabbit 的**流程模块**由四个子模块组合而成，适应不同的商业模式。 例如，简单的信息和商品服务、服务和多地客户关系以及多客户之间的商务关系等。 如果用户需要某种特殊的商业流程，可为此开发一组新的流程模块。 算法模块是流程模块中的一个特例。 根据前述定义，算法就是尚未固化的流程。 因此，异构算法模块可以随时替换，或者局部替换，只需临时改变数据地址导向即可。

3. 参数模块

确定电子商务网站的流程以后，为满足多种应用，首先，确定流程模块。 然后，进一步选择合适的**参数模块**，填补商品细节，例如，价格、数量、型号、颜色、款式等。 实际上，流程模块和参数模块合在一起就满足了某件指定的商品。 在交易模块中，记录每次交易过程，这样就满足了任意商品的交易合同。 其中，参数模块中还包含许多相关的多媒体内容指针。 通过这些指针直接调用任意多媒体内容，成为交易过程的一部分。 当然，还包含商家和客户的特殊约定，如折扣、会员费之类。

4. 交易模块

普通电子商务过程，无非是商家在参数模块中展示各种商品的细节。 客户也在参数模块中表达自己的需求。 这一过程多次反复，直至达成交易，产生合同。 或者，不达成交易，退出流程。 每次客户与商家的接触都会在**交易模块**中留下记录。任何一项网络服务都可以用流程模块、参数模块和交易模块这三个独立模块完整定义。

5. 界面模块

系统启动应用软件之前，Rabbit **界面模块**必须把合适的程序下载到指定的 FPGA 芯片和通信端口，形成物理连接，因此，界面模块中的数据由网络管理产生。

在电子商务交易过程中，必须实现服务端与用户终端之间的信息交流，包括用户参数、服务流程和参数、交易细节和界面地址。 同时，还要实现资源匹配，包括算力、带宽、存储、资源地址和过程记录等。 注意，连接数据中心设备和用户终端设备之间的是因地制宜的通信网络，其中承载统一格式的 1KB 数据包。

6. 通信网络

对数据中心和用户终端来说建立透明传输。 也就是说，建立客户连接，包括客-客、客-商、商-商之间的透明连接。 传输过程中可能有特殊要求，例如，在无线网络中外加误差管控措施等。

7. 用户终端

Rabbit **用户终端**通过通信网络连接到云中的数据中心。 Rabbit 数据包采用统一 1KB 格式，并且，通过双向通信网络承载指定的协议。 这些固定格式的数据包，根据特定位置的代码，可能有无限多种定义。 但是，只有唯一的解读。 在网络的另一边，连接用户终端。 用户终端解读每一个数据包，并将其分解成两类数据，即描述性的**界面内容**和决策性的**精简信息**。 Rabbit 系统的无智能终端确保用户与服务商之间透明地交流。 用户凭借界面内容的引导，通过精简信息完成决策，形成一个完整的业务流程链。

13.2.4　Rabbit 流程简图

图 13-3 展示了典型的全功能网络服务，从流程角度描述 Rabbit 系统中流程类和算法类模块的组合。 Rabbit 系统的逻辑结构和流程，也就是所谓的**云端/网络/终端**结构。 这个结构概括了 Rabbit 的全部业务模式。 图 13-3 中，外周框架部分是由单纯的状态机和数据存储组成的，包含了现有互联网的全部业务。 中间带阴影部分就是人工智能模块。 根据不同算法的成熟度，人工智能部分可以由不同技术组成。

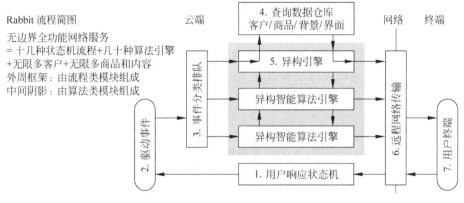

图 13-3　Rabbit 流程简图

注意，尽管设备的硬件、软件、FPGA 结构、网络媒介和用户信息千变万化，Rabbit 系统只有一种数据包结构（1KB），覆盖全部指令和数据流。 Rabbit 数据包只需表达两类信息，即指挥系统逻辑运行的精简信息，以及供人理解的多媒体内容。以上内容遵循全网统一的地址引导，执行状态机规定的流程。 实际上，Rabbit 只定义了系统框架、协议流程和界面数据结构。 由不同应用项目自行定义更多细节，这些独立的细节没有相关性，没有统一的设计规则。 因此，具有很大的自由度和兼容能力。 当然，执行效率有较大的离散性，取决于应用设计者的经验和能力。

Rabbit 系统提取出用户业务的本源参数、结构、流程、属性、位置和价格等。并且，把**无限多用户**、**无限多商品**堆积到单一的**无限大仓库**。 其实，在状态机和充分数据存储的基本原则之下，人类社会活动可以概括为**十几种流程和几十种算法**。在选定用户和流程前提下，插入独立的商品和算法，就可以构成千变万化的服务。

Rabbit 系统平台本身完全不需要传统 CPU 和软件。 但是，为了兼顾传统、快速满足和推广市场，不排斥其中独立模块和用户设备使用任意异构模块，包括 CPU、计算机集群，甚至整合量子计算。 任何技术模块都将在**使用过程中适者生存**。

图 13-3 中共有七种功能模块。 其中，模块 1～3 代表了逻辑流程框架，模块 4 代表各种媒体插件，模块 5 代表各种功能的算法模块。 这张流程简图概括了任意网络服务。

1. 用户响应状态机

Rabbit 系统框架是由用户驱动的逻辑架构(状态机)构成服务流程，详见 12.1.1 节。 通过分类解析，将用户响应翻译成不同的驱动事件。 在多次响应和驱动事件过程中，逐步完成参数收集和服务提供。 用户看似连续的服务过程，其实是由多个离散动作通过状态机组合而成的。 尽管一台状态机能够同时服务几百万用户，由于 Rabbit 系统的规模近似无限，因此，全系统可能有多台状态机同时工作。 另外，由于状态机的工作状态记录在用户数据包中，每个服务过程中的每一步都可以从 1KB 数据包中取得历史信息，因此，单一用户服务可能由随机分布的多台状态机分别执行。 当然，用户数据包中含有的信息必须得到用户信息表的验证，以防数据被篡改。 实际上，不论多大的用户数量，实际需要的状态机设备数量几乎可以忽略不计。

2. 驱动事件

用户状态机的任务就是根据设定逻辑，将用户终端的响应事件转换为驱动事件。 这项看似复杂的转换逻辑，其实只是简单的查表工作，可以瞬间完成。 无数用户的独立响应转换为驱动事件后，再进入事件分类和排队。

3. 事件分类和排队

根据不同的事件，查询数据仓库或者调用算法引擎池。 只要后续处理带宽足够大(多加一些设备)，Rabbit 用户事件排队造成的时间延迟可以忽略。

4. 查询数据仓库

此处的数据仓库其实就是带有结构指针寻址的简单数据存储，主要存放客户和商品信息。 此类数据存储由许多同类的存储交换机组成，由于客户和商品数据互相独立，大量的存储交换机之间可以通过地址码独立定位。 针对不同的客户需求，引导协议流程和商品数据结合，获得整个服务所需的信息，并且向用户终端发送两类信息，即**描述类商品多媒体内容**(大数据)和**决策类精简信息**(小数据)。 由此需要使用相对少量的运算交换机和大量的存储交换机。

5. 异构算法引擎

显然，无边界的人工智能大系统不可能一夜成就，必然有一个过渡过程。 在统一的网络系统中，通过统一的网络协议，允许局部功能由多种不兼容的方式实现。将不同事件分发到不同的算法引擎池。 每个算法引擎模块可由不同独立硬件(CPU、FPGA、ASIC)和软件(不同编程语言)组成。 这些算法模块的实现方式并无统一要求，可以用完全不同的硬件结构，完全不同的语言、软件和算法实现。 只要模块边界满足基本协议格式，通过标准化验证，任意计算技术都有可能共存。 并且，根据实际使用效果和规模，引入竞争，优胜劣汰。 随着业务发展，可以动态加入或调整算法引擎插件。 实际上，只要随时调整模块的网络地址与逻辑地址的映射关系，就能实时完成不同模块的切换。

本章一开始，我们就把 Rabbit 网络数据处理分为流程和算法两大类。 实际上，除了此处的异构算法引擎，由于规则尚难确定，属于算法范畴，余下部分的规则都已成共识，也就是说形成了标准的流程。 异构算法引擎需要使用大量的运算交换机和相对少量的存储交换机。

6. 远程接入网络

由于 Rabbit 云端和终端设备完全不受软件和硬件限制，能够实现远程插入或移除任意算法模块。 当然，必须采用统一格式的 1KB 数据包，连接任意多个异构引擎模块。 并且，通过插座和插件的搭配和切换结构，实现远程程序修改。 商品信息经远程网络送达用户终端，并获取和送回用户的答复。 从系统角度，远程网络是所有用户共享的数据通道。 从用户角度，远程网络是尽量透明、独享的数据线。 把终端、云端数据库或者其他用户连接为一体。

7. 用户终端

用户终端是 Rabbit 系统服务的出入门户。 用户除了提供和分析原始的多媒体内容外，对于任何事件选项，用户的响应只有三种：**肯定**(包括进一步细节选择)、**否定**(包括分类理由)或者**不确定**(包括用户不理解或超时无反应)。

13.2.5 Rabbit 资源共享环境

本节探讨在 Rabbit 系统管理的基础上，实现多种服务和多种客户的交叉工作模式，共享巨大资源，按需分割资源，独立运行不同程序，并且分别精确记账（见图 13-4 ）。 Rabbit 把全业务、全用户的网络服务映射到仅有两个维度：业务种类和用户数量。

Rabbit 资源共享环境	消费客户	服务提供者	功能开发者
	网络服务映射到两个维度：业务种类（可数的服务种类）和用户数量（面向无数的用户）		
	（Rabbit 共享资源：算力、带宽、存储）＝（Rabbit 共享设备：算力＋带宽、存储＋带宽）		
	标准化开发平台	调动和确认资源占用	统一记账

图 13-4　Rabbit 从共享资源到共享设备

服务网站自行设计某项具体应用的算法模块，这是当前 FPGA 应用的难点。Rabbit 提供一个相对固定的硬件和软件环境，促进 FPGA 易编程、可积累、可复用。

Rabbit 从多方向提供不同的服务流程，提炼共性，简化编程。 在充分算力和带宽保障的前提下，Rabbit 能够同时实现计算和通信服务，及其各种组合。 Rabbit 把**全业务**和**全用户**的网络服务映射到业务种类和用户数量。

1．服务种类

服务种类包括各类网络服务，面向全体用户或指定部分用户。 实际上，尽管面对大规模用户，人群趋同必然导致有限多业务种类。 由于 Rabbit 网络所具备的实时和互动能力，还将发展出许多互联网不能提供的服务，例如穿衣魔镜之类。 其中，某些业务流程可能同时面对多个用户，如远程通信和会议之类，还包括虚拟人物参与。

2．用户数量

用户数量面向无数用户，包括定制个性化服务。 每个用户或用户组合可能同时使用多种网络服务。 显然，Rabbit 能够服务的用户总数量远大于系统能够提供的业务种类。 鉴于多样性和竞争性，Rabbit 业务范围主要是各类服务网站，或者，直接面向最终的消费者。 由于网络上有大量服务提供者和服务消费者，他们都以网站作为汇集点，Rabbit 就成为提供众多网站的公共平台。

3．确认用户

Rabbit 的参与方分为**资源**和**用户**两类。 在三种基本资源（算力、带宽、存储）中，把带宽分散到其他两种资源，组合成两种独立的设备：算力＋带宽、存储＋带宽。 然后，通过 Rabbit 系统管理流程构建成单一管理的超级计算机（详见第 12 章）。实际上，只有三类人可能使用 Rabbit 系统，分别是消费客户、服务提供者和功能开发者。 显然，一个流程通常可供许多人使用，因此，客户数量远大于服务种类。

4．调动和确认资源占用

通过 Rabbit 应用开发软件把超级计算机切割成许多独立应用流程，其中，每项应用流程都可以服务无数独立用户。 分析每次服务的资源使用和分配：

（1）**算力资源**：简单估计，即总计服务多少人，以及人均算法复杂度。

（2）**存储资源**：可能被用户永久占用，被系统临时占用，还有可能是分类内容备份。

（3）**带宽资源**：一般是指按需使用，包括数据码流、使用时长和传输距离。

另外，每项服务 Rabbit 都执行两项资源使用记录：一项是每次服务申请过程的资源估算；另一项是每块电路板的用户使用记录。 这两项数据加权平衡后得到某项服务实际的资源消耗。

5．标准化开发平台

通过标准化开发平台扩展网络结构，统一管理硬件和软件。 对于每一款 FPGA 或者 ASIC 芯片，必须配以底层适配软件协议层，在此基础上发展独立于硬件的可编程应用。

6．统一记账

Rabbit 系统管理海量资源，分配到不同用户、不同任务、不同地区和不同时段。许多个功能模块无中心地同时工作，分散用户，互为备份，结果记账到指定的用户。每项服务都独立记录消耗网络资源，以及商品和服务的账单。

每次服务都根据资源和价值的综合记账。

1）网络资源定价

资源定价包括带宽、算力和存储。 根据实际占用运算资源、实际占用通信资源的时长和时段记账，还根据实际占用存储资源的容量和读写频繁度记账。

2）商品和服务定价

价值定价包括商品、服务和个人交流。 根据商家自定义的销售策略，包括打折、捆绑销售等多种因素决定商品价格。 当然，商家也可以单独与系统经营者商定一个统一价格，也可以向消费者独立收费。

资源记账可用于计费，但记账不一定要收钱，可用于分析用户习惯、提取共性、规划业务等。 另外，记账值可以为正数（消费）、零（免费服务）、负数（广告推销）。

13.2.6　硬件模块入网

Rabbit 云端系统只有两种硬件设备，即存储交换机和运算交换机。 但是，这两种设备可能由多家厂商，使用不同的芯片，并且，有多种设计方案。 实际上，所有同类设备都由一套统一的软件管理和维护，只是参数配置略有不同。

Rabbit 系统将容纳百万片以上高等级 FPGA，每片独立管理。 为了适应系统结构，每片 FPGA 模块都至少有两组独立开发的软件。 其中，一组接口软件在模块入网时启用；另一组应用软件在模块接受不同任务时启用，并可反复下载不同的应用软件。

1. 离线准备

Rabbit 运算交换机和存储交换机离开生产线，执行以下操作。

（1）通过 PCB 上的低速接口，下载和启动板上的 CPU 软件，运行常规的测试程序。 通过专用测试平台，检测板上所有基本功能模块，确认正常，否则返修。

（2）从电路板 CPU 下载指定的 FPGA 接口文件（其中带有测试程序），激活每一片 FPGA 模块，测试每一片 FPGA 的每一个宽带通信口，确认正常，否则返修。

（3）不论是下电还是上电，PCB 将永久脱离板上的低速接口，一切操作都通过 10Gb/s 以上高速光口。 板上的 CPU 继续通过内置软件管理 PCB 的其他资源。

（4）每块 PCB 的生产测试过程和可能的维修记录都同时存储在设备的内置信息表和系统指定的外部数据库。 这项内容必须永久存储。 为了便于远程管理，节约存储资源，上述记录采用简洁的编码形式（另行定义）。

一旦建好信息表和数据库，电路板将送到使用现场，原则上不再回来，因为现场环境不具备产地的测试和维修条件。 以后电路板必须依赖远程监管和配置能力。

2. 下载接口程序

本程序在交换机入网时启动。 每台交换机内都有多片独立 FPGA，每片 FPGA 都有多个独立宽带通信接口。 接口程序还内置测试功能，若启动测试功能，PCB 上的 CPU 将把测试结果通过某一个高速光口发送到网络管理。

交换机实际入网时，只有部分通信接口有连接。 经过连续探测，交换机自动确认其连接状态。 此项连接状态同样通过光口送到网络管理。 空载测试接口程序与实际使用的接口程序可能不同，后者可以略去部分测试功能，确保留给应用软件足够的芯片资源。 实际上，不论何种应用程序，对外接口都不变。 或者说，任意独立设备的对外接口，与设备功能无关，仅仅取决于网络管理所定义的外部环境。

3. 下载应用程序

除了接口和最少的测试功能，FPGA 余下的资源包括附加的存储芯片等，全部供给应用程序使用。 对于应用软件来说，接口软件提供了标准化的通信接口。 应用软件主要执行算法功能，对外连接只能通过高速通信口。 因此，应用程序和接口程序之间，只要明确具体的通信接口号码，两者就可自然合并，最终成为单一的下载文件。 注意，应用软件所使用的 FPGA 接口可能与测试软件不同，在下载过程中自动做出调整。

应用程序远程下载过程包括：首先，在离线状态，将应用程序与接口程序合并成一个文件。 然后，将此文件发送至指定电路板的 CPU。 再然后，系统发送指令，命令 CPU 操作，暂停 FPGA 运行，下载新软件。 最后，重启 FPGA，即可开始工作。

Rabbit 硬件模块主要是承载应用和管理软件。 其中，存储交换机主要用于多媒体内容插件和网络管理功能，运算交换机主要用于智能算法模块和逻辑流程功能。

13.3 Rabbit 流程类软件开发

所谓流程类服务实际上就是包含了全部的互联网业务。

如前所述，流程就是已经成为常识的智慧。 或者说，流程就是成熟的算法。 实际上，传统互联网只需 Rabbit 系统中的三大模块，即**逻辑插座**(代表互联网任意业务流程，见 12.1 节)、**媒体插件**和**商品插件**(代表互联网任意多媒体内容和电子商务，见 12.2 节)，就可以完全包含传统互联网业务和设备。 实际上，包括了互联网的软件服务能力，以及服务器、路由器和交换机等硬件的全部功能。 当然，完整的 Rabbit 服务还要包括**智能插件**(见 13.2 节)。

我们知道，围绕 CPU 的传统计算机很容易改变流程，下载不同软件就能适应不同应用。 毫无疑问，Rabbit 面临的最大难题就是编程。 毕竟冯·诺依曼计算机由无数软件工程师努力了几十年。 为此，我们采取多种措施把传统流程分解成正交的坐标系，就是多个互相独立的模块。 通过大幅降低多个流程和流程内部数据的关联度，发展标准化模块，建立独立的模块插件接口。 Rabbit 直接用多级串联的状态机，取代传统 CPU 和复杂的软件。 出乎意料的是，经过一系列措施，Rabbit 创立的新概念软件编程远比传统 CPU 简单和高效。

Rabbit 提供用户前所未有的网络应用开发能力，开放和允许使用各种功能模块和无限的网络资源，发挥全社会的创造力，包括每个用户创造服务的能力。 当然，由网络经营者和服务创造者共同决定是否需要付费。 或者说，商定每次服务的标价。

看来，完全替换掉整个互联网技术，只是短期内的问题。

重要的是，**不论 CPU 和芯片制造技术发展到什么程度，Rabbit 始终具备大约百倍的效率优势**。 这就是 Rabbit 一定会胜过现有互联网的原因。 其实，不需要等到 Rabbit 网络发展达到完善的程度，只要基本可用，就会吸引许多人。 在现有网络应用大佬和新兴的挑战者的共同努力下，从传统互联网到全能的 Rabbit 网络，中间的距离只是一套自动转换格式的工具而已。

而且，广大消费用户根本不需要知道互联网的基础发生了全面的大更换。

下面从三个侧面介绍 Rabbit 与传统互联网完全不同的特点：用户和业务共享模式、在没有 CPU 前提下的流程开发模式，以及模块入网和应用开发模式。 最后讨论已有的互联网资源回收和再利用。 13.4 节将专门讨论整合 Rabbit 第三部分系统模块，即智能插件，完成 Rabbit 系统所代表的下一代感观网络的全部功能。

13.3.1 再论 Rabbit 新概念软件

关于新概念软件的定义，参考 13.1.3 节。

Rabbit 系统发展依赖不断完善中的智能编程工具，包括人性化和智能化的图形编程语言、预制标准的插座和插件的策略，以及人工智能的辅助设计。 取消 CPU 以后，最大的挑战就是面临不熟悉的编程环境。 本节以 FPGA 为例，提出发展新型编程的方向。 扬弃 CPU 以后，多个数量级的巨大效率优势，决定了 Rabbit 系统的生命力。 作者相信，如同人类服装产业，大量裁缝职业消失的历史将重现。 CPU 瓶颈和人工智能的发展趋势表明，在 Rabbit 系统框架下，少量算法设计师将取代大量的软件工程师。

1. 逻辑流程插座

12.1 节提出一个普遍的结论：任何网络服务流程都可以分解成四步标准合约，包括甲方、乙方、服务过程和买单过程。 看上去实际服务过程千变万化，其实，都属于上述四步标准合约。 其中每一过程都是一个可替代的子流程，允许进行细节调整。 由于人类集体行为的趋同性，合约流程变化带来的管理复杂度可以忽略不计。 Rabbit 平台主要由逻辑流程组成，还包括一些辅助流程，如用户和模块入网之类。 互联网发展几十年，无非是在上述服务流程中插入多媒体内容。 实际上，Rabbit 业务流程只需提供内容插座指针即可。 所谓的插座指针只需 32B，相对于 1024B 标准数据包可以忽略不计。 但是，这些指针可以调用任意大小多媒体内容，或者，任意复杂智能算法模块。

建立标准化的硬件和软件平台，实现流程和参数分离的执行过程（见 13.2.4 节）。 实际上，Rabbit 系统扬弃 CPU 以后，全部状态机占用的资源可忽略。 四步标准合约中的每一步操作都使用灵活可变换的插件，实现全部业务操作无须 CPU 和传统软件，流程灵活可变，无限规模，全面满足互联网和未来网络的各种业务。

2. 媒体熵增插件

Rabbit 把传统互联网的服务分解为两个独立部分。 这就是一个成熟和公开的流程插座与一个用于解释流程细节的多媒体内容插件。 值得注意的是,任意大小的多媒体内容插件均由商家提供,如电子商务。 或者,由消费者提供,如个人信息交流。

Rabbit 系统的媒体插件无论多复杂,插件之间总是互相独立的。 可以使用任意工具、标准协议接口独立制作;通过多个专门团队制作大量多媒体文件,以及实时交流接口和场景布置等。 在确定流程的前提下,无非就是按需插入多媒体文件。 通过文件逻辑地址与网络地址的映射关系,灵活修改流程细节。 通过指针转换,彻底扬弃传统 CPU 和各种复杂的软件。 采用统一的算法模块开发环境,见 13.4.3 节。

实际上,只要 Rabbit 提供一套转化工具,就可以把现有互联网业务平稳地搬迁即平移到 Rabbit 平台。 搬迁的动力是融入未来更大、更全功能网络的发展机会。

3. 智能熵减插件

把传统互联网业务平移到 Rabbit 平台后,很容易再增加一个独立开发的智能插件,实现 Rabbit 所定义的全功能网络平台。 智能插件是一个熵减过程,其难度远高于媒体插件。 而且,智能插件尚处于不断进化过程中,详见 13.4 节。

4. 通用算法功能模块

互联网的流程已经稳定,很少再有新变化。 未来发展主要集中在流程参数和媒体内容的变化。 但是,面对强大的人工智能应用流程,或者说,复杂进化中的智能插件,Rabbit 采用的对策:首先,成为通用者,即在未确定用途的前提下,分析算法特征。 其次,分解成容易掌握的小模块,事先设计算法模块库。 然后,依赖多次重复嵌套,逐渐拼接成复杂功能模块(见 13.4.3 节)。 最后,依据通用接口,通过多个团队,独立异地开发。 每个小组不需了解项目整体。 实际上,设计功能模块的人,不需要知道这些模块今后会用在哪一个流程。 通过模块开发的独立性,大幅降低开发难度,提高开发效率。

Rabbit 通过建立强大的算法模块库,把智能插件分解成多个独立算法模块的组合。 每个算法模块独立,异地,事先开发。 经过多年进化,逐渐趋于定型。 如果略有改进,也都是常规工作,标准化作业。

5. 电子商务实体插件

互联网的一项重要应用是电子商务。 当然,Rabbit 也不能缺少这些功能。 实际上,无非是类似媒体插件,再增加一个商品插件足以满足需求。

6. 插件插座灵活对接

本书前述 Rabbit 统一定义 1KB 数据包，以及前述 32B 插座和 1024B 插件的数据结构。 显然，1KB 数据包可能含有多个 32B 插座，还能容纳其他数据结构和功能模块，甚至还能容纳描述或交流的短信息。 同时，1KB 数据包也可以定义为任意格式的数据插件，包括大流量媒体内容，形成循环扩展。

显然，在统一接口定义下，每种指定功能的模块集都可映射到不同规格的参数集。 由于很难预测变化中的市场需求，确保功能模块可以灵活地插入匹配的智能模块插座。 同理，智能插件可以灵活地插入逻辑流程插座。 通过逻辑地址与网络地址的映射，可以实现远程更换多层次的功能模块和智能插件。 所有更新均通过管理协议远程操作。

另外，通过类似 Scratch 图形界面，设置不同权限的接口，见 13.4.2 节。 通过插入不同插件，对实际应用场合的效果进行比较，其更改灵活，优胜劣汰。 替换下的插件和模块可以重新下载不同的程序流程，以备他用。

13.3.2　全面承载和发展互联网业务

所谓传统互联网服务，主要分三类：电子商务、个人信息交流和信息查询等。

显然，所有上述服务形式都可以并入 Rabbit 的流程类应用，并且可以实现业务自动平移。 所谓业务平移指的是通过一套定制工具，将整个服务网站的商家服务能力和客户信息一次性转移至全新的 Rabbit 平台。

这个转移过程对于服务提供者或者服务获得者来说是完全透明的。 也就是说，消费者感觉不到平台转移可能带来的不便。 这个转移后的 Rabbit 平台，是一个扁平的非冯诺依曼系统，也就是说，突破了传统的 CPU 和附带的各类软件的构架。 至于网络内容中某些传统应用，可以保留原有的数据格式，如多媒体内容的编解码方式等。 实际上，这些编解码任务由网络终端完成，与云端设备关系不大。

完成传统互联网业务，只需用到 Rabbit 的三个功能模块：逻辑插座、媒体插件和商品插件。 为了说明 Rabbit 网站原理，参见 12.1.1 节的图 12-1，通过 Rabbit 的四步逻辑插座按需修改流程。

发展互联网之后的网络，在完善下一代资源和工具的前提下，探索下一代应用。

1. 下一代资源

没有充分资源，不可能发展大规模的下一代网络和应用。 Rabbit 通过两大措施释放大规模基础资源，并且提高效率。 Rabbit 的**资源第一性原理**体现在：第一，扬弃 CPU 以及相关软件，**把资源与应用之间的距离拉到最小**。 也就是说，把资源的效率提到最高。 第二，建立无边界网络体系，**把基本资源的投射范围扩大到极致**。 在最大的范围内，随心所欲地部署大规模互动的智能化网络服务。

2. 下一代工具

采用灵活的 Rabbit 插座和插件编程，取代传统 CPU 编程语言。 提供全套智能开发工具，建立应用与开发一体化平台。 显然，算法不是我们发明的。 但是，Rabbit 能够用得最好，靠的就是这套**插座插件快速进化机制**。 在 Rabbit 平台上，每发明一种算法，系统都提前生成一系列多种规格的标准插件。 用户更换逻辑流程就像选择和上传照片一样方便。 用户调用现成的插件，或者自行开发类似 App-Store 或 Cell-Store 服务即可。

3. 下一代应用

最后，探索下一代应用。 鉴于 Rabbit 具备的实时互动智能网络能力，直接召集异地多人聊天，包括虚拟人物。 根据 9.5.3 节，网络内容频谱分析、网络通信的最大应用是高品质视频通信。 因此，Rabbit 的最大应用是**把好莱坞电影里描述的虚拟场景带进每家每户**。 继冰箱、空调、电话、电视之后，人工智能服务发展成普通家庭中不可缺的配置。 简单计算，为了达到这一目标，每个家庭所需的网络带宽和计算能力将是互联网的百倍以上。 显然，这就是 Rabbit 的用武之地，这是可行的，而且，才刚刚开始。

13.3.3 互联网资源回收和再利用

Rabbit 不是改进互联网，而是彻底重建。 移除互联网业务以后，留下大批闲置的网络资源。 本节主要讨论如何有效利用这些传统的互联网资源。

1. 传统客户资源

互联网价值最大的部分就是其客户资源，重要的是，这些客户资源掌握在众多服务网站的数据库中。 我们将提供一套协议转换软件，把商家的数据库整体平移到 Rabbit 网站。 另外，还提供用户端软件，包括手机和计算机等终端设备。 从信息角度，这个平移过程没有增加或减少有用的信息总量。 因此，互联网服务网站平移是大势所趋。

（1）Rabbit 网络不仅涵盖了传统互联网业务，还将提供未来人工智能和感观网络的新服务。 重要的是，这些新服务将成为未来网络的主流。

（2）对于网站来说，省下的机房空间和电费，足以支付 Rabbit 的服务成本。 因此，这种网站整体平移的摩擦力可以忽略。 互联网只是网络服务的载体，如果不能提供大规模实时互动，那么就带着车上的人一起换乘新车。 服务网站可以先开辟 Rabbit 小区域，把部分已有服务转到 Rabbit 系统。 试验服务成功后，再逐步扩大转移范围。

（3）当然，最重要的原因是，如果竞争对手率先使用 Rabbit 网络，传统网站最宝贵的客户资源将逐渐流失。 这种流失过程超过一定的阈值以后，将呈雪崩势态，不可挽回，因为网络用户没有忠诚度可言。

2. 传统终端设备

传统的互联网终端设备属于客户资产。 Rabbit 网站只要提供一套免费软件，就像软件升级一样方便，使传统终端设备（如手机和计算机）连上 Rabbit 网站服务。当然，网站和终端具备自动检测能力，平稳适配过渡过程中不同系统的服务。

3. 传统存储设备

Rabbit 网站同样需要大量的网络存储能力，如存储交换机。 尤其是大量不常用的文件备份，只要通过协议转换，可以消化掉大部分传统网络存储设备。

4. 传统基础设施

网络基础设施主要指光缆、机房和供电设备。 这部分资源大都可以保留使用。

5. 传统服务器和路由器设备

回顾历史，巨大的马车和马匹市场不见了，巨大的家用缝纫机和裁缝市场消失了，巨大的照相机和胶片市场被淘汰了。 因此，除旧换新是一个常态。 后来的数码相机、录音机、录像机已经剩下不多。 相比之下，互联网留下的大量路由器和服务器完成使命后遭遇淘汰是历史的必然。 当然，就像大量回收的旧手机，尽管还能使用，但是，出路只能是被拆解成可回收的贵金属和其他原材料。

13.3.4　关于 FPGA、ASIC、CPU 等的使用价值

在可见的未来，用于逻辑和计算的半导体芯片有 FPGA、ASIC、CPU、GPU 和TPU 等。 实际上，每一类芯片都有优点和缺点，或者说是特点，主要取决于芯片的应用环境，脱离应用环境，难以判断其优劣。 因此，我们先解释未来信息产业的任务和环境，然后，再引导到我们的结论。 注意，未来的任务和环境显然与今天不同。

如前所述，信息产业的基础技术包括三部分：芯片制造、硬件设计和软件设计。这三类基础技术整合以后形成一种独立工具。 我们应该从解决问题的效果出发，选

择最佳的工具。 例如，FPGA 的核心是并行编程。 但是，有时为了验证逻辑可行性，有人用 FPGA 模拟 CPU 串行流程，导致效率不如 CPU，这完全误解了 FPGA 原理。

我们再进一步把解决实际问题的过程分解为两大类：传统网站和人工智能，或者称流程类（代表流程已固化）以及算法类（代表算法还在不断进化中）。

1. 流程类业务的特征和实现方法

今天互联网的服务主要包括电子商务、个人信息交流和信息查询。 如果我们把这三类业务中的多媒体信息抽取出来，剩下的只是三个基本流程骨架。 也就是说，我们可以把此类互联网服务分解为逻辑插座（逻辑流程）和媒体插件。

进一步分析得知，上述三大主要流程加上用户认证和记账之类的辅助流程，大概不超过十种。 如果再考虑各类长尾应用，大概不超过一百种流程。 所有这些流程可以轻易集成到一块运算交换机电路板，同时服务数百万客户。

如果在上述流程中加入各种多媒体插件，每项多媒体插件都可能有不同画质的版本，按网络环境可切换。 注意，媒体插件属于纯数据结构，只是存储在云端，其制作和解读均在用户端，与云端无关。 通过类似 Scratch 的图像语言，在没有 CPU 的前提下，轻易完成流程类业务编程。 另外，所有媒体插件都是独立存在的，与其他媒体插件互不相关。 每块 Rabbit 存储交换电路板，可以同时服务数千用户。 也就是说，大概需要一千块存储交换机电路板，配合一块运算交换机电路板，同时服务数百万客户，提供全部互联网业务。 Rabbit 存储交换机的设计正是因为扬弃了 CPU 才可能取得如此大的并发流量。 实际上，Rabbit 还需要大量的媒体文件备份和部分个人多媒体应用。 此类应用的网络流量很低，只要用一块运算电路板作为格式转换，就可以回收利用数千台互联网遗留下的闲置存储设备。

再次强调，通过逻辑插座和媒体插件能够覆盖当前互联网的全部服务。

顺便说，以上每块电路板都包含一片简单的 CPU，用作电路板管理。 这些 CPU 的数量和性能与手机市场相比，可以忽略不计。 由此可得出结论，Rabbit 提供全部互联网服务，基本不需要传统 CPU。

2. 算法类业务的特征和实现方法

我们继续借用流程类业务中的插座和插件结构。 实际上，只需再部署一种新型插件，这种插件称为智能插件，或者称为熵减插件。 相应地，可以把媒体插件称为熵增插件。

算法类网络服务进一步可以分为两类：非实时应用和实时应用。

非实时应用主要包括大数据分析等。 提取服务过程中或者用户信息表中的内容。 通过智能处理，提炼某些特征，映射到相应结论。 再返回到用户信息表，为下一次服务，提高决策水平。 非实时服务还包括从多媒体数据或其他大数据中提炼出所需的精简信息，用于决策判断。 例如，语言理解、人脸识别、机器下棋等就是此类典型应用。

实时应用主要表现为实时切入数据传输的中间过程，执行某种算法，然后回送到原来的数据流。 虚拟现实就是此类实时人工智能的应用，可能导致微量的数据延时，实现的效果是实时改变图像内容。 例如，13.4.5 节描述了实时人工智能的应用场景，包括穿衣魔镜。 互联网上很少谈及实时互动的人工智能，其实，这是人工智能最大的市场。 据估计，将占据未来人工智能市场的 80% 以上。

Rabbit 系统设计主要瞄准实时互动的人工智能市场，当然，覆盖了非实时市场。

Rabbit 网络的功能就是交流，其中，主要是实时互动交流。 本书前面的流程类业务包含了网络交流中的空间交换(通信带宽能力)和时间交换(数据存储能力)，本节介绍属于算法类业务的形态交换(形态变换计算能力)。 信息产业的终极目标不外乎这三种交换，或者说，**这就是信息产业的边界**。

显然，算法类业务是一个全新的领域，许多技术尚待定义。 为了适应这种不确定性，Rabbit 采用了复合插件的方法。 也就是说，提供本章开始描述的三大编程策略和三大标准化原则，合力解决没有 CPU 结构前提下的模块编程。 显然，类似 Scratch 的图像开发工具非常适合 Rabbit 复合嵌套式智能插件的制作。 由此可见，实现任意复杂的算法类业务，同样不需要 CPU。 我相信，Rabbit 算法模块的效力百倍于传统 CPU 和软件解决方案，而且，编程难度低于传统软件。 实现云端算法主要使用运算交换电路板。

3. 多种芯片技术的比较

回到开始的问题：FPGA、ASIC、CPU、DSP、GPU 和 TPU 中，哪一种芯片技术适合实现大规模云端服务？ 答案如下。

(1) FPGA 具备三项关键优势。 今天的 FPGA 已经可包含数千个运算器，每个运算器能力可能是 CPU 的 10%，因此，总算力可达 CPU 的数百倍。 另外，FPGA 没有固定结构的限制，适合任何不确定算法的灵活设计，包括不同运算字长。 还有一个重要因素，FPGA 丰富的高速通信接口能力适合云端大规模系统的流程和算法实践。 通过对流水线计算探索，Rabbit 彻底解决没有 CPU 的编程难题。 当然，FPGA 也有不足的地方，但是，与其优点相比，FPGA 是云端通用设备的最佳选择，参见 11.2.5 节。

（2）ASIC 具备极高效率，但是，编程能力差，一般适合在云端配合 CPU 或者 FPGA 执行固化算法。

（3）CPU 完全客制化硬件，完全依靠外部软件才能工作。 这是最古老的计算模式，单流程串行模式本质上不适合大规模算法应用。 因此，仅适合终端和人机界面。

（4）DSP、GPU 和 TPU 一般设计成协处理器，用以提高 CPU 的整体能力和效率。 它们的效率介于 ASIC 和 CPU 之间，然而，DSP、GPU 和 TPU 缺乏系统能力。 尤其是此类技术仍然保留残存的处理器结构，例如，固定字长和编程软件工作模式。 因此，这只是一种优化的 CPU 结构。 当然，它们可以作为 Rabbit 系统异构算法引擎的候选。

（5）从结构原理角度，DSP、GPS、TPU 等属于 CPU 的变种。 此类芯片具有固定的处理器结构，通过固定的指令集，能够在限定范围内改变操作流程。 如果把受指令集限制的结构比作马车，那么，FPGA 和 ASIC 不受指令集控制，具备更完全的设计灵活性。 由于不具备上述马车的特征，没有固定处理器结构和指令集，或者可以称这种没有马的车为汽车。 其中，FPGA 可以改变承载的功能，相当于公交车。 ASIC 只能执行单一功能，相当于私家车，效率更高。

综上所述，如果算法定型以后，FPGA 可以很容易地转换为 ASIC。 其实，Bitcoin 的发展就是一部计算结构的浓缩历史。 Bitcoin 的概念和开发始于 PC 软件，后来使用 DSP，再后来转到 FPGA，再后来转到 ASIC，最终是 ASIC 集群，单一结构布满多个足球场。 Rabbit 也是走这条路。 当然，Bitcoin 算法已定型，Rabbit 处于发展期，使用 FPGA 作为基础架构。 Rabbit 还提出异构算法引擎的概念，充分利用 FPGA 接口灵活的优势，整合其他任意结构。 例如，部分成熟功能可以转换为 ASIC，可以整体吸纳任意结构的第三方成熟技术方案，甚至超越传统硅芯片技术，整合特殊功能的量子计算。 根据上述比喻，量子计算与其有本质不同，没有车轮限制，相当于飞机。 显然，马车、汽车、飞机各有长处和短处，用法不同。

13.4　Rabbit 算法类软件开发

从某种意义上说，算法也属于流程范畴。 严格地说，算法指尚未成熟或者成熟过程中的流程。 正是由于不成熟，我们对许多算法缺乏了解，导致算法必将长期处于频繁更新的环境中。 Rabbit 致力于建设最佳算法探索环境，包括算法模块的分拆与合并、局部功能的独立进化。 另外，在消除 CPU 限制的前提下，Rabbit 应对之策是通过多个团队、不同方案的对比和优选，通过分散研究设计，远程系列化定制；建立数量巨大的模块库，供现场评估和直接使用；提供一套比传统软件更高效率的开发工具，充分运用插座和插件式的灵活结构，以及工厂预制件方式建造任意算法开发和人工智能应用的平台。

13.4.1 算法模块效果评估

如前所述，算法就是不成熟的或者进化中的流程。因此，必须对各类算法模块做出评估，提出可用算法和成熟算法的两套指标体系。通过 Rabbit 灵活的地址映射系统，每次模块软件的重大更新以后，先授予系统测试员指定的地址范围，直接在网上试用新功能。测试通过后，逐步开放给普通用户的地址范围。

Rabbit 算法模块最大的特殊性就是算法效果的评估不是非黑即白，而是有多维度的优劣程度。不同算法或者仅仅是执行精度不同，效果可能相差很远。而且，模块所占用的资源差别很大。实际上，有关人工智能的算法研究和实践，可能延续相当长时期。根据这个预测，Rabbit 的系统架构必须充分适应可局部验证和替换的能力。

1. 算法模块的开发流程

对于成熟过程中的算法模块，Rabbit 建立从上到下的框架。

（1）定义模块功能；

（2）标准化模块系列和接口；

（3）远程分散制造；

（4）模块建库和 Rabbit Inside 认证；

（5）现场组装和验证；

（6）模块复用和进化。

2. 算法模块可用和成熟指标

算法模块最大的特点在于其有效性是一个参数，而不像传统流程类软件只有对与错之分。算法模块在进化中成熟，如何判断某算法的成熟度或者检验该算法的有效性？我们的方案是，如果增加算力 50％，合规率提升 1％以下，说明此方法的效果已达饱和。在很大程度上，人工智能的处理正确率低于 100％。

13.4.2 Rabbit 多窗口操作界面

Rabbit 系统的管理、开发、运营等任意操作在同一个界面执行，如图 13-5 所示。

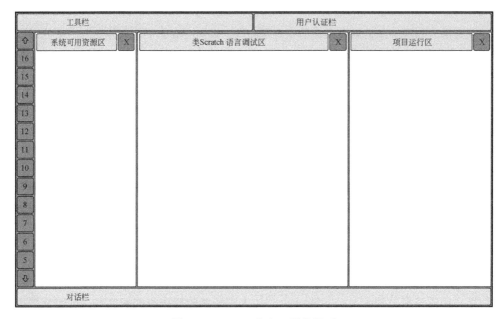

图 13-5　Rabbit 多窗口开发界面

最上面左边的工具栏可安装多种通用工具。 每次开发一个模块，逐步完成所有模块。 右边的用户认证栏确保不同用户的权限范围。 最下面的对话栏用于操作提示，或向系统提问。 最左边多个按钮可上下滑动选择，独立打开某个指定号码的工作区。 中间为屏幕共享区，最多可打开三个工作区，每个工作区宽度都独立可调，可独立关闭。 如果管理或开发需要，可以通过多台 PC 增加任意多窗口界面。 操作者可以选择显示区域的范围和细节程度。 这些窗口除了显示外，还具备独立操作和编程功能，以及系统功能。 每类工作区都允许不同的操作权限，并配置不同的语言环境。

Rabbit 应用和开发环境包含无数工作区，每种功能可以开辟多个窗口，举例如下。

(1) 窗口模块号码查询：Rabbit 系统有无数个窗口，如果用户不记得，可在此查询。

(2) 算法模块信息表：可调用的公共模块库，单击显示指定模块的细节和所需资源。

(3) 可用资源信息表：申请使用系统资源，包括算力、存储、带宽。 显示拓扑图。

(4) 资源分解整合信息表：可以将多个小模块整合成大模块。

（5）系统功能和服务提供方信息表：显示各类系统功能和开发方细节。

（6）算法模块开发区：开发某个指定功能的算法模块。

（7）项目可用资源池：可授权的资源，即算力、存储、带宽。申请从资源区订购。

（8）项目开发区（编程与仿真）：执行类似 Scratch 或其他语言调试中的项目。

13.4.3　Rabbit 算法模块开发环境

根据本章开始所列的 Rabbit 编程标准化原则，本节以 PC 和传统编程语言为工具，定义 Rabbit 系统应用软件开发环境和人机操作界面。

首先，这个界面提供了全套工具。然后，通过这套工具开发出实用的功能模块，再通过这套工具把多个功能模块组合成智能插件。注意，这是一个迭代过程，根据模块之间的统一接口定义，可以组合成任意大的系统。

重要的是，这些功能模块和智能插件内完全没有传统的 CPU 和软件。当然，承载这些插件的逻辑插座也完全不用 CPU，差别在于逻辑平台相对简单和成熟。因此，逻辑流程由 Rabbit 开发团队完成，功能模块和智能插件以及开发环境开放给全社会共同参与。

最后，重复一个问题，为什么要提出如此标新立异的 Rabbit 系统？

答案是，为了突破 CPU 瓶颈满足未来人工智能的巨大算力需求、百倍以上的性价比和无边界的巨大应用系统。

Rabbit 模块开发和运行流程如图 13-6 所示。以后将发展出不同功能和不同权限的运行环境。Rabbit 目前推出的是统一算法模块的开发流程。

（1）定义 Rabbit 开发语言的语法标准格式，即 32B 插座和 1KB 数据包。

（2）在编程实践中充实和完善网络协议和语法定义。

（3）落实到标准交换机板卡上运行的 FPGA 程序。事先不确定具体板卡的用途，由用户自行定义和开发。面对一个巨大的资源池，由高级别网络管理人员根据管理地域功能切割和划分大致区域，以后基本不变。

Rabbit 提供算法模块库，以及必要的开发工具。从结构功能上看，Rabbit 系统软件开发和运行主要有 11 种标准的功能模块。任何复杂的流程或算法都可以反复调取，多次开发，并且，化成许多简单模块的叠加。算法模块的开发流程通过实际案例，如穿衣魔镜，验证流程合理性。

当然，这套工具设计只是首次提出，在实践中，将逐步趋向成熟。

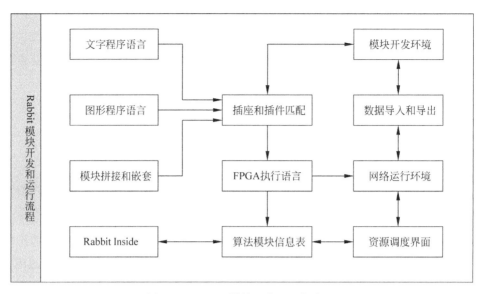

图 13-6　Rabbit 模块开发和运行流程

1. 资源调度界面

单击显示指定项目的资源细节，所需的功能模块可申请从公共模块库订购。可随意插入任意一块电路板至全系统任意地方，系统自动确认并入网。在授权前提下，看到全网任意角落的任意一项资源的实时信息。自定义数据格式和图形化界面，从用户、任务、资源角度，把每一项独立资源都映射到 128B 地址空间。图形化界面采用多层结构，可以看到系统全貌，也可以单击进入每一层次的细节。

网络设备上运行系统软件的 FPGA 程序单独下载，用户业务应用设备上运行应用软件的多个 FPGA 可以多种程序组合下载。在下载前，完成逻辑地址与物理地址的匹配，以上编译任务全部在用户 PC 终端完成，不占用 Rabbit 系统资源。

2. 网络运行环境

这一部分的目标是面向实际网络和数据环境，定义模块功能。通过 Rabbit 图形界面开发此类软件，并定义所需的资源。在开发过程中，可单步操作，跟踪调试软件进程。调试完成后，可以为软件命名，并保存在系统中备用。

单击显示指定项目的任务和参与方细节，包括该任务的描述、所用算法模块和占用资源、项目的开发者和用户状态。取决于所连接的服务对象，本模块可以作为开发过程中的试运行、局部小规模服务或者大规模全面服务，甚至多个国家地区的独立服务。也就是说，Rabbit 单一平台通过 128B 网络地址划分将不同规模和细化规则的服务投射到任意市场目标和地区。

3. 数据导入和导出

Rabbit 适配传统数据格式，远程连接，使用 PC 工具（见图 13-7）。

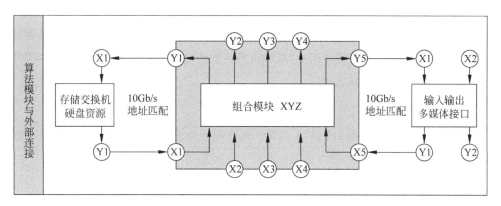

图 13-7　算法模块通过自定义的标准接口与外部连接

数据导入和导出的目标是定义标准化模块系列。

首先，包括系统设计参数。 例如，一个滤波器可能有许多设计参数，可以按每种参数定义一个标准设计。 每一种类型的算法模块可能化出无数种参数设计。 明确定义模块的输入和输出参数，通过自定义的标准接口，逐步充实算法模块库。

其次，包括各类服务网站的商业数据，即商品和服务的详细内容。

最后，包括全部用户数据。

4. 模块开发环境

汇集各种独立工具，准备编程所需的基本信息和资源。 每个窗口具备某一局部的开发能力。 FPGA 代表了可编程的硬件，学习一种全新的 FPGA 编程语言，当然不是一件容易的事。 但是如果我们知道，这种新语言可以指导非冯诺依曼计算机以百倍效率完成工作，那么，抵触这种新语言成了愚蠢的行为。 Rabbit 设计目标就是使这种新语言不会太难，其实，习惯以后与原来编程方法差不多。 Rabbit 应用开发环境包含主要开发工具。

FPGA 资源包括 Slices、Logic Cells、Flip-Flops、RAM bits、RAM Blocks、DSP slices 等，最后加入输入输出高速接口。 注意，根据项目任务性质，这一步翻译过程可能需要人工或半人工参与。 FPGA 基本单元组成最小可编程模块，充分运用分布式运算架构，完成基本算法单元。 或者，用手工编制许多小模块，相当于宏指令。然后用 Scratch 逐步整合成大系统。

5. 插座和插件匹配

在算法模块编程区内执行。 这里可以创建新模块，或者，调出已有模块进行修改。 Rabbit 系统提供大量的自动化管理，唯有模块编程这部分的工作量最大，并且难以预测。 我们的策略是，从简单功能的小模块入手，逐步嵌套和合并，直至完成复杂的任务。 FPGA 模块包括文字编程、图形编程、模块库、任务分解与合并、统一命名等。 开发过程中可运行的模块被赋予逻辑地址，另外，实际上网运行是通过网络地址，两者通过映射表连接。 通过调整映射连接表状态，决定网络插座和插件的对应关系，灵活调整网络流程。

6. 文字程序语言

Rabbit 功能模块全部由 FPGA 实现，充分利用传统子程序概念，通过合并与嵌套组合成复杂程序。 文字程序语言主要用于比较基础的模块。

根据复杂度大致分为五个等级，如图 13-8 所示，具体没有严格规定。

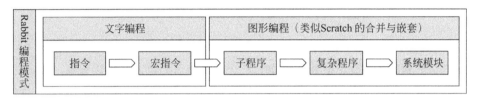

图 13-8　Rabbit 编程模式

1）指令和宏指令

一般来说，简单程序大都通过**指令**或**宏指令**，并用文字编程。

2）子程序

复杂程序采用图形化编程，文字程序与图形程序可以合并成图形程序，简单的图形程序称为**子程序**。

3）复杂程序

多级子程序可以合并为**复杂程序**。

4）系统模块

用户可直接调用的程序称为**系统模块**。 Rabbit 编程尽量使用类似 Scratch 的图形语言描述业务流程，定义任务，匹配资源。

7. 图形程序语言

打开图形语言界面，可调用无数层嵌套和高度聚合的图形化编程语言。 通过类似 Scratch 的图形语言，实现插座和插件的程序结构。 包括以下功能：

（1）定义简单程序单元，分配插座和插件地址。

（2）合并多个简单程序，组成较复杂的程序，再合并多个较复杂的程序。

（3）聚沙成塔，最后组合成可直接调用的系统模块（见图 13-9）。

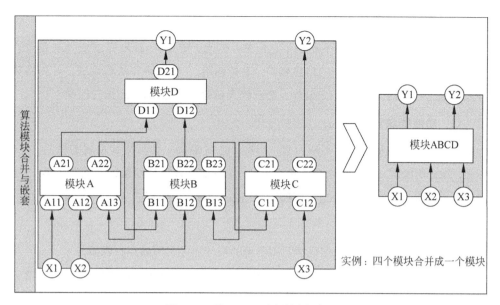

图 13-9 类 Scratch 图形语言编程

（4）单步仿真检验程序执行状态，多次叠加和调试，完成任意复杂程序并存档。

（5）算法引擎是可定制的中间过程，使用多个算法单元和部分连接语句。

8. 模块拼接和嵌套

在前面功能模块基础上，通过多次拼接和多层嵌套，完成较大规模的独立算法引擎，完成客户定制任务，最终完成标准化定义。我们可提供咨询协助。从客户角度看，需要培养懂业务的系统规划师，而不再需要传统的软件工程师。

多种模块结合过程中，实现自动模块参数匹配，以及不匹配报警。

9. FPGA 执行语言

根据 Rabbit 系统设计，前面描述的程序语言到 FPGA 可执行，还须再经过两步操作。通过这两步，应用程序就可以下载到 FPGA 实际运行。注意，我们编制 FPGA 程序过程，包括的最后两步都可以在普通 PC 中执行。

1）翻译成 FPGA 可读格式

由系统专用软件将前述图形语言翻译成 FPGA 可读的格式，为了优化翻译效果，可能由人工介入。

2）匹配外部环境和用户地址

把外部环境资源和最终用户地址匹配到 FPGA 程序，其中，地址匹配可以通过虚连接实现。Rabbit 系统的硬件资源全部分布在**存储交换**和**运算交换**两类电路板上。通过 FPGA 资源调度界面，将部分系统资源配置到指定的任务。

10. 算法模块信息表

Rabbit 的算法模块需要不断积累、合并、扩大、成熟。 开发完成或尚未完成的算法模块存放在 Rabbit 统一的信息表中，以备调用。 在使用算法模块时，首先将其导入程序运行模块。 然后指定硬件，适配输入和输出。 最后启动运行程序。

11. 功能模块认证

Rabbit 的算法模块需要不断积累，当然，必须建立一套可持续发展的机制。 实际上，就是明确定义算法模块与外界的接口，明确定义该算法模块的功能和效果。 如果这项接口符合诸多考核标准，就可以授予 Rabbit Inside 的认证，详见 13.4.4 节。

12. 具体项目引导

通过实际的具体案例操作是学习和创新的最佳途径，例如穿衣魔镜。

首先，把智能模块的开发分解成多个独立部分，并且设计每个部分的接口标准。 然后，允许这些独立部分由不同人员专注、分别、异地和并行开发，甚至引入已经成熟的算法模块。 最后，组合成多种功能模块，并且充实到通用模块库。

13.4.4　建立 Rabbit 标准模块库

收集市面上出版的各种有关算法尤其是 FPGA 算法的书籍，根据书上所述的实例，组织相关大专院校师生和工程师学习理解，转换为 Rabbit 的标准格式。 充实Rabbit 算法模块库。 我们希望实现一般项目中 90％以上的模块可以直接下载使用。如同标准的螺栓、螺母，不需要再次开发，大幅削减项目成本和开发时间。

我们知道，算法的发展是个缓慢的过程，现在已知算法大都早已发展成熟，都已发表在书籍或杂志中。 因此，我们需要关注的算法模块是有限的，很少出现新算法。 例如，MapReduce 算法已经有十多年的历史。 但是，每种算法都会有不同的设置。 我们可以根据使用环境、所用芯片等因素事先设计多种配置。 为了满足项目开发时编程工作最小化的需求，模块的可调用性可以通过两种方法实现：一种方法是设计一些可编程的指标，通过修改这些参数实现不同的模块；另一种方法是直接按照不同配置，设计许多个同类但不同参数的模块。 例如，可以设计几十个 FIR 滤波器模块，或者几百个 FFT 算法模块，覆盖尽可能大的使用范围，当然，也可以是两种方法的组合。

相比网络上的照片和视频内容，可以轻易实现数以百万计的算法模块库。 配合专门的搜索引擎，可以轻易选择得到适合的模块。

Rabbit 资源调度的颗粒度受 FPGA 能力限制。 尽管单片 FPGA 可能有数以万计的可编程运算单元，但是这些单元不一定能独立编程。 也就是说，每次编程必然划定在一个较大的区域，在区域内的资源只能一次性编程。 考虑到当前 FPGA 编程尚有不少限制，Rabbit 项目初期，一个任务只能下载到单片 FPGA 执行。

模块开发前只需大致划定资源使用范围，填写资源地址，选定 FPGA 资源地址，实现功能模块与资源地址关联。 也就是说，需要多少资源，这些资源的绑定关系都处于缓慢的变化之中。 通过资源调度界面可以看到局部资源，可放大或缩小，据此划定使用范围。 实际使用过程中，每一个系列的算法模块信息表中都记录该模块需要调用其他何种模块，及其地址。 同时，记录该模块在何处被何种模块调用。

一个模块修改后自动产生一个新模块（地址号码提示增加）。 如果希望更新所有同名的模块，则只需保存在同一个名称之下。

1. 餐桌上的构想

算法模块不一定从特定项目开始，局部问题的创意，或者解决方案的产生往往来自灵感。 可能发生在任何时间、任何地方，如餐桌、客厅、旅途、床上，甚至厕所。然后，约几个人在咖啡馆、茶馆讨论。 把创意发送到远地的设计中心，付诸实施。

2. 定义模块功能和性能

收到创意，制定标准化接口，公开征求解决方案。 中间过程可能是黑箱，方案必须有可量化、可鉴定的性能指标。 然后，确定开发立项，并送往 Prototype 制造商。

3. 标准化模块系列和接口

首先定义模块功能，界定输入和输出接口。 根据确定的算法和解决方案，推演出一系列的结构参数。 构成一个可插入和可拔出的模块。 通过修改逻辑地址与网络地址的映射关系，就可以自动切换不同的算法。 一般算法项目中，90％以上的模块可以直接下载使用，不需要再次开发，大幅削减项目成本和开发时间。 也可以参考建筑行业在工厂预制结构件，然后运到现场拼装，异地完成标准化的算法模块开发。

模块库的主要目标是建立标准化模块。 典型的案例是机械行业的螺栓和螺母，有各种直径和长度的标准尺寸。 几乎没有人会自己设计非标准的此类零件。 对于Rabbit 来说，每种算法都可以预先设计几百种不同的规格。 实际使用时，总有一款合适。 我们将建立百万种各类常用算法模块的信息库，以及一套检索和匹配流程。

4. 远程分散设计和制造

标准化的核心是研究、制作和使用三者分开。 确定功能固化、流程可变的原则。 允许不同实现方法的模块，做相同环境的对比。

5. 模块建库和 Rabbit Inside 认证

Rabbit 从下往上构建积累算法模块库。 并且，根据企业项目，分析算法结构，调用已有算法，从上往下推广系统实践应用。 模块库应该有标准格式，待定义。

用户开发的算法模块，如果通过 Rabbit 操作环境测试，应确认使用效果，并附有完整的合规文档。 我们授予 Rabbit Inside 认证，赋予 RI 号码和防伪密码，方便其他潜在用户使用。 每个 RI 认证号码都是唯一的，用户可以在官方网站查询原始文件，防止假冒。 另外，RI 号码还包含该模块开发者的信息，官方网站可通过记录模块实际的使用次数，实现收费。 通过这样的商业环境，鼓励和促进 RI 模块的推广。

6. 现场组装和验证

通过专用搜索引擎，显示可用的模块。 拖曳和载入模块到指定资源，实现交流和查询，完成算法开发和仿真，包括离线和在线执行。 Rabbit 应用开发由无数独立智能模块整合。 分别下载应用资源、探测、划分、匹配资源，启动模块运行。

7. 模块复用和进化

Rabbit 系统可分割建立多个相同的模块，在系统升级或故障处理过程中，完成局部和分批迁徙，确保客户业务平稳过渡。 不间断增加算力，改进算法。 不断调整流程和计算深度，提高输出合规率。

13.4.5 人工智能的市场

人工智能的市场在哪里？

当前看到，在传统信息交换市场加入一点智能元素，如大数据分析、搜索引擎、人脸识别等，可以产生很多神奇效果。 一般情况下，人工智能使现有服务变得更加方便和有效。 通过大量的分析比较，可能推荐某些商品和服务，使服务更加出色。人工智能的实施方法，可以先从传统网络技术切入。 类似古老的电报，传输 140B 短信息的 Twitter 服务，凭借其丰富的信息链接，引入多媒体内容，迅速占领一片市场。

但是，从信息交换到感观网络才是更大的跨越。

根据人性和人体生理，人工智能发挥大作用的环境是实时感观网络。 可以推理，从多媒体内容播放到人工智能参与的实时感观互动具备大得多的市场空间，将进一步促进网络交流。 这个过程可以从游戏开始。

1. 游戏业务

回顾历史，PC 问世的第一天，就自带了免费的游戏程序。 随着 PC 能力的增强，网络游戏变得越来越复杂，以至于要用超过 PC 能力的专用设备承载专用游戏。然而，网络游戏的前景还是看不到边。 其实，不论什么游戏，背后的逻辑就是一台状态机，实现玩家与机器或者与其他玩家之间按固定规则完成信息交流，其他部分只是操纵杆。 多媒体渲染和美术加工考验玩家的反应能力。 根据不同的游戏流程，调整状态机或者从游戏配件库中挑选游戏过程中的多媒体形象和艺术效果。 游戏是人性的表现，是人生的展望，尤其可以超越现实，随心所欲，尽情地互动和表演。

当然，玩家还可以自己设计专业水平的新游戏。

2. 穿衣魔镜

谷歌开发围棋游戏，醉翁之意不在酒，目标是进入人工智能领域。 Rabbit 选择游戏为切入点，与谷歌不同，它的重点放在实时和互动的人工智能。 Rabbit 将在商场设立虚拟服装柜台，设立穿衣魔镜服务。 客人面对大屏幕电视，看到的是自己换上不同虚拟衣服的场景，屏幕显示实时跟随用户动作，把好莱坞动画片中的那些衣服动态飘逸的效果整合进来，还可以切换不同背景。 可以想象，以后哪家商场没有穿衣魔镜将难以招徕客人。

穿衣魔镜在理论上没有障碍，迪士尼动画电影中早已存在。 唯一的差别是，每一帧图片都用大型计算机加工。 我们把这个计算能力放在云端，人物影像通过摄像机也传到云端，再从数据库中提取虚拟衣服，计算穿衣效果，最后，实时发回穿衣魔镜。 当然，把普通衣服换成铠甲和宝剑，合成多人物互动，实现与怪兽打架、秘境探险或者野外健身等，都属于同一类业务，使用同一类技术。 当然，与传统游戏盒子相比，云端游戏可能配备几乎无限多的媒体插件、智能插件，以及多人游戏环境。

至于以后，发展线下真实服装定制，举行时装比赛，或者像游戏产业一样卖装备。 这个案例将发展成一个集娱乐、消费、家居、职场、工程、教育于一体的巨大产业。

3. 生活中的虚拟世界

游戏在生活中，或者，生活在游戏中。

虚拟场景与游戏很难界定。 如果把真人，如参与者自己整合进游戏场景，包括虚拟现实（VR）、增强现实（AR），都属于游戏范畴。 把这类应用引进商务领域，可以表现为身临其境的闭门远程会议、多人到不同的现场商谈严肃的问题。 可以去人迹罕至的地方探险，也可以在不同的闹市和商场随意切换，融合不同的虚拟购物现场。 可以提高工作效率，也可以打发休闲时间。 重要的是，这套看似复杂的算法，一旦开发完成，可以轻易推广到各行各业，以及千家万户。 类似好莱坞电影这种结合游戏元素的虚拟活动在不远的将来自然引入普通家庭，成为类似冰箱和电视机的标准配置。 也就是说，足不出户的虚拟会议、远程聊天、可试穿各类虚拟衣服的穿衣魔镜、虚拟旅游和游戏，将渗透进入每个家庭的工作、交友、购物、休闲和娱乐等方面。

显然，支撑这些服务的网络算力可能千倍于 PC，支撑这些服务的网络流量可能百倍于互联网。 然而，这些算力和带宽资源在地球上取之不尽。 实际上，芯片和光纤是由充分丰富的砂石做成的。 如果把芯片工艺后退两代，芯片生产设备就会降到白菜价。 当然，芯片性能变差、体积增大，这些缺点只要把机房移到荒漠里就能解决。

Rabbit 初期的优势在于看似不重要的可有可无的地方，或者，是消费者喜欢的细节。 为了这一点小优势，要花去百倍以上的算力、带宽和存储。 举例来说，为了在穿衣镜前让虚拟裙子自然地飘动，就需要百倍以上的算力和带宽。 或者说，需要100 台高等级台式计算机，这种资源消耗恰恰是 Rabbit 的起点。 好像没有价值，但是只要流行开来，就是当今计算机和互联网的末日。 因为只要裙子飘起来，其他一切信息技术都会遭淘汰，或者彻底重建。 这不是在一个层面上的竞争。 看当年，被誉为人类远程通信皇冠的电报技术，就是这样被无情地淘汰。 其原因看似荒谬，电话网花了百倍以上的数据量传递了与电报差不多的信息，只是多了点笑声和哭声而已。

问题是，在这条单向道路上，类似穿衣魔镜的应用普及开来，互联网还能存在吗？

只要拿下看似微不足道的消费者市场，再向高附加值的行业进军，将无往不胜。可以想象，下一代的孩子将不知道互联网为何物，就像今天的孩子大都不知道世间曾经有过风靡世界的电报网络。 在电报初期，一封"父病危速回"按字数计价，数小时内送达的加急电报大概要花去半个月的工资。 把时间轴拉开，看远一点，结论就清楚了。

站在今天，看过去是多么可怜。 可以推理，看未来，**前述的场景不会远**。

13.5 Rabbit 社会资源和开发环境

重温 20 世纪 70 年代，PC 发展初期的故事，有助于我们思考 Rabbit 的发展战略。 借鉴其他公司的发展经验，有利于站在巨人的肩膀上创新。 当时的小公司 Intel推出第一片 8b CPU，定名为 8008（1972 年）。 随即，另外两家大公司 Motorola 和

Rockwell 分别开发出 6800（1974 年）和 6502（1975 年）。 那时，Motorola 财大气粗，独自开发，追求性能，迅速占据企业市场。 Rockwell 首先制造开发板出售，苹果用此芯片开发第一台外观漂亮的家用计算机 Apple Ⅱ，从而名声大振。 中国台湾企业大力相随，用 6502 发展低端的单板计算机。 另一家英国公司也用 6502 开始创建了今天知名的 ARM。 一时间 Rockwe Ⅱ 领跑发展，占领家庭和学生市场。 此时力量单薄的 Intel 与盖茨抱团取暖，分别专注于硬件和软件开发，无奈之下奠定了 PC 软硬件分离模式。 人们没想到，由于软件的屏蔽作用，消费者根本不关注 Intel 的弱势。用户需要好用的软件，软件才是王者。 我们知道，盖茨放弃大学学业去拥抱一个伟大的时代。 其实，那时还有苹果的乔布斯、甲骨文的埃里森等一批年轻人放弃大学学业，就是为了赶上这个崛起的时代。

今天人工智能还处于初级阶段，发展前景难以估量。 如果把云端计算比作 PC，今天处在 Intel 8080（1974 年）的阶段。 行业内已经看到了 **FPGA 的百倍效率优势**，还预测到未来的算力会向云端集中。 旺盛的需求，必然导致资源短缺，以及难以承受的能源消耗。 但是，今天的计算机世界，还鲜有人意识到非冯诺依曼计算机颠覆七十多年历史的冯·诺依曼计算机，更鲜有人意识到需要为非冯诺依曼计算定制一套操作系统。 今天这里缺乏一套有效的规则和工具，从传统 PC 向云端迁徙过程中，巨大的人工智能市场期待一个类似 Windows 的系统管理，以及一个类似 Office 的应用软件。 当然，还要有一个数据中心的标准设计。 这套完整的无边界数据中心建设方案还能**再次扩大非冯诺依曼系统规模百倍以上**。 也就是说，在同等摩尔定律制约的芯片条件下，**综合算力扩大万倍以上**。

13.5.1　Rabbit 的机会

Rabbit 看到了机会。

我们现在的境遇如同当年的盖茨面对 Motorola。 我们的发展战略可以参考当年的 Wintel。 全力开发好用的 Rabbit 套装软件，迅速占领人工智能和感观网络资源管理的操作系统，以及促进应用开发的载体软件。 通过一整套软件优化开发环境，提供完善的服务，支持大学、企业和政府共享由 Rabbit 管理的资源池。 实际上，所谓海量资源，没有管理就没有价值，好管理就体现大价值。 也就是说，Rabbit 能够赋予海量资源的使用价值。

再回到盖茨的故事，由于 Windows 和 Office 软件，多年后的盖茨的 Microsoft 远超过 Motorola 和 Rockwell。 如果我们好好把握非冯诺依曼计算这个几十年未遇的机会，则会走在别人之前，做出最好的非冯诺依曼云端操作系统和核心应用开发软件。

注意，不是做机房里堆积如山的设备，而是管理好这些设备，为资源赋能，掌控操作系统这项轻资产，那么，成为下一个盖茨并非高不可攀。

可能不少人会说，许多公司已经在 FPGA 的应用上走在前面，我们还有机会吗？

在作者看来，那些巨大体量的公司无非吓走一批胆小鬼。如果我们坚持走轻资产路线，为数据中心赋能，确实会为客户带来价值。一步一个脚印，只要 Rabbit 的系统结构合理，工具的使用效果走在大公司前面，我们就有必胜的机会。

13.5.2　Rabbit 的社会资源

我们工作的重点是在 Rabbit 系统硬件和软件基础上，与 MapReduce 之类开源项目同步推进，率先开发出类似 20 世纪 80 年代微软 Basic 语言水平的 FPGA 语言工具。当然，开发全新的软件系统是一个艰巨的任务。但是，只要先定义一个可扩展的网络系统（详见第 10 章），然后定义通用的网络设备（详见第 11 章），定义有效的网络管理（详见第 12 章），从常用模块开始积累。在可见的将来，这些任务做完一个少一个。而与其所得相比，这些付出是微不足道的。

我们应该清醒地知道，云计算不是把 PC 搬到云端。我们应该坚定地把握，突破冯·诺依曼体系是一个巨大的机会。实现云端非冯诺依曼结构是大势所趋，具备长远的巨大利益。我们应该先从常规应用入手，逐步走向复杂市场。也就是说，必须积累尽量多的底层软件模块，逐步堆积到应用层。先实现可用，后追求高效。**紧紧盯住 100 倍性价比**，最终必然主导大市场。为此，在展示 Rabbit 前途和目标之后，吸引更强大的合作者。

1. 开发工具和人才计划

我们的目标之一是提供一套好用的开发工具环境，并出版图书。与大学合作，让大学生学会使用。让研究生以某一具体算法展开学业研究，写出论文。实际上，掌握这项技术，就会有许多工作机会。我们需要研究过去十几年公开发表的关于算法的书籍和论文，这些资料概括了过去几十年甚至几百年思想的积累。这些资源能够指导未来至少二十年的云端大数据项目，其实，就是整个云计算活跃的生命周期。今天，已经没有人去琢磨 PC 操作系统，与微软 Windows 和 Office 竞争。但是，这不妨碍我们借鉴 Wintel 成功的经验。当然，为了不使这项研究项目人走茶凉，Rabbit 操作环境的主要功能之一就是把这些研究成果全部记录成可随时调用的算法功能模块。也就是说，要求所有学生研究项目的验收标准按照 Rabbit 的格式完成，包括相应的文档。我们可以设置和分享版权使用费，提高学生的积极性。显而易见，在 Rabbit 系统框架下，牢牢掌握这个可以直接产生经济效益的算法模块库，比其他资料库更有价值。

2. 迎合大客户

我们的目标之二是把这套好用的工具送到各大网站或企业，教会他们使用操作。帮助他们分析客户和市场动态，让他们切实感受到大数据分析为企业经营带来的好处。 在向企业提供工具的同时，向企业输送能够使用这些工具的人才，帮助企业用好和推广我们的算法模块库。 企业可以向参与 Rabbit 项目研究的学生提供定向资助和培养。 我们的任务是确保这项持久的良性互动，同时，靠一套流程在 Rabbit 文件库中积累研究成果。 我们必须持之以恒。 可以预测，三年内 Rabbit 进入市场。 六年后，企业将感受到压力，不用 Rabbit 就会逐渐失去竞争力。

3. 改善公共服务

我们的目标之三是把这套工具用于建设大规模的社会服务和管理平台，包括地方政府部门，帮助他们用大数据提高管理水平。

其实，就 Rabbit 发展来说，政府可以看作一个特殊的企业。 为企业设计的各类措施同样适用于政府部门。 给百姓带来便利是政府的责任。 Rabbit 的大数据分析能力和高效率管理就是要满足提高社会管理效率的需求。

13.5.3 Rabbit 的生态圈

前述的目标合在一起，就是要建立和维护 Rabbit 的生态圈。 实际上，首先选定三大类人群(学生、企业、政府)用上 Rabbit，让他们切实感受到巨大的性价比优势。让他们离不开 Rabbit，并成为生态圈的一部分。 但凡生态圈都有排他性，如果 Rabbit 不能独大，就意味着让位于别人。 因此，如何经营 Rabbit、分配利益、调动积极性、适时收放，建立商业联盟，至关重要。

与网站相对应，Rabbit 内部管理包括三个团队：工具开发维护团队、算法研究开发团队、市场开发推广团队。 最后归结到一句话：Rabbit 的使命是加速发展网络算法实践，让大规模感观网络早日到来。

1. Rabbit 的商业使命

Rabbit 的宗旨是创立和发展后冯·诺依曼时代的计算和网络环境。 我们知道，PC 时代最强的特征是 **Wintel 联盟**，它制定了计算机行业的事实标准。 为了保障项目推进，借鉴 Wintel 模式，我们应该建立 **Rabbit 联盟**，制定下一代计算和网络的事实标准。 发展 FPGA/ASIC 应用公司，建立企业为核心的会员联盟。

大数据和人工智能时代，数据中心是各大公司的要害部门。每家公司都希望提高数据中心效率，但不愿竞争对手掌握自己的核心技术，免受数据中心受人制约的噩梦。当然，大公司有能力自行设计和建立数据中心。但是，这种方法可能导致个企业介入混战，难以达成设备和软件的标准化。因此，成本高，而且难以保障长期的技术先进性。

Rabbit 坚持联盟形式，不参与企业之间竞争，关注高效率数据中心的技术，维护和推广 Rabbit 编程工具，维护可互操作的系统标准。凭借联盟会员的资源、经验和技术，服务好有共同需求的联盟会员。Rabbit 联盟是一个跨国营利性组织，欢迎全球企业和大学申请加入联盟，遵守会规，缴纳会费，成为会员。联盟会员可以有偿使用 Rabbit 知识产权，包括全部软件和硬件产品。

2. Rabbit 产业联盟

进入大规模人工智能时代，Rabbit 商业模式是人工智能和感观网络时代 Wintel 的再现，如图 13-10 所示。类似 PC 的 Wintel 联盟模式，Rabbit 联盟建立在包容性、唯一性和公平性的基础上。

图 13-10　PC 时代和人工智能时代的产业联盟

包容性表现为 Rabbit 联盟的宗旨是建立开放平台，会员共享技术和专利。创始会员主要有四类，每一类由多家企业共同主导产业转型和发展：

（1）芯片和设备制造企业。

（2）流程类服务企业，主要指传统互联网企业。

（3）算法类服务企业，主要指人工智能应用企业。

（4）网络运营企业。

唯一性表现为建立超然于经营业务的公司联盟，仿照联合国模式，Rabbit 股东权益分散到多个会员企业，避免行业内无序竞争，避免各大公司的发展受制于人。

公平性表现为联盟事项由成员共同决定。联盟会员充分认证各自技术优势，定期召开会议，投票决定未来发展方向和共同的技术标准，确保系统兼容和市场最大化。

联盟设立秘书机构，专注于管理和更新 Rabbit 协议；完善编程工具，追踪新技术。联盟成立仲裁机制，负责 Rabbit Inside 认证，授予 RI 号码，维护巨大的插件模块库。 联盟向有需求的会员企业提供技术咨询，协助会员企业设计相关设备。 联盟会员以远低于自己开发的代价支付会员费，取得全部研究成果。 在统一框架下，联盟会员保留原有的市场和技术优势，以最快速度把互联网的客户和商业模式平移到 Rabbit 网络，包括维持双网并存的过渡环境。 与此同时，Rabbit 将利用计算和网络优势，鼓励联盟企业独立发展更强大的人工智能和感观网络服务，包括改善互联网的传统业务。

为了保持联盟宗旨的独立性和开放性，长期维护系统平稳运行，**Rabbit 联盟不介入会员公司的业务，不参与会员公司间的竞争**。

13.5.4　Rabbit 的价值

在本书中，Rabbit 提出了**计算机领域有史以来最大的改革，即扬弃 CPU**。

Rabbit 主要论述两个关注点，即资源和应用。 建立一套完整系统，Rabbit 高效的原因是**把资源和应用之间的距离拉到最小，把资源直接投射范围扩展到最大**。

第 9 章和第 13 章描述了 Rabbit 的应用。

第 9 章回顾了通信和计算的起源，概括了今天的计算机、互联网和移动通信，展望了未来通信和计算在底层合并以后的终极状态。

第 13 章归纳了 Rabbit 的两种网络应用。 其中，流程类应用将替代传统互联网，并且解释了必然替代的理由。 算法类应用将把用户带进一个全新的感观网络世界，并且从自然资源、人体生理和认知模式角度介绍了 Rabbit 的终极目标。

本书反复提到了资源，那么建设 Rabbit 的资源到底在哪里？

实际上，就被薄薄的冯·诺依曼结构所遮盖。 扒开冯·诺依曼结构的封皮，黄灿灿的矿藏（算力、带宽、存储）就在眼前。 而且，储量无限，成本低廉。

巨大的金矿已经探明，如何去挖？

答案是，只要发明一把比冯·诺依曼结构更好用的"铲子"，这就是**插座插件的快速进化机制**。 其实，我们的目标不是资源，也不是应用。 从微软的发展道路中，我们找到了努力方向。 Rabbit 就是扬弃 CPU 以后的大格局 Wintel 生态系统。 与微软 20 世纪 80 年代到 90 年代的形势类同，Rabbit 是一把定制的"铲子"（工具）：**使资源**有价值，使**应用**更便捷。

这把"铲子"足以挖出比互联网大千倍的廉价资源（算力、带宽、存储）。 实际上，资源的成本在于挖掘，与挖出的资源数量关系不大。 使用高效率铲子挖掘十倍资源的成本，不比低效工具挖 1/10 资源的成本高。 显然，没有充分富裕资源，不可能实现 Rabbit 定义的远超互联网的应用，这就是**大规模实时互动能力**。

第 10～12 章描述了这把"铲子"的原理、结构和使用说明。

第 10 章介绍了 Rabbit 可扩展的网络拓扑结构和这种结构的可管理性。

第 11 章介绍了组成无限大网络的两种基本设备和蜂窝网之后的微基站网络。

第 12 章介绍了 Rabbit 的服务、内容、网络和安全四大管理体系。

Rabbit 的对策：这把"铲子"解除 CPU 桎梏，释放百倍算力。 它就是一套比 CPU 更好的工具，用于挖掘尚未了解的算法和多变的人工智能市场。

Rabbit 的市场：自从发明**虚拟气候**的冰箱空调、**虚拟时空**的电话电视，在算力资源驱动下，人类日常生活将迎来想象力维度中的**虚拟现实**(见 13.4.5 节)。

Rabbit 只是定义了这把全新的"铲子"，献给所有挖掘金矿的人。

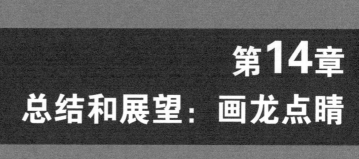

第14章

总结和展望：画龙点睛

14.1 大势所趋

1. 公认的危机

供给侧＝遭遇 CPU 瓶颈。

需求侧＝人工智能对算力需求暴增。

2. 明摆的出路

Bitcoin(比特币系统)＝百倍以上效率的 ASIC，扬弃 CPU。

FPGA＝可编程的 ASIC，排除远程编程的难题。

3. Rabbit 连接危机与出路

目标：Rabbit＝产业危机和出路之间的**桥梁**＝高效的**编程环境和工具**。

方法：Rabbit＝这座**没有 CPU 的桥**，通向**没有互联网的彼岸**＝新概念云计算。

效果：Rabbit＝资源和应用之间的**距离最小化**＋资源到市场的**投射范围最大化**。

市场：Rabbit＝未来的服务＋覆盖每个家庭和企业＋可达成的目标。

细节：Rabbit＝完整的五元素**生态环境**(见 14.2 节)＋新概念编程**技术组合**(见 14.2 节)＋统一于顶级**服务品质**(见 14.3 节)＋创新的联盟**商业模式**(见 14.4 节和 14.5 节)。

4. Rabbit 系统特征

Rabbit 是一个**开创性**理论，因为别人没有。

Rabbit 具备理论上的**完整性**，因为能够自圆其说。

Rabbit 具备实际上的**可行性**，因为巨大的市场和高度的性价比。

14.2 新概念解决方案

1. 扬弃 CPU 以后的生态环境

Rabbit 与 Wintel 的生态系统比较如下：

Rabbit 生态系统：包含不可分割的五大要素，组成的完整生态环境＝拓扑结构＋网络设备＋系统管理＋应用流程＋编程环境＝**新概念 Wintel**。

Wintel 生态系统：包含三大要素，组成的完整生态系统＝CPU 硬件＋操作系统＋办公软件。

2. Rabbit 新概念组合

新概念环境＝扬弃 CPU 和相关软件(见 9.1.1 节)＝构建最优化的算法探索环境(见 13.1 节)。

新概念网络＝统一结构(见 10.3.1 节)＋统一 1KB 数据包(见 10.4.2 节)＋统一四步服务合同(见 12.1.1 节)。

新概念编程＝状态机插座＋媒体插件＋智能插件＋课程表格式(见第 12 章)。

新概念服务＝15％传统互联网业务＋30％非实时人工智能＋55％实时虚拟现实。

新概念安全＝杜绝仿冒＋杜绝黑客＋数据隔离＋内置商业模式(见 12.4 节)。

新概念软件＝创新流程＋预制标准插件＋图形化开发界面(见第 13 章)。

新概念软件产业＝业务模式转变，类比量体裁衣变成时装设计＝软件工程师向算法设计师转型。

新概念云计算＝云计算不是传统计算机的堆积，而是基本资源的重新组合＝云计算替代摩尔定律，成为推动下一代信息产业的引擎＝没有 CPU＋没有互联网。

3. Rabbit 市场要素

Rabbit 市场要素＝两百年信息产业发展的全过程，可以归纳为五大要素：远程、实时、互动、熵增、熵减。 Rabbit 把这五大要素优化整合到统一的平台(见 13.1 节)。

4. Rabbit 思维模式

Rabbit 思维模式＝把一个复杂化解成多个简单。

5. Rabbit 方法论

Rabbit 方法论＝去除烦琐的中间结构，把资源到应用之间的距离拉到最小。

14.3　信息产业的笼子

1．信息产业的边界

创新不是源自传统经验，必须走到技术、算法和市场等人为因素之外去探索，或者说信息产业受制于以下客观条件的笼子。

（1）**自然资源的边界**：带宽、存储和算力。 这些自然资源大量开采，没有限制。

（2）**人脑生理的边界**：逻辑、感知、表达和联想。 人类缓慢进化的生理本能。

（3）**人类认知模式的边界**：空间交换（电信）、时间交换（存储和回放）、形态交换（智能算法）、熵增（推演）和熵减（归纳）。 人类社会逐渐进步，基本定型的思维能力。

2．信息产业的内容

起始于电报精简状态，跨越短暂过渡的多媒体状态，进入单纯的视频通信终极状态。

（1）**分布极度不均匀**：视觉感观与精简信息数据量差别高达 4000 万倍。

（2）**包容性**：大容量视频可以包容小流量信息，实时互动可以包容非实时单向。

结论：单向发展，人类自然沟通的万年历史从感观（形体动作）到抽象（文字）的熵减过程。 但是，人类通信网络的发展却是从抽象（电报）到具象（视频）的熵增过程。

3．信息产业的发展规律

单一格式、单方向的发展过程，直达信息产业终极目标。

（1）**网络聚焦于实时互动**：起始于非实时的信息服务，当前热门的是非实时人工智能，终极于实时互动的虚拟现实。 其中，实时互动可以包容其他任何网络业务模式。

（2）**内容聚焦于视频**：起始于文字，中间过程是多媒体，终极于视频。 非视频内容全部在终端转换成统一的、优化于视频的格式。

（3）**信息产业固有的二元理论**＝代表复杂流程和商业模式的精简状态机＋代表复杂内容的多媒体表达（熵增）和智能归纳（熵减）＝**精简的树干＋茂盛的树叶**。

4．Rabbit 的使命

（1）**颠覆传统冯·诺依曼计算**：扬弃传统 CPU 和软件系统，建立 Rabbit 新概念编程。

（2）**颠覆传统互联网**：重建互联网技术，保留互联网服务，终端软件完成迁徙。

（3）**发展下一代微基站移动通信网络**：突破蜂窝结构，让 WiFi 移动。

（4）**发展两类人工智能应用**：各类大数据分析（非实时）和虚拟现实服务（实时）。

（5）**Rabbit 终极系统**：实际上，非实时应用只是实时市场的一个子集。 类似地，未来实时虚拟现实的规模远大于非实时大数据分析应用。 从另一个角度，Rabbit 不关注眼前的技术应用，而是放眼探索信息产业的边界。 Rabbit 把多个发展方向整合到一个系统，进一步归纳为人类特有的五维度虚拟现实世界：

Rabbit 五维空间＝三维空间（通信）＋时间维度（存储）＋想象力维度（计算）。

5. Rabbit 的目标

聚焦未来最大的市场环境＝家用虚拟现实应用平台。

信息产业笼子外是无关的世界。 我们只关心笼子内的终极应用弥漫到笼子边缘。

结论：信息产业最大规模的应用是身临其境的**消费类虚拟世界**。 这是因为单项持续的虚拟现实消耗**最多资源**，消费应用**最注重**感观享受，普通民众覆盖**最大市场**。

Rabbit 确立了信息产业的边界，就像一个池塘。 虚拟现实支撑下的实时互动就像池塘中的水，信息产业丰富的市场应用都是水中的鱼。 显然，更好的水会引来更多的鱼，Rabbit 致力于建设这个水环境。 注意，鱼和水是不同的物质，但是紧密连接。

Rabbit 定义水环境＝内容的多媒体表达（熵增）＋算法的智能归纳（熵减）。

Rabbit 定义水中的鱼＝代表服务流程和商业模式的精简状态机＋随时吸纳水中的养分（媒体插件和智能插件）。

Rabbit 终极目标＝感观网络＋人工智能＋镜像空间（9.5.3 节）。

14.4　Rabbit 的商业定位

什么是 Rabbit 系统？

谁来参与和主导 **Rabbit 联盟**？

Rabbit 不是开发某项技术，它不参与具体项目竞争。

Rabbit 的使命是界定市场边界，建设有序的整体环境，提供高效开发工具。

1. Rabbit 与计算机

Rabbit 颠覆了七十多年历史的冯·诺依曼计算体系。

为什么要颠覆旧秩序？

其核心就是建立**无边界系统结构和流程化编程体系**，也就是，突破 CPU 瓶颈。

2. Rabbit 与互联网

Rabbit 与互联网的关系，可以类比 140 年前电话替代电报的历史。

为什么要重复历史变迁？

其核心是**实践人性化实时互动**，必须改变网络结构，也就是，突破互联网瓶颈。

3. Rabbit 与新市场

解决 CPU 瓶颈和人工智能资源需求不平衡的出路是云计算。 然而，云计算不是简单地把传统 PC 堆到云端。 Rabbit 同时颠覆计算机和互联网，开辟一个新时代，与传统相比，这是汽车与马车的差别。

Rabbit 让人看到一个与互联网完全不同的市场，这个市场扩展到信息产业的边界。 在前面定义的产业边界的基础上，自然推出主体市场，即信息产业的发展方向。

这个边界就像一个笼子，Rabbit 致力于建立笼子内最大化的应用环境。

1）信息产业的终极市场

许多人热衷于改进现有的互联网和计算机。 然而，从 Rabbit 看来，现有计算机和互联网结构是历史的产物，并不能适应当前人工智能通用平台、工业互联网、价值互联网的发展趋势。 我们应将主要资源和精力放在构建新的网络计算体系上。

在信息产业的笼子里，未来市场空间不断靠近想象力空间。 我们知道，每个家庭必备的冰箱、空调、电话、电视在发明之前都是不可想象的神话故事，分别代表**虚拟气候**和**虚拟时空**。 今天，从 Rabbit 视角，人类日常生活将迎来想象力维度中的**虚拟现实**。 我们可以推理，因为笼子之外是无关的世界，充满笼子的 Rabbit 之后，再没有实质性的发展。 围绕虚拟现实环境规划市场，主要工作在云端，这个时代已经触手可及。

人性和人体生理结构告诉我们，**网络传输最大流量是视频内容**。 相应地，**人工智能的最大市场就是电影里身临其境的虚拟现实**。 也就是说，家庭虚拟现实环境将会像冰箱、空调、电话、电视和计算机一样普及。 这是一场比拼计算和网络体系能力的较量，Rabbit 就是演绎这个虚拟世界的舞台。

2）Rabbit 的市场定位

人工智能的两大要素是**算力和算法**，Rabbit 开创新一代的**算力结构和算法环境**。

Rabbit 不是发展某种新算法，而是建立不受 CPU 限制的算法进化平台。 实际上，能够实现 Rabbit 目标的根本原因是**同时扬弃传统的计算机和互联网**。

在 Rabbit 定义的终极市场范围内，是广泛的商业应用。 然而，Rabbit 不参与人工智能企业的竞争。 形象地说，Rabbit 不参与"挖金矿"，而是为"挖矿人"提供"牛仔裤"。 或者说，Rabbit 不是"写文章"，而是为"作者"提供"文字编辑工具"。

14.5 Rabbit 的行动计划

14.5.1 分析信息产业发展轨迹，论证 Rabbit 目标

分析信息产业发展轨迹，论证 Rabbit 目标＝融合五大元素。

1. 信息产业诞生

1837 年发明电报，奠定信息产业。 **开创远程信息传递**，定义资源范围。

2. 第一次变迁

1876 年发明电话，开启电报消亡过程。 **加入实时互动元素**，消耗百倍以上资源。

3. 第二次变迁

1990 年发明互联网，开启电话消亡过程。 **加入多媒体元素**，消耗百倍以上资源。

4. 今天面临的第三次变迁

发明 Rabbit，开启互联网颠覆式革新的过程。 **加入人工智能元素**，消耗百倍以上资源。

5. 结论

新应用和新增资源驱动信息产业的变迁，创造新市场。 同时，新增资源必然伴随创新结构。 每个新元素都是人性所需的，每个新元素都有一个积累的过程。

回顾两百多年的历史我们看到，信息产业变迁积累的动力来自五次新增元素：**远程、实时、互动、熵增（多媒体表达）和熵减（智能判断）**。

Rabbit 把五大元素融合到统一平台，探索终极目标，实践两百多年的顶峰。

我们还发现变迁的五大规律：

（1）**每次变迁**都加入新应用元素。

（2）**每次变迁**都遵循从抽象向具象的方向进化。

（3）**每次变迁**都会消耗百倍以上的新增资源。

（4）**每次变迁**都会颠覆传统技术。

（5）**每次变迁**都趋近于信息产业的边界，但是不会超越边界，即所谓笼子概念。

显然，资源增加百倍，无人还会依赖过去的传统模式。 实际上，地球上的带宽、算力和存储资源像空气一样富裕。 由此确保每次变迁顺利实现，包括本次 Rabbit。

14.5.2 Rabbit 系统引导和落实第三次变迁的发展战略

1. 第一阶段：可行计划

首要问题，是否扬弃传统 CPU 和互联网，迎接第三次变迁。

本书公开发表，提出完整的理论和实施蓝图。

第一阶段已经完成。 Rabbit 系统的优势和可行性已经在本书充分论证。

第一阶段结论：Rabbit 的通行证＝百倍效率＋十倍新市场。

2. 第二阶段：样板工程

扬弃 CPU 和互联网是重大决策，必须先通过样板工程展示替代优势。

Rabbit 回答三个关键问题：What(做什么)、Who(参与者)和 How(如何做)。

1) 定义 Rabbit 目标

What? 采用联盟模式，利用联盟力量，根据书中蓝图，实现以下共享平台：

(1) 完成 Rabbit 系统硬件设备、软件工程和开发工具的设计与制作。

(2) 完成互联网业务转换工具，在现有网站支持下，完成网站业务无缝转移。

(3) 完成非实时人工智能平台，包括异构引擎，将大数据算法整合到网络业务。

(4) 完成实时互动人工智能平台，把虚拟现实和镜像空间推向大众服务。

2) 成立联盟董事会

Who? 通过运营联盟，缴纳联盟会员费，管理联盟预算，由企业会员群参与，包括以下企业：

(1) 多家芯片和设备制造企业。

(2) 多家流程类服务企业，主要指传统互联网企业。

(3) 多家算法类服务企业，主要指人工智能应用企业。

(4) 多家网络运营企业。

3) 成立联盟执行部门

How? 管理和协调 Rabbit 开发任务：

(1) 协调联盟成员，共同制订详细的技术标准和开发计划。

(2) 建立联盟内部开发团队，主导并完成项目开发。

(3) 支持多家大学的教授和研究生承担不同项目开发。 在此基础上，逐步向全球大学(甚至中学)推广 Rabbit 项目和标准模块库开发，为互联网和计算机之后的信息产业储备人才，培养市场和顾客。

(4) 支持和配合联盟成员发展大型 Rabbit 服务。

(5) 评估和验收第二阶段开发成果，建立生态环境，提出吸纳传统互联网的可行方案，制订全面推广的实施计划。

3. 第三阶段：全面推进

在全面评估第二阶段成果的前提下，进入第三阶段。

Rabbit 是否进入实施阶段、如何实施、如何融资，完全由联盟董事会投票决定。

全部 Rabbit 联盟成员就是推动 CPU 和互联网之后计算网络最强大的力量。

附录A
论下一代网络

下一代网络的发展并不仅仅是带宽的增加,更重要的是数据流量在向媒体流倾斜。 下一代网络的核心定位不是传递信息,而是娱乐、消费、享受的载体,是未来娱乐经济和体验经济的支柱。 面对着消费大众翘首以待的大规模视频应用的巨大市场,传统的 IT 厂商束手无策,未来的视频媒体流是一个全新的市场,历史事实早已反复证明:传送语音的电话网络并不依赖于过去的电报技术,传输计算机文件的 IP 网络并不依赖于过去的语音电话技术。 同理,强大的视频媒体流网也并不依赖于过去的计算机信息处理和传输技术。

关键词:下一代网络,视频,媒体流。

目前,关于下一代网络的观点和讨论很多,但作者在本文中所持的观点与目前许多专家大相迥异,并以直率的措辞指出了当前大多数 IT 专家视为经典理论的方向性错误。

A.1　关于带宽与芯片的资源重组

一百多年来,由于带宽资源的匮乏,各种通信理论和技术大多围绕着如何有效地利用带宽的问题。 这些理论和技术包括调制解调、信道编码、数据压缩、多用户复用和网络协议等。 但是近年来光纤技术的发展将原来最宝贵的带宽资源放大了百万倍,带宽与芯片的资源格局由此出现了根本性改变。 客观认识此等变化,对于通信理论和技术的发展具有积极的现实意义。

20 世纪 70 年代,微电子技术的突破促使芯片资源爆炸性扩展。 依照摩尔定律揭示的发展速度,Intel 不断快速推出更新换代的 CPU。 与此同步,Microsoft 也快速对其操作系统更新换代,广大应用软件供应商同步推出应用软件。 如此与资源同步的应用,使爆炸性增长的芯片资源得到良性的吸收、承载和消耗,也使 PC 的价格能够维持在一个基本稳定的水平,进而造就了整个 PC 工业。

进入 20 世纪 90 年代,光通信技术的突破促使带宽资源爆炸性扩展。 在可预见的将来，带宽容量增加的速度将数倍于芯片容量增长的速度。 但是至今未形成一种与资源同步的应用，来吸收、承载和消耗如此爆炸性扩展的带宽资源。 当语音和数据用户总量因市场饱和由高速增长转为停滞时，就导致了整个电信业的极大灾难。有数据表明，1998—2001 年，光缆的总传输能力增长了 500 倍，同期的带宽需求却只增加了 3 倍。 在严酷的事实面前，通信及网络行业在毫无预警的情况下，由一片火红突然进入前所未有的严寒。 美国通信网络行业整个价值链的市值损失了一万亿美元，连带 NASDAQ(美国全国证券交易商协会自动报价表)六年来的积累一扫而空，总值退回到 1995 年的水平。 茫然之余，人们期盼这只是股市泡沫的正常调整，却忽略了网络技术发展错位的事实。 目前，业界推崇的各种网络解决方案都无法向消费大众提供足以让大家掏钱的杀手应用，才是这一结局的症结所在。 如果没有在消耗带宽能力(解决大规模视频应用)上对传统业务进行根本的革新，电信及网络业将永远走不出灾难的深渊。 经历了如此惨重的挫折，再不能指望原先的几家 IP 技术公司来创造奇迹，扭转败局。 现在必须严肃审视当前网络技术中存在的方向性错误。

目前，业界视为顶级科技的 Softswitch、VoIP、IPv6、QoS、MPLS、MPEG4、HFC 和 ADSL 等，其实都未能从根本上解决问题。 这些技术的共同之处是依靠增加芯片复杂度来获取局部的、微弱的进步，因此根本不足以改变网络行业的困境。 面对消费大众翘首以待的大规模视频应用的巨大市场，传统的 IT 技术束手无策。 技术专家们乞求于更复杂的软件、更强的 CPU、更快的芯片。 他们没有意识到传统 IT工业的原动力芯片资源已经成了下一代网络发展的瓶颈。 现有技术若要适应视频市场的需求，网络在降低成本的前提下至少要扩容数百倍，根据摩尔定律测算，这意味着还要等十年以上。

通信网络的基础资源是芯片与带宽，网络技术若不能适应基础资源新的平衡，必然会引发全身性的疾病。 过去三十多年发展起来的 IT 技术，由于各种原因沉淀下极为复杂的 CPU 芯片、数以千万行的软件、烦琐低效的网络协议，互相牵制不可分割。 大量的资源不是针对应用，而是耗费在不必要的冗余上，成为寄生在网络上的癌细胞，且具有日益恶化(失控)的趋势。 客观审视现存问题，作者认为任何增加技术复杂性，降低芯片效率的研发理念都背离了未来网络技术发展的方向，唯有降低网络对芯片技术的依赖，才是网络扩容的真正出路。 没有正确技术体系的支撑，只能看着世界上拥有最多带宽资源的公司一个个相继倒闭。 考虑宽带网络问题的思维方式不是将窄带简单地放大。 由于光缆的铺设成本大致是一个固定量，当每条光纤的传输能力成倍增长后，单位带宽成本就势必会大幅下跌。 现在光集成电路正处于类似 20 世纪 70 年代初集成电路的发展阶段，光传输技术的进步将会在五年之内使单位带宽成本急剧下降。 由于宽带网络的成本并不比窄带网络高，却能提供更多的服务项目，因此从理论上说，DVD品质的电视电话使用费应该低于现有普通电话。 根据上述分析，可以得出推理：通过对带宽与芯片资源的重新配置，未来网络的通信成本在于连接，而与带宽无关。 以最快速度、最低代价、最大限度将过剩的带宽资源转换为消费大众愿意付费的服务，是下一代网络技术头等重要的命题。

结论：任何增加技术复杂性、降低芯片效率的研发理念都背离了未来网络发展的方向，唯有降低网络对芯片技术的依赖，才是网络扩容的真正出路。 如果没有在消耗带宽能力(解决大规模视频应用)上对传统业务进行根本的革新，电信及网络业将永远走不出灾难的深渊。

A.2　关于网络发展的三大法则

Intel公司的创始人摩尔观察到芯片密集度以超常速度持续递增(每18个月翻一倍)，这就是著名的摩尔定律。 根据这条法则，Intel与Microsoft公司联手，以快速更新换代的方法成功地阻止了其他竞争对手的进入，奠定了PC工业的霸主地位。众所周知，PC的基本功能二十年来没有大变，PC未等用坏就像时装一样，因过时而被迫淘汰。

3COM公司创始人麦卡菲(Metcalfe)注意到网络的价值随着用户的增加而增加，即所谓麦卡菲定律。 这条定律告诉我们抓住一个用户就是多获得了一份资产，而且是一份会自动不断增值的资产(成平方关系)。 在资本市场的支持下，Internet凭借E-mail和WWW两项免费服务迅速壮大起来，由一项私有协议、一个专用网衍变成公众网，在短短几年之内渗透到社会各个层面。 原本由国际电联和各国电信商一致公认的ATM＋BISDN世界标准，尽管性能要比IP优越很多，但是在Internet免费服务的冲击下彻底失败，导致昔日几家超级电信设备商从此一蹶不振。

经过长时间对视频传输技术的研究，作者在1998年意识到一个耐人寻味的现象，即信息的价值与其所需比特不成比例。 一家银行全年所需比特量未必抵得上一场高清晰数字电影的比特消耗，一个小学生随便在网上浏览图片所需比特量常会大于一个政府部门日常所需。 重要的、具有法律效力的信息大都以文字表达且简明扼要，而娱乐、消费、享受等人性化交流信息常常需要用高品质的视频表达，占用极大的带宽。 作者把这一现象归结为比特需求性定律(Law of Bit Significance)："网络中信息所需的比特量与其体现的价值成反比。"

这一看似简单的发现，具有强大的正反馈效应。 它揭示了未来网络发展的趋势不是简单的带宽增加，更重要的是网络承载的数据量将不断向流媒体倾斜。 随着社会的进步，网络信息主体终将全面视频化。 事实上，当前 IT 行业的演化趋势已印证了上述结论。 经过三十多年的发展，现有的技术较好地实现了文字数据的传输。 而实际需要处理和传输的信息中，非文字以娱乐、有效沟通、方便使用者、满足人性化需求为目标的信息(作者认为可称其为广义信息)占了数据量的主要部分。 这一类数据是以视频为代表的大规模流媒体，其需求增长的速度大大高于文字数据。 实现高质量处理和传输大规模流媒体，并有效解决网络的安全、可控和收费问题，是电信、网络业所梦寐以求却长期无法解决的难题，这类不同以往的需求是下一代网络的核心增长点。 比特需求性定律预示了当前的网络界已被几家垄断 IP 技术大公司所误导，正走向一个错误的方向。 尽管在 20 世纪 90 年代后期，Internet 无所不能，IP 电话风靡一时，IT 技术如日中天，人们误以为只要 Internet 加上 QoS 就能成为一个全能网而一统天下，但是作者断定这是一条死路。

从上述现象和趋势中，作者意识到一个几十年难遇的机会，目前的情况与当年微软推出 DOS 操作系统时极为相似，它表现为：

(1) 对应于 20 世纪 70 年代的 PC 市场，当前一个大规模流媒体处理及传输的新市场有待开发。

(2) 对应于 20 世纪 70 年代集成电路技术的突破，如今光通信技术的突破已为大规模流媒体网络奠定了资源基础。

(3) 对应于计算机操作系统的技术垄断性，网络协议也是一项带有垄断性的技术，先行者将长期占据有利地位。

(4) 对应于当年 IBM 等大公司没有认识到软件会是一个巨大的独立产业，今天的 IT 大公司也尚未意识到视频通信是一项新的巨大的独立产业，它们仅将视频业务看作是现有网络的延伸。 比特需求性定律正是在这一点上捅破了窗户纸。

把握住这个历史发展机遇，抢占 21 世纪网络和计算机技术制高点，将对未来国民经济发展有重大战略意义。

根据比特需求性定律得出的结论是：下一代网络的核心定位不是传递信息，而是娱乐、消费、享受的载体，是未来娱乐经济和体验经济的支柱。

A.3　关于多媒体网络的错误

下一代网络必须完美地满足消费者对多媒体服务的需求，由此人们不假思索地自然以为下一代网络应该是一个多媒体网络。 然而，这正是陷入了多媒体概念的误区。

众所周知，不同媒体间的数据量差异极大，一篇 10min 读完的文章，一首 10min 的歌曲或者一段 10min 的电视片断，上述三种人们常见的媒体表现形式所需的数据量大约是 1∶100∶10 000。 一部三天读完的小说，若拍成 2h 的电影，其所需数据量将放大万倍以上。 任何先进的视频压缩技术都无法抵偿消费者对视频品质日益增高且几乎无限制的要求。 一项视频服务所需消耗的数据量大致相当于一万项文字服务。 如果从用户的角度看是多媒体服务，而从网络角度看，其数据量几乎都是视频。 因为只要有 10% 的服务项目是视频，那么总数据量中的视频部分就将占 99.9%。 如果从网络的角度看是多媒体，那么从用户角度看，其服务内容几乎看不到视频。 假设网络中视频数据量为 50%，那么总的服务项目中视频将仅占 0.01%。 从上述分析不难看到一个简单的事实：多媒体服务必须由单纯的视频网络来支撑，而多媒体网络不可能提供任何有价值的视频服务。

通信网络的发展轨迹是网络服务由简单的文件服务向多媒体服务过渡，但是网络的数据内容将由单纯的文字向单纯的视频过渡。 所谓多媒体网络只是这个发展过程中一朵短暂的浪花。 即便是低品质视频，若网络中视频服务项目从 0.01% 增长至 1%，则网络中视频数据量将从 9% 增加到 90%；若视频服务项目增长至 5%，则网络中视频数据量将增加到 98%。 为了在服务层面兼顾各种不同的媒体，那么在网络层面就必须独尊视频。 毫无疑问，下一代网络的研究方向必须是量身定做的视频网络。 那些在当前网络技术中引以为豪的、五花八门的、试图实现多媒体网络的努力和成果终将被证明是徒劳无功的。 追逐不稳定的多媒体网络幻影，就像试图制造万能工具一样违背了基本的哲学原理，犯了方向性错误。 保留现有的以文件传输为主的 IP 网络，并行建立以流媒体传输为主的高效率网络，会比任何改造 Internet 的方案所花费的投资少，效率高。 因此在骨干网上采取双网共存，在用户端整合所有网络服务是下一代网络的发展方向，也是电信及网络业在短期内发展大规模视频服务的唯一出路。

结论：下一代网络能够提供内容丰富的多媒体服务，但只是一个高效率单纯流媒体网络，而不是多媒体网络。

A.4 关于 QoS 的错误

QoS 是业内人士讨论的热点之一，似乎有了 QoS 就可以解决 Internet 传输视频的难题。 作者认为这是大错特错的。 目前 QoS 的主要对策是假设流媒体内容占少数，并给予优先服务，其实相当于网中建网。 这好比给俱乐部中一部分重要客户发放金卡以示区别。 但是设想当大部分客户都持有金卡，那么其优先的特权也就形同虚设了。 视频流媒体与文件包的 QoS 机制完全不同，根本不可能合到一起。 当网络拥挤时，不重要的文件可以慢点送，甚至通过丢包来降低文件流量（TCP）。 文件包的 QoS 是基于个别包的层面（Per Packet Base）。 但是视频流媒体不论重要与否都不能延迟，不能丢包。 因为一个断断续续的电影等于没有电影。 人们不可能因为少花了钱而只看半场电影。 就像航空公司出售飞机票可分为头等舱、经济舱等，头等舱保证座位，当飞机拥挤时，航空公司可以不卖折扣票。 但是不管什么价钱的票，只要上了飞机，就一定要确保乘客同时送达目的地。 这里不存在"优先服务"的概念。 因此 QoS 对视频流来说只有同意或拒绝服务，不能在服务中途降低品质。 流媒体的 QoS 是基于整体服务层面（Per Call Base）的。 当前 QoS 方案的先决条件是流媒体在网络总数据量中所占比例不高。 但随着网络服务向多媒体发展，网络传输内容不断向流媒体倾斜，届时必将破坏 QoS 的先决条件。 所以，现在看似有效的 QoS 技术为将来的网络崩溃预留了不可避免的祸根。

过去人们曾认为 ATM 可以完善地解决 QoS 问题，因为 ATM 可以把用户数据分为五六种，并实现端到端的区别对待。 作者认为这种分法过于牵强附会。 过去一百年乃至未来一百年，信息数据只有两大类，即以机器为受体的文件包（Datagram）与以人为受体的流媒体（Streaming）。 通信系统中最早的电报网是处理文件包，后来的电话网是处理流媒体，现在的 Internet 比电报网复杂许多，但主要还是处理文件包。未来的下一代网络将比电话网复杂许多，但主要是处理流媒体。 历史就是这样螺旋上升地发展。 文件包传输的最佳方式是尽力而为，并且要有确保无误的检错及重发机制。 而流媒体的传输方式必须是用资源预留来保证连续性和低延时。 这需要两种完全不同的传输协议和硬件设备。 因此，建设真正有效的下一代网络其实就是建设最有效的视频网络。 只有单纯才能达到高效。 尤其是在未来芯片资源瓶颈的时代，更不允许为了照顾不足 1% 的文件流量，而影响到占 99% 以上的流媒体的效率。 至于文件的传输理应继续让专为文件传输而设计的 IP 网络来承担。

结论：最彻底最有效的 QoS 就是流媒体独立成网。

A.5　关于 IP 为王(Everything over IP)的错误

作者曾问许多同行一个问题："为什么未来网络将由 IP 一统天下？"得到的回答是："因为大家都这么说。"下一代网络尚不存在，谁都没见过，为什么会有这么多人把它想象成 IP 网络呢?

IP 一统天下仅是 IP 技术厂商的一厢情愿,可惜许多专家都迷失方向,错把 IP 当作奋斗的目标,而忘记了满足老百姓的需求才是下一代网络的真正目标。 以前人们都说地球是方的,甚至八年以前大家还都一致认为 ATM + BISDN 就是下一代信息高速公路。 科学最忌人云亦云,世界上不存在万能工具。 客观规律指出,任何多功能机器都将以牺牲单一功能的效率为代价。 IP 网络是依据计算机文字信息交换的特点而设计的,擅长于 E-mail、WWW 等文件传输。

作者认为下一代网络的基本要求是:任何服务的功能和性能只能优于而不能劣于现在已有的服务。 但是,有人花费十多年时间,试图把 PSTN 早已解决的问题搬到 IP 网上,发展什么 VoIP 电话,而 IP 电话的品质至今还不如传统电话。 IP 专家们将网上的小块劣质视频看作先进的高科技,根本不敢想象如何把有线电视广播和高清晰电视搬到 Internet 上。 当前网民中流传着不伦不类的缩写数字符号,本身是对人类丰富多彩文化的嘲讽,但却被网虫们誉称为网络文化。 这些技术的服务品质不足以满足消费大众对下一代网络的需求,更谈不上开拓有价值的市场。

未来巨大的流媒体市场是一块未开垦的广袤的处女地。 各种老技术、新技术都将在这里公平竞争。 ATM 技术和 IP 技术均以多媒体网络的姿态做了尝试,但收效甚微。 ATM 技术因价格过高而退出竞争。 IP 技术曾经开拓了一个新的计算机文件传输市场,取得巨大成功,并将继续以不可替代的优势占据这一市场。 在一些厂商的过分宣传和引导下,人们习惯性地以为 IP 技术还将延伸到流媒体市场,但却忽略了以 IP 的文件包承载流媒体将是效率低、性能差的事实,因为 IP 技术遗传性地不适合视音频流媒体的传输。 同理,依靠提供免费服务发展起来的 IP 网络遗传性地不具备发展安全、可靠收费业务的商业模式。 试图改变 IP 的本性去占据自身无法承受的商业经营型流媒体市场,在逻辑上是错误的,违反了 IP 产生的初衷,背离了因特网的立网精神。

IP 时代已经结束了。 经过近十年迅速发展之后,IP 的革命已经停滞,进入一个缓慢的建设阶段。 尽管今天 IP 技术仍保持着强势,IP 专家们还在高谈阔论,憧憬于将 IP 技术扩展到流媒体领域。 但是如同 20 世纪 50 年代的 TV,60 年代的大型计算机,70 年代的微处理机和 80 年代的 PC 一样,90 年代的 IP 作为一个时代已经结束了。 IP 这股潮流曾经如此迅猛地带动了经济的发展。 它的终结并不是由于它的失败,也不是它的任务已经完成,而是一个新的时代已经到来。 进入 21 世纪,一个以娱乐为核心的新市场正在孕育成熟,以视频流媒体为主的新的网络技术将影响每个家庭。 作者将其称之为"客厅技术",以区别于 PC 和 IP 的"桌面技术"。 这两种技术范畴的本质差异是近距离操作（其核心是信息）相对于远距离观赏（其核心是娱乐）。 这个娱乐经济的新时代对文化、经济和政治的影响将会比 IP 时代更加彻底。 在这个新经济中，通信宽带、存储带宽将取代计算机芯片的地位，成为社会进步的推动力。

结论：IP 网络以处理计算机文件数据为主，永远如此。

A.6 关于网络兼容性和标准的误区

传统的 IT 行业即 PC 和 Internet(统称为桌面技术)，在长期的发展过程中，由于许多厂商的参与要求能实现互联互通。 所以在 PC 层面要求软件兼容，在 Internet 层面要求协议兼容。 Internet 是一个 PC 的网络，因此在 PC 内部、Internet 内部、PC 和 Internet 之间存在着错综复杂的兼容性问题。 人们习惯性地把下一代流媒体网络想象成与 Internet 大同小异。 若仅在服务层面上这是对的。 下一代网络必须能够像 Internet 一样允许用户自主搜索海量节目，具备广播电视一样的画面品质和电信网一样的零延迟的切换速度，同时还是一个在安全上可以高枕无忧的网络。 为了实现这一目标，在网络层面上，下一代网络与 Internet 之间有着本质不同。 就好像 Internet 的出现与电话网不兼容，电话网的出现与电报网不兼容。

在一个新兴的领域，不存在所谓的行业标准。 标准历来是强者手中争斗的工具。 微软公司不断推出新一代操作系统，将相似的产品卖了一遍又一遍，从来不讲什么标准。 甚至在微软加入了 Java 标准之后，又故意增加部分功能，推出 MS Java，公然破坏了原有的标准秩序。 思科公司用的是另一种手段玩弄标准游戏。 它操纵 IETF 论坛，首先推出某种协议方案，只定方向，而不谈实施细节，待思科的产品占领了市场之后才逐步提供协议细节。 当遭遇别的厂商产品的威胁时，思科又会提出下一版的方案，重复前面的游戏。 只有当市场完全成熟了，产品竞争到了拼比生产成本的时候，标准之争才会尘埃落定。 即便如此，仍有技术上难分好坏的多种标准同时存在。 例如，电信网络有 T1、E1 之分；电视机有 NTSC、PAL 等制式之分。 标准历来是强者的游戏，因此 WTO 只要求各国降低关税，却从来不要求统一标准。 我们常说要突破核心技术，掌握自主知识产权。 其实按照别人的游戏规则，能被突破的技术已不是什么核心技术了。 核心技术是不可能被突破的，核心技术只能是原创。 自定游戏规则，就是创造核心技术，就是制定标准。

结论：下一代网络中，不同统计特征的数据将遵循光层兼容、电层隔离、服务互补共存的原则优化网络效率。

A.7　关于保护原有投资的误区(兼论软交换、VoIP、IPv6 的错误)

保护原有投资一直是电信和网络建设者们关心的问题。 今天很少有人会认同电信网络面临一次技术革命，应拆除老设备，重建新系统。 大多数专家赞同走一条渐进的道路，即强调向下兼容的发展方式。

这一观点之所以受到广泛支持，一方面是因为运营商希望保护已有的投资，另一方面是因为设备厂商希望继续推销他们已成熟的技术产品。 但是这些愿望却掩盖了一个很大的误区。 让我们来剖析一下当前最热门的几个方案，如软交换、VoIP、IPv6 等究竟能带来怎样的效果。

打着下一代网络旗号的软交换技术，其实并没有提供下一代的新服务。 软交换列举了几项比现有程控交换机更好的、锦上添花式的优点，但是无法回避以下事实：今天花钱买了软交换设备，其所得还是传统的电话服务和现有的上网功能。 至于将来能否提供大规模视频，最多仅是一个承诺。 现在还没有一套完整可行的方法，甚至没有一个未来可行的时间表。 将来某一天若真能提供大规模视频服务时，对不起，原有的程控交换机已不能用，还请再重新购买设备，到时再报价。 软交换的设计出发点已经犯了多媒体网络的方向性错误，谁能保证下一代视频网络会用今天的软交换平台呢？ 反正今天的钱已经重复花在已有的、正在萎缩的电话服务上，只好算作为那些不懂如何做视频的传统 IT 设备厂商做了贡献。

当前电信及网络界的另一个热门技术是 VoIP。 不少 IP 电话的运营商和设备厂家确实赚了钱，由此 VoIP 成了资本市场的热点。 然而经过十多年的研究开发，VoIP 设备成本仍高于传统电话，话音品质还不如传统电话。 VoIP 否定了传统的程控交换机，并未保护原有投资。 人们接受 IP 电话的唯一原因是借用了 Internet 的免费带宽使得价格便宜。 如果传统电话为了求生也降价，试问还有 IP 电话的市场吗？ VoIP 并没有带来任何新的服务，除了吞食传统电话的收入，迫使其降价外，唯一的结局是与传统电话两败俱伤。 现有电话客户的增加，远不能补偿电话服务费下降带来的收益缺口。 VoIP 越是成功，就越加速了电信行业整体收益的下降，终将会把电信业拖进前所未有的困境。 在 VoIP 的逼迫下，传统电信迟早要大幅度降价。 与其盲目跟风耗费宝贵资源，去发展 IP 电话，还不如先主动降价，把 VoIP 堵住。 同时，投资到视频新服务，开辟新市场，争取早日实现行业转型。

最后一个热门技术是 IPv6，众所周知，现在的 IP 网络协议是 IPv4。 今天的 IP 网络与当初开发时的规划已大相迥异。 经过三十多年的自由发展，无数次修补，已经布满了补丁，牵一发而动全局。 IPv6 试图理清这团乱麻，提升网络性能。 但是，IPv6 与 IPv4 不兼容，推广 IPv6 意味着要全面更换现有的网络路由设备，并不保护原有投资。 这是一笔庞大的开支，且替换过程将势必影响现有网络以及内容供应商服务的连续性。 由于大部分现有的用户不能获得任何实质性好处，不会情愿为此付钱。 网络运营商投资 IPv6 后，能直接增加的新客户非常有限，大部分使用者还是不愿花钱的老客户。 更有甚者，运营商花了钱，但无法保证自己的客户受益，反而白白便宜了别的运营商(竞争对手)的客户。 因此，尽管 IPv6 标准早已通过，但是没有可行的商业价值，美国早在 1999 年就已建成连接一百多所大学的 IPv6 实验网，但并未进一步推广。 国外厂商说中国是 IPv6 最好的试验场，所能津津乐道的仅是 IPv6 地址多，对于实质性问题如安全失控、服务品质保证等并无良方，甚至故意回避。 IPv6 主要的服务内容还是局限在现有 IP 网络的文件传输领域，并没有对视频流媒体的传输提供实质性的帮助。 在 2001 年 11 月世界最权威的下一代网络年会(NGN2001)上，大会主席与 IPv6 的专家之间有这样的一段对话：

问：您估计什么时候 IPv6 的流量能达到 IP 总流量的 20%？

答：15 年以后。

以上三项都是当前电信和网络界最看好的热门技术，它们的共同点是：

(1) 主要应用领域与现有市场重叠，重复投资不可避免；

(2) 既没能力保护原有的和今后的投资，还将失去未来的发展机会；

(3) 没有提供在短期内能消耗大量带宽的视频服务，无法带领电信及网络产业脱离困境；

(4) 这些引以为豪的努力和成果违背了比特需求性定律，终将被证明是徒劳无功的。

软交换、IPv6 和 Internet2 技术所做的努力，以及网络改造所需的资金代价，仅仅只能换得一张空头支票，并没有提出有效的流媒体解决方案，只是说将来(不知什么时候)或许可以提供大规模视频服务，当然如果真有那一天还要重新花钱买设备。

未来的视频流媒体是一个全新的市场，不要迷信传统 IT 行业的厂商，他们身上除了沉重的包袱，并无处理视频的经验，不要指望他们能拿出什么切实可行的办法。因为根据本文所述的比特需求性定律，在几家大公司的把持下，控制了舆论，电信及网络界正走向一个错误的方向(追求多媒体网络、QoS、IP 一统天下等)。 历史事实早已反复证明一个简单的结论：汽车工业不依赖于过去的火车技术；飞机工业不依赖于过去的汽车技术；电视机市场不依赖于过去的收音机；PC 市场不依赖于过去的大型计算机；传输语音的电话网络不依赖于过去的电报技术；传输计算机文件的 IP 网络不依赖于过去的语音电话技术。 同理，强大的视频流媒体网络也不会依赖于过去基于计算机文件的 IT 技术。

A.8　关于接入网之争

随着社会信息化的发展，各种宽带接入网技术纷纷出现，如有线电视 HFC 双向改造、ADSL、以太网和无线接入等。 每一项技术又各有许多变种，五花八门，各显神通，究竟谁占鳌头，很难定论。

住宅小区的建设是百年大计，小区通信网络至少要服务二十年以上。 回顾二十年以前的通信网络，再来预测二十年以后人们对网络的需求，不难看出，人类对衣、食、住、行等物质生活的追求受到自然资源的限制，小康和豪华水平的差别只是几倍而已。 但是，人类对信息通信的需求再增加一万倍也不嫌多，发展信息产业既不需要大量的能源，也不会污染环境。 开发广大市民的通信需求才刚开始，发展空间几乎无限。 中国人多地少，大幅度增加信息消费对能源、原材料消耗很少，但对于改善人民生活品质、拉动内需、推动国民经济、提高综合国力、增强国际竞争力效果巨大。

目前大家最关心的是提高计算机上网速度，但是如果把高速上网列为建网目标，显然是非常短视的。 HFC 双向改造、ADSL 等技术的推广确实在提高上网速度方面有所改善。 对于长期限制在每秒几万比特窄带通信网的人们来说，只是暂时得到一种宽带的假象。 但是这种错觉能够维持多久呢？

在世界范围内，宽带通信网络的最大障碍是接入部分。 美国的主流技术是对有线电视 HFC 的双向改造和对电话线的 ADSL 改造。 这些技术最多向每个用户提供每秒数兆比特的下行和不到 1Mb/s 的上行数据带宽。 这样的带宽距离大规模视频服务的门槛相差甚远。 为了在这点带宽上传输尽量多的节目，技术专家们不得不再花大力气发展出许多数据压缩技术，而所有这些技术带来的后果是价格居高不下，瓶颈依然存在。 美国的接入网技术称作最后一千米的技术。 由于中美两国国情不同，中国城市人口居住密集，因此接入网不是最后一千米，而是最后 0.1km 的技术。 配合中国大规模的城市建设，这 1/10 的距离要求，完全可以采用一个更科学的技术方案，就是以太网接入方案。 与 Cable Modem 和 ADSL 相比，以太网技术以不到十分之一的价格，能提供几十倍带宽，其性能价格比无形中提高了几百倍。 但是现在的以太网技术并不符合大规模流媒体市场的要求，如同改造有线电视网或电话网那样，我们同样可以对以太网施以脱胎换骨的改造，使它成为适合中国国情的接入技术。

全面大规模推广 HFC 双向改造和 ADSL 技术将堵死中国迅速发展低价位信息消费产业的道路，将迫使中国老百姓接受依托美国消费水平而发展起来的信息产品。HFC 双向改造和 ADSL 技术所提供的带宽远不足以发展大规模互动视频网络，如此下去，必将造成网上服务贫乏，形不成新的消费产业，建网成本也无法回收，最终还需再次重建。由此会在时间和资金方面付出更大的代价。

采用光纤进楼、五类线入户在中国具有巨大的优势。扬长避短，是我们祖先的法宝。率先打开信息消费市场大门是使中国信息化超越世界先进水平、建立宽带大国、领先世界进入信息化社会的一个得天独厚的契机。人类的感觉器官中眼睛所需的信息量最大，而高清晰 HDTV 大约占用 20Mb/s 的带宽。光纤进楼、五类线入户方案将 100Mb/s 数据量引入每家每户，完全超过了人类感觉器官所能接受的信息量。因此可以说其生命周期很长，将与住宅建设的百年大计相吻合。

A.9 关于网络的收费机制和商业模式

一项系列产品或服务的定价和收费机制，往往直接影响到其市场推广。Internet ISP 包月制的收费方式在一定程度上是造成其泡沫破灭的原因。最近有人提出按上网时间或按传输数据量计费，这些计费方式可以体现出用户对网络资源的占用情况，看似比较公正。但作者认为在宽带网络中，这些方案均不可取。因为根据比特需求性定律，重要的数据比特量少，不重要的数据传输量反而大。网络的盈利空间源于对用户提供服务的价值。在百货商场里，顾客付钱是为了购买商品或服务，而不应按顾客在商场逗留的时间或使用商场设施来收费。或者说，百货商场里的所有衬衫，如果不论好坏一律 50 元一件，这样能培育出服装行业来吗？同样道理，网络是借助内容体现价值的手段。在过去的窄带网络中，带宽成本占据主导地位，因此网络按资源占用量来收费是合理的。但是在进入宽带网络时代后，网络的成本是连接，而不是带宽。网络只能分享内容的价值，即网络服务应形成按内容计费的机制。如果按时间或流量收费，网络至多是一个通信工具，唯有按内容收费才能孕育出巨大的信息消费产业。

说明：本文原发表于《电信科学》2003 年第 2 期；作者为高汉中。

附录B
论边界自适应微基站网络

当前无线领域主要有两大网络体系，即移动通信和无线局域网，分别对应了宏基站技术和微基站技术。 从"三屏融合"的角度，未来我们将在有线通信和无线通信上获得同质化服务。 我们的使命是把无线网络的服务能力提高到有线水平，而不是把有线网络应用降格成无线水平。 本文从香农理论，推导出未来无线网络的唯一出路是微基站网络道路，而不是走宏基站的渐进改良，或者"长期演进"（Long Term Evolution，LTE）的道路。

B.1 导言

当前无线领域主要有两大网络体系，分别是移动通信（http://www.mscbsc.com）和无线局域网，分别对应了宏基站技术和微基站技术。 在基于宏基站技术的移动通信领域，第二代移动通信（2G）取得了巨大成功，但是接下来的 3G 却远不如 2G。 由 3GPP 领军的长期演进计划（LTE）希望能为移动通信开创新局面。 但是，面对不堪重负的通信带宽，大部分移动运营商背弃初期承诺，自降服务水平，撤销不限量数据业务。 事实是，3GPP-LTE（包括两家竞争者）不论多么努力、耗费多大资源，还是不及 2G 那样成功的高度。

另一个无线通信体系是从基本微基站的无线局域网开始，由 WiFi 联盟领军（http://www.wi-fi.org），目标是在小范围内提供移动性。 为了扩大覆盖区域，2001 年成立 WiMAX 论坛（http://www.wimaxforum.org），参与移动通信竞争。 但是，WiFi 和 WiMAX 都面临"四不一没有"困境，即带宽不足、漫游不方便、网管不强大、系统不安全，以及没有杀手应用。

我们知道，2G 无线网络的主要业务是语音，显然，2G 的成功建立在一个事实，即语音品质与固网相仿之上。 当前无线阵营把目光聚焦在无线多媒体上，问题是，他们提供的无线多媒体品质能够与固网相提并论吗？ 答案是差得很远。

我们认为，问题的焦点不在于新奇的应用，而是基本的带宽资源。当前无线阵营将无线通信市场局限在所谓的"碎片化"时间。实际上，就是把有线网络应用降格成无线水平，严重拖累了网络经济的发展潜力。

本文提出了一种新的体系结构，即边界自适应微基站网络。这种结构将能够提供足够的带宽增加（理论上是无限的带宽），从而满足未来无线网络的所有带宽需求。这种无线系统的目标是找到一种能够按需提高带宽和质量的正确解决方案，也就是说，使无线系统的性能与有线系统的性能不相上下。

在城市人流密集的热点区域，如校园、咖啡馆、茶室、商场、展会、运动会、车站、候机楼等。这些区域移动终端密度大，一旦普及宽带业务，带宽需求将远远超过传统基站的能力。微基站网络通过集中管理的高度密集基站群，在空间上分割人群，相对降低每个微基站服务区内的终端数量，如果基站间距缩小到10m以下，系统带宽增益将提高数千倍。

在高密度居民区，无线信号完全重叠，边界自适应的微基站网络从结构上确保无线频谱的管理能力。无线网络的动态时隙和发帧权中心控制机制，能够彻底消除信号间互相干扰，同时，严格防止侵占他人的网络资源。

在乡村地区，无线基站能够自动放大基站覆盖范围，兼顾用户大量集中和少量分散的分布状态。如果发现某一区域带宽不够，只需在那里加装基站，如同照明不够的角落增加几盏路灯。边界自适应的微基站网络多向发射功率和天线波束控制以及基站即插即用机制，能够自动缩小周边基站的覆盖范围，在该局部区域内，自动提升系统的带宽能力。

在铁路和隧道沿线，微基站单方向排列，无线网络能够实现高速车载移动通信。当无线终端以数百公里时速穿越无数个微基站时，可能每个基站只收发几个数据包，甚至一个数据包都来不及发送。边界自适应微基站网络的高速无损切换机制，能够确保实时互动高清视频流的原始丢包率控制在万分之一（0.01%）以下。

根据边界自适应微基站网络理论，未来我们可以在超市里买无线基站，像电灯泡一样，回家自己安装。

本文的其余部分组织如下：B.2节定义了未来无线网络的最终目标。B.3节从一个新的角度来理解香农理论。B.4节提供了几条指导原则，以加强微基站原则的极限。B.5节提出了一种新的自适应微基站网络的关键技术：CTDMA。B.6节提出了无线网络运营商的经营模式。B.7节描述了在灾难期间提供不间断无线服务的独特功能。B.8节总结了本文。

B.2 无线通信的终极目标是有线同质化服务

在进一步讨论无线网络之前，必须首先澄清有关的基本原理、目标和方法。 实际上，当前移动通信阵营忽略了基本功课，却提出眼花缭乱的演进计划，甚至偷换系统带宽与峰值带宽的概念，误导消费者。

这里所说的基本功课就是两个简单的问题：

第一，未来许多年以后，无线通信网络需要多少带宽？

第二，在当前的宏蜂窝网络架构基础上，最多能够增加多少"系统总带宽"？

我们知道，2G 以后，无线网络的下一个成功取决于下一个大规模高回报的应用，这就是包括视频在内的移动多媒体网络。 实际上，视频数据量远高于语音，一旦触发了视频应用，随之而来的必然是品质、费用、用户量和满意度等无休止的纠缠。 这是一个可怕的潘多拉盒子，必然重现今天视频业务对 IP 固网冲击的噩梦。好在 IP 固网有幸可以简单扩容，然而，LTE 难以扩容，因此，不应该向消费者许诺不切实际的业务。

视频是一头巨兽，从语音到视频是一个网络带宽的大跳跃。 这个带宽跳跃称为视频门槛，达到这一门槛，其他一切服务都包含在内，就是光明前景。 达不到这一门槛，对不起，在半道上花多少力气都是白搭。 我们必须牢记，未来无线网络的使命是降服视频巨兽，而不是降低消费者标准。

可见，前面提出的第一个问题的答案很简单，为了满足未来视频应用需求，唯一的出路就是未来品质保证的无线带宽至少扩容数百倍。

对于第二个问题，没有人否认 3G 比 2G 好，当然，4G 还会更好。 一个网络建成后，总会有人手发痒，试图做些改进。 当然，他们还能证明新网比旧网好。 但是，这些人往往会忽略一个问题，重建新网的代价是多少？ 更重要的问题是，新网络能否激发下一轮大规模高回报的新业务？

在仔细检查了 3GPP-LTE 的技术文件之后，我们得出了以下结论：

(1) LTE 提升带宽的手段之一是使用更多频段。 注意，这个办法 2G 也可以用，因此不必演进。

(2) 3GPP 还通过两次演进，提升频谱效率 3～6 倍(LTE：2～4 倍，LTE-A：1.5 倍)。 但这样的演进与原来的网络不兼容，需要重新购买基站和终端设备。

我们知道，OFDM 技术处理单信道带宽能力大大增加，看上去，4G 峰值带宽可达每秒几百兆比特。 但是，在一个宏基站覆盖范围内大量用户共享，每户所得极为可怜，根本不足以支撑真正的宽带业务。 也就是说，4G 系统总带宽，或用户服务能力只是略有改善。 很明显，如果没有足够的系统带宽，移动云服务就会受到很大的限制。

因此，对于第二个问题，事实真相是移动通信工业努力 15 年，系统总体服务能力增加极其有限，远不够满足未来无限带宽需求。

B.3　解读香农信道极限理论

香农理论是指导窄带通信网络发展的纲领，这里特别说窄带通信，为了强调带宽是无线通信网络的首要资源。 对于窄带通信网络来说，香农理论告诉我们，在有噪声的环境下，信道容量的极限取决于两个主要参数：频谱宽度和信噪比(S/N)。 其简单关系如下：

$$C = W \log(S/N)$$

当前无线通信领域，多种技术激烈竞争，在行业内吸引了不少注意力。 但是，今天这种竞争已经演变成一场比谁能更加逼近香农理论极限的竞技表演，以致竞争者们忘记了最终的使命。 不幸的是，在网络市场，消费者不会花钱买技术，而是买服务。

在资源丰富的宽带世界里，应该从另外一个角度解读香农理论，包括四个方面：

第一，香农信道容量限制。

香农理论告诉我们带宽边界的存在。 问题是这个边界是否提供足够的带宽来满足未来的需求？ 根据视频业务需求，采用 LTE 的宏蜂窝结构，这个极限值与实际需求相去甚远。 因此，接近极限的努力就变得不那么重要了。

从本质上，香农极限理论明确指出，无线带宽与芯片运算力不同，不遵循指数式进步的摩尔定律。 因此，无线网络不能走 PC 发展多次温和改善，或者说，"长期演进"的道路。

第二，信道容量的对数性质。

香农极限是一个对数函数(Logarithmic Function)，众所周知，log 函数的特征是越往高走，收获增益越小。 也就是说，不论多么漂亮的技术，在极限值附近花力气一定事倍功半。 事实上，按照每赫兹频谱产生多少比特带宽来看，无线工业过去 15 年潜力几乎已经挖尽，提升频谱效率的总和只有 10 倍左右。 当前移动通信和无线局域网两大阵营的技术差不多，即 LTE 和 IEEE 802.11n 都用了 OFDM/MIMO 技术。

第三，频谱带宽的重要性。

香农公式中的一个重要参数是频谱宽度（W）。受到电磁波本质限制，适合无线通信的频谱只有一小段，因此，频谱是极为宝贵的公共资源。曾有人向美国无线电管理机构（FCC）建议，把广播电视频段改用于移动通信，但实际操作几乎不可能。

第四，信噪比的重要性。

香农公式中另一个关键参数是信噪比（S/N），其中假设噪声（N）恒定。电磁学原理告诉我们，不同的天线结构和无线频率，信号强度（S）随发射天线距离的平方至四次方迅速衰减。也就是说，无线通信的"黄金地段"只是在天线附近而已。

说得明白点，提升无线带宽只有三条路：改善频谱效率、使用更多频段和提高频谱复用率。香农理论告诉我们，前两条都是死路，唯有提高频谱复用率能够为我们带来潜在无限量的无线带宽。简单计算得出结论，覆盖半径从 3km 缩小到 50m，相当于有效频谱资源放大 3600 倍。不断缩小覆盖半径，最终导致无线通信退化成有线固网近距离接入手段。

跳出传统思维定式，其实电磁波弥漫在空中，我们每个人周围的短距离内，电磁波传输环境良好，与个人需求相比，电磁波带宽充分丰盛。但是，如果一个数千人群体，中间一定有许多墙体遮挡。分布环境复杂，需求总量扩大千倍，电磁波带宽必然成为一个稀缺资源。

从香农理论出发，我们看到当前移动通信阵营违背了上述规律，其演进方向可以概括为：在理论极限附近，狭隘地改善无线频谱效率。这是一种"在戈壁滩上种庄稼"的策略，努力耕作流尽汗水，却永远改变不了"带宽饥饿"的命运。

香农理论还告诉我们，强迫用户去使用远方的电波，显然是个不够聪明的主意，人为地将原本简单的问题复杂化。因此，遵循香农理论，我们应该采用低功率无线微基站结构，通过空间隔离，无数次重复使用相同的频谱资源。

香农理论进一步告诉我们，不论用户密度有多高，只要适当调整发射功率，理论上总是能够部署足够多的无线基站，将用户从信号干扰中区隔开来。因此，无线基站就像电灯一样，天黑了，我们只需照亮个人的周边活动环境，而不是复制一个人造太阳。同样道理，人体周围的无线频谱资源充分富裕，不必使用远距离的电波，违背常理，舍近求远。

另外，由于用户周围平均电磁辐射量大幅降低，微基站显然是个健康的解决方案。

综上所述，香农理论可以归结为一句话：为了将无线网络品质和容量提升到接近有线网络水平，微基站是唯一的出路。因此，我们应该尽快启动微基站，早日满足消费者需求，避免浪费宝贵的时间和资源。

B.4 把微基站理念发挥到极致

我们认为，建设未来无线网络的主要出路在于宏观上选择正确的拓扑结构，而不是在微观上强化传输技术。 也就是说，首先，必须认定微基站方向；其次，再选择合适的辅助技术。 事实上，边界自适应微基站网络的本质是用有线优越性化解无线难题。

下面分析充分发挥微基站理念的技术构想。 首先，必须突破传统蜂窝网架构，采用中央密集时分和精确功率控制，将频谱复用率优势发挥到极致。 这个方法也放松了对频谱效率的追求，扩大基站数量，同时减低基站成本。 通过精确管理，把大一统地面网络延伸到无线领域。

基于该体系结构的理论，推导出了微基站网络的设计策略：

(1) 在此理论基础上，微基站网络增加整体无线带宽的主要手段是牺牲空间覆盖范围，换取增加全系统的带宽容量，即大幅度提高频谱复用率。 由于空间面积与基站覆盖半径之间，存在平方关系，从宏蜂窝到微基站，系统局部带宽提升潜力可达万倍以上。

(2) 既然微基站带来充分的潜在带宽资源，那么我们只需使用天线附近的优质带宽，配合防止信号干扰的措施，就能够满足系统高品质的传输要求。 或者说，应该采用多基站深度交叉覆盖，放弃使用弱信号的边缘区域，牺牲基站覆盖面积换取实时无线传输高品质。

(3) 单个基站的覆盖范围小和基站密度大，这必然引发无线信号干扰、无线终端在不同小区之间频繁切换以及大量基站的管理成本。 所有这些问题都必须从全局角度谋求解决，也就是说，用宏观的高性能固网优越性，解决微观的无线网络难题。

(4) 既然使用大量微基站，或者说，基站密切贴近用户，应该自然采用不均匀的基站安装位置和动态基站边界调整手段，使资源配置跟踪需求分布的变化。 实际上，大一统无线网络用精确的管理方法，突破传统蜂窝网络系统架构，按需动态配置基站覆盖范围。

(5) 采用小天线和低功率放大器，不断缩小基站覆盖，不断重复使用相同的空间频率，必然导致无线通信退化成有线固网近距离接入手段。 当穿行于无数个微基站时，用户感觉是无线，其实，背后主导的是固网。

最后结论为：边界自适应微基站网络是用工程上的复杂度(即大幅度增加基站数量)，换取理论上的不可能(即在频段使用和频谱效率上不可逾越的瓶颈)，实现传统技术不可比拟的无线网络环境。 令人惊奇的是，根据大一统网络技术的优化方法，在成熟技术基础上，无线网络在工程上既不复杂也不贵。

B.5 中心控制时分多址技术

无线通信领域面临的最基本问题是许多用户如何共享公共的频谱资源。 其中，向多用户发送混合数据，称为"复用"；占用公共资源发布个人数据，称为"多址"。迄今为止，无线复用和多址技术分为频分、时分和码分三大类。

让我们回顾移动通信发展历史，并展望未来。

第一代移动无线通信(1G)开创了蜂窝网络结构。 主要采用频分复用和频分多址(FDM/FDMA)，即不同用户使用不同无线频率，同时收发信号。 蜂窝网络结构的核心优势是隔开一定距离，相同的频率段可以重复使用，因此，大大增强了系统带宽能力。 为了防止信号干扰，频分技术的相邻频道必须保持足够的频率间隔，导致频谱浪费。

第二代无线通信（2G）主要采用时分复用和时分多址(TDM/TDMA)，即小区内不同用户使用相同频率，不同时间收发信号。 由于时隙分配不灵活，导致资源利用率不高。

第三代无线通信(3G)主要采用码分复用和码分多址(CDM/CDMA)，不同用户用相同频率，同时收发信号，但使用不同的编码。 为了形象化解释码分技术，可以用鸡尾酒晚会模型，即许多人同时在一个大厅中交流，如果使用不同语言，别人的谈话可以当着背景噪声。 从理论分析，码分技术的效率高于传统的频分和时分技术。

第三代以后(Beyond 3G,B3G)，随着数字处理技术进步，人们发现只要严格控制信号相位，可以大幅度缩小传统频分技术的频道间隔。 这项改进后的密集频分技术，即所谓的正交频分复用和正交频分多址(OFDM/OFDMA)。 由于用户数据被分解成多个子频道，有效降低了无线信号的码间干扰，同时具备很高的频谱效率。 尤其与多天线技术(MIMO)结合，更加适合大带宽和复杂反射波的环境。

上述历史显示，无线通信从第一代发展到第四代，都沿用了所谓的蜂窝网络结构。 也就是说，传统无线网络以基站和小区为中心独立管理，最多增加一些基站间的协调。 具体表现在蜂窝内部，即一个无线基站的覆盖小区内，采用一种复用和多址技术。 但是，在蜂窝之间，采用另外一层独立的技术，或者说，存在着明显的蜂窝边界。

对于高密度微基站的特殊网络环境，我们必须重新评估无线复用和多址的基本技术，即频分、时分和码分原理。 分析得知，在频道和基站切换过程中，频分和码分技术必须事先知道新信道的接收机参数（如频率和编码）。 只有时分技术能够在不预设任何参数的前提下，忽略基站边界，无缝地穿行于高密度的基站群。

边界自适应微基站网络实现以下结构创新。

（1）在传统时分基础上，增加了动态发射功率控制、多基站统一资源协调和统计复用技术。

（2）突破传统无线蜂窝结构，对多基站实行统一的宏观时隙分配，同化所有基站和终端。

（3）根据用户终端分布密度和通信流量，动态调整基站覆盖边界。

实际上，这意味着一项改进后的密集时分技术，可以称为中央控制时分复用和时分多址技术（Centralized Time Division Multiple Access，CTDM/CTDMA）。 严格说，边界自适应网络不属于纯粹无线技术，而是用精确管理的有线固网解决无线基站同步难题，将无线网络品质和容量，首次提升到接近有线水平。

图 B-1 给出了无线通信网络发展方向。 有趣的是，纵观历史，我们将看到无线复用技术呈螺旋上升：FDM＞TDM＞CDM＞OFDM＞CTDM。 如果使用足够的芯片资源，可以推测未来可能出现 MCDM 技术，即多路合并的 CDM。

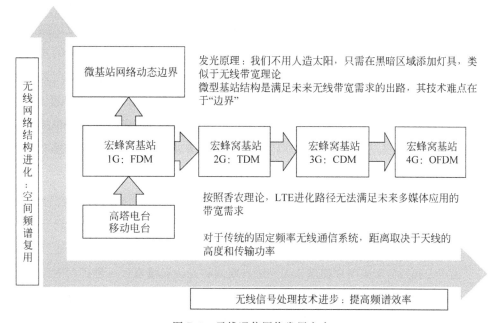

图 B-1　无线通信网络发展方向

由于边界自适应微基站网络采用全网同质通信方法，区隔不同用户终端和基站之间的传输通道只依赖每台设备发射功率和发送时间差异。 就发射功率来说，增加信号强度有利于提高传输品质，但同时也增加了对其他设备的干扰。 因此，大一统无线网络中每台终端和基站的发射功率都必须随时调整到恰到好处的水平。 要在数毫秒时间内，分析计算数千台无线收发设备的信号关联和干扰，找出可能互不干扰、同时通信的终端和基站，其运算工作量大大超过低成本微型设备的能力。 大一统无线网络采用模板近似算法，极大地简化了基站运算工作量。 首先通过人工设计经验模板，包含全网每个基站的初始工作参数，在实际运行中不断调整优化模板，逐步逼近最佳值。 与传统移动通信相比，CTDMA 技术局部带宽增长潜力无限制。 因此，只要有需要，不必担心带宽不足。

根据网络宏观状态，统一动态协调，CTDMA 技术主要包括四项调节机制：

（1）多向闭环发射功率和天线波束控制；

（2）时隙和发帧权的动态分配；

（3）基站边界的动态调整；

（4）跨越基站的无损切换。

关于上述调节机制的详细描述，请参见相关专利说明书。

CTDMA 技术另一个显著优势是采用同质通信收发机（Homogeneous Transceiver），每个无线网络设备，包括基站或终端，都使用单一物理层技术，即相同频率、相同编码方式和相同协议流程。 只要满足一定的信噪比，就能建立可靠的通信连接，包括基站之间、基站与终端以及终端之间。 具体说，网络收发机的差别只是发射功率、天线波束和发送时间，基本相同的模块配置不同的服务参数。 为了形象化解释统一无线收发机的概念，将其比喻为一把绿豆和一把红豆撒在盘子里，绿豆表示自由移动的无线终端，红豆表示固网光纤连接的基站，其中指定一个提供中心控制的主基站。 主基站通过前述四项调节机制，动态增加或减少基站与无线终端的关联度，自动实现全网最佳信噪比分布。

B.6　兼职无线运营商

由于无线通信带来用户便利，大一统互联网将无线连接看作一种固网的增值业务，即在原来固网服务费用上叠加无线收费。 根据这样的安排，大一统互联网不需要专门的无线运营商，甚至可以使用免费的 ISM（工业、科学和医疗）频段，大幅降低网络运营成本。 通过大一统互联网连接大量廉价微基站，覆盖城市人流密集的公共区域和道路，以及居民密集的私人住宅。 大一统无线网络设计了一套独特的商业模式，任意用户都可以向固网运营商申请，在自己管辖区域内安装自动入网的无线基站，成为"兼职无线运营商"，并与固网分享无线接入部分的经营收入。 大一统互联网同时对基站和终端实施严格的管理和计费，自动切断和记录任意不遵守约定的基站连接。 任意用户在任意地点的无线连接费用，将被精确记录到该用户的服务账单，同时，提供该无线连接的基站将获得相应收益。

沿用大一统互联网即插即用的网络管理特征，从技术上简化了大一统无线网络大规模推广的操作流程。 如果依赖运营商部署和维护大规模无线基站，依然是一项旷日持久的工程。 可见，"兼职无线运营商"低成本和高利益驱动的商业模式，必然成为大一统无线网络的强大推动力，迅速将其覆盖到每一个有潜在用户的角落。

B.7 重大灾难时不间断无线通信服务

我们知道，无线通信具备天然的便利性，尤其是在遭遇重大灾难时，更是关系生死的救命线。 针对无线网络的容灾能力，前人开发出多种网络架构，如 Mesh 和 Ad Hoc 网络，还有多种卫星通信技术。 但是，建设具备抗灾能力的商用无线通信网络，成本极高，尤其要求消费者的手持无线终端兼容抗灾通信，更加困难。 普通消费者不可能为几十年不一定遭遇的事件买单。 因此，迄今为止没有一种无线通信技术能够提供平灾兼容的解决方案，边界自适应微基站网络是破解这个难题的有效方法。 本文提供的系统可以实际解决这个难题。

传统通信网络一般只要求系统具备单点故障处理和恢复能力，因为多台设备同时发生故障的机会几乎为零。 但是，遭遇重大灾难，如地震海啸，电力系统、地面固网和大部分无线基站可能同时损毁。 边界自适应微基站网络的每一个基站和终端都能够连续感知即时网络状态，一旦检测到网络连接异常，例如，有线或无线通信中断，立即向上级网络管理报告。 另外，由于大一统网络无线基站的分布深度交叉覆盖，基站间可能具备多条潜在的无线通路。 一旦基站的光纤通信中断，残存的基站和用户终端自动切换到 Ad Hoc 模式，能够在降低调制带宽的前提下，自动扩展通信距离，维持基本无线服务畅通。

如果有多个设备感知到类似的异常情况，可能是某个网络设备故障，或者人为事故，或者发生重大灾难，由于网络管理中心保留事故发生前的网络拓扑结构和全部设备工作状态记录，只要将这些数据与事故发生后收集到的网络状态信息比较，就能清楚地界定事故范围，或者划分成多个不同受灾等级的局部区域。 根据事先准备好的预案规则，选择不同等级的故障处理流程。 实际上，随着事态的发展，以及网络修复行动的进展，网络状态随时有变化。 边界自适应微基站网络管理流程具备了动态应对故障的能力，或者说，应对重大灾难只是平时故障处理流程的一部分。 如果灾难发生后，系统留下通信覆盖盲区，可以向盲区位置远程投放免安装的临时中继站。根据投放方式，如火炮发射或直升机空投，适当增加临时中继站的数量，只要少数中继站投放成功，就能快速恢复盲区的通信连接。

很明显，大一统互联网是商业网络，平时通过精确管理的地面固网连接和协调大量无线基站，同时向移动和固定终端提供高品质服务。 一旦发生重大灾难，受灾的局部网络有选择地限制部分宽带服务，降格为救灾通信。 面对无法预测的灾难地点和时间，充分利用民众手中握有的大量通信终端，自动启动中继站功能，这是平灾兼容的理想选择。

B.8 结 论

本文提出了一种新的无线系统结构，与当前 4G 演进趋势相比，是一种可供选择的方向。 这个边界自适应的微站点网络作为日常商业无线网络，能够提供与有线系统相同的足够带宽。 基于无处不在的互联网，无线网络可以通过一种特殊的业务模式，即兼职无线运营商进行部署。 最后但并非最不重要的是，这个系统可以在重大灾难时提供一个理想的解决方案。

说明：本文原题目为 *Border Adaptive Micro-Base-Station for the Wireless Communications*，原发表于 *2012 International Conference on Computational Problem-Solving*（*ICCP*），*Oct*.2012，作者为高汉中、沈寓实。

附录C
云时代的信息中枢

云时代的信息技术体现为"云管端"三大主题，即信息中枢(云)、网络通信(管)和智能终端(端)。 信息中枢居于中心地位，其根本任务是构造云存储和云计算体系，完成云时代超大规模和超高复杂度的云端任务。

所谓中枢，或神经中枢，原指人体神经系统的最主体部分，其主要功能是传递、存储和加工信息，产生各种心理活动，支配与控制人的全部行为。 在 PC 和互联网时代，计算机是个人或企业的信息中枢，实现信息存储和计算功能。 在云计算时代，云端计算的数据中心将替代计算机成为信息中枢，极低成本、极高效率地解决海量信息存储、计算和安全的需求。

微软全球资深副总裁张亚勤曾深刻指出："云计算是新一代互联网、物联网、移动互联网的引擎和神经中枢。"的确如此，云端计算(现阶段主要体现为云数据中心)在本质上就是云时代的神经中枢系统，通过各类通信网络连接到形形色色的云终端，和用户以及物理世界进行交互。 在这个意义上，"云"和"端"的关系可以类比为精神和物质、灵魂和躯体。

在今后数年之内，全球将有数百亿具有网络功能的设备、数十亿的网络用户和不计其数的云应用和云服务。 可以想象，云时代所缺的不是设备，不是用户，也不是应用或服务，而是一个可以智能解决任务和满足需求的"神经中枢"。 云计算的发展将不仅是商业行为，也不仅是一种信息技术应用模式的更新，而更将涉及云时代神经中枢的较量与争夺。

C.1　基于传统结构的计算体系

计算机是人类制造出来的信息加工工具。 如果说人类制造的其他工具主要是人类双手双腿的延伸，计算机则是人类大脑的延伸。

最早的计算机和现代计算机有很大差异，但也具备了现代计算机的基本部分，即运算器、控制器和存储器。 现代的计算机都是基于"冯·诺依曼结构"(又称普林斯顿体系结构，是 1945 年冯·诺依曼首先提出的)或"哈佛结构"的。 冯·诺依曼结构计算机具有如下基本组成：一个存储器、一个控制器、一个运算器和输入输出设备。 人们把利用这一原理设计的电子计算机系统统称为冯·诺依曼结构计算机。 另外一种计算机结构是哈佛结构，其基本特点和冯·诺依曼结构类似，区别是其程序指令存储和数据存储是分开的。 计算机处理器大多采用冯·诺依曼结构，典型代表是 Intel 公司的 x86 微处理器。

冯·诺依曼结构实现简单，成本低，但它在高速运行时，不能同时取指令和取操作数，从而形成了传输过程的瓶颈。 哈佛结构的总线技术应用是以 DSP 和 ARM 为代表的。 采用哈佛总线体系结构的芯片内部程序空间和数据空间是分开的，允许同时取指令和取操作数，大大提高了运算能力。 但是哈佛结构复杂，对外围设备的连接与处理要求高，不适合外围存储器的扩展。 现在的处理器，依托 CACHE 的存在，已经将二者统一起来。

从本质上，建立在冯·诺依曼结构或哈佛结构基础上的 PC，其行为模式可以概括为"独立的硬件和独立的软件构成一个可用系统"，即串行操作的 CPU 硬件和"洋葱式"的层叠软件。 其系统功能受限于单一的应用软件，系统规模受限于单一的硬件。

传统的软硬件系统主要面向单机和个人，在桌面环境中使用，我们也可以称其为桌面计算(Desktop Computing)。 在云计算时代之前，计算模式经历过从主机时代向服务器/客户端时代的转型，其应用特点和负载模型发生了巨大变化，计算模式的架构从集中式演变为分布式，重量计算负荷的承载从主机转向了服务器。 当前的云计算尚属初期阶段，主要是商业模式上的创新，在技术模式上可以说是新瓶装旧酒、换汤不换药。 最根本的是，虽然当前的超级计算机和数据中心分别扩展了硬件和软件复杂度，但云计算机处理器的结构还是延续冯·诺依曼结构或哈佛结构，本质上是 PC 基本架构在多核技术、虚拟化技术和并行处理技术等之上的自然演变。

当前云计算机虽然大量采用了虚拟机，但其底层物理机处理器还是基于常规微处理器，例如 Intel 公司和 AMD 公司的 64 位微处理器。 这类计算机处理器的速度性能在很长时期遵循了摩尔定律(它是 1965 年戈登·摩尔首先提出的)，即微处理器的性能或集成电路芯片上所集成的电路的数目每隔 18 个月提高一倍。 在 CPU 时钟频率趋于饱和后，通过核的数量增长、芯片上晶体元件尺寸的下降及数量的增长以及并行运算的优化，微处理器的运算性能仍遵循摩尔定律继续提升。

但是冯·诺依曼结构和哈佛结构对需要超级运算能力、海量数据处理能力以及巨量网络吞吐能力的云计算来说，都不一定是最佳结构。 随着云计算的普及和大数据时代的到来，云数据中心的发展正遇到越来越大的挑战——云计算要求数据中心的规模更大、性能更高、耗电更多。此外，传统数据中心的流量主要是在服务器和互联网出口之间，即是对外的；但在云数据中心里，由于更有效的管理和大数据处理协同的需求等原因，绝大多数流量发生在数据中心内部，只有30%左右在数据中心和外部之间。这意味着服务器、存储和网络互通，这三大数据中心的基石，需要同时大幅度提升性能。

受物理因素影响，芯片上元件的几何尺寸不可能无限制地缩小下去，芯片单位面积上可集成的元件数量总会达到极限。另外，随着硅片上线路密度的增加，其复杂性和差错率也将呈指数级增长，这也使全面而彻底的芯片测试几乎成为不可能。一旦芯片上线条的宽度达到纳米（10^{-9}m）数量级时，相当于只有几个分子的大小，这种情况下材料的物理、化学性能将发生质的变化，致使采用现行工艺的半导体器件不能正常工作，摩尔定律就会失效，未来微处理器的速度性能增长不会无穷无尽。

云计算机的扩展能力，目前是通过增加虚拟机数量实现的。当用户数量或数据处理任务急剧增加时，云计算机会相应地增加虚拟机的数量，以对应所需的计算能力。这种扩展方式称为横向扩展，它要求每个虚拟机的计算任务独立不关联。虚拟机的动态特性还要求工作阶段状态不可以被保存。横向扩展对于有大量用户的网站、电子商务及大数据或并行处理，在现阶段还是有效的，但对某些需要高读写的数据库、高耦合的超级整体计算任务，只有纵向扩展才能解决问题。打个比方，如需一个航空母舰来完成的战斗任务，用再多的鱼雷艇也不管用。而通过虚拟机，采取"机海战术"的当今云数据中心模式，在需要纵向资源扩展的情况下便捉襟见肘了。

更为严重的是，面对云时代日益增加的新需求，沿着冯·诺依曼等传统结构的计算机体系演变，同时迫使计算机适应人的沟通习惯，必然导致越来越复杂的硬件和软件。复杂的硬件主要表现为巨大的数据中心，并伴随着越来越大的能源消耗。复杂的软件则会引发软件危机（业界有"第三次软件危机"的说法），尽管良好编程和严格管理能够改善软件质量，但软件是人脑的产品，软件危机的本质是挑战人类思维极限，实际上是挑战自然规律，故而改善空间可能不容乐观。

C.2　基于非传统结构的新计算体系

今天，整个计算机工业都建立在一个假设之上：云计算是传统 PC 技术的演变和延伸。

但是，革命性的实践成功往往源自革命性的理论指导，人类科学技术的发展历史正是一部由革命性创新不断胜过庞大传统体系的历史。 云时代的云端技术不一定是PC技术的延续，正如PC技术未曾延续中央主机技术，大规模的发电厂也不是千万爱迪生式小型发电机的堆积。

今天，绝大多数计算机精英都有同一个努力目标：建设超强和复杂计算机的硬件和软件。 这在本质上，还是传统PC架构上的添砖加瓦。

但是，自然进化的规律是能量最小化，即系统越来越高效，而非越来越复杂。"大道至简，大象无形"，复杂结构往往适应能力反而小，简约反而可能包容天下。或许，真正云计算中枢的设计目标应该是用尽量简单的方法更有效地完成更多任务，而这个方法不一定限于传统框框。

今天，"以人为本"的设计理念成就着PC时代的辉煌。 基于传统结构计算体系的云中枢，也天然地继承这一基因。

但是，云计算的信息中枢是全自动运行，不需要个人操作环境，"以人为本"的设计无异于画蛇添足。 云端设计思维似应向"以计算为本、以计算机为本"转变，分解复杂流程，"拧干"不必要水分，聚焦"裸信息"。 当然，从终端和应用服务角度，"以人为本"永远正确，但这与云端任务无关。

总之，云时代的中枢系统未必是PC技术的演变和延伸。 基于非传统结构的新计算体系，或将成为支撑未来云时代信息中枢的技术主题。

多年来也有不少人提出过超越冯·诺依曼的构想，但是基本上只是局部改善，不成系统。 近年来的一个新方向是基于新型神经网络的计算体系，其基础是突破了硬件和软件分离的传统计算机结构，实现了软件和硬件的融合、计算和通信的融合。这一理论认为，当前的神经网络理论尽管取得了一定成就，但不完整，其表现在：忽视了不同部位神经元的形态各异；忽视了生物与生俱来的本能；还忽视了生物抵御外来侵扰的免疫和自愈能力。 因此，研究神经网络不应局限于大脑，还应该看到整个生物体；不应局限于模仿细节，还应该借鉴宏观的系统能力。 在这一基础上，该理论提出了神经网络四要素：神经元结构和传导协议、先天本能、免疫和自愈、自学习能力。 沿着这一新理论，专用异构神经元将取代传统的万能机器，从根本上创立"非冯诺依曼结构"的云端计算新体系。 通过合理使用已有资源，新体系可以快速获取云端巨量运算能力和成为化解软件危机的绿色手段。

随着传统计算机芯片技术的发展越来越接近极限，科学家们还在从其他角度寻求全新突破，如新材料、新的晶体管设计方法和分子层次的计算技术。 目前至少有四种技术正获得广泛关注并被深入探究，这包括光子计算机、生物计算机、量子计算机和纳米计算机。 它们都具有引发革命的巨大潜力，尽管这些研究都尚处实验室阶段，其成功的可能性还难以预料。

C.3　结束语

历史很有意思，总是以否定之否定的波浪式前进，合久必分，分久必合。

从计算机的发展来看，有两句名人预言，曾经被认为是经典，后来又被认为非常荒谬，现在又变得接近正确了。一句源自 IBM 的创始人沃森（Thomas Watson），即"全球大概只需五台计算机就够了"；另一句源自微软创始人盖茨（Bill Gates），即"640KB 内存应该对任何人都够了"。

随着云时代的到来，很多 PC 时代的情况都发生了逆转。当消费者群体巨大时，其需求会出现很大的趋同性，也就是说，消费者数量必定远大于需求的种类。由于网络普及，促进资源按价值最大化方向重新排列。云计算靠规模和集中取胜，云计算理念或将回归老沃森的灵魂。同样，随着云计算的发展，计算机的能力（计算、存储、管理等）被重新分布，导致大量计算、存储在云端实现，终端将简单化。

通过将云计算数据中心的突破性发展，以及与神经网络、自然人机界面、超级计算机、新型计算机（如量子）等新技术的整合，云计算终将走向一个全新的智能计算时代。

说明：本文摘自《云计算 360 度：微软专家纵论产业变革》（2014 年，第 2 版），电子工业出版社，该书由张亚勤、沈寓实、李雨航编著；本文由沈寓实、李雨航撰写。

附录D
云时代的通信网络

在云时代信息技术的三大主题，即云端计算（云）、通信网络（管）和智能终端（端）之中，通信网络是决定云模式普及程度的重要基础设施，是连接云服务和用户的管道，直接决定了云时代服务能力的深度和广度。

近年来云计算的迅猛发展，很大程度上得益于互联网和无线通信技术的发展和融合。当前通信业务的整体趋势正在从以语音为中心转向以数据为中心，未来视频内容和实时信息处理的比重将逐渐增大。这一变革的驱动力量正是网络，也就是宽带通信，特别是无线宽带技术的发展。云计算固然是大趋势，但透过现象看本质，网络环境是决定云计算成败的关键，通信资源的极大丰富是未来云模式普及的物质基础。

大部分专家以为用户体验取决于终端和内容。当前，苹果、谷歌和微软激烈竞争的焦点也在云端和终端产品，包括硬件、软件、服务和时尚等要素。这固然不错，但是，不要忘记，云端中枢和终端设备之间，还有一个网络。实际上，网络决定着可传递内容的质量和服务的水平，二流终端加一流网络可以轻易战胜一流终端加二流网络。在云和端变革的同时，如果网络不通畅，必将阻碍信息的有效传递，制约云计算的发展。

在商务层面，市场最终接受云计算的唯一途径是实实在在的服务。如果网络基础不稳固，没有网络特别是无线网络传输能力的本质性提高，云计算就只能停留在简单的信息服务层面，必然导致产业发展低迷，无法带动革命性的业务拓展。如同发展经济要先修路，只有先稳固网络基础，才能培育出人类想象力所及的网络应用。

在政治层面，信息除了与国家政治、经济等方面密切相关之外，更直接融入普通民众的日常生活，对民众的行为、心理和意志影响极大。网络是信息承载体，直接决定着信息的传递与共享，并对现实空间产生直接制约作用。通信网络已是继领土、领海、领空后的第四维空间，是国家战略的重要组成部分。

D.1 网络世界观和黑洞效应

所谓网络世界观，就是依据科学发展规律探究未来网络的目标。没有世界观的发展和演变，无异于幻觉中的海市蜃楼，或丧失了灵魂的行尸走肉。

一种网络世界观认为未来的网络从本质上将收敛于视频实时通信网络，或者更精确地说，地球人类通信的终极网络是适合传输视频通信的全交换透明管道。云计算以"三网融合"为基础(三网是指移动通信网、广播电视网和计算机互联网)，融合后的网络表面看是综合了数据、语音、视频和各种通信协议的多功能网络，实质上却是一个视频网络。因为无论在传输流量、信息处理量，还是品质要求等各方面，视频业务都将居于主导地位。

具体而言，从服务角度看，视频通信对网络的要求最高(流量、品质和实时性)，能够提供视频通信，意味着能够轻易包容其他一切内容和服务，就好像手机向下兼容呼机功能一样。从流量角度看，宽带世界真正重要的只是视频通信，因为只要有少量用户使用视频通信，在网络流量中视频数据就将占据 99% 以上。从技术角度看，视频通信服务的提供，只能是有没有的问题，而不是多和少的问题，这没有中间道路，不能提供视频通信就不是完整的网络。

当今网络世界强者林立，总体上呈现"四国四方"的阵营脉络。所谓"四国"，包括移动通信(2G/3G/LTE/4G、WiFi/WiMAX)，互联网(NGI、IPv6、P2P)，有线电视(NGB、DTV、DVB、DOCSIS)和有线电话固网(NGN、IMS、IPTV)。所谓"四方"，是以行业或地域为起点的四大国际标准化"长老会"，即国际电联(ITU)、欧洲电信标准(ETSI)、IP互联网工作组(IETF)和无线阵营(3GPP)。尽管以上势力各自为政，竞争激烈，但它们却有一个共同点：站在现有业务的基础上推测未来发展方向，试图建立面面俱到的"智能化多媒体网络平台"，能够根据不同业务需求智能调节传输品质，以"完美"方式融合所有业务。

与"四国四方"阵营完全相反，以视频实时通信网络为目标的网络世界观认为：表面看未来网络服务五花八门，但就网络流量而言，实质上只是视频实时通信一家独大。因此，网络以"通信"为本，非通信的电视媒体和下载播放只是视频通信的子集，可以不予理会；通信以"视频"为纲，纲举目张，非视频的其他业务流量百分比几乎忽略不计。只要解决了视频实时互通问题，低熵透明网络将承载未来任意"聪明"服务，从而实现网络与终端的分离，传输与内容的分离。

至今，四大网络都未能提供高品质实时视频通信服务。究其原因：第一，有线方面，由于光纤的普及已使带宽过剩，问题在于带宽管理的缺失；第二，无线方面，主要矛盾是带宽容量本身的资源不足；第三，有线(互联网)和无线(移动通信)本是独立发展起来的两大体系，两者间无缝有效地融合也是亟待解决的难题。 以上三大问题长期困扰着通信行业，真正的解决之道在业界远未形成共识。

但是，一旦高品质实时视频通信的难题得到解决，网络的核心目标就完成了从"知性内容"向"感性内容"的转化。 鉴于网络的"赢家通吃""一网打尽"的收敛性本质，视频通信这个流量规模巨大的业务，就将像一个黑洞，吞噬周边其他小流量业务。 这就是所谓的"网络黑洞效应"：高品质视频通信所到之处，其他任何小流量网络业务都不可能独立成网，至少在经济性上如此。 根据网络黑洞效应，视频通信网络将冲击和替代过去几十年所建立起来的全部网络业务，包括语音电话、多媒体、单向播放和内容下载等。 这也从另一个角度印证了"未来网络在本质上是一个视频实时通信网络"的世界观。

D.2　互联网：改良还是革命

互联网是广域网、局域网和 PC 之间按照一定的网络通信协议所组成的计算机网络。 互联网概念虽然在四十多年前就被提出，但是由于技术、商业模式和消费认知等方面发展不足，一直到 20 世纪 90 年代初才真正民用。 互联网的诞生彻底改变了人类生产和生活方式，极大地促进了生产力和人类文明的发展，人们在这条"信息高速公路"上迎来了一个又一个社会和科技变革。

首先，互联网开创了数据交流和信息服务的广阔空间，建立了一个相对公平、自由和开放的虚拟信息世界，地球村的概念也由此得以实现。 电子商务、数字媒体、物联网、工业和物流管理等基于互联网的信息技术出现，极大地提高了生产效率，改变了人们的生活方式。 信息作为新的生产和生活资料，成为"第三次工业革命"现阶段的主要元素，推动着社会高速向前发展。 由于互联网的出现，人们可以看得更远、更宽、更深，对自然科学和社会科学的探索取得了前所未有的进步。

其次，互联网改写了人类通信史。 基于 IP 网络的通信服务突破了传统的电信垄断，人们以极低的费用进行本地、长途和国际通信。 而信息交流的内容也日趋多样化，音频、视频和多媒体的实时沟通逐渐普及。 而随着云计算和移动互联网的发展，集成了商务和娱乐功能的互联网通信服务，正在成为创造社会价值的主要载体。

但是，自从 IP 互联网向公众开放以来，即暴露出网络安全、品质保证和商业模式三大难题。 造成这些难题的根本，却正是 IP 互联网赖以存在并促使互联网大获成功的三大核心技术理念，即所谓的"尽力而为""存储转发"和"永远在线"。

2009年3月，欧洲深具影响力的大众科普杂志《新发现》上发表了《互联网崩溃》一文，引起了巨大反响。该文阐述了三大事实：互联网遭遇的困境远比想象的更加严重；当前采用的反制措施远比想象的更加无效；改造互联网的可能性远比想象的更加困难。其实，关于互联网崩溃与否的争论早已延续了二十年。但有趣的是，争论双方竟然有二十年的共识：IP互联网弊端严重前途未卜，但IP互联网至今不可替代。

又是数年过去，我们迈向了云时代，两个新的时代特征日益明显：第一，光纤技术成熟带来了带宽无比丰盛的时代，实际上，带宽资源已永久过剩；第二，消费者客厅市场（包括手持终端）进入了娱乐经济和体验经济的时代。此时，互联网长期未能解决的问题，已成为阻碍产业发展的致命缺陷。这主要体现在：第一，IP网络传输品质不能满足观赏过程的体验；第二，IP网络下载方式不能满足同步交流的体验；第三，IP网络安全和管理不能满足视频通信内容消费产业的商业环境和计费模式。

面对这样的现实，对IP互联网是改良还是革命，已是一个大是大非、大本大源的路线问题。

IP互联网的改良派认为：如同飞行途中的飞机无法更换发动机，IP互联网的无所不在性和无可替代性，使得它仍将是未来网络的基础。通过高性能路由器、IP地址升级、单播组播技术、拥塞控制、服务质量控制、网络安全等一系列的改进和提升，互联网的问题将逐步得到缓解。

IP互联网的革命者认为：大楼不能建立在沙滩上，庄稼不能播种在戈壁中，治标不治本的治疗无法治愈基因型遗传病，无数个局部改善无法解决系统的本质性缺陷。未来网络与今天有本质不同，除非构造出可操作的新网络架构，沿着今天的网络思路无异于南辕北辙，永远达不到彼岸。

一种理论认为：一百多年来通信网络的理论体系庞大复杂，但从技术原理上说，不论这些理论发展到什么程度，它们都起源于两种古老的网络结构之一：一种是1844年发明的电报系统；另一种是1876年发明的电话系统。前者属于间断模式，适合数据包（属知性内容）传输；后者属于连续模式，适合流媒体（属感性内容）传输。这就是通信网络的"二元论"，它告诉我们任何通信网络都起源于电报和电话两种基本结构，并且落实到文件和流媒体两种基本内容。

IP互联网在本质上是一个"改进的电报系统"，电报和计算机文件属于同一类型的内容，适合采用"尽力而为"的网络技术。如果未来的网络确实是以一个视频为主的网络，由于语音和视频通信属于同一类型的内容，均适合采用"均流连接"的流媒体网络技术，未来的网络将很可能是一个适应实时视频通信的"改进的电话系统"。依照这一理论，通信历史将经历"电报网-电话网-改进的电报网（IP 互联网）-改进的电话网（未来互联网）"的否定之否定的发展历程。

D.3　无线通信的终极目标和两条路线

无线通信的终极目标是：在无线通信中获得和有线通信的同质化服务，即要把无线网络的服务能力提高到有线水平，而不是把有线网络应用降格成现有无线水平。

当前无线领域主要有两大网络体系，移动通信网和无线局域网。两者分别对应了宏基站和微基站两大技术方向，这就是决定无线通信未来的两条根本不同的发展路线。

在基于宏基站技术的移动通信领域，第二代移动通信（2G）取得了巨大成功。2G 无线网络的主要业务是语音，2G 的成功建立在一个事实之上，即其语音品质与固网相仿。但是接下来的 3G 却远不如 2G。由 3GPP 领军的长期演进计划（LTE）希望能为移动通信开创新局面。但是，面对不堪重负的通信带宽，大部分移动运营商不得不背弃初期承诺，自降服务水平。

另一个无线通信体系从微基站的无线局域网开始，由 WiFi 联盟领军，目标是在小范围内提供移动性。为了扩大覆盖区域，2001 年成立 WiMAX 论坛，参与移动通信竞争。但是，WiFi 和 WiMAX 都面临"四不一没有"困境，即带宽不足、漫游不方便、网管不强大、系统不安全，以及没有杀手应用。而且，由于多个 WiFi 网络之间以及网络设备之间无法协调带宽使用，随着无线网络和设备日渐增加，WiFi 网络将很快达到极限。

2G 成功以后，无线网络的进一步成功取决于下一个大规模高回报应用，这就是包括视频在内的移动多媒体网络。当前，无线阵营把目光聚焦在无线多媒体上，但是，视频数据量远高于语音，一旦触发了视频应用，随之而来的必然是品质、费用、用户量和满意度等无休止的纠缠。这将是一个可怕的"潘多拉盒子"，必然重现今天视频业务对 IP 固网冲击的噩梦。IP 固网有幸还可以简单扩容，当前局限于宏基站架构的无线演进路线（LTE）却难以扩容。当前无线阵营将无线通信市场局限在所谓的"碎片化"时间，把有线网络应用降格成无线水平，严重限制了网络经济的发展。

本质上，问题的焦点不在于新奇的应用，而在于无线带宽资源，这才是无线通信的最基本问题。须从根上求生死，莫向支流论清浊。唯有廓清迷雾，追本溯源，拨乱反正，才是解决之王道。

香农理论是指导通信网络发展的纲领，它从根本上规定了在有噪声的环境下，信道容量的极限。 以 C 表示信道容量的上限，W 表示频谱宽度，S/N 表示信噪比，三者的关系为：

$$C = W \log(S/N)$$

重新解读香农极限理论，我们看到：首先，无线带宽与芯片运算力不同，不遵循指数式进步的摩尔定律，无法走 PC 的多次温和改良即"长期演进"之路。 第二，香农极限是一个对数（log）函数，log 函数的特征是越往高走，收获增益越小、事倍功半，按照每赫兹频谱产生多少比特带宽来看，无线工业过去 15 年潜力已接近挖尽。第三，香农公式中的一个重要参数是频谱宽度（W），但根据电磁波本质特征，低频率频谱需要一个庞大的天线，高频率频谱受到周边环境制约，且频谱是珍贵的公共资源，通过提升频谱来提升信道容量的实际可操作性很低。 最后，香农公式中另一个关键参数是信噪比（S/N），假设噪声（N）恒定，电磁学原理告诉我们，信号强度（S）随发射天线距离的平方至四次方迅速衰减，换言之，无线通信的"黄金地段"只是在天线附近。

如此正本清源，我们看到提升无线带宽无非三条路：改善频谱效率、使用更多频段和提高频谱复用率。 假如前两条都是死路，则唯有提高频谱复用率，才能为我们带来无限量的潜在无线带宽。 如果此分析成立，在云时代重新审视香农理论，根本结论就是一句话：为了将无线网络品质和容量提升到接近有线网络水平，微基站网络是无线通信的唯一出路，而不能走宏基站的渐进改良或者"长期演进"的道路。

但是，未来的微基站系统绝非当今的微基站系统。 当今的 WiFi 等无线局域网系统面临的根本难题是如何同步连接千倍数量的"微基站"，实现无缝切换和精准计费。 此外，如何大幅降低微基站成本是另一个重要课题。

宏观上看，只要缩小覆盖半径，有效频谱资源将呈平方率增长；而不断缩小覆盖半径，将最终导致无线通信退化成有线固网的近距离接入手段。 因此，有线网络的改造和无线网络的改造，必须在顶层设计上配合和呼应起来。 至此，一种可行的未来大一统通信网络的构造设计，就呼之欲出了。

D.4 结束语

通信工具的实质是以更高的效率、更低的成本、在更大范围内使多个个体的协同成为可能，其在人类发明的工具里属最高段位。 通信领域的革命对社会的影响是方方面面的、无孔不入的、裂变式的，对社会经济的贡献是最为突出的。

在云时代，通信网络作为连接云中枢和终端的桥梁，决定着云计算产业模式的成败。由于大部分计算和信息分析处理发生在云端，网络传输的安全性和稳定性直接决定未来云服务的质量，这也是商业用户和普通消费者能否接受云计算产业的基础问题。

尽管 IP 互联网经过二十多年的高速发展，但其暴露的问题和根本性缺陷在云时代变得更加突出，同时网络黑洞效应正在促使业界广泛接纳以视频实时传输服务为主的网络世界观，互联网革命的呼声甚嚣尘上。同时，随着移动互联网的发展，无线通信网络将成为云计算变革的基础，从长远看，面对革命性的新市场和服务应用，长期演进的无线通信技术和 WiFi 无线局域网概念似乎都难以解决根本问题，建立新型无线通信网络或是必由之路。

未来云时代的"大一统"通信网络将为有线和无线网络提供全新的环境，使人类社会进入到一个全新境界。一方面，大一统网络将整合媒体、娱乐、通信和信息处理四大业务；另一方面，大一统网络将整合固网、移动通信网和传感器网三大网络。可以想象，在全光纤固网和无线网络的新格局之下，网络带宽资源不再是问题，网络架构将一劳永逸地存在而发展。运营商和用户超脱了网络的物理限制，对网络的信赖就如同我们身边的空气，取之不尽、用之不竭，一刻也不能缺少，却可忽略其存在。在大一统网络的强力支持之下，计算机运算、信息处理和网络传输被逐渐"后台化"，取而代之的是展现在用户面前丰富多彩的内容服务平台，云时代将因此永远辉煌！

说明：本文摘自《云计算 360 度：微软专家纵论产业变革》(2014 年，第 2 版)，电子工业出版社，该书由张亚勤、沈寓实、李雨航编著；本文由沈寓实、罗敏撰写。

附录E
云时代的智能终端

信息中枢(云)、通信网络(管)和智能终端(端)是云时代信息技术的三大主题。智能终端或称云终端，是基于云计算的终端设备和终端平台服务的总称。 在云时代，智能终端是信息中枢和物理世界的交互窗口，承担着信息采集、人机交互和信息传递等使命。 形形色色的云应用和云服务皆由终端提供交互，用户体验也直接从终端获得。 云计算不仅是一场技术变革、一场商业变革，也是一场社会变革，智能终端必将在这场云变革中扮演至关重要的角色。

E.1　云计算赋予智能终端广阔舞台

　　云计算释放了智能终端的巨大潜力，智能终端的发展也进一步深化了云计算的社会影响。 近年来，智能终端正经历爆炸式增长，各行业各场景的应用也对终端发展提出了日新月异的需求。 2012 年智能手机的使用者已突破 10 亿人次，再加上 PC、平板计算机、智能家电和其他设备，这一数字早已突破数十亿，智能终端迎来了空前的发展时期。 目前，"云 + 端"的产业发展模式已经逐渐被市场所接受。 与轰轰烈烈的建设数据中心、打造云计算平台和发展云计算应用的"造云"运动相比，智能终端的发展毫不落后，竞争之激烈更超乎业界预期，一场涵盖芯片技术、操作系统、移动应用和商业模式的云时代智能终端"生存还是死亡"大戏正悄然上演。

　　2012 年，摩托罗拉、诺基亚、黑莓、惠普等昔日 IT 产业巨头走到了命运的转折点：被谷歌收购的摩托罗拉继续其瘦身计划，诺基亚则将全部筹码押在了 Windows Phone 上，黑莓的革命性产品迟迟不能发布，惠普则继续以每季度数十亿美元的金额亏损。 尽管部分分析师劝告市场再给它们一些时间，但事实已经很明显：如果不能抓住云计算技术变革的脚步，再大的商业帝国也有崩塌的可能。

　　另外，苹果、谷歌和微软等计算机公司借助其手机、平板计算机和 PC 的市场占有率，正成为云时代智能终端的领航者。 在云时代，谁拥有了用户，谁就拥有了云服务的话语权。 庞大的用户群正帮助三巨头有效地推广云产品和服务。 苹果的

iCloud 因 iPhone 的巨大成功而迅速占领市场。 经过重新包装的基于邮件、文档、社交网络和图片存储功能的谷歌云服务也已初具规模。 微软最新发布的 Windows 8 操作系统实现了真正意义上的跨平台服务，基于 Windows 8 的终端用户可以自由地在台式计算机、笔记本计算机、平板计算机、手机之间实现无缝对接服务，经过优化的软件产品将成功地在不同的智能终端上运行。 微软、谷歌和苹果这三巨头之所以具有如此巨大、领先于其他竞争者的能量，除了庞大的用户群之外，还在于他们无一例外地拥有从后台到终端的全面技术竞争力。

与此同时，三星一方面努力研发自己的软硬件产品，另一方面不断推出基于安卓和 Windows 8 的智能终端，继续打压苹果；英特尔、高通和 ARM 都在积极研发性能更高、能耗更低、体积更小的芯片；诺基亚“联姻”微软，摩托罗拉移动被谷歌收购；惠普因为失败的移动战略正在面临前所未有的经营危机；联想、华硕、戴尔等老牌 PC 厂商积极配合 Windows 8 以进入移动终端市场；Xbox、苹果 TV、谷歌 TV 等家庭娱乐产品更将激烈的竞争引入到家电领域。 这无不说明云计算的智能终端大战已经到来。

云计算的巨大魅力就在于没有一家企业可以垄断这样一个巨大的市场。 云计算要求未来的科技环境更加开放，不管使用何种平台和产品，智能终端都能够按需为用户提供计算服务。 移动性、智能交互和跨平台性能成为下一代智能终端必备的选项。 这种变革为智能终端带来了更广阔的市场和发展潜力。 试想当年苹果仅靠媒体播放器、通信和工业设计的完美结合就取得 iPhone 的巨大成功，未来涵盖数据智能采集、视频实时互通、自然语言识别、商务智能分析、虚拟现实等“无限丰富”功能的智能终端，将会怎样改变我们的生活？ 这其中带来的潜在市场该又会有多么巨大？ 为激发智能终端的能量而催生的第三方服务和信息处理中介将会有多大的发展空间？

深度融合了信息技术和通信技术、优化了硬件技术和软件技术的智能终端，借助云计算和移动互联网的伟力，已站在历史的新起点上。 用户手中的每一次点击，都彰显了信息技术革新的伟大魅力。 这不是一个时代的结束，或是某种产品的终结，而是一次“涅槃”。

E.2 智能终端的发展和趋势

计算和通信的深度融合将信息产业带入了“后 PC 时代”。 随着竞争加剧和技术进步，PC、手机、电视和平板计算机之间的区别正在模糊化，具备统一功能的智能终端渐成市场主流。 预计到 2016 年，至少 50％的企业电子邮件用户将主要依赖浏览器、平板计算机或移动客户端。 各类云服务成为连接终端设备的"黏合剂"，关注用户体验、"以人为本"的设计理念是智能终端成功的基石。 之后，物跟物之间的沟通将会成为驱动信息量增长的主要因素，因为它不受限于人口、空间和时间，物理世界和虚拟世界将实现全面的深度融合。 在上述发展过程中，有三个趋势日益显著，即瘦终端、三端融合和新型智能终端。

E.2.1　瘦终端

随着云计算的普及，"智能在云"的瘦终端概念也被广泛推广。 云计算实质上是把计算机的能力(计算、存储、管理)再次分布，主要表现形式是终端简单化，大量计算存储转至云端。 只要有足够高效的信息中枢和足够畅通的通信网络，终端的硬件和软件系统就可以"瘦身"，一个拥有简单处理和存储能力的终端也可能提供智能服务，满足人们所有日常信息服务需求。

对大型企业而言，瘦终端系统有以下优势：首先，从规模成本角度，大型公司可以通过瘦终端系统大大降低 IT 设备的购买、维护和运营费用；其次，瘦终端的普及更符合企业对软件和信息安全的要求，因为瘦终端可以被简单地理解为发送和接收数据的平台，数据和相关文件其实都存储在服务器端，这就大大降低了人为原因造成的丢失、中毒、损坏等情况；此外，企业可以对资料和信息进行更好的宏观管理，并实时地追踪业务的处理情况，提高工作效率；最后，瘦终端因为其简单的硬件配置，原则上会节省能源，降低企业的电力消耗，在倡导绿色环保的今天，这对企业和社会都有积极的意义。

要特别说明的是，我们所谈论的广义瘦终端理论，只是智能终端目前的一个变革方向，并不是说终端将一味地"瘦"下去。 由于不同用户不同场景的不同需求，也由于云中枢和网络通信都还受制于若干重大瓶颈，加上人们对终端智能化、人机交互和娱乐互动等用户体验的要求越来越高，高品质、高性能终端的市场仍将持续强劲。

未来，某些智能终端的中央处理器(CPU)和网络传输芯片需要更聪明地指挥网络计算和信息处理，相应地，CPU 功能可能会越来越强大、越来越人性化。 未来，智能终端的发展将带来人机交互功能，即语音交互、视频交互、多媒体交互的普及，相应地也可能需要越变越小的 CPU 愈加强大。 智能终端的多媒体处理能力也会加强，显示芯片的重要性将凸显，看电影、玩游戏等娱乐功能将考验智能终端的可靠性。 智能终端的操作系统也会更智能，更贴近简便性和移动性的需要。 人们将摆脱键盘、鼠标的束缚，触摸式和智能人机交互日益流行。

当然，在理论上，只要网络足够好，任何功能的实现一定是云端比终端好、效率高。已知光速为 $3 \times 10^6 \, km/s$，即每毫秒 300km。假设网络设备延迟为零，那么 CPU 放在终端，或者 150km 外的云端，数据双向延迟不过 1ms 而已，相对于人的 150ms 的反应时间，微不足道。所以，只要网络性能（带宽和实时性）不断提升，加上人工智能的突破，应用服务的"智能化"将越来越多的来自云而非终端，这必然是云时代的大势所趋。

E.2.2 三端融合

移动通信网、广播电视网和互联网的"三网融合"是技术发展的必然产物，创造出了全新的、万亿级的商业市场。与之相应的"三端融合"，是指这三个网络的终端，包括电视、电脑、手机、机顶盒、平板计算机等，将进一步模糊概念差异，实现产品和服务的全面统一。三端融合不仅涵盖了终端产品，也包括网络协议、平台和软件的融合。

三端融合向我们预示了云时代智能终端的一个发展方向：手机将拥有电视、计算机和通信的功能，同时电视也将可以浏览网页，进行实时通信，甚至运行计算机上的软件和应用。融合后的智能终端尽管在物理形态上存在着差异，但在用户体验上将会是一致的，云计算的运作模式将使这种融合更加充分。

云中信息资源和服务应用可被随时按需调用，智能终端将跨平台的接收和发送服务请求，这一切看似简单的活动，其实有着庞大而繁杂的背景。芯片、存储等硬件的发展，操作系统的跨平台性，开放的网络协议，是维持三端融合的原动力，在这基础之上就是人的因素。相信人类对科技产品日益增长的需求和依赖，将推动智能终端越来越完美地为人类服务。

E.2.3 新型智能终端

拥有丰富想象力和创造力的国际影视编导们已不止一次在各类科幻电影中勾画出未来科技社会的可能场景：亦真亦幻的虚拟太空旅行，成为人类的"仆人"的智能机器人，会听从指令自动驾驶到目的地的智能汽车，可以自动调节以满足人类生存需要的智能城市，等等。这些梦想或在不远的未来得以实现，未来的智能终端将不仅仅局限于手机或计算机的存在形式，智能宠物、智能汽车、智能机器人、太空虚拟仓等各类新式智能终端将粉墨登场。

其实，人类对于人工智能产品的追求最早可以追溯到遥远的古代，从中国西周时期的能歌能舞的"伶人"到举世闻名的"木牛流马"，尽管这些发明并不能称为智能机器，但表达了人类试图用科技改变社会的美好愿景。如今，人工智能科技发展也进入到高速发展阶段。比如，2012年，装载着全球定位系统、雷达系统、电子传感系统、摄像头和中央处理器的谷歌无人驾驶汽车陆续取得了美国内华达州和加利福尼亚州的上路许可，意味着无人驾驶汽车这一新型智能终端产品进入消费市场已经指日可待。又如，近年来兴起的"自我量化"运动，人们通过智能手机、便携传感器等设备自动记录自己生活、工作、运动、休息、饮食、娱乐、心情等各式各样的个体情况，再通过数据挖掘、分析和比较，更好地了解自我并提高生活质量。

物联网和云计算的发展，触觉、味觉、视觉等传感器的成熟，将赋予未来终端真正意义的"智能"。在云时代，新型智能终端产品将集成多个系统，通过数据采集、数据分析、自我判断等功能，提供个性化定制化的智能服务。科学家们甚至可能赋予智能终端"感知"和"情感"。目前，智能家居、智能城市、智能机器人等正在从概念转化为现实。

E.3 结束语

智能终端市场正在进行洗牌，不管过去如何辉煌，在这个迅猛发展的市场，都要以发展求生存。芯片技术、操作系统、工业设计和服务应用的革新将进一步推动智能终端融入生活、商务和生产的每一个环节。以 Windows 8 为基础的跨平台终端为这一市场注入了新的活力，市场将因此拥有更多创新，微软也可能进一步强化其云时代智能终端领航者的地位。

展望未来，宏观上看，云时代的"云管端"构架所传递的服务，包含"知性"和"感性"两大类。"知性"业务的重点在信息本身，比如当前的买机票、订客房、资金转账等；"感性"业务的重点在取悦用户的感觉和体验（如自然、新奇和时尚的界面），比如视频交互、游戏、虚拟现实等。至于服务能力的管理和处理放在云端还是终端，取决于资源环境。

当前情况下，知性信息服务一般用"瘦终端"已经足够，但感性功能还不足以在云端实现。随着未来网络性能（带宽和实时性）的提升和人工智能的进步，终端中的"智能"部分将被逐渐吸入云端。尽管用户看到的是越来越智能的终端、越来越智能的服务，但实际上"智能"将越来越多的来自云端。

技术因人而生，为人服务。云计算的到来，释放了智能终端的巨大潜力，创造了前所未有的立体市场格局和需求。作为与用户和物理世界交互的第一道界面，智能终端将发生改头换面的发展，跨越通信、娱乐、计算等领域的智能终端将进入千家万户。终端更加智能，使用更加简便，这也将创造出大量全新的应用场景和服务应用。

说明：本文摘自《云计算 360 度：微软专家纵论产业变革》(2014 年，第 2 版)，电子工业出版社，该书由张亚勤、沈寓实、李雨航编著；本文由沈寓实、王晓达撰写。

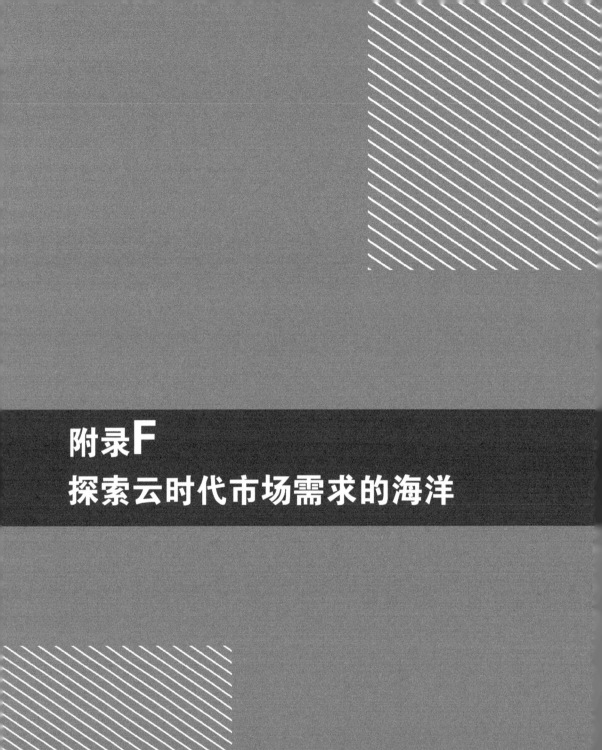

附录F
探索云时代市场需求的海洋

云时代带来了包括文化科技、价值体系、经济结构、社会规则、法律体系以及世界观的全新变革，同时也带来了历史性的商业机遇。 但是，历史规律告诉我们：颠覆性新科技对商业市场其实是"双刃剑"。 在云时代资源丰盛的前提下，从商务角度，信息产业首要的任务是探索可盈利的商业模式和新的市场需求的海洋。

云计算的商务价值绝不仅在于简单地将用户数据和软件从终端移到云端，更大的价值是利用极高的信息处理能力和网络的通达协调能力，提供比独立 PC 功能和现有有线/无线网络上更完整、时空上更广泛、性能上更优质的应用服务。 最重要的是，云时代能弥补传统 PC 和互联网的技术和市场空白，提供前所未有的新服务，并具备商业价值。

云时代信息产业的主要应用服务，绝不是现有互联网、无线通信和 PC 等领域应用服务的简单叠加或自然延伸，必将开创出广阔全新的"蓝海市场"：在知性业务市场，其基础将是大数据的智能分析；在感性业务市场，其基础将是包括高品质的实时视频通信在内的全方位影视内容体验和消费产业。

F.1 科技革命的一个规律

以科技革命为代表的人类历史进步，与其他客观事物一样，有其内在的共性发展规律。 比如，科技革命的爆发往往有两大驱动力：经济社会的强大需求和科技体系的内在矛盾。 又如，科技革命在本质上往往是一种发展前提下的"否定"，即在继承基础上的发展、发展基础上的否定。 再如，科技革命往往是长期渐进积累基础上的突变爆发，"渐变"是和风细雨的，"突变"是雷霆万钧的。

本文要强调的是一条科技革命与市场需求、经济发展相关的规律，即科技革命对经济的巨大推动作用，主要体现在它所开拓出的更高层次的全新市场，而不在于它为传统市场带来了更高效率。 其实，恰恰因为科技革命对传统产业和社会进行了大幅改善、带来了远远高于旧时代的效率和进步，如果没有及时创造出有市场价值的规模化全新市场，传统产业必被严重挫伤。

从这个意义上，颠覆性的新科技是名副其实的"双刃剑"。

回顾历史，例子不胜枚举。火药等发明将人类带入热兵器时代，蒸汽机等技术将人类带入工业化时代。与此同时，冷兵器和人力化生产方式却被边缘化和极度萎缩。一个信息产业中创新替代型的例子就在不久之前，即 IP 电话的普及。IP 电话问世前，长途电话业务价格不菲，生活中又离不开，这项极其赚钱的服务造就了 AT&T 的百年辉煌。20 世纪末 IP 电话粉墨登场，业界大为兴奋，当时人们对 IP 电话的追捧程度不亚于今天的云计算。但是，IP 电话导致电话费下降的速度远超过消费者使用电话量的增长，通话总量迅速趋于饱和。在 IP 电话问世后的短短五年之内，整个长途电话产业总收入急剧萎缩，拖累纳斯达克（NASDAQ）股票崩溃，长途电话市场被边缘化，AT&T 因市场的挑战不得不进行重组，许多超级明星公司破产。

上述科技革命规律将如何体现在云计算变革之上？现今，各行业的 IT 部门已经是企业经营中不可或缺的部分，而且对于绝大部分企业而言，同质化的 IT 部门不但不能带来竞争优势反而是一大负担。一旦云计算进入普及期，企业 IT 部门大规模迁徙到效率极高的云平台上，从而精简了 IT 部门并有效共享资源，将使经营成本大幅下降，生产效率大幅提高，这固然是云计算的贡献。但现有的信息产业，包括传统 PC、服务器和企业软件产业需求等，或将面临严重萎缩。

如同 IP 电话带来了长途电话平民化，却没有带来通信产业的新繁荣一样，云计算是否会重蹈覆辙？信息产业是基础性、工具性产业，云计算的愿景一旦实现，毫无疑问将为各行各业和社会大众提供廉价的、按需供给的、近乎无限的信息处理能力和通信交流能力，这必将为全社会带来更高的生产/生活效率和更广阔的生产力发展空间。问题是，未来 IT 还是否重要？云计算将为信息产业带来的是什么？是大繁荣，还是大萎缩？

这一问题答案的关键在于我们是否能够找到大量消耗云时代丰富基础资源且又有爆炸性市场价值的新需求、新市场。如果有，这个新需求、新市场又将在哪里？

F.2 信息产业的两类市场

数据是信息产业的基本载体，根据其所含内容的性质，可分为知性内容和感性内容两部分。知性内容（比如文字说明等）是抽象的，是对一个事实或现象的描述，包含大信息量，强调的是信息的准确性、实用性；感性内容（比如多媒体内容）从信息发现的角度属于冗余数据，其目的是提升体验，强调的是取悦用户的体验，讲究视听过程的感受。

根据所处理或传递的数据内容主要是知性或感性，信息社会的市场业务可被分为知性业务和感性业务。由于抽象的知性内容不需要大的数据量，知性业务一般属窄带业务，对资源要求低，业务易于整合和拓展（比如 Twitter 的业务空间可以迅速从互联网延伸到无线终端）。感性业务一般属宽带业务，对资源要求高，而且人类对视音品质的体验要求，如同发烧友对音响、数码相机和高清电视，几乎没有止境。在当前情况下，知性业务包括买机票、订客房、资金转账等信息服务，感性业务包括影视欣赏、动感游戏和实时通信等多媒体服务。

未来信息产业全新的爆炸性市场需求，在知性业务市场中，是基于大数据的智能分析、辅助决策和人工智能，这将带领整个人类社会进入大数据时代；在感性业务市场中，是高品质的视频实时通信和虚拟现实，这将带领人类进入娱乐经济和体验经济时代。前者的核心技术要求是云信息中枢信息处理能力的本质提升；后者的核心技术要求是云通信网络信息传输能力和交换能力的彻底改善。

先看知性业务市场。随着云计算、物联网等的普及，各个领域（无论学术界、商界、政府还是个人）的数据资源将被广泛而深入的采集，量化后数据被赋予背景而形成信息，通过对大量信息的链接比较分析将形成知识、提炼出规律，知识和规律用于指导实践将带来全新的智能分析和全新的社会价值。在大数据时代，知性信息共享和交流互动的需求已经趋于饱和，大容量的数据整合、分析、挖掘和支撑，提升基于有限理性的决策能力，才是深度广度前所未有的全新需求市场。

大数据不是简单的数据量增加，而是数据性质的改变。大数据对人类社会的影响，很像人类为物理世界发明的显微镜和望远镜，正如两者分别把人类对物理世界的观察和测量水平推进到了细胞级别和天体级别，大数据将成为我们下一个观察人类自身社会行为的"显微镜"、监测大自然的"仪表盘"和预测发展规律的"望远镜"。从这个意义上，大数据之"大"，将不仅仅意味着数据之多、分布之广，更意味着每一个数据都能在云时代获得生命、产生智能、散发活力和光彩。由于信息科技在全社会的基础性工具作用，大数据必将改变行行业业的游戏规则和普通大众的生活方式，形成信息产业需求的一片新海洋。

再看感性业务市场，高品质的、安全的实时视频通信是人类一个古老的但至今没能实现的需求。在近乎完美地解决了数据通信、语音通信之后，在云时代，消费者市场（包括桌面、客厅和手持终端）必将进入视频通信主导的新市场。而且这一新市场极少占用物质资源和能源，没有环境污染，能提供大量服务性的就业机会，是一个绿色的、可持续发展的市场。

当然，视频的普及也必将经历一个渐进积累到突变爆发的过程。早在 20 世纪 60 年代，AT&T 就成功实现了可视通信，但是几十年来未见规模化发展。其实，新事物在其早期往往会遇到各种质疑和挫折，正如过去许多骑马高手怀疑过火车的实用性，爱迪生发明的电灯也曾被"科学地"认定不如煤气灯实用。由于视频通信主要带来信息之外的辅助感受，如果市场不普及视频通信，消费者不会自动产生需求，就像在马车时代，民众不会凭空提出汽车需求。

对于视频，差的视频通信、贵的视频通信、操作麻烦的视频通信，都没有价值；但是高品质、安全、实时的视频通信一旦到来，用户养成习惯，必将成为日常生活离不了的基本元素，创造出一个全新的需求市场。在此基础上，人机自然界面、虚拟现实、智能识别、自动驾驶、高度逼真的网络游戏等将全面开花，人类进入娱乐经济和体验经济的全新时代，生活品质将全面提升。

F.3 云端时代的三大阶段

云时代背后的经济属性注定了云计算将会是一种全新的生产力，云时代的社会生活与商业活动将和工业经济时代迥然不同。我们预测未来的云时代将经历三大发展阶段：

初级阶段：云端时代初级阶段的核心特征是信息资源的"物理集中"，效果是规模经济引起的"便利和效率"。

在这一阶段，信息资源，包括计算、存储、通信、控制等，将被廉价、稳定、安全且按需分配地集中提供给用户。云让人们在任何时间、任何地方和通过任何设备都可以整合成一体，用户不必再为 IT 产品和服务的安装、更新、查毒和数据的备份等而操心。推动云计算初级阶段的动力主要来源于集中所带来的使用方便和效率。实际上，云计算的灵魂就是"集中"。

当前，微软、谷歌、苹果、IBM、亚马逊等国际大公司都有自己独特的云计算策略，必然形成许多"云"。例如按经营模式分类，包括私有云、社区云、公共云、混合云等。在云计算的初级阶段，集中还表现在不同的层次结构上，例如软件即服务（SaaS）、平台即服务（PaaS）和基础设施服务（IaaS）等。但随着集中的加剧，上述多种云计算的分界逐渐模糊、互相融合。

中级阶段：云端时代中级阶段的核心特征是大数据引发的"化学反应"，效果是基于大数据的智能分析以协助决策和解决大规模商务、政务和社会问题。

在这一阶段，数据的集中导致信息"价值提升"，通过深度加工和挖掘，形成知识和规律，最后落实到辅助决策。 在正向反馈机制和所谓的信息黑洞效应的作用下，许多小云将合并成大云，且向心力不断强化，最终形成社会信息中枢。 这将有效改变"数据泛滥而知识贫乏"的局面，在各行各业推动新的商务经营模式和决策模式。

这一阶段的信息中枢，将极大地扩展信息服务的广度(数据集中)和深度(数据挖掘)，但是，本质上还停留在信息服务领域。 也就是说，云计算的中级阶段主要体现在知性业务市场，即包括物联网在内的信息服务平台上的深化和整合。 这也可称为"小整合"。

高级阶段：云端时代高级阶段的核心特征是虚拟世界的"基因突变"，效果是将产生大量的基于高品质视频和多媒体智能的全新市场应用和服务。

在这一阶段，我们将看到网络世界中的"现实环境"凝聚了大量基于人脑的创意，长期积累并日新月异地发展。 实时多媒体内容被深度加工，云计算从信息处理跨越到多媒体智能解读阶段。"多媒体加人工智能"为主的各类应用将爆发，例如高度逼真的网络游戏、虚拟现实、自动驾驶等。 智能宠物、智能机器人新市场迅猛发展，届时智能机器人将不仅能识别人脸，还要解读表情，听懂、看懂人类的表达方式，甚至可以理解人的意图。

显然，在云计算的高级阶段，原先初级和中级的应用服务并不会消失，只是从资源占用角度变得无足轻重，降格成高级应用的辅助和附带功能。 也就是说，云计算的高级阶段主要体现在信息服务平台基础上，进一步整合通信平台、媒体平台和娱乐平台。 这也可称为"大整合"。

云时代产业的大趋势是云计算模式导致的计算存储等信息资源的不断集中。 在其高级阶段，这种向心力的主要来源是云计算多变和长期积累的智力产品共享和发酵，包括信息、创意、影视内容、智能算法等。 其效力将远远超过云计算初期的方便和效率与中期的价值提升。

云计算的发展也一定会面临阻力，这主要源于传统既得利益和群体文化差异。推动规模化云计算的真正瓶颈不在现有的信息服务领域，也不在新颖的计算机系统，而在于整个网络的生态环境，包括网络的诚信体系。 展望未来，动力(向心力)和阻力博弈的总趋势是动力逐渐增强，阻力逐步减弱。 这将导致云间的不断整合，多个大云合并成超大云。 当然，向统一云的迈进仍可能是一个漫长过程。

F.4 结束语

纵观历史，从石器时代、青铜时代到铁器时代，从农业社会、工业社会到信息社会，无不是由于新的资源带来了新的环境，进而推动整体社会进步。 而且，科学技术的发展从来都不是线性的，都有一个启蒙至完善的过程，中间还有一个短暂的"日新月异"的动荡期。

由于信息技术的特点是影响范围极广且容易复制的，历次信息革命诞生到成熟的过程越来越短。 我们相信，在不长的一段时间内，人类将完成云计算从初级阶段向中级阶段再向高级阶段的转型，也就是从信息资源的集中开始，过渡到包含物联网在内的信息服务平台"小整合"，再过渡到包括信息服务、通信、媒体、娱乐感性内容在内的四大平台的"大整合"。 而这之后将是相当长的稳定发展期。

今天我们正处于云计算发展历程中那个"日新月异"的动荡期，这必然孕育出非传统的理论和技术与非传统的全新市场服务，未来的云技术不会是现有信息技术的简单延伸，未来的云服务也不会是现有 PC 和三网应用服务的简单叠加。 显然，把握动荡期的理论和技术创新，将争取到稳定发展期的商务主导权，并将人类带入真正意义上的云时代信息社会。

说明：本文摘自《云计算 360 度：微软专家纵论产业变革》(2014 年，第 2 版)，电子工业出版社，该书由张亚勤、沈寓实、李雨航编著；本文由沈寓实撰写。

附录G
云计算体系概论

人类社会是随其计算能力和通信能力的提高而进步的。自 20 世纪以来，信息技术逐渐成为支撑当今经济活动和社会生活的基石。信息技术代表着当今先进生产力的发展方向，其广泛应用使信息作为重要生产要素和战略资源的作用得以发挥，使人们能更高效地进行资源优化配置，从而推动传统产业不断升级，提高社会劳动生产率和社会运行效率。在这种情况下，信息产业成为世界各国竞相投资、重点发展的战略性产业。在过去的十多年中，全世界信息设备制造业和服务业的增长率是相应的国民生产总值(GNP)增长率的两倍，成为带动经济增长的关键产业。

近年来，一场孕育信息产业全局性融合和变革的新一代信息技术蓄势待发。新一代信息技术的发展，使信息产业作为知识经济主流产业的地位日益加强，信息技术是"直接生产力"的作用愈加明显。新一代信息技术包括云计算、移动互联网、大数据、社交化、物联网等，本质上是以"云"为核心的一个体系。从某种意义上，这场全局性的融合和变革，其归宿就是"云体系"。所谓"体系"，就是有内在规律的一个整体。所谓"云体系"，具体包括了云平台、云网络、云终端、云服务和云安全五大主题。

云平台即信息中枢，在"云体系"中居于中心地位，其根本任务是构造云存储和云计算体系，完成云时代超大规模和超高复杂度的云端任务。所谓中枢，即神经中枢，原指人体神经系统的最主体部分，其主要功能是传递、存储和加工信息，产生各种心理活动，支配与控制人的全部行为。在 PC 和互联网时代，计算机是个人或企业的信息中枢，实现信息存储和计算功能。在云时代，云端计算的数据中心将替代计算机成为信息中枢，极低成本、极高效率地解决海量信息存储、计算和安全的需求。

云网络是决定云模式普及程度的重要基础设施，是连接云平台和用户的管道，直接决定了云时代服务能力的深度和广度。近年来云计算的迅猛发展，很大程度上得益于互联网和无线通信技术的发展和融合。当前通信业务的整体趋势正在从以语音为中心转向以数据为中心，未来视频内容和实时信息处理的比重将逐渐增大。云计算固然是大趋势，但透过现象看本质，网络环境是决定云计算成败的关键，通信资源的极大丰富是未来云模式普及的物质基础。

云终端是基于云计算的终端设备和终端平台的总称。 在云时代，智能终端是信息中枢和物理世界的交互窗口，承担着信息采集、人机交互和信息传递等使命。 形形色色的云应用和云服务皆由终端提供交互，用户体验也从终端获得。 当前的终端主要包括电视、计算机、手机三大终端，未来，跨越通信、娱乐、计算等领域的大量新智能终端将进入千家万户。 终端更加智能，使用更加简便，这也将创造出大量全新的应用场景和服务应用。

云服务是在云和端之间形形色色的应用服务的总称。 这些云服务涵盖政务、商务和民务等方面，包括现有的信息服务，它们因为新技术的推动而进一步发展，也包括伴随云计算出现才得以产生的全新服务。 在云时代，原本被地域、行业分割的"竖井"式的孤立服务将在统一平台上汇聚，个性化需求和全民创新的时代也将到来。 创新资源在全球范围内加速流动和合理配置，创新无处不在、无时不在、无所不在，呈现出社会化、网络化、集群化、泛在化的新特征。

云安全是云时代所面临的最为严峻的挑战。 从本质上看，云计算的精髓是资源公有和共享，但数字资源的属性是私有和专用，这造成了云计算和安全隐私之间貌似不可调和的矛盾。 其实，革命性变革也提供了创新计算机和互联网基础技术，一揽子解决 IT 产业发展瓶颈的机遇。 云时代的安全，将是基于云平台、云网络、云终端和云服务的四位一体的纵深体系，兼有被动防御和主动预警等功能。

总之，"云体系"综合了大数据、物联网、人工智能、区块链等新一代信息技术的变革核心，是全球信息产业不可逆转的发展趋势，是我国重要战略新兴产业之一，也是中国创新驱动、跨越发展和产业转型的主要领域之一。 新一代信息技术不再是支撑一个个单独孤立的产业，而是以一种前所未有的姿态站在全产业链的最高顶点，成为所有产业共同的技术平台。 这场信息革命将改变所有产业，包括能源产业、制造业和生命科学，其影响无疑将是方方面面的、无孔不入的、裂变式爆发的。

未来网络空间的发展，既有技术属性，也有商务属性，还有社会属性。 这分别对应了网络空间发展的深度、广度和高度：核心技术的突破和变革，决定了发展的深度；与各行业跨界融合和应用创新，决定了发展的广度；与中国国家战略乃至世界发展趋势的紧密相连，决定了发展的高度。 这场技术革命、产业革命和社会变革将使人类跨越时间空间，使物理世界和虚拟世界深度融合，使经济模式和生产力发展产生质的飞跃，国际政治秩序、社会政府结构和思想道德规范也将随之重大调整，全球各国家的竞争力也会随之重新洗牌。

"网络安全和信息化是一体之两翼、驱动之双轮。 没有网络安全，就没有国家安全；没有信息化，就没有现代化。"新一代网络计算构架体系是本世纪科技革命和产业变革无处不在的关键和主导领域，也是颠覆性技术高度孕育、迅速发展、密集涌现，且渗透力强、影响面广、持续产生颠覆效应的核心领域。这是时代赋予的重大历史机遇，这既是世界的，也是中国的。能否把握住这新一轮变革的历史机遇，是决定国家兴衰和未来世界格局的关键。抓住这一机遇，"中国制造"将转化为"中国智造"和"中国服务"，成为中国经济创新性转型和跨越式发展的新的核心推动力。

说明：本文摘自《大数据革命：理论、模式与技术的创新》（2014 年 6 月），电子工业出版社，该书由赵勇、林辉、沈寓实编著；本文由沈寓实撰写。

附录H
用CPS引导制造业转型

实际上，互联网公司落地与实体企业转型构成两种完全不同的战略。 前者主张"互联网＋"，把互联网思维分撒到尽可能多的落脚点，凸显"虚"的渗透性。 腾讯、阿里、小米、易观等互联网专家分别出专著为其定调，本文不再重复。 我们主张，相对于"互联网思维"，CPS 理念更适合实体经济转型。 实体企业转型必须有明确目标，改造实体结构，将虚实深度融合，充分发挥"实"的优势。 解决经济转型和持续发展不能只有"虚"的渗透，而应当体能智能同步发展。 尤其在中国，更要强调工业化和信息化的两化融合。

美国是 IT 产业发源地，具有深厚的研发和创新底蕴。 那里有许多头脑灵活的人，经常创造出一些独步天下的商业模式，以及出人意料的预见。 另外，美国还有许多思考者和实干家，对产业变革和商业创新开掘甚深，国内却少见曝光。 其中，CPS 就是在美国国家科学基金会资助下，由致力于探索研究 IT 领域的应用和发展方向的有识之士所酝酿的一个概念，已经积蓄了十年的力量。 注意，互联网本身也是在同一个基金会资助下，默默耕耘十多年才逐步被外界接受。

H.1 CPS、工业 4.0 和互联网+

什么是 CPS？ CPS 是 Cyber Physical Systems 的缩写，字面翻译过来是"信息-物理系统"。 CPS 早期侧重于嵌入式机器的系统建模与现实互动。 随着互联网、云计算、大数据等通用计算技术的门槛迅速减低，原来的计算和网络资源单位成本趋向于零。 然而，在这种情况下，嵌入式系统固有的实时性、并发性和反馈基因保持不可替代，反而显得愈发弥足珍贵。 在新一代嵌入系统中，计算机架构将突破冯·诺依曼定义的五大部件(控制器、运算器、存储器、输入设备、输出设备)，包含物联网等更多大系统元素。 软件的重心将偏离通用计算中 CPU 执行的程序语言，更加注重各类流程和算法创新。

与互联网本身一样，CPS 的意义也在进化之中。 嵌入式系统本身不定义规模上限，它可以是一台洗衣机、一套完整智能家居、一架大型航空器、一个传统产业，甚至可能囊括整个社会。近年来，CPS指导和建立大系统的能力日益显现。

我们认为，CPS的内涵不在信息和物理两个单字，而在于两个空间的关联，即虚拟空间和实体空间互相映射而形成升维系统。CPS与传统云＋端的通用计算模式不同，在O2O和共享经济链条中插入了新的价值元素。也就是说，通过嵌入式计算和物联网构成虚拟（信息、数据、流程）和实体（人、机器、商品）紧密耦合的系统。

CPS的命题很明确，在网络上建立实体空间的影子，或曰镜像，为我们生活的时空增加一个虚拟空间维度，使实体得到全息和永生。全息理论为我们观察世界引出了一个新视角：在低维空间看来，某些独立事件，在高维空间互相关联。另外，鉴于虚拟空间内含网络存储能力，实体空间的影子可以永久保存，并且沿时间轴来回扫描。如此一来，实体空间状态可追溯、可预测、可分析，一切尽在远程掌控之中。

国内的研究成果，如易观智库《工业4.0专题研究报告2015》，把CPS解释为工业4.0的基础，我们认为这个描述不尽准确。互联网、物联网、云计算和大数据都是相对独立的基础技术，由CPS完成深度统合，成为新经济的终极写真。互联网＋是应用，工业4.0是产业升级，CPS才是真正的纲。应用和产业都是目，纲举目张。

H.2　智能家居创新之路

CPS几乎可以应用于所有行业，我们以智能家居为例，提出"三新思路"：

1. 新机器

智能家居的主战场在哪里？答：目标＝民生新环境，手段＝新机器。

智能家居的目标是改善生活品质，而不限于家电联网，更不是要受家电支配。家用电器是工业时代的产物。进入信息时代，我们要瞄准和设计适应新生活的新机器。这种未知的新机器可能与传统家电有本质上的不同。日常家居环境中，哪里最繁杂，哪里最低效，哪里最混乱，哪里就最需要智能化。由此推论，厨房功能将是智能家居的主战场之一。社会发展期待饮食新环境，从抱怨最多的地方切入，机会最大。

2. 新流程

智能家居的突破口在哪里？答：流程＝全程自动，枢纽＝智能胶囊。

说起智能机器，大部分人会联想到灵巧似人的机器人。另外，就智能厨房而言，第一关键不是智能机器，而是流程创新。 出发点应该设定在通过 CPS 指导下的紧密耦合 O2O，抓住厨房要害，实现饮食上游过程智能化。 不是用机器模仿人来适配传统流程，而是改变传统操纵流程，适应机器特长和规模生产能力，重构饮食产业流程。 例如，通过标准胶囊半成品把复杂的前期工序拆分到许多专门企业来完成，大幅度简化后期操作。 消费者选用丰富多彩的胶囊，在厨房现场按配方自动执行简单下锅和清洗任务。

实际上，人类双手和机电设备各有长处，各有短处，不能互相取代。 使用什么技术，往往比技术本身重要，构成决胜的砝码。 各种局部替代人工操作的解决方案都不能形成足够势能。 智能厨房必须满足全程自动和远程操作。 半成品食材，全自动加工，完整四菜一汤加主食，恭候下班回家的消费者准时就餐。 用餐完毕，放回脏餐具，余下琐事(洗碗、洗锅、归位、处理食物残渣)由智能厨房全部代劳。 这些远远超过让厨房简单地连上互联网。

同理，智能家居其他产品和服务，也要优先考虑流程，而不是仅仅着眼于机器本身。

3. 新常态

智能家居的制高点在哪里？ 答：市场＝占领常态，方法＝CPS 虚实紧密耦合。

我们继续以智能厨房为例。 其实，智慧饮食的制高点是常态饮食，就是消费者80％时间所选择的饮食方式，例如写字楼餐厅午餐、小区周边晚餐，以及家庭全自动厨房。 实际上，对于普通消费者来说，一日三餐的基本需求存在很大共性，无非是满足安全、方便、美味和实惠"四要素"。

安全：在强大的闭环管理下，每家连锁企业及其上下游的每笔购销活动都在 CPS 虚拟空间里一目了然。 连锁企业不能假、不敢假、不想假，治愈我国食品安全监管顽症。

方便：远程全自动模式带来其他方式无法比拟的方便，用餐之外的时间成本几乎为零。 这对于时间金贵的现代人而言是巨大的福音。

美味：数以千计的胶囊菜品企业，以及无数私房菜作坊，可以提供极为丰富的定制菜单，设计出五湖四海的美味。 喜欢换口味的人，每餐多盘菜，可以 365 天不重样。

实惠：大规模工业 4.0 定制生产，理顺食品产业链。 自动机器现场操作、高效低损耗的物资和物流管理、释放新价值，自然为企业带来利润，为消费者带来价格实惠。

如果新的饮食环境大幅超越现有标准和期望值，一旦跨过数量临界点，这种智慧饮食独占中国饮食市场大半江山，将如同微信普及一样简单和势不可挡。 CPS 是跨界掌控饮食和家电双产业链、实践四要素的最佳平台。 普通消费者没有理由拒绝四要素，高效率智慧餐厅能够保持盈利。 有消费者在手，企业加入连锁自愿接受监管，遵守游戏规则。 有众多企业积极参与，消费者更加聚集。 如此循环互补促进，利益驱动，形成不可阻挡的推动力。

展望未来，CPS 主体指向和战略意义在于现代制造业实体改造，以及信息化和网络化。 这是中国制造业必须攻坚的领域，也是取得战略性国际地位的关键一步。CPS 必将与各主要行业结合，形成拉动经济成长、优化产业结构的新动力，把中国制造业带入下一个大发展的新天地。

说明：本文原标题为《中国实体制造业转型之路——从智能家居看虚实镜像系统》，发表于《哈佛商业评论》，2015 年夏季达沃斯会刊，2015 年 9 月版；本文作者为胡泳、沈寓实、高汉中。

附录I
信息政略：信息社会的战略中枢

数百年来，世界格局持续发生广泛深刻变革，各文明、各国家、各民族之间的接触、理解、合作日益紧密，其间的隔阂、误解、冲突也不断涌现。一边是前所未有的全球化的经济体系、政治格局、文化生活，一边是层出不穷的信仰冲突、社会动荡、金融危机，这让人感到世界发展的前景波诡云谲、扑朔迷离。

但我们清楚地认识到，当今人类文明发展已进入万物生发之春，又一轮伟大的文明周期开始，并将经历生、长、收、藏的"文明四季"，谱写波澜壮阔的历史新篇章，中国的伟大复兴是新一轮世界文明潮涌的主旋律之一。世界文明是一曲气势恢宏的交响乐，中国文明是一支主旋律。这是我们基本的战略判断，也是我们一切思考与行动的起点。

I.1 信息社会与人类文明

自第二次世界大战以来，信息技术突飞猛进，软硬件性能飞速提升，一个建基于信息网络的信息社会逐步形成，大多数人对此均有所体会。国际电信联盟在《衡量信息社会报告》指出，目前全球上网人数已达 32 亿，占总人口的 43.4％，约 46％的家庭将可在家中上网，全球蜂窝移动订户接近 71 亿，蜂窝移动信号现已覆盖 95％以上的世界人口。可以预见，以此为基础，一个更加"顺天道、合人性、明物理"的信息文明在不久的将来也会逐步显现，人类智慧和潜能将充分释放，人的价值、人的尊严将充分实现，人们对这一过程会有日益明确的认识。

从全球范围来看，信息社会发展并不是均衡的，有的国家领先，有的国家落后，产生了两大全局性问题，摆在全人类和各国人民面前亟待解答。这两大问题，一为总体，一为局部，既互相决定，又彼此应答。这是世界格局的大道大势，也是国家战略的大纲大目。

站在大历史和人类文明的高度，我们会发现，人类社会在百年、千年尺度上不断经历着一开一阖的发展周期，交替演绎"开"与"阖"的历史主题。这一历史演变也反映了信息社会的进步程度。 在"开"的时代，人类相互尊敬信任，文明的交流与融合不断加深，精神文明与物质文明都日益丰富繁荣，人类总体上可说是"同享太平"，信息也得到充分的流通和共享。 在"阖"的时代，人类相互猜疑畏惧，纷纷高筑壁垒、以邻为壑，进而甚至主动切断交通、信息渠道，长期闭关锁国，极端状态下即发动残酷的战争、互相抢夺杀戮。

I.2 治理方略的时空双重结构

在互联互通、高度发达的信息社会，任何国家都要找准自身的定位，处于怎样的发展阶段，面临怎样的国际格局，换句话说，要从"时代精神"与"地缘政治"两大维度入手，回答本国的全球治理方略问题。

要推动实现人类的全面发展、人性的全面解放以及全球社会的融合进步，每个文明体都需要做三件事：自知、知人、共同提升，这三件事也正是每一个时代担任精神领导者的民族所应担负的历史使命。 一是知己，即通过各种教育方式让本文明体内的成员建立文明自觉，进而更加全面深刻了解本文明。 二是知人，一个"世界公民"，需要在了解其本文明之外，进一步了解其他文明，判别优劣、取长补短、借鉴包容。三是共同提升，能在自省与对比中破除偏执、通达心源，进而继往开来、创造新文明。

中国的全球治理方略分为三步：第一步是自强不息，提升国家实力和综合国力，赢得大多数国家的认可和支持；第二步是睦邻合作，巩固好传统友谊，促进区域一体化共同发展；第三步是放眼全球，树立负责任大国形象，实现天下为公、世界大同。

具体来看，一是中国自身，通过中国自身的立国、建设、改革，筑成了自身进一步发展的基础，获得了参与世界事务的资格。 二是东半球，从中国周边诸国，到包括亚非欧大洋四大洲的整个东半球，可以说是中国的传统交往范围，"一带一路"就是这一交往历史的通路。 三是全球，如何持续推进与美国建设"新型大国关系"，如何整合包括西半球在内的全球资源，共同维护世界和平、发展世界经济、培育世界新文明，是中国国家战略的第三步，也是最富于挑战和变数的一步。

I.3 信息政略的构架和拓展

中国政府经过七十多年的执政探索，积累经验，形成五位一体的政略构架，这一构架虽然从中国的治理经验提出，但其适用范围并不局限于一国，可以通用于地区乃至全球。 当然，拓展其应用范围时，对该构架的解读需要更加博大、深邃、丰富。信息技术全面融入人类生活的各个层面，这已是老生常谈。 信息服务将成为像阳光和空气一样普遍存在的生活必需品，构建虚拟世界里的四通八达的道路网络。

信息政略具有丰富的内涵，聚焦精神文化、国家治理、社会生活、经济发展、生态文明五大领域，也具有广泛的外延。 在五位一体之下，信息政略向信息技术与人类发展的物质基础拓展；在五位一体之上，向信息技术与人类发展的精神层面拓展。

第一，一个国家或民族的发展，必具其物质基础。 物质基础可划分为三层：信息基础、能源基础、材料基础。 人类产业史的发展，也依次经历了"材料为重心""能源为重心""信息为重心"三大阶段。 展望未来，中国的崛起必将建立在广博雄厚的材料、能源、信息三大基础之上，信息基础尤其重要。 未来国家没有坚实的信息基础，就像建立国家而没有土地、发展现代工业而没有电力，这是无法想象的。

第二，信息革命是从技术领域发生，但其发展早已远远超出技术领域，而已经深刻影响了人类社会制度的构造，且必将进一步影响人类的精神活动，成为培育新一代文明的重要力量源泉之一。 人类明天的"新一代文明"，其基本特征可以用"大同"概括。 人类新文明的根本原则是人类共同的最高理想，即真善美。 正道真理为真，慈善仁德为善，美好高雅为美，这是人心所向、普世之道，唯有明确认识、牢牢坚持此三位一体的总原则，才能创造高度文明的社会。

I.4 新时代的网络空间架构

现实生活中人类早已进入了互联网时代，国家在基于领土的基础上又增加了新一维度虚拟现实空间，即"网络空间"，形成了基于国家主权的五维空间：领陆、领海、领空、领太空和领网，出现了世界互联网治理体系变革的新命题。 特别地，不以任何人的意志为转移，"云时代"已经到来，它是大数据、大协作、大融合的时代，也是大变化、大转型、大革命的时代。 在云时代，以往许多的"不可能"都将在网络空间成为"可能"。

网络空间构建将成为重塑经济发展动力的核心驱动。 构建网络空间这个新疆界，是一个大课题，需要大智慧，要避免零和游戏，建立共商、共建、共享、共治、共赢的大战略。 共治的基础是互信，互信的前提是沟通，沟通需要建立中立的大平台。

信息产业的三大基础是计算、存储和通信，对应的基础资源是芯片、存储和带宽，这代表了日新月异的科技成果，是一个不断增长的"快变量"。 人类接受外界信息的能力决定于百万年漫长进化的人体生理结构，是一个基本恒定的"慢变量"。今天我们看到的各种高科技应用，无非是多了一个电子化和远程连接，其实早就出现在古代的童话和神鬼故事中，今天的科幻电影无非是把老故事讲得更加生动和逼真，这些丰富的想象力代表了人类信息需求和文明的极限。

"信息资源"和"信息需求"是两个独立的物理量，轨迹必然存在交叉点。 在交叉点之前，信息资源低于需求极限，信息产业发展遵循窄带理论，每次资源的增加都能带来应用需求同步增长。 因此，人们习惯于渐进式思维模式，或称为"资源贫乏时代"。 一旦越过交叉点，独立的信息资源增长超过需求极限，很快出现永久性过剩，信息资源像空气一样丰富。 此时，必然导致思维模式的转变，出现颠覆性的理论和技术。 消除了信息资源限制以后，人类社会信息化从知性到感性的大转折成为必然。 从此，信息化将进入一个完全不同的新世界，或称为"资源丰盛时代"。

在资源贫乏时代，为了节约资源，不同需求按品质划分，占用不同程度的资源。因此，资源决定了需求，我们必然看到无数种不同的需求。 到了资源丰盛时代，当我们把品质推向极致，原来无数种不同的品质反而简化成单一需求，这就是满足人体的感官极限。 也就是说，人体感官的极限决定需求。 当然，原先资源贫乏世界的全部服务需求都会继续保留。 但是，在数据量上将沦为微不足道的附庸。

纵观历史，从石器时代、青铜时代到铁器时代，从农业社会、工业社会到信息化社会，无不是由于新的资源带来了新的环境，进而推动整体社会进步。 而且，科学技术的发展从来都不是线性的，都有一个启蒙至完善的过程，中间还有一个短暂的"日新月异"的动荡期。

由于信息技术的特点是影响范围极广且容易复制，历次信息革命诞生到成熟的过程越来越短。 我们相信，在不长的一段时间内，人类将完成云计算从初级阶段向中级阶段再向高级阶段的转型，也就是从信息资源的集中开始，过渡到包含物联网在内的信息服务平台"小整合"，再过渡到包括信息服务、通信、媒体、娱乐感性内容在内的四大平台的"大整合"。 而这之后将是相当长的稳定发展期。

网络空间世界观就是构建人类赖以生存的第二空间。 从第五域到第二空间，未来世界必将形成物理空间和网络空间深度融合的两重世界。 信息既是客观存在的，也有人脑思维的结果，天然具有物质和意识的两重性。 从辨证的角度看，一方面，物质生产仍然是第一性的规律，不会因为虚拟空间的发展而失去这一地位；另一方面，网络空间将和物理空间形成映射和互控关系。 网络空间的特性，特别是跨越时间空间的特性，向后（历史）可以追溯，向前（未来）可以预测，这意味着人类将掌握到一个超越物理和时间的又一维度，低维度空间中原本扑朔迷离的乱象，将在高维度空间一目了然。 这正是网络空间互控物理空间的哲学本质。 同时,随着网络空间的构建,物理世界的国际秩序、治理体系、法律法规、道德规范等,都将进入一个全新时代。

主导发展路径的有两种思维模式:增量导向和目标导向。 立足现状,观察周边,推测未来方向,即所谓增量导向。 先抛开传统束缚,自由畅想未来图景,锁定未来目标,再反推未来目标的方法和路径,用未来目标引导今日实践,这就是所谓的目标导向。 网络空间的构建是一场革命,革命代表着质变,而非量变。 只有在对全局融会贯通的基础之上,敢于扬弃既有心态思路,敢于跳出现实羁绊、锁定未来,敢于后退、重新选择,才能开创出全新的发展空间。

说明:本文摘自《造梦空间:网络、金融与中国机遇》(2016 年 5 月),上海人民出版社,该书由陈江、沈寓实编著;本文由沈寓实撰写。

附录J
数学分析与应用研究

随着现代科技的不断发展，人们所追求的科学真理从感性认识逐渐过渡到更加理性的认识，因而，越来越多的学科发展开始注重数学思想的介入，从数学的角度探寻科技发展的技术原理。

数学分析是数学基础的重要分支，又称高级微积分，是分析学中最古老、最基本的分支。 一般指以微积分学和无穷级数一般理论为主要内容，并包括它们的理论基础(实数、函数和极限的基本理论)的一个较为完整的数学学科。 数学分析的主要内容是微积分学，微积分学的理论基础是极限理论，极限理论的理论基础是实数理论，实数系最重要的特征是连续性，有了实数的连续性，才能讨论极限、连续、微分和积分。

随着计算机现代智能的高速发展，计算机已经完全融入我们的生活，甚至占据了重要领域，从国家核心科技到每个人生活的小细节，都离不开计算机的覆盖和使用。计算机学科最初来源于数学学科和电子学学科，计算机硬件制造的基础是电子科学和技术，计算机系统设计、算法设计的基础是数学，所以数学和电子学知识是计算机学科重要的基础知识。 计算机学科在基本的定义、公理、定理和证明技巧等很多方面都要依赖数学知识和数学方法。

计算机科学是对计算机体系、软件和应用进行探索性、理论性研究的技术科学。由于计算机与数学有其特殊的关系，故计算机科学一直在不断地从数学的概念、方法和理论中吸取营养；反过来，计算机科学的发展也为数学研究提供新的问题、领域、方法和工具。 近年来不少人讨论过数学与计算机科学的关系问题，都强调其间的密切联系。 同时，人们也都承认，计算机科学仍有其自身的独立性，它并非数学的一个分支。 严格来说，计算机科学是与数学有特殊关系的一门新兴的技术科学。

计算机科学的发展有赖于硬件技术和软件技术的综合。 在设计硬件的时候应当充分融入软件的设计思想，才能使硬件在程序的指挥下发挥极致的性能。 在软件设计的时候也要充分考虑硬件的特点，才能冲破软件效率的瓶颈。 计算机与数学相辅相成的关系毋庸置疑，也无法脱离。 数学的发展是计算机的基础，计算机把数学更好地运用到军、工、民等各领域，建立在数学原理之上的计算机技术又反过来促进了数学科学本身的发展，数学也得到了更多的应用。

硬件性能越来越高的计算机为人类完成各类计算提供了强有力的工具。然而，有许多困难的问题由于其需要搜索的解空间异常庞大，如果没有好的算法，即使采用再强大的计算机来求解也是不现实的，需要花费相当长的时间。这促使人们在不断强化计算工具的同时，也积极地探索和设计好的算法。为此，人们将目光投向自然界甚至是人类社会自身，希望能从中得到启发。

经过不懈努力，众多简单、实用、有效的算法被提出，其中包括人工神经网络、进化算法以及蚁群算法等。这些算法都是通过类比和模仿生物的某些行为或者是某种物理现象而获得的；它们的出现为人类解决问题提供了更多可供选择的方法，促进了包括数学、计算机和生物等在内的众多学科的发展，并形成了一门新的交叉学科分支，即智能计算。

在人工智能的研究与应用领域中，逻辑推理是人工智能研究中最持久的子领域之一。逻辑是所有数学推理的基础，对人工智能有实际的应用。定理证明的研究在人工智能方法的发展中曾经产生过重要的影响。因此，人工智能的出现与发展和离散数学是分不开的。专家系统(Expert-System)是一种智能计算机系统，这是人工智能中一个正在发展的研究领域，它是应用于某一专门领域，拥有该领域相当数量的专家级知识，能模拟专家的思维，能达到专家级水平，能像专家一样解决困难复杂的实际问题的计算机系统。专家系统的主要组成部分是知识库和推理机。

说明：本文摘自《大数据、人工智能、区块链与数学应用研究》(2019 年 5 月)，云南科技出版社，该书由蒋立乾、沈寓实编著；本文由沈寓实撰写。

参 考 文 献

[1] 高汉中,沈寓实.云时代的信息技术——资源丰盛条件下的计算机和网络新世界[M].北京:北京大学出版社,2012.

[2] 张亚勤,沈寓实,李雨航.云计算360度:微软专家纵论产业变革[M].2版.北京:电子工业出版社,2014.

[3] MOORE G E. No exponential is forever:But'forever'can be delayed![semiconductor industry][J]. Proceedings of the IEEE International Solid-State Circuits Conference Digest of Technical Papers(San Francisco,CA,Feb. 13),2003,20-23.

[4] DENNARD R,et al. Design of ion-implanted MOSFETs with very small physical dimensions. IEEE Journal of Solid State Circuits,1997,9(10),256-268.

[5] HUSTON G. AS6447 BGP Routing Table Analysis Report[R/OL]. http://bgp. potaroo. net/as6447/.

[6] SHEN Y,LI Y,WU L,et al. Enabling the New Era of Cloud Computing:Data Security, Transfer,and Management[M]. Pennsylvania:IGI Global,2013.

[7] YANG Y,XU M,WANG D,et al. A Hop-by-hop Routing Mechanism for Green Internet [J]. IEEE Transactions on Parallel and Distributed Systems(TPDS),2016,27(1):2-16.

[8] GAO H,SHEN Y. Border Adaptive Micro-Base-Station for the Wireless Communications [J]. 2012 International Conference on Computational Problem-Solving(ICCP),2012,9: 101-110.

[9] 高汉中.论下一代网络[J].电信科学,2003(2):1-7.

[10] 第三届未来网络发展大会组委会.未来网络发展白皮书(2019版)[R/OL].(2019-05) [2019-05]. https://www. sciping. com/33404. html.

[11] HAN D,ANAND A,DOGAR F,et al. XIA:Efficient Support for Evolvable Internetworking[J]. 9th NSDI. USENIX Association(Berkeley),2012,4:309-322.

[12] 刘韵洁,黄韬,张娇,等.服务定制网络[J].通信学报,2014,35(12):1-9.

[13] 黄韬,刘江,霍如,等.未来网络体系结构研究综述[J].通信学报,2014,35(8):184-197.

[14] 刘旋,杨鹏,董永强.双结构网络内容共享能力研究[J].电子学报,2018,46(4):849-855.

[15] 陈江,沈寓实.造梦空间:网络、金融与中国机遇[M].上海:上海人民出版社,2016.

[16] YANG J,ZHU K,RAN Y,et al. Joint Admission Control and Routing via Approximate Dynamic Programming for Streaming Video over Software-Defined Networking[J]. IEEE Transactions on Multimedia,2017,19(3):619-631.

[17] CASEMORE B,MEHRA R. SDN market to gain enterprise headway,driven by 3rd platform and cloud[R]. Technical Report Doc # US40628315 International Data Corporation (IDC),2015.

[18] 赵勇,林辉,沈寓实.大数据革命:理论、模式与技术的创新[M].北京:电子工业出版社,2014.

[19] 中国信通院.中国信通院牵头推进ITU-TSG20"物联网边缘计算"国际标准[J].电信工程

技术与标准化,2018(2):92.

[20] 中国移动.中国移动边缘计算技术白皮书[R].(2019-12-19).

[21] 胡泳,沈寓实,高汉中.中国实体制造业转型之路——从智能家居看虚实镜像系统[J].哈佛商业评论(2015年夏季达沃斯会刊),2015,1(9):11-13.

[22] STREIFFER C,CHEN H,BENSON T,et al. DeepConfig:Automating Data Center Network Topologies Management with Machine Learning[C]. 32nd Conference on Neural Information Processing Systems,2018,1(8):8-14.

[23] KONG Y,ZANG H,MA X. Improving TCP Congestion Control with Machine Intelligence [J]. Proceedings of the 2018 Workshop on Network Meets AI & ML,2018,8:60-66.

[24] NARAYANAN A,VERMA S,RAMADAN E,et al. DeepCache:A Deep Learning Based Framework for Content Caching[J]. Proceedings of the 2018 Workshop on Network Meets AI & ML,2018,8:48-53.

[25] SHEN Y,COSMAN P C,MILSTEIN L B. Cross Layer Design for Video Communications [M]. Eastern Europe:Lambert Academic Publishing(LAP),2010.

[26] XIAO S H,HE D D,GONG Z B. Deep-Q:Traffic-driven QoS Inference using Deep Generative Network[J]. Proceedings of the 2018 Workshop on Network Meets AI & ML, 2018,8:67-73.

[27] 张焕国,韩文报,来学嘉,等.网络空间安全综述[J].中国科学:信息科学,2016,46(2):125-164.

[28] HENNESSY J L,PATTERSON D A. A New Golden Age for Computer Architecture[J]. Communications of the ACM,2019,62(2):48-60.

[29] 计算机体系结构国家重点实验室.21世纪计算机体系结构——计算机体系结构共同体白皮书[J].中国计算机学会通讯,2012,8(12).

[30] 朱伟,方育红,辜艺.冯·诺依曼体系计算机的局限与非冯机发展方向研究[J].科技视界,2013(36):67-68.

[31] 方兴东,钟祥铭,彭筱军.全球互联网50年:发展阶段与演进逻辑[J].新闻记者,2019,000(007):4-25.

[32] STRUBELL E,GANESH A,MCCALLUM A. Energy and Policy Considerations for Deep Learning in NLP[J]. Proceedings of the 57th Annual Meeting of the Association for Computational Linguistics(ACL),2019,1:3645-3650.

[33] CHANDLER A D,CORTADA J. A Nation Transformed by Information:How Information Has Shaped the United States from Colonial Times to the Present[M]. Oxford:Oxford University Press,2000.

[34] 中本聪.比特币白皮书:一种点对点的电子现金系统[R/OL].(2009)[2009]. http://raw. githubusercontent. com/GammaGao/bitcoinwhitepaper/master/bitcoin_cn. pdf.

[35] 蒋立乾,沈寓实.大数据、人工智能、区块链与数学应用研究[M].昆明:云南科技出版社,2019.

[36] TURING A M. On Computable Numbers,with an application to the entscheidungs problem[J]. Proceedings of the London Mathematica Society(Second Series),1937,42:249.

[37] SHANNON C. A Mathematical Theory of Communication[M]. Chicago:University of Illinois Press,1949.

［38］ SHEN J，SUO S Q. 3GPP Long Term Evolution：Principle and System Design［M］. Beijing：Posts & Telecom Press，2008.

［39］ GAO H. The Wireless Micro Cellular Network based on the Centralized Time Division Multiple Access Technology：200910222768. 2［P］. 2009.

［40］ ZHANG Y，LUO J J，HU H L. Wireless Mesh Networking：Architecture，Protocols and Standards［M］. Florida：Auerbach Publications，2007.

［41］ MAKKI S K，LI X Y. Sensor and Ad Hoc Networks：Theoretical and Algorithmic Aspects［M］. New York：Springer Publishing，2010.

［42］ SHEN Y. Image and Video Coding - Fundamentals，Standards and Perspectives［M］. Eastern Europe：Lambert Academic Publishing(LAP)，2010.

［43］ GAO H. The Wireless Network and Methods for both Disaster Times and Daily Commercial Operations：201110129888. 5［P］. 2011.

［44］ GILDER G. Telecosm：The World after Bandwidth Abundance，Revised and with a new Afterword［M］. New York：Free Press，2002.

［45］ NEUMANN J V. The Computer and the Brain［M］. 2nd ed. Connecticut：Yale University Press，1958.

［46］ MILLER M. Cloud Computing：Web-Based Applications That Change the Way You Work and Collaborate Online［M］. Montreal：Que Publishing，2009.

［47］ HAYKIN S. Neural Network：A Comprehensive Foundation (2nd Edition)［M］. New Jersey：Prentice Hall，1999.

［48］ 杨骏英. 从图灵机到冯·诺依曼机［M］. 2011.

［49］ CHANDLER A D. The Visible Hand：The Managerial Revolution in America Business ［M］. Cambridge：Harvard University Press，1977.

［50］ GOODFELLOW I，BENGIO Y，COURVILLE A. Deep Learning［M］. Cambridge：MIT Press，2016.

作者介绍

沈寓实

沈寓实，博士，MBA，教授，国家级特聘专家，自然科学研究员，北京市"海聚工程"特聘专家，中关村高端领军人才，国家级人才计划评审专家，"中国改革开放海归40年100人"入选者。拥有清华大学电子工程学士学位，美国加州大学圣迭戈分校电子计算机硕士和博士学位，美国华盛顿大学工商管理学硕士学位。

在ICT领域有二十年以上的科研、研发和管理经验，网络空间战略专家，云计算、人工智能、网络安全、视频编解码和无线通信领域国际专家，跨国公司高管，国际华人和科技社团领袖，在中美政产学研各界均有深厚渊源，长期致力于推进网络空间基础核心技术的自主创新，并构建中美科技、商务和文化的广泛合作。

2006年加盟微软美国总部，曾任微软高级构架师、微软全球华人协会(CHIME)主席、微软亚洲人力资源总会主席、微软云计算中国区总监等职务；是微软印度多媒体支持中心创始人之一，微软创投加速器评委和专家导师，也是将微软公有云平台(Azure)和服务(Office 365)落地中国并完成微软云在华完整布局的重要成员之一。

2015年底加盟世纪互联，历任集团副总裁、(云)首席技术官、战略合作中心总经理、网络安全第一负责人、信息技术高级顾问、首席专家等职务；是世纪互联集团混合IT体系、赋能平台体系、区块链体系和科技创新体系的主要创建人之一，曾兼任紫光互联科技首席战略官、启迪链网科技首席科学家。

现任清华海峡研究院智能网络计算实验室主任，飞诺门阵科技公司创始人、董事长及首席科学家；兼任中国云体系产业创新战略联盟秘书长、全国侨联青年委员会副秘书长、国际云安全联盟(CSA)大中华区秘书长、中国云安全与新兴技术安全创新联盟副理事长、工业和信息化部信息通信经济专家委员会委员、中国智慧城市发展研究中心特聘研究员、清华大学互联网产业研究院研究员、北京大学国家发展研究院特聘导师、中国人民大学CIO研究院高级研究员等职务。

著有《云计算360度：微软专家纵论产业变革》《云时代的信息技术：资源丰盛条件下的计算机和网络新世界》等近十部中英文专著。在国际期刊发表论文数十篇，担任电子和计算机工程领域十几个 SCI 收录的专业期刊或会议的专业论文评审员。曾荣获"杰出海外留学生"奖(2006 年),"年度信息化突出贡献人物奖"和"中国行业信息化领军人物奖"(2015 年),"中国服务外包行业年度十大人物"(2016 年),"中国产学研合作创新奖"(2017 年),"纪念改革开放四十周年•中国软件和信息服务业发展卓越贡献人物""中国新型智慧城市十大领军人物""年度推动新一代信息技术创新发展突出贡献人物""年度区块链技术杰出领军人物"(2018 年),"中国信息界年度杰出贡献十大年度人物"(2019 年),"双星汇年度盛典创业之星"和"中国双创典型人物"(2020 年)。

高汉中,通信、计算机和信息管理领域资深专家,连续创业者,拥有多项核心发明专利,著有多篇论文和多本专著,包含网络、移动通信、云端计算领域的开创性理论和技术。具有广泛的专业知识覆盖面,涉及许多独立领域,包括但不限于网络理论、移动通信、信道编码、视音频压缩、无线和微波电路、PSTN、ATM 和 SDH 光纤网络、IP 路由器、IP 电话和电视、网络交换、网络存储、网络协议、云计算、数据挖掘、神经网络、信息安全等。

高汉中

1951 年出生于上海,少年时迷上无线电。1978 年,跳级考入上海交通大学电子学研究生,获硕士学位。1980 年,赴美留学,两年后获爱荷华州立大学电机硕士学位。1982 年,进入 M/A COM(休斯下属)研究中心任工程师,从此开始前沿通信网络技术研究开发的生涯,至今从未间断。任职 M/A COM 期间,在乔治•华盛顿大学带职修完全部通信专业博士生课程(1984—1986 年)。

1988 年,参与创立美国 Glocom 公司,从事移动卫星通信设备开发。期间担任总体设计师,成功研制全球第一台手提式 M 型移动卫星地面站,并参与许多其他项目。1995 年,参与创立 TEKI 公司,从事 IP 路由器和 IP 电话设备开发。2000 年,参与创立 MPI 公司,从事 MP 视频通信网络理论和技术研究开发。2007 年,建立个人实验室,从事超宽带移动通信网络理论研究和技术开发。2009 年至今,致力于非冯诺依曼计算和网络体系构架的相关研究,从事新一代云端计算机理论和技术开发工作。2019 年担任飞诺门阵科技公司首席专家。

汝聪翀，博士，研究员，拥有清华大学无线电专业学士学位和清华大学通信与信息系统博士学位，师从自然科学基金委现任副主任、中国科学院陆建华院士。从事通信和信息技术研究近二十年，拥有丰富的学术研究和产业从业经验，拥有二十余项技术发明专利，涵盖无线通信、芯片研发和计算架构等多个方面。

汝聪翀

2007 年加入三星北京通信研究院，从事移动数字广播、4G 移动网络研发；2010 年加入创毅视频通信，担任资深系统工程师，从事 4G 芯片技术研究和开发，作为技术负责人，组织和参与完成多项 LTE 芯片研发和系统测试工作；2013 年加入高通公司，负责 LTE 以及物联网芯片平台的算法设计和商用化工作；2019 年，联合创立飞诺门阵公司，作为公司主要负责人之一，致力于打造基于非冯诺依曼结构的全新网络计算体系；同年，被聘任为清华海峡研究院智能网络计算实验室副主任、清华大学互联网产业研究院研究员。曾荣获"2019 数字化贡献领军人物""2019 数字中国建设大数据计算领军人物""2020 数字新基建人工智能领域领导人物"等大奖。

王卓然

王卓然，博士，研究员，北京市"海聚工程"特聘专家，中关村高端领军人才，朝阳区"凤凰计划"高层次海外人才。拥有哈尔滨工业大学通信工程学士学位，英国伦敦大学学院计算机科学博士学位。

2014 年加盟东芝欧洲研究院，担任对话系统组技术负责人；2015 年归国加入百度，担任资深研发工程师、度秘对话平台决策算法技术负责人；后曾创立著名人工智能企业三角兽科技并任 CEO；2020 年加入飞诺门阵科技公司担任首席运营官（COO）及飞诺知合科技公司 CEO。

在 ICT 领域有近二十年的科研、研发和管理经验，机器学习、人工智能、自然语言处理领域国际知名学者，企业家。发表国际期刊和顶级会议论文三十余篇，担任人工智能领域多个期刊和会议的专业评审。曾获吴文俊人工智能科技进步三等奖（2019 年）、强国知识产权论坛年度卓越经理人（2019 年）、中国大数据企业风云人物奖（2017 年）、中国信息化杰出人物（2017 年）、第十届创业中国年度人物（2017 年）。

马传军，非冯诺依曼网络计算体系创业者，飞诺门阵（北京）科技有限公司创始合伙人及执行副总裁，清华海峡研究院智能网络计算实验室战略拓展和商务合作总监。

拥有十多年非冯诺依曼计算技术创业史，2009 年即参与早期非冯诺依曼网络计算体系研发，涉及媒体化网络、非冯诺依曼云计算、非冯诺依曼结构化通信等领域，对非冯诺依曼系统的理论、架构、商业化落地有丰富的经验积累。

参与主持多个非冯诺依曼系统项目、互联网项目、区块链项目，参与或创立多家公司，规划运营多个

马传军

高性能软硬件落地项目，涉及人工智能、机器人、航天、物联网、金融、互联网等领域。对底层非冯诺依曼计算系统、人工智能系统、云端系统、边缘系统、互联网系统、区块链等技术与已有产业结合有相当程度的研究和落地经验，擅长创新技术与跨产业结合以及商务管理。拥有多项发明专利和多部出版专著，并荣获"2020 数字生态先锋人物"等奖项。

姚正斌

姚正斌，博士，清华大学兼职研究员。拥有清华大学无线电专业学士学位和清华大学通信与信息系统博士学位。常年从事视频/图像处理、机器学习、人工智能相关领域的研究和开发，拥有丰富的算法研究及系统开发经验，拥有多项技术专利及软件著作。

2009 年加入 3M Cogent 北京研发中心，从事指纹、人脸相关算法研究；2012 年加入北京信路威科技股份有限公司，担任北京研发中心经理，负责大规模人脸识别系统的实现及相关算法研究；2016 年参与创立北京飞识科技有限公司，担任技术总监，负责人脸识别相机产品的设计和开发；2019 年联合创立飞诺门阵（北京）科技有限公司并担任首席技术官（CTO），以边缘计算为切入点，实现基于非冯诺依曼构架的网络计算体系的落地。